세포

생명의
마이크로 코스모스
탐사기

남궁석 지음

五十八

세포

생명의 마이크로 코스모스 탐사기

남궁석 지음

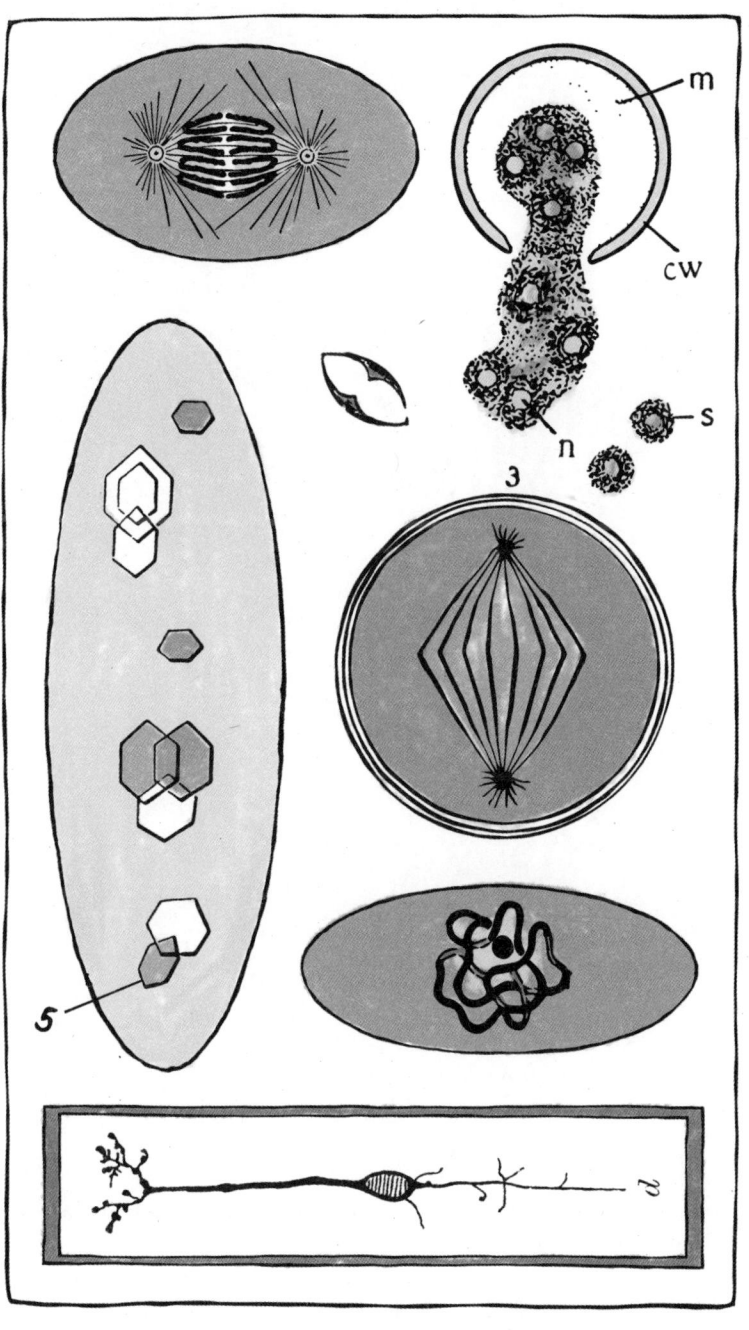

에디토리얼

일러두기

1. 생물학, 화학 용어는 2015 개정 교육과정에 따른 교과용 도서 개발을 위해 편찬된 최신 편수자료의 용어 표기법을 따랐다.
2. 단행본과 일간 신문을 포함한 정기간행물에는 겹화살괄호(《 》)를, 그 외 단편작품과 논문·기사·예술작품·영화의 제목, 상호 등에는 홑화살괄호(〈 〉)를 사용했다.
3. 표지의 제호와 본문의 절제목에는 아리따부리 글꼴을 사용했으며, 면주에도 동일하게 적용했음을 밝힌다.

서문

생명체의 기본 단위가 '세포'라는 사실은 대부분의 사람들이 알고 있다. 대학에서 일반 생물학을 수강하거나 생명과학 관련 전공을 이수한 사람이라면 다양한 생명현상이 세포라는 작은 공간에서 일어난다는 것을 이해한다. 그러나 다른 과학 교과서의 지식들과 마찬가지로, 세포에 관한 많은 지식이 어떤 과정을 거쳐서 현재 우리가 아는 '지식'이 되었는지에 대해서는 의외로 잘 모르는 경우가 많다. 심지어 직업적인 생물학 연구자로서 세포 연구에 종사하는 사람들도 교과서에 실려 있는 공인된 지식이 밝혀진 과정에 대해서는 그다지 관심을 기울이지 않는다.

이 책은 오늘날 현 시점까지 밝혀진 세포에 관한 지식이 어떻게 발견되고 확정되었는지를 다루는 '세포 연구의 연대기'에 가까운 책이다. 현재 당연한 상식으로 널리 유통되고 있는 과학적 지식은 해당 연구에 참여한 수많은 연구자들의 치열한 논쟁과 이견 속에서 서서히 정립되었다. 이 책에서는 이러한 논쟁과 이견을 가능한 제시함으로써 과학적 지식이 어떻게 확립되는지에 대한 과정을 보여주려고 하였다. 또한 가능한 해당 연구를 수행한 연구자들을 거명함으로써 교과서에 건조하게 서술되어 있는 한 문장마다 수많은 연구자들의 땀과 노력이 어려 있음을 보여주고자 했다. 물론 지면의 한계 때문에 미처 언급되지 못한 연구자가 더 많을 것이다. 독자들이 이 책을 통하여 현재 우리가 알고 있는 과학 지식은 소수 천재들의 성취라기보다는 수많은 연구자들에 의한 집단지성의 산물이라는 것을 조금이나마 느낄 수 있는 기회가 되길 바란다.

이 책은 크게 세 부류의 독자를 염두로 두고 쓰였다. 첫 번째는 현대 세포생물학과 분자생물학에 조예가 깊지 않으나 생물학에 관심이 큰 과학책 독자이다. 이 책을 통해서 현대 생물학의 주류 연구 사조라고 할 수 있는 분자/세포생물학이 어떻게 등장하고 발전해 왔는지, 그리고 근현대의 과학자들이 세포라는 창을 통해 생명의 신비 뒤에 감춰진 근본 원리를 집요하게 파악해 나간 과정을 알 수 있을 것이다.

두 번째 부류는 고등학교 혹은 대학 수준의 생물학을 공부하는 학생이다. 이 책에 담긴 내용은 대략적으로 대학교 1학년이 배우는 일반생물학 교과서가 다루는 수준이다. 대부분의 교과서는 특성상 과학 지식이 발견되는 맥락과 그것이 확립되는 과정에서 벌어지곤 하는 많은 논쟁을 생략하기 마련이다. 이런 까닭에 때론 교과서 속 지식의 지위는 더 이상 논쟁을 허락하지 않는 절대적인 것처럼 보이기도 한다. 그러나 이 책에서 생물학 지식이 만들어지는 과정을 살펴보면서 과학 연구의 실제 모습을 발견하고 생각해 볼 기회를 가질 수 있을 것이다.

세 번째는 전문적인 생물학 연구자이다. 사실 이 부류의 독자라면 이 책이 다루는 모든 연구에 대해 익히 들어봤을 것이다. 그러나 바로 앞에서 설명한 바와 같이 지금 당연시되는 지식이 한때는 미지의 영역에 파묻혀 있었고, 이것을 '채굴'하기 위해서 선배 연구자들이 지금 자신과 마찬가지로 고민하고 실마리를 찾고 돌파구를 여는 모습은 망망대해에서 비치는 등대의 불빛처럼 위안과 반가움을 줄 것이다.

물론 맛있는 요리의 재료와 조리법을 상세히 알지 못하더라도 요리를 즐기는 데에는 큰 문제가 없듯이, 단순히 지식을 습득하고자 하는 사람이라면 '과학 지식이 확립되는 과정' 자체를 꼭 알아야 할 필요는 없다. 그러나 그저 식도락에 만족하는 사람이라도 눈앞에 놓인 요리의 재료, 레시피, 셰프에 대해 관심이 생겨 정보를 얻고 난 뒤 그 요리를 먹으면 늘상 먹으면서도 경험하지 못했던 맛을 문득 발견하게 되기도 한다. 책의 독자에게도 이런 일은 일어난다. 뿐만 아니라 지식의 단순 습득이 목적인 독자를 위해서는 사실에

오류가 없으면서도 최신의 연구 성과를 체계적으로 제공하는 서적이 더욱 필요하다. 이 책은 수백 년 전의 세포 연구의 시작부터 지금 세포 연구의 최전선인 '세포 아틀라스 프로젝트'와 '합성생물학'까지 두루 다루고 있으므로 세포와 생명과학 연구의 최신 동향을 파악하는 데도 유용할 것이라고 생각한다.

책을 마치며 이 책이 나오기까지 도움을 준 분들께 감사의 말을 드리고 싶다. 이 책에서 다룬 상당수의 내용은 충북대학교 생명과학부의 '현대생물학사' 강의에서 다룬 내용이다. 이 강의를 개설할 수 있도록 도와준 충북대학교 생물학과 류호진 교수님과 강의를 수강한 생명과학부 학생들에게 감사를 드린다. 15장에서 사용된 3차원 홀로그래피 현미경 사진은 ㈜토모큐브의 이수민 박사님으로부터 제공받았다. 그리고 이 책을 가장 재미있게 읽어줄 독자는 페이스북의 'Secret Lab of Mad Scientist' 페이지(@madscientistwordpress)의 구독자일 것이다. 그동안 인터넷에서 글을 읽어준 모든 구독자들께 이 책을 드린다.

2020년 8월
남궁석

차례

서문 5

**1장
세포의 '주기율표'를
찾아서**

인체를 구성하는 세포 15
세포를 구분하는 방법 16
RNA와 세포 18
단일 세포 RNA-seq 20
인간게놈프로젝트와 세포의 미스터리 22
유전체의 3차원 구조 24
세포 아틀라스 프로젝트 26

**2장
세포를 '보다'**

현미경의 발명 33
로버트 훅과 '셀' 34
살아 있는 세포를 보다 36
해부학과 현미경의 만남 38

**3장
세포 이론**

광학현미경의 개선 44
세포 이론의 태동 46
세포는 세포로부터 47
화학 공업의 발전과 세포 염색 49
뉴런주의(Neuron Doctrine)의 탄생 50

**4장
세포를 만드는 정보**

전성설 59
난자와 수정을 발견하다 61
다윈의 '제뮬'과 '범생설' 63
플레밍과 염색체 65
염색체의 중요성을 알아본 보베리 67
성을 결정하는 염색체 70
모건, 초파리, 유전자 지도 71

5장
생명의 화학 공장, 세포

유기물질을 '합성'하다 83
유스투스 리비히와 생물화학 85
실험생리학의 확립 87
단백질의 발견 89
발효와 효소 92
단백질과 효소의 관계 95
에너지를 생산하고 소비하는 화학 공장 97
에너지 화폐 'ATP' 99

6장
세포생물학의 탄생

원심분리기 105
생체막 107
세포 구조물의 원심분리 110
전자현미경의 등장 111
세포 발전소, 미토콘드리아 113
소포체와 리보솜 117
세포 단백질의 '요람에서 무덤까지' 118
세포생물학의 탄생 121

7장
유전자 전성 시대

프리드리히 미셔와 '뉴클레인' 126
DNA 구성 물질의 결정과 4염기 모델 128
폐렴균이 알려준 유전물질 131
이중나선 134
하나의 유전자, 하나의 효소(단백질) 137
DNA로부터 단백질까지 '중심 원리'의 완성 139
진핵세포는 다르다 146
재조합 DNA 기술 149

8장
세포 수명

시드니 링거와 링거액 155
최초의 동물 세포 체외 배양 157
알렉시 카렐의 '불멸 세포' 158

	세포 배양 기술의 발달 160
	헬라(HeLa) 163
	헤이플릭의 한계(Heyflick Limits) 165
	텔로미어 167
9장 **죽지 않는 세포**	성게 알에서 얻은 힌트 176
	환경 요인과 병원체에 의한 발암 178
	필라델피아 염색체 180
	암 유전자(oncogene) 183
	암 억제 유전자(tumor suppressor) 186
	암 전이 189
	암의 특징 193
10장 **세포 복제**	유전물질을 복제하는 시기 200
	방추사와 그 구성 물질 202
	성숙촉진인자(MPF) 205
	돌연변이 효모와 세포주기 조절 206
	MPF = 사이클린 + cdc2 210
	단백질 분해와 사이클린 조절 213
	분열 체크포인트 216
	DNA 손상과 체크포인트 217
	세포자멸사 218
11장 **세포골격**	근육을 움직이는 단백질, 마이오신 224
	액틴의 발견 225
	슬라이딩 필라멘트 모델 228
	액틴과 마이오신에 대한 분자 단위의 이해 229
	근육세포가 아닌 세포에 있는 액틴과 마이오신 233
	미세소관이란 트랙 위에서 달리는 키네신 235
	세포를 움직이게 하는 액틴 238

	세포분열을 일으키는 액틴　241
12장 **세포 발생의 미스터리**	모자이크 이론　245 발생 조절 이론　247 모포젠(morphogen)　249 초파리 발생유전학과 모포젠의 발견　251 분화하는 세포들의 유전정보　255 조혈 줄기세포　259
13장 **후성학과 줄기세포**	포유류의 배 발생 과정　263 테라토마와 배아 줄기세포　264 분화하는 세포의 DNA에서 일어나는 변화　267 DNA 메틸화와 유전자 발현 조절　268 히스톤과 크로마틴　271 동물 발생과 후성학적 변화　277 리프로그래밍, 후성학적 표지의 초기화　280 유도만능 줄기세포　282 세포 직접 리프로그래밍　285
14장 **세포 치료와** **불사의 꿈**	장기이식과 이식 거부 현상　291 조직접합성 복합체　293 MHC, 세포성 면역의 핵심 단백질　294 조혈 줄기세포와 백혈병 치료　298 인간배아 줄기세포　299 핵치환 줄기세포　300 인간 복제배아 줄기세포는 가능한가?　302 줄기세포 치료의 현실　305 오가노이드(organoid)　307 면역세포를 변형한 암 치료(CAR-T세포)　314

15장 **살아 있는 세포의** **영상화**	면역형광염색법과 형광현미경 321 살아 있는 세포의 현미경 관찰 326 GFP, 녹색형광단백질 327 광학현미경의 한계를 넘어서 331 살아 있는 세포의 영상화와 입체 영상 기술 334
16장 **인간게놈프로젝트,** **그후**	세포의 설계도 345 인간게놈프로젝트 346 모델생물의 염기서열 결정 348 민간과 공공 부문의 경쟁 350 인간유전체의 의미 353 개인의 유전적 차이 355 세포마다 차이가 나는 이유 358 유전체 읽기와 유전체 고쳐쓰기 360
에필로그: **생물학자는** **인공세포의 꿈을** **꾸는가**	시스템 생물학: 전체적인 관점에서 다시 보는 세포 370 모델화와 예측 373 합성생물학: 만들지 않으면 이해할 수 없다? 377 단백질 디자인 380 세포 내 회로의 재설계 383
	참고문헌 387 인명 찾아보기 407 용어 찾아보기 411 컬러 화보 419

1장

세포의 '주기율표'를 찾아서

인체를 구성하는 세포

생물체의 구성적 그리고 기능적 기본 단위인 세포. 과연 인간의 몸은 얼마나 많은 세포로 구성되어 있고, 그 세포의 종류는 얼마나 다양할까? 세포라는 것을 처음 알게 된 어린아이가 던지는 질문처럼 들릴 테지만, 사실 아직도 우리는 두 질문의 정확한 답을 모른다. 인간이 세포의 숫자와 종류를 정확히 알고 있는 다른 생물은 있다. 단 1개의 세포로 이뤄진 대장균(*Escherichia coli*) 같은 세균, 효모(*Saccharomyces cerevisae*) 같은 단세포 진핵생물, 다세포 생물로는 예쁜꼬마선충(*Caenorhabditis elegans*)이다.[1] 그러나 생물의 복잡도가 증가할수록 세포의 개수와 종류를 정확히 파악하기가 어려워진다. 추정치가 없는 것은 아니다. 흔히 인체에는 37조 개의 세포가 있다고 한다. 이 수치는 2013년에 출판된 한 논문을 근거로 한다. 2016년에는 30조 개라는 조금 작은 수치가 제시되었다. 하지만 두 논문의 수치는 세포를 하나하나 세어서 얻은 것이 아니라(사실 셀 수가 없다) 대략적인 추정치다. 두 논문의 계산 방법은 다음과 같은 어림짐작이다.

체중이 100킬로그램 정도 되는 사람이 있다. 인간의 세포 한 개의 부피는 세포의 종류에 따라서 다르지만 대략 1,000~10,000세제곱마이크로미터

---

[1] 예쁜꼬마선충의 세포 숫자는 자웅동체는 959개, 수컷은 1031개이다

이다. 그런데 인간은 체중의 약 70%가 물이므로 세포의 비중을 물의 비중인 $1g/cm^3$이라고 간주하면, 세포 하나의 무게는 $10^{-12} \sim 10^{-11}$킬로그램이 된다. 그럼 체중이 100킬로그램인 사람의 몸에는 $10^{13} \sim 10^{14}$(10조~100조)개의 세포가 있다는 계산이 나온다.

이보다 좀 더 정확한 추산을 위해서는 세포의 종류를 알아야 한다. 인체의 세포 가운데 가장 수가 많은 것은 혈액 중의 적혈구 세포이다. 체중 70킬로그램가량에 평균적인 체격의 남성이라면 대략 4.9리터의 혈액을 가지고 있다. 이 남성의 혈액 1리터당 적혈구 개수는 약 5.0×10^{12}(5조)개. 따라서 적혈구 세포만 해도 약 24조 5천억 개나 된다. 그다음으로 많은 세포는 대뇌의 신경아교세포(8%)이고, 상피세포(7%), 피부섬유아세포(5%), 혈소판(4%), 골수세포(4%)의 순서다. 이 세포들의 숫자는 각각 뇌의 평균적인 부피, 대뇌의 아교세포와 신경세포(뉴런)의 부피, 피부 면적, 세포의 밀도 같은 수치를 감안해 추정되었다. 이렇게 추산된 세포들의 숫자를 모두 더하면 얼추 5조 개가 된다. 이를 앞의 적혈구 숫자에 더하면, 체중이 70킬로그램인 성인 남성의 경우 약 30조 개가 나온다.

세포의 개수를 보다 정확히 알기 위해서는 인간이 가진 세포의 종류를 알아야 한다고 했는데, 인체에 어떤 종류의 세포가 있는지 아는 것은 어쩌면 세포의 개수를 세는 것보다 더 어려울 수도 있다.

세포를 구분하는 방법

생물학자들이 세포를 구분하기 위해 가장 먼저 사용한 방법은 현미경으로 세포의 모양을 관찰한 것이었다. 가령 대뇌에 존재하는 신경세포와 신경아교세포는 서로 구분되는 특징적인 모양을 가지고 있다. 백혈구, 적혈구(erythrocyte), 혈소판도 서로 다르게 생겼다. 피부섬유아세포와 골수세포 역시 그렇다. 이렇게 최초의 세포 구분은 (현미경 관찰에 의한) 형태학적인 방법으로 이뤄졌다. 또 다른 방법은 세포가 어떤 조직에서 유래하는지에 따라 분류하는 것이다. 피부에서 유래했는지, 혈액에서 유래했는지, 혹은 대뇌에 존재하는 신경조직에서 유래했는지에 따라서 기능이 다르다고 간주하여 세포가 유래한 조직과 기관에 따라서 분류했다.

세포에 대한 이해가 늘어나면서 비슷하게 생긴 세포라도 조금씩 기능이 다르고, 같은 기관과 조직에도 기능이 다른 세포가 있다는 사실이 밝혀졌다. 세포들은 어떻게 각기 자기가 할 일을 하게 될까? 세포가 할 일을 지시하는 것은 세포 안에서 만들어지는 단백질이다. 각각 다른 일을 하는 세포는 서로 다른 단백질을 갖고 있다. 예컨대 위벽에서 위산을 분비하는 벽세포(parietal cell)와 단백질 분해효소인 펩신(pepsin)을 분비하는 주세포(chief cell)는 체내의 비슷한 위치에 있지만, 세포 안에 있는 단백질이 다르기 때문에 서로 하는 일이 다르다. 면역세포라면 세포 표면에 존재하는 다양한 단백질에 따라 하는 일이 달라진다.[2]

인체를 구성하는 모든 세포는 난자와 정자가 만나서 합해진 '수정란'이라는 하나의 세포로부터 분열된 세포가 발생 과정에서 다양한 세포로 분화한 것이다. 이미 분화한 세포도 외부 환경의 변화에 따라서 그 활동 양상이 변하기도 한다. 가령 면역세포인 마크로파지(macrophage)는 외부에서 침입한 병원체와 접촉하여 받는 자극에 따라 성질이 급격하게 달라져 완전히 다른 세포처럼 행동한다. 상황에 따라서 성질이 완전히 달라진 세포는 이전의 세포와 같은 종류라고 할 수 있을까? 그리고 세포가 분화 과정에서 거치는 중간 단계들은 어떻게 이해해야 할까? 따라서 몇 가지 마커 단백질이 세포에 있는지에 따라서 세포를 구분하는 것은 생각처럼 쉽지 않다.

따라서 세포를 근본적으로 분류하기 위해서는 세포의 특성을 규정하는 모든 단백질을 살펴볼 필요가 있다. 하나의 세포에는 2만여 종의 단

---

2   세포를 구분하는 표지가 되는 단백질을 '마커 단백질'(marker protein)이라고 한다.

백질이 있다. 이렇게 많은 단백질이 각각 다른 세포에서 어떤 구성 비율로 들어 있는지를 알아내는 것은 쉽지 않다. 이는 처음 단백질이라는 것을 연구하기 시작한 19세기부터 해결되지 않은 문제이다. 왜냐하면 세포 내에 있는 2만여 종의 단백질은 화학적·물리적 성질이 제각기 다르며, 또 단백질을 분리하거나 그 양을 측정하기 위해서는 단백질마다 각각 다른 검출 방법을 사용해야 하기 때문이다.[3] 따라서 세포 내에 있는 모든 단백질의 조성을 조사하여 세포를 구분하는 것은 거의 불가능하다. 하지만 단백질로 할 수 없다면 대용물이 있진 않을까?

RNA와 세포

한 생물체의 모든 세포는 동일한 유전정보, 즉 DNA를 공유한다. 물론 세포가 분열하고 분화하는 과정에서 간혹 DNA의 내용이 변경되는 돌연변이가 발생하기도 한다. 그러나 기본적으로는 하나의 수정란에서 유래한 생물체의 모든 세포는 거의 동일한 유전정보를 가지고 있다고 생각하면 된다.[4]

거의 동일한 DNA를 가진 세포에서 어떻게 다양한 세포들이 출현할까? 세포핵 안에 있는 DNA의 정보에 의해서 세포질에서 단백질이 만들어지기 위해서는 DNA 정보의 복사본이 세포질로 전달되어야 한다.[5] 그 정보의 복사본을 담아서 핵 바깥으로 나오는 것이 RNA(정확히는 메

---

3 분석법의 발전으로 세포 내에 많이 분포하는 단백질의 경우 동시에 수천 개 이상의 단백질을 분석할 수 있게 되었다. 그러나 여전히 세포 내 단백질을 정량적으로 분석하는 것은 DNA나 RNA를 분석하는 것에 비해서 어렵다.
4 이 사실을 어떻게 알게 되었는지에 대해서는 12장에서 알아본다.
5 DNA의 유전정보 중에서 단백질을 만드는 데 쓰이는 정보는 일단 mRNA로 전사(transcription)된 후 단백질로 번역(translation)된다. 이 과정이 어떻게 발견되었는지에 대해서는 7장에서 자세히 알아본다.

신저 RNA 혹은 mRNA)이다. DNA는 단백질 합성을 지시하는 유전정보를 RNA에 복사해서 내보낸다. RNA에 복사되는 유전자 세트의 내용이 달라지면 다른 세포가 되는 것이다.[6] 비유하자면, 도서관(DNA)에서 대출하는 자료는 이용자(세포)마다 다르다. 모든 세포(이용자)는 DNA(중앙도서관)에 저장되어 있는 유전정보 중에서 서로 다른 조합의 유전자를 RNA 형태로 전사하여 단백질을 만든다. 때로는 동일한 유전자를 발현하지만, 그 양과 발현 시점이 다르면 다른 세포가 된다. 케익, 쿠키, 빵이 모두 밀가루, 설탕, 계란 등 동일한 재료를 사용하지만, 재료의 배합 비율과 재료를 섞는 방법, 조리 방법에 따라서 전혀 다른 음식물이 되는 것과 비슷하다. 요컨대, 다른 종류의 세포는 서로 다른 단백질과 RNA를 가지고 있다.

세포를 분류하기 위해 세포 내에 존재하는 모든 단백질을 분석하는 것은 불가능에 가깝다고 했다. RNA라면 어떨까? 세포 안에서 단백질이 합성되려면 RNA가 암호를 실어서 핵 밖으로 나와야 하고, 이 암호에 담긴 유전자 세트의 내용에 따라 어떤 세포가 될지 결정된다. 그러므로 이 RNA를 분석하면 세포 안에서 만들어질 단백질을 파악할 수 있기 때문에 세포 내에 존재하는 모든 RNA를 분석하여 세포의 종류를 알 수 있다. 특히 2000년대 초반 인간게놈프로젝트(Human Genome Project, HGP)가 완료된 후에 '차세대 염기서열 분석기술'(Next Generation Sequencing, NGS)이 급속히 발달했기 때문에 mRNA의 종류, 양, 염기서열을 결정하는 작업이 그리 어렵지 않게 되었다. 차세대 염기서열 분석기술을 이용하여 세포 내의 모든 mRNA의 양을 알아내는 방법을 'RNA-Seq'[7]이라고 부른다. 이 방법은 처음 등장한 2006년 이후 세포 내에 존재하는 RNA의 종류를 알아내는 표준적인 방법이 되었다. 하지만 세포를 완벽하게 구분하기

---

6   세포가 다양한 세포로 분화하는 과정은 12장과 13장에서 다룬다.
7   'RNA-시퀀싱'이라고 읽으면 된다. 다만, 차세대 염기서열 분석기술이 나오기 이전에도 기존 기술을 사용한 'RNA 시퀀싱'이 있었기 때문에 이것과 구분하기 위해 'RNA-Seq'으로 표기한다.

위해서는 RNA-Seq 기술 이외에도 다른 기술이 필요했다.

단일 세포 RNA-Seq

DNA이건 RNA이건 차세대 염기서열 분석기술을 사용하기에 충분한 양의 시료를 얻기 위해서는 매우 많은 세포가 필요하다. 세포에 따라서 다소 차이가 있지만 세포 하나에 들어 있는 RNA의 양은 약 10^{-30}피코그램(picogram, 1×10^{-12}그램)이다. 그중에서 실제로 단백질을 만드는 정보를 담고 있는 mRNA는 전체 RNA 양의 1~3%에 불과하다. 따라서 통상적인 염기서열 분석에 필요한 마이크로그램(1×10^{-6}그램) 단위의 RNA를 얻기 위해서는 적어도 약 100만 개 이상의 세포가 필요하다.[8]

그러나 조직 안에는 다양한 종류의 세포가 섞여 있어서 완전히 동일한 종류의 세포를 그 정도 개수로 모으는 것이 쉽지 않다. 각각의 세포가 분리되어 존재하고, 세포 표면에 있는 단백질의 종류로 세포의 종류를 비교적 쉽게 분류할 수 있는[9] 혈액세포라면 RNA-Seq을 할 수 있을 만큼의 RNA를 추출할 수 있을지도 모른다. 그러나 대부분의 조직에서는 그렇게 쉽지 않다. 처음에는 조직에 섞여 있는 세포의 종류를 무시한 채 RNA를 추출했다.[10] 당연히 분석 결과는 조직을 구성하는 다양한 세포에 포함된 RNA의 총합일 뿐, 그 세포들 각각이 가진 RNA의 차이에 대한 정보는 사라진다. 결국 세포를 분류하기 위해 RNA를 조사한다면 단일 세포 단위로 분석해야 한다.

직전에도 언급한 바와 같이, 하나의 세포에 들어 있는 RNA 양은 극히 적다. 때문에 RNA 양을 증폭하는 기술을 사용한 후에 RNA의 염기서

---

8   이는 무게로 따지면 몇 밀리그램 정도의 조직에 들어 있는 세포의 개수이다.
9   세포 분류기(cell sorter)라는 기기를 사용한다.
10   이러한 방식을 '벌크 RNA 염기서열 분석'(Bulk RNA-Seq)이라고 한다.

열을 분석하게 된다. 이를 '단일 세포 RNA-Seq'이라고 한다. 단일 세포 RNA-Seq을 통해 알게 된 사실은, 기존에 같은 종류로 분류되었던 세포들 중에서 소속을 달리해야 할 만큼 mRNA 조성이 다른 세포도 발견되었다는 것이다.

세포의 분화 과정도 새롭게 이해되었다. 이전에는 모든 혈액세포와 면역세포는 골수에 있는 조혈 줄기세포에서 유래해 몇 단계를 거쳐서 서로 다른 종류의 세포로 분화한다고 이해되었다.[11] 단일 세포 RNA-Seq으로 분화 중인 혈액세포와 면역세포의 RNA 조성을 살펴보니, 세포는 불연속적으로 분화하는 것이 아니었다. 마치 한 사람의 성장 과정을 유치원생―초등학생―중학생―고등학생―대학생이 되었다는 식으로 표현해도 그것이 단속적인 것이 아니라 매일의 연속인 것과 비슷하다.

단일 세포 RNA-Seq은 정상적인 세포뿐만 아니라 암세포와 암 조직에 대한 이해도 넓혔다. 암세포는 세포의 정상적 분화와 증식에 대한 조절 시스템이 망가지는 바람에 통제와 규제에 속박되지 않고 제멋대로 증식하게 된 악당이다. 암세포가 정상 세포와 다른 점, 무절제한 증식의 기전을 이해하는 것은 암세포의 성장을 억제하는 '암 표적 치료'(targeted cancer therapy)의 기본이 된다.[12] 암 표적 치료는 몇 종류의 암을 제외하고 대부분의 암에서 기대만큼 큰 효과를 내지 못한다. 표적 항암제가 어느 정도 효과를 내다가, 곧 약에 내성을 갖는 암세포가 증식하기 때문이다. 단일 세포 분석법을 사용해보니, 같은 암 조직에서 발견되는 암세포들이 완전히 유전적으로 동일한 세포가 아니었다. 암 조직은 서로 다른 돌연변이를 가진 여러 종류의 암세포가 섞여 있는 모자이크와 비슷하다. 표적 항암제가 정상 세포와 암세포의 차이를 식별하고 암세포만 공격하도록 디자인되었지만, 주요 표적이 제거된 후에는 또 다른 돌연변이 암세포가 다시 주류가 되어 증식하는 것이다. 단일 세포 RNA-Seq은 암 조직을 서

---

11   혈액세포가 분화하는 과정은 12장에서 다룬다.
12   암세포와 표적 항암제는 9장에서 보다 자세히 알아본다.

로 다른 특성을 가진 암세포들의 집합체로 이해해야 한다는 인식을 갖게 했다.

오늘날 단일 세포의 RNA 조성을 알아보는 것은 세포의 다양성을 파악하는 기본적인 연구 방법이다. 이제 최초의 질문으로 되돌아가서, 그래서 우리는 인체에 얼마나 많은 종류의 세포가 있는지 알게 되었는가?

인간게놈프로젝트와 세포의 미스터리

러시아의 화학자인 드미트리 멘델레예프는 1869년에 '원소 주기율표'(Periodic Table)를 작성했다. 멘델레예프 이전에도 그때까지 발견된 원소들을 표로 정리하려는 시도가 없었던 것은 아니다. 그러나 멘델레예프의 주기율표는 발견된 원소들의 특징과 공통된 성질에 기초해 분류하고 배열한 체계성이 뛰어났다. 주기율표의 주기적 규칙성에 근거하면 미발견 원소의 존재까지 예측할 수 있었다. 가령 멘델레예프는 주기율표의 빈칸들에 '에카-보른', '에카-알루미늄', '에카-실리콘' 같은 이름을 붙이고 이 미지의 원소들의 화학적 성질을 예측했다. 후일에 실제로 빈칸의 원소들이 발견되었는데, 각각 스칸듐(1879), 갈륨(1876), 게르마늄(1886)이었다. 주기율표는 원소의 단순한 나열이 아니라 원소들 사이의 규칙을 설명하는 '사고의 틀'로서 화학의 발달에 기여했다.

인간게놈프로젝트 역시 어떤 면에서 주기율표 작성이 화학에 미친 영향에 비견될 정도로 21세기의 생물학 발전에 큰 영향을 주었다. 우리는 인간게놈프로젝트가 진행되기 전 수천 종류의 인간 유전자에 대한 정보를 단편적으로 알고 있었다. 인간게놈프로젝트는 이 유전자를 포함해 염색체에 저장되어 있는 모든 유전정보를 파악하겠다는 거대한 기획이었다. 인간게놈프로젝트는 우리에게 무엇을 알려줬을까?

'게놈', 즉 '유전체'란 염색체의 구성 물질인 DNA에 들어 있는 유정

정보의 총합으로 이해하면 크게 무리가 없다. 염색체 전체가 유전정보로 꽉 차 있는 건 아니다. DNA 이중나선에는 단백질을 만드는 데 사용되는 정보가 있는 부분과 그렇지 않은 부분이 섞여 있다. 인간게놈프로젝트의 최종 완성본이 나온 2003년에 우리는 다음과 같은 지식을 얻었다. 인간의 유전체에는 대략 30억 쌍의 염기서열이 있으며, 이 중 유전자는 약 2만 개이다. 유전체의 고작 1%만이 유전자, 즉 단백질 합성을 지시하는 암호화된 정보가 담긴 구간이라는 사실이 놀라웠다. 인간게놈프로젝트로 그려낸 유전자 지도가 어느 정도 화학의 주기율표와 비슷한 역할을 하긴 하지만, 생명의 성질을 이해하는 데 극히 제한된 정보를 제공하는 불완전한 주기율표인 셈이다.

    우리가 인간의 기본 설계도인 유전체의 염기서열을 파악하고도 생명체의 신비를 완벽하게 밝혀내지 못한 것은, 인간유전체에 존재하는 2만 개의 유전자가 생명체라는 복잡한 기계에서 사용할 수 있는 부품의 전체 목록에 불과하기 때문이다. 인간과 같은 다세포 생명체는 다양한 세포로 구성되어 있고, 각각의 세포는 2만 개가량의 유전자가 만드는 수많은 단백질 중의 일부를 사용하여 만들어진 것이다. 유전체에는 몸을 구성하는 세포들이 사용하는 재료에 대한 정보뿐만 아니라, 재료의 조리법에 관한 정보도 들어 있다. 그러나 이러한 유전자 자체에 대한 정보에 비해 세포를 구성하는 단백질의 조합에 관한 정보, 세포가 어떤 과정을 밟아서 형성되는지에 관한 정보는 쉽사리 해독하기 힘들었다. 이것은 마치 2만 종류의 원재료를 사용하는 식당의 비법을 찾는 것과 비슷하다. 이 식당의 요리 비법을 찾기 위해 그곳에서 사용하는 2만 가지 원재료를 모조리 파악했지만, 식당이 제공하는 수많은 요리가 어떤 재료들의 배합과 조리법으로 완성된 것인지, 심지어 요리의 종류가 얼마나 많을지는 짐작조차 하기 힘든 것에 비유할 수 있다.

유전체의 3차원 구조

단순히 염기서열을 파악하는 것으로 유전체의 모든 정보를 파악할 수 없다는 이야기는 유전체의 98%를 차지하는 공백에 미지의 정보가 있다는 것을 의미한다. 그리고 유전체에는 염기서열을 넘어서는 다른 차원의 정보가 내재되어 있다는 의미를 포함하기도 한다. 세포가 어떻게 저마다 다른 세트의 mRNA를 만드는지 알기 위해서는 다른 차원을 도입해볼 필요가 있다. 흔히 우리가 DNA 하면 떠올리는 실타래 모양의 염색체는 세포의 성장 과정에서 극히 한정된 시기인 '중기'에만 나타난다. 중기의 염색체는 세포가 DNA의 복제를 마치고 2개의 딸세포로 분열하기 위해 DNA를 잘 '포장'해 놓은 상태이다. DNA는 중기가 아닌 대부분의 시기에 핵 안에 풀어진 채로 존재하고, 이때가 실제로 DNA에 있는 정보가 mRNA로 전사되고 단백질로 번역되는 시기이다. 유전체를 구성하는 DNA의 특질이 유전자의 발현 과정에서 생성되는 RNA와 밀접하게 관련되어 있다는 의미다.

인간게놈프로젝트에서 우리가 알아낸 것은 DNA의 염기서열—A, C, G, T 네 글자의 배열 순서—이다. 염기서열은 4가지 염기가 유전체 안에서 1차원적인 순서로 나열되어 있는 정보이다. 그러나 유전체를 구성하는 염색체는 세포라는 3차원 공간에서 다른 염색체들과 '상호 참조' 관계를 맺고 있다. 수십 권 분량의 백과사전 중 제1권에 속한 한 쪽짜리 글이 같은 권의 다른 페이지를 참조하면서 다른 권의 다른 글을 인용하는 식으로 연결되어 있는 것과 비슷하다.

염색체는 1차원적으로는 자기 자신의 염기 순서상 멀리 떨어진 부분들이 3차원적으로는 가까이 맞대고 있을 수 있고, 다른 염색체들과도 이웃한다.(그림 1.1) 이처럼 평면적이고 선형적이지 않으며 유기적인 '3차원 구조'가 형성되는 데는 여러 요인이 영향을 준다. 예로서 몇 가지를 들면, DNA의 염기 중 사이토신이 메틸화되어 있는지, DNA 가닥이 감

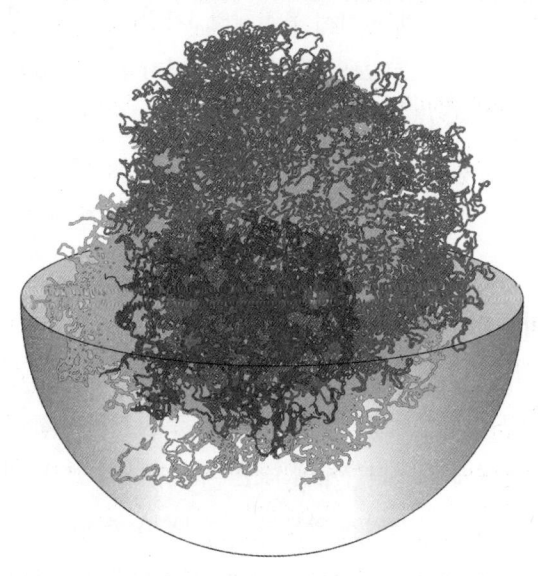

그림 1.1 염색체의 염기서열은 선형적이지만, 염색체는 세포핵이라는 3차원 공간 안에 접혀 있기 때문에 3차원 구조로 존재하며, 유전체도 3차원 구조가 된다.

겨 있는 히스톤 단백질의 꼬리에 어떤 변형이 있는지 등이 있다.[13] 요컨대, 한 생물체를 구성하는 모든 세포의 1차 구조는 세포들이 하나의 유전체에서 유래했으므로 모두 같다. 그리고 동일한 유전체 안에서 어떤 세포에 소속되느냐에 따라 서로 다른 3차원 구조를 가지며, 이는 직접적으로 세포 간의 RNA 차이를 낳는다.

30억 염기쌍에 달하는 염색체의 어떤 부분이 다른 부분과 어떻게 상호작용하는지와 같은 정보는 인간게놈프로젝트가 완료되기 이전, 그리고 차세대 염기서열 분석기술이 보편화되지 않았을 때는 전혀 알 수 없었다. 인간게놈프로젝트를 통해 유전체의 1차원 구조가 결정되었고, 차세대 염기서열 분석기술이 유전체의 1차원 구조 안에서 상호작용하는 부분들을 알게 해준 결과로 우리는 유전체에 대한 추가적인 정보를 확보

---

13 이에 대해서는 13장에서 자세히 다룬다.

했다.[14] 즉 세포의 종류에 따라서 유전체의 3차원 구조는 달라진다. 그리고 유전체를 1차원 구조로 보았을 때는 여기저기 흩어져 있는 것처럼 보였던 유전자들이 특정한 조건에서는 서로 맞닿아 있어, 이와 같은 3차원적 조건이 해당 유전자에서 만들어질 mRNA를 결정한다.

세포 아틀라스 프로젝트

인체를 구성하는 세포의 개수와 종류로 시작하여 세포의 종류가 근본적으로 어떻게 결정되는지에 대한 이야기까지 했다. 지금까지 알아본 것처럼 세포를 세포답게 만드는 것은 DNA 못지않게 염색체의 지리적 구조에서 발생하는 관계성이다. 세포의 더욱 속 깊은 비밀을 푸는 첫 단계는 우리 몸을 구성하는 세포에는 어떤 것들이 있는지를 알고, 이들을 구성하는 재료를 아는 것이다. 인간게놈프로젝트로 처음 만들기 시작한 '생명의 주기율표'를 보완하여 좀 더 완벽한 것으로 만드는 것이다. 화학 주기율표가 '원자 질량'을 기준으로 원소를 나누었다면, 세포를 나누는 기준은 세포의 특징을 결정하는 근본적인 요소인 RNA의 조성이 될 것이다.

단일 세포 RNA-Seq이 등장한 이후 세포를 더욱 정밀하게 연구하는 것이 가능해지자, 2010년대 중반부터 인체를 구성하는 모든 세포의 '목록'을 작성하려는 노력이 구체화되었다. 그것이 바로 '세포 아틀라스 프로젝트'(Cell Atlas Project)이다. 프로젝트를 주도하는 인물 중 하나가 MIT 브로드 연구소(Broad Institute)의 아비브 레게브(Aviv Regev) 교수다. 이스라엘 출신의 계산생물학자(Computational Biologist)인 레게브는 원

---

14 유전체의 염기서열이 서로 다른 부분과 상호작용하는 관계를 차세대 염기서열 분석 기술로 알아내는 방법을 'Hi-C'라고 한다. 'C'는 'capture'의 약자로, 염색체의 3차원적인 관계를 '포착한다'라는 의미이다.

래 RNA 전사체 분석을 통해 유전자가 어떻게 조절되는지에 대해 관심을 가지고 있었다. 그는 단일 세포의 RNA 분석을 활용한 여러 연구에 관여하면서 이러한 연구를 인체의 모든 세포로 확장해보고 싶었다. 해당 기술이 널리 사용되면서 비슷한 아이디어를 가진 연구자가 많아지자, 효율적인 연구를 위해서는 컨소시엄을 구성하여 중복 연구를 막고 데이터를 공유하는 협력 체계가 필요하다고 생각했다. 2016년 레게브와 비슷한 생각을 가진 연구자들이 런던에 모여 인체를 구성하는 세포에 대한 '세계 전도'(Atlas)를 어떻게 구축할지를 논의한 결과, '세포 아틀라스 이니셔티브'(Cell Atlas Initiative)라는 연구자들의 모임이 출범했다. 그리고 '세포 아틀라스 프로젝트'(Cell Atlas Project)라는 이름의 공동연구 프로젝트를 추진하기로 결의했다.

　세포 아틀라스 프로젝트는 인간게놈프로젝트에 비견될 만한 거대한 연구 과제다. 두 프로젝트 모두 인체의 신비를 기본적인 단위체(유전자 vs 세포) 수준에서 규명하고자 전 세계 수많은 연구자를 동원했다. 세포 아틀라스 프로젝트의 목표는 각기 다른 세포가 어떤 RNA를 만드느냐를 기준으로 세포를 분류하는 것이다. 인체에 있는 모든 종류의 세포를 분석하여 완벽한 카탈로그를 만들기 위해서는 얼마나 많은 세포를 분석해야 할까? 2017년에 발간된 세포 아틀라스 프로젝트의 첫 백서에는 아무리 단일 세포 분석기술이 발전하더라도 약 37조 개로 추산되는 인체의 모든 세포를 살펴볼 수 없다는 점이 명시되어 있다.

　최소한의 노력을 들여서 가능한 한 많은 종류의 세포를 살펴보기 위해 이 프로젝트는 단일 세포를 이용한 '스카이다이브' 전략을 추구한다. 이는 조직에서 세포 하나를 분리한 다음, 단일 세포 RNA-Seq으로 RNA 조성을 조사하여 세포를 분류하는 것이다. 비행기에서 낙하산을 타고 스카이다이빙하는 사람이 내려다보는 지상의 모습을 상상해보자. 매우 높은 상공에서 내려다보면 산과 강, 평야처럼 큰 지형만 눈에 들어온다. 그러다 점점 하강할수록 지상의 세부적인 모습을 식별할 수 있게 되고, 마침내 땅에 착륙하면 착지한 지점에 무엇이 있는지 세세하게 볼 수 있다. 스카이다이브 전략은 이와 비슷한 단계적 접근법이다. 처음에는 단일 세포 RNA 분석술로 어떤 조직에 있는 세포들을 대략적으로 분류한다. 대략적인 분류군에서 발견되는 특이한 세포, 혹은 같은 종류로 간주되었으나 다른 종류로 분리해야 하는 세포 등을 발견하면, 더욱 세밀한 조사를 위해 더 많은 세포를 분석하여 기존의 분석 내용을 보완하고 수정하는 전략이다.

단일 세포 RNA-Seq은 분명한 한계도 있다. 세포의 조직 내 위치는 RNA의 종류에 영향을 준다. 그런데 단일 세포를 얻기 위해 조직에서 세포를 분리한 다음에는 위치 정보가 사라져버린다. 세포의 조직 내 위치를 알아내는 실험 기술이 있긴 하지만 한계가 있다. 왜냐하면 어떤 mRNA는 특정 위치에 있는 세포에만 존재하지 않고 다른 위치에 있는 세포에도 존재하면서 미세한 양적 차이만 보이기도 하기 때문이다. 따라서 mRNA 정보만 이용해서는 세포의 조직 내 위치와 종류를 특정하기 어렵다. 이런 이유로 세포 아틀라스를 작성하기 위해서는 세포의 위치와 종류를 동시에 파악하는 기술이 요구된다.

연구자들은 2018년부터 다양한 조직을 구성하는 세포의 종류와 위치, 그리고 그 기능에 대해 더욱 정확히 파악하기 위해 연구를 해오고 있다. 연구 대상이 된 생물학적 시스템은 다음과 같다.

- 신경계
- 면역계
- 배설계: 신장
- 호흡계: 폐
- 간
- 췌장
- 소장과 대장

- 피부
- 심혈관계: 심장
- 발생생물학과 줄기세포
- 아동
- 오가노이드(organoid)[15]

위에서 열거한 시스템을 통틀어 약 3천만~1억 개의 세포가 분석되어 '세포 아틀라스 초안 버전 1'(Cell Atlas Draft Version 1)이 작성될 예정이다. 이 시점에서 세포 아틀라스 프로젝트를 인간게놈프로젝트와 비교해볼 필요가 있다. 인간게놈프로젝트는 인간의 모든 세포가 공유하는 유전 암호를 해독하겠다는 명확한 목표와 종료 시점이 정해져 있었다. 세포 아틀라스 프로젝트는 그렇지 않다. 과연 세포에 대한 인간의 지식은 이 프로젝트가 끝난 후 얼마나 확장될까? 인체를 구성하는 세포의 종류와 위치를 파악하는 것이 생명체를 이해하는 데 얼마나 기여할까? 이런 질문들에 대해 세포 아틀라스 프로젝트가 어떤 답을 줄지는 초안 버전 1이 나온 이후에나 짐작해볼 수 있겠다.

근대 이후 생물학의 역사는 세포를 발견하고 탐구해온 여정이었다고 해도 과언이 아니다. 현대 생물학은 정말 거대하고 방대한 지식을 모으고 축적했지만 그것들은 모두 마이크로미터 크기의 세포 속 사정들이다. 물리학자가 작은 원자를 구성하는 입자의 세계 안에서 우주의 기원을 찾고 있듯이, 생물학자는 세포 속 미시 우주로 들어가 생명의 근본 원리를 찾고 있다. 어느 쪽 탐사가 더 빨리 끝날지는 현재로선 아무도 모른다. 현대 생물학의 최초의 출발점이었을 세포의 발견 현장으로 돌아가서 지나온 여정을 되짚어보며 세포와 생명에 관한 나름의 지식과 생각을 새로이 확립하는 여행을 출발해보자.

---

15   장기유사체 혹은 미니장기. 14장에서 알아본다.

2장

세포를 '보다'

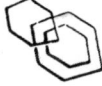

현미경의 발명

망원경(telescope)과 현미경(microscope)은 정반대의 기능을 가진 도구이지만, 그 원리와 발명 과정을 살펴보면 출발점이 같다. 수정 따위를 갈아서 만든 렌즈의 역사는 현미경이나 망원경의 발명보다 훨씬 이전인 기원전부터 시작되었다. 현존하는 가장 오래된 렌즈는 1850년, 지금은 이라크에 속하는 지역인 님루드(Nimrud)의 앗시리아 왕궁터에서 출토된 것이다. 제작 시기는 기원전 700년 무렵으로 추정된다. 이 렌즈의 용도를 밝히기는 쉽지 않으나, 약 3배의 확대능을 가진 것으로 보아 돋보기로 사용되었거나, 빛을 모아 불을 붙이는 용도였을 것으로 보인다.

렌즈가 인간의 시력을 보조하는 물건으로 처음 사용된 것은 13세기 이탈리아 수도사들이 두 개의 렌즈를 연결하여 만든 최초의 안경이었다. 17세기 초, 네덜란드의 안경 제작자들은 두 개의 렌즈를 겹치면 하나의 렌즈를 사용했을 때보다 확대능이 월등히 높아지는 것을 알아냈다. 이처럼 간단한 망원경은 제작 원리가 어렵지 않았기에 널리 알려졌다. 네덜란드 정부는 망원경에 대한 특허 출원이 신청되었을 때 누구나 생각할 수 있을 만큼 간단한 아이디어라는 이유로 특허 출원을 거부했다는 일화가 전해진다.

거의 비슷한 시기에 발명된 현미경과 망원경 중 망원경은 발명된 후 곧 천체 관측 도구로 사용되어 기존의 우주관을 바꾸는 파급 효과를 낳았

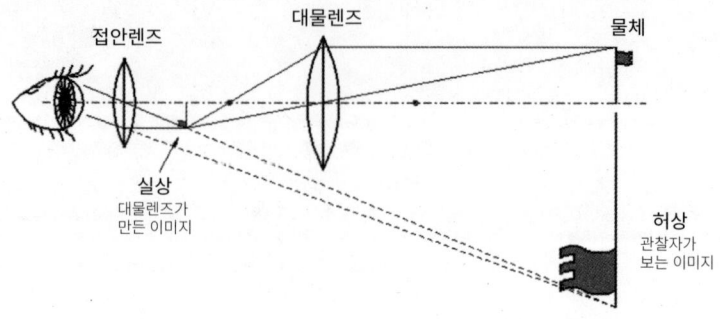

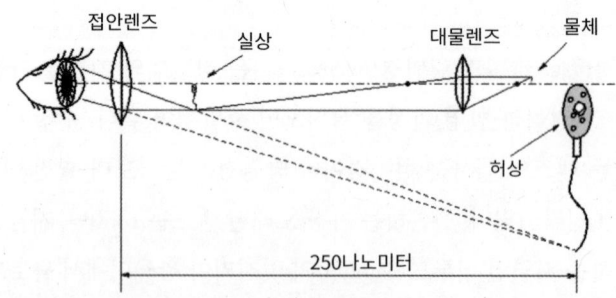

그림 2.1   망원경과 현미경은 대물렌즈에서 차이가 난다. 망원경(위)은 멀리 있는 사물에서 나오는 빛을 모아야 하기 때문에 대물렌즈가 접안렌즈에 비해서 훨씬 크고, 관찰하는 물체와 대물렌즈의 거리가 먼 반면, 현미경(아래)은 대물렌즈에 비해서 접안렌즈가 더 크고, 관찰하는 물체와 대물렌즈와의 거리는 극히 짧다.

다. 그러나 현미경이 과학계에 영향력을 미치는 데는 망원경보다 더 오랜 시간이 걸렸다. 현미경의 발명 이후 이를 이용한 최초의 의미 있는 관찰이 나오기까지는 60여 년이 걸렸다. 별로 활용되지 않던 발명품을 과학계의 '핫 아이템'으로 만든 사람은 영국의 로버트 훅(Robert Hooke)였다.

로버트 훅와 '셀'

로버트 훅은 당대의 팔방미인 지식인이었다. 역학, 천문학, 생물학,

건축학 등 다양한 분야에서 활동하여 폴리매스(polymath)라고 불릴 만한 인물이었다. 세계 최초로 설립된 학회인 영국 왕립학회(The Royal Society of London for Improving Natural Knowledge)의 큐레이터로 임명된 것이 스물일곱 살 때였고, 이듬해에 정회원이 되었다. 훅의 과학적 업적으로 주로 언급되는 것은 '훅의 법칙'[1]과 세포라는 용어를 만든 것이다. 훅은 광학도 연구하여 빛의 파동설을 주장해 뉴턴의 빛의 입자설에 대립했지만, 이런 사실은 뉴턴의 위상에 가려 묻히고 말았다.

훅은 아직 생물학이란 용어가 생겨나기도 전에 세포에 상응하는 미세 기관을 관찰하고 그것에 '세포'(cell)라는 이름을 붙였다. 훅은 크리스토퍼 콕(Christopher Cock)에게 의뢰하여 제작한 현미경을 이용해 사물들을 관찰하기 시작했다. 그가 사용한 현미경은 두 개의 볼록렌즈를 이용한 케플러의 디자인에, 접안렌즈 근처에 렌즈를 하나 추가하여 시야를 넓게 만든 것이었다. 훅은 1665년, 관찰 결과물을 모아 《마이크로그라피아》(*Micrographia*)라는 책으로 펴냈다. 그가 미세 구조를 관찰한 사물은 이, 벼룩 같은 작은 곤충, 벌의 눈, 실크의 섬유 구조 등 다양했다.

훅은 식물의 줄기에 있는 코르크 조직도 관찰했다. 코르크 조직은 마치 벌집의 육각형 구조를 닮은 텅 빈 작은 구획들로 이뤄져 있다. 훅은 이 작은 구획을 'cell'이라고 불렀다. 'cell'은 창고나 저장소를 의미하는 라틴어 'cella'에서 유래한 단어로, 감옥의 감방이나 수도원의 기도실처럼 구획된 작은 방을 가리킨다. 그러니까 훅이 사용한 '세포'의 의미는 현대 생물학에서 사용하는 생명의 기본 단위로서의 의미였다기보다는, 코르크 층의 세포벽이 만들어낸 '빈 공간'을 수도원이나 벌집에 비유한 것에 지나지 않았다. 게다가 훅이 관찰한 코르크층은 식물 세포가 죽고 남은 세포벽을 관찰한 것이기 때문에 살아 있는 세포가 아니었다.

훅이 쓴 책은 당대의 베스트셀러가 되어 많은 사람의 탐구욕을 자극

---

[1] 용수철의 탄성력의 방향과 크기는 용수철을 늘인 방향에는 반대로 작용하며, 용수철을 늘인 정도에는 비례한다는 법칙.

했다. 그의 책을 읽고 '나라면 이것보다 더 잘할 수 있겠다'라고 생각한 사람들이 속속 등장했다. 그중 한 사람이 네덜란드의 안톤 판 레이우엔훅(Antonie van Leeuwenhoek)이었다.

살아 있는 세포를 보다

훅이 영국 왕립학회의 정회원이자 그레샴 대학교의 교수로 당대의 석학이었던 반면, 레이우엔훅은 특별한 교육을 받은 적이 없는 직물상이었다. 그는 직물의 질을 감별하기 위해 돋보기로 직물을 확대해서 살펴보곤 했다. 그러던 중 그도 역시 직접 유리를 가공하여 렌즈를 제작하기 시작했다. 당시의 현미경은 대부분 훅이 사용한 현미경과 마찬가지로 두 개의 볼록렌즈로 만든 것이었다. 이런 현미경의 확대율은 접안렌즈의 확대율과 대물렌즈의 확대율을 곱한 배수로 정해진다. 가령 접안렌즈의 확대율이 5배이고 대물렌즈가 10배라면, 이 현미경의 확대율은 50배가 된다. 이에 비해서 레이우엔훅의 현미경은 단 하나의 구형 렌즈로 제작되었다. 엄밀히 말하면 현미경이 아니라 확대경에 가까워 이것을 사용하려면 눈에 렌즈를 끼우고 사물을 관찰해야 했다. 그런데도 레이우엔훅의 확대경은 기존 현미경보다 확대능이 좋았다.[2]

레이우엔훅은 곧 훅의 미세 사물들을 좀 더 높은 확대능으로 관찰했다. 그러다 1673년 네덜란드의 저명한 의사이자 해부학자인 레이니어르 더 흐라프(Reinieir de Graaf)의 주선으로 영국 왕립학회에 소개되면서 레이우엔훅이 생전에 보낸 130여 통의 편지는 대부분 왕립학회지에 실

---

2   레이우엔훅은 평생 500개에 달하는 현미경을 제작했는데, 그중에서 9개만 현재까지 남아 있다. 위트레흐트 대학교에 소장되어 있는 그의 현미경은 확대능이 266배나 된다고 한다. 레이우엔훅은 다른 사람이 자신의 현미경을 함부로 베끼지 못하도록 제작한 탓에 그의 렌즈 제작술은 사장되고 말았다. 1957년이 되어서야 그의 설계와 유사한 현미경이 재현되어 비슷한 확대능을 낼 수 있다는 것이 확인되었다.

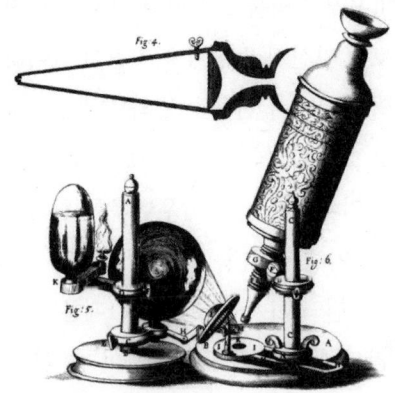
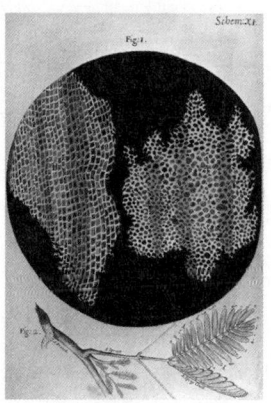

그림 2.2   로버트 훅의 현미경과 그가 관찰한 코르크층의 세포벽은 그림으로 남아 있다.

렸다. 레이우엔훅은 당시 학술계의 표준 용어인 라틴어나 왕립학회의 영어를 몰랐기 때문에 논문을 작성할 수 없어 모국어인 구어체 네덜란드어로 편지를 썼고, 이 편지를 학회지의 편집장인 헨리 올덴부르크(Henry Oldenburg)가 영어로 번역하여 실었다. 레이우엔훅의 보고들은 훅의 관찰 내용을 더욱 상세히 묘사하고 있었다. 1675년의 보고는 특히 많은 사람의 관심을 끌었는데, 이전에는 관찰된 적이 없었던 눈에 보이지 않는 단세포 생물의 발견을 다뤘기 때문이었다. 그 글은 이렇게 시작한다.

> 1675년 나는 새 항아리에 고인 빗물이 며칠이 지나자 색이 변하는 것을 보았다. 이것을 좀 더 자세히 관찰했더니, 여기에는 이전에 얀 스바메르담(Jan Swammerdam)이 육안으로 관찰하고 물벼룩이라고 불렀던, 그 작은 생물에 비해 1/10,000 정도 작은 생물이 살고 있는 것을 발견했다.

그는 이 미소 생물을 작은 동물이라는 뜻의 'animalcule'이라고 불렀다. 그렇지만 학문적 배경이 없는 그의 발견은 좀체 받아들여지지 않았다. 올덴부르크는 레이우엔훅에게 편지를 보내 정확한 관찰 방법을 설명해 달라고 요청했으나, 그는 철저히 비밀주의를 고수했다. 대신 과학자가 아닌 주변인들의 증언을 받아서 보내 자신의 주장이 거짓말이 아니라는 것을 뒷받침하려고 했다. 오늘날의 과학자가 연구 논문의 결과를 의심하는 리뷰어들에게 이 실험이 제대로 실행되었다는 것을 보증하는 친구들의 편지를 보낸다면 웃음거리가 될 일이겠지만, 레이우엔훅은 원래 훈련을 받은 과학자가 아니었다는 점을 감안해야 한다.

학계의 관행에 익숙하지 않았던 레이우엔훅의 태도 때문에 그의 발견에 대한 의구심이 가라앉지 않았다. 저명한 물리학자이자 천문학자인 크리스티안 하위헌스(Christiaan Huygens) 역시 왕립학회지에 투고하면서 레이우엔훅의 발견을 믿을 수 없다는 의견을 냈다. 이에 왕립학회는 식물학자 네헤미아 그루(Nehemiah Grew)로 하여금 레이우엔훅의 관찰을 재현해보게 했으나 실패했다. 왕립학회는 다시 학회의 서기였던 훅에게 재현 임무를 주었고, 훅은 자신의 현미경으로 레이우엔훅이 관찰한 것과 비슷한 미세 생물이 존재한다는 것을 확인했다. 훅은 현미경 관찰 방법과 결과를 꼼꼼하게 기록하여 출판했다. 이에 하위헌스도 몸소 방문하여 미세 생물을 관찰했다. 덕분에 레이우엔훅은 학계에서 서서히 인정받게 되었고, 1680년에는 왕립학회의 회원이 되었다. 그는 자신의 입 안에서 또 다른 미세 생물(박테리아)을 발견했을 뿐만 아니라 최초로 정자를 관찰했다. 이로써 살아 있는 세포의 최초 관찰이라는 업적은 직업 과학자가 아니라 직물상 출신의 아마추어 연구자의 것으로 기록되었다. 그러나 그의 발견이 학계로부터 인정받기 위해서는 훅과 같이 학계에서 이미 인정받는 학자에 의한 재현이 필요했다는 것을 기억해야 한다.

해부학과 현미경의 만남

근대 서양 의학에서 해부가 시작된 곳은 14세기 이탈리아의 볼로냐 대학교였다. 그리고 근대적 학문으로서 인체 해부학은 안드레아 베살리우스(Andreas Vesalius)에 의해 정립되었다. 베살리우스의 해부학은 맨눈으로 식별할 수 있는 기관과 조직의 구조를 대상으로 했다. 해부학 연구에 현미경을 최초로 이용했다고 알려진 인물은 이탈리아의 마르첼로 말피기(Marcello Malpighi)이다. 볼로냐 대학교에서 의학을 공부한 그는 1659년 무렵부터 당시 신발명품인 현미경을 이용해 해부학 연구에 매진한 결과, 해부병리학과 조직학의 창시자로 일컬어지게 되었다. 훅, 레이우엔훅과 같은 시대에 살았던 말피기는 그들처럼 영국 왕립학회지에 연구 결과를 발표했다. 오늘날 과학자들이 학회의 간행물에 연구 결과를 발표하는 것은 너무나 당연한 일이지만, 당시에 학회와 학회지는 '뉴 미디어'나 마찬가지였다. 그때까지 일반적인 연구자는 수년에 걸쳐 이룬 연구 결과를 단행본으로 출간했기 때문에 학회지에 연구 결과를 투고한 것은 요즘 상황에 빗대면 온라인 사회관계망에 연구 결과를 최초로 공개한 것과 같다.

말피기는 콩팥의 동맥으로부터 오줌의 성분을 걸러내는 기관인 '말피기 소체'에 이름을 남겨, 오늘날에는 주로 해부학에 기여한 인물로 기억된다. 세포의 역사에 그가 남긴 발자취는 적혈구의 최초 관찰자라는 것이다. 1661년 말피기는 개구리의 폐를 해부하여 관찰한 내용이 담긴 논문을 왕립학회에 투고했다. 그는 개구리의 폐에서 매우 얇은 벽을 가진 관 조직을 발견하고 여기에 '모세관'(capillary)이라는 이름을 붙였다. 그리고 이 모세관이 정맥과 동맥 사이를 연결하여 혈액을 심장으로 되돌리는 역할을 한다고 그 기능을 정확히 설명했다. 이는 말피기보다 먼저 혈액순환의 원리를 제시했던 윌리엄 하비(William Harvey)의 이론에 있던 공백을 메우는 성과였다. 심장이 펌프의 역할을 하여 동맥으로 혈액을 내보내면 말초를 거쳐 정맥을 타고 심장으로 돌아온다. 이 혈액의 순환 사이클에서 동맥에서 정맥을 잇는 통로가 규명되지 않았던 것이다. 말피기는 폐에서 산소를 받은 혈액이 폐포의 모세혈관을 거쳐 정맥으로 유입된다는 사실을 밝혔다. 여기에 더해 혈관을 통과하는 '적색 입자', 즉 적혈구까지 관찰했다. 적혈구의 발견은 1674년 레이우엔훅의 관찰보다 13년이나 앞섰다.

과학에서 도구는 신체의 능력을 확장한다. 현미경은 눈의 연장이 되어 기존에 볼 수 없었던 영역의 문을 열어주었다. 현미경의 발명은 현대 생물학의 출현을 가능케 한 도구였다고 해도 과언이 아니다. 현미경을 통한 관찰은 세포와 미생물 같은 미증유의 개념을 등장시켰다. 우리가 앞으로 살펴볼 세포의 역사에서 이런 일은 반복된다. 생물학의 결정적인 발전은 기술(도구)적 제약을 뛰어넘었을 때 가능했다. 현미경에 의한 세포의 발견은 이러한 과정의 시작점이다. 이와 같은 양상은 물리학이나 천문학에서의 상황과는 다소 다르다. 물리학과 천문학에서도 관찰 방법의 개선이 새로운 관찰을 가능하게 했지만, 많은 경우 이론이 예측한 현상을 나중에 등장하는 관찰 방법으로 확인하는 방식이었다.[3] 반면, 생물학에서는 주로 새로운 관찰 방법이 등장한 이후 새로운 관찰이 이루어졌고, 관찰한 사물의 정체를 실험과 이론이 설명하는 방식으로 발전해 왔다.

---

3 대표적인 예로 중력파(gravity wave)의 존재를 이론적으로 예측한 후 이를 검출하기 위해 '라이고'(Laser Interferometer Gravitational-Wave Observatory, LIGO)라는 관측 시설을 지었고, 십여 년 만인 2015년 9월 중력파를 검출하는 데 성공했다.

3장

세포 이론

망원경을 이용한 발견이 천문학에서 새로운 이론의 태동으로 곧바로 이어진 반면, 현미경의 발명으로부터 세포와 미생물의 발견에 이르기까지는 수십 년이 걸렸고, 세포가 최초로 발견된 시점에서 약 200년이 지난 19세기 중반이 되어서야 세포의 중요성이 인식되었다. 왜 이러한 차이가 생겼을까? 단순화하여 이야기하기는 쉽지 않으나, 두 가지 정도는 언급할 수 있다.

　　첫째, 당시의 조악한 현미경 기술과 생물학 수준으로는 생물체의 미시적 관찰이 제한적일 수밖에 없었다. 식물의 코르크층이나 단세포 생물은 단순한 광학현미경으로도 볼 수 있다. 하지만 다세포 생물의 조직에서 세포를 구분하고, 세포 내부의 미시 구조물을 관찰하려면 상을 왜곡하지 않는 현미경이 필요하다. 또한 관찰을 용이하게 돕는 세포 '처리' 기술도 발달해야 했다.

　　둘째, 생명체의 복잡성을 들 수 있다. 천문학과 물리학은 망원경에 의한 관측 결과를 이론화하고, 직접 관측에 의하지 않고도 수학 분야의 계산이 관측을 보완하는 등 실험과 이론의 연계가 직접적이고 긴밀했다. 이에 비해 생물학의 경우에는, 세포 같은 미세 구조를 파악하는 데 현미경 관찰이 생산하는 정보가 충분하지 못했다. 게다가 생물이 어떤 물질로 구성되어 있는지를 알려주는 생물화학의 지식은 현미경의 발달만으로는 얻을 수 없는 것이었다.

　　따라서 19세기 중반에 등장하는 '세포 이론'(Cell Theory), 즉 세포가 생명체의 기능적 기본 단위라는 이론은 핵심적인 기술적 한계가 극복된 후에야 인식할 수 있었다. 이 장에서는 세포 이론의 등장 과정을 살펴보려고 한다.

광학현미경의 개선

현미경이 발명된 지 약 200년이 지난 19세기 초에도 현미경은 생물학에서 그다지 신뢰할 만한 실험 도구로 인정되지 않았다. 당시 현미경의 근본적인 한계 때문이었다. 두 가지 한계 중 하나는 '색수차'(chromatic aberration)이다. 가시광선은 서로 파장이 다른 빛으로 구성되어 있다. 이 빛들은 각기 굴절률이 다르기 때문에 촛점이 맺히는 위치가 어긋나서 상이 또렷하지 않다. 또한 파장에 따라서 초점거리가 변하기 때문에 색의 테두리가 생긴다. 이러한 색수차는 배율이 높은 렌즈일수록 커졌다. 또 다른 한계는 '구면수차'(spherical aberration)인데, 이는 렌즈가 구면일 경우 렌즈의 가장자리로 들어오는 빛과 중앙을 통과는 빛의 굴절률이 달라서 초점이 일치하지 않는 문제이다. 이러한 문제는 현미경뿐만 아니라 망원경 제작자들도 알고 있었다.

영국의 발명가인 체스터 무어 홀(Chester Moore Hall)은 굴절률이 높은 유리와 낮은 유리를 조합하면 색수차를 최소화한 렌즈를 만들 수 있다는 것을 알았다. 1733년 그는 이 원리를 적용한 '색지움 렌즈'(achromatic lens)로 먼저 망원경을 제작했다. 색지움 렌즈를 현미경에 도입한 인물은 취미로 현미경을 만들던 포도주 제조업자 조지프 리스터(Joseph Jackson Listor)였다. 리스터는 두 개 이상의 색지움 렌즈를 조합하여 색수차와 구면수차를 최소화한 대물렌즈를 만들어 성능이 개선된 현미경을 제작했다. 토머스 호지킨(Thomas Hodgkin) 같은 영국 의사들이 리스터의 현미경을 사용해 적혈구, 근육, 신경계, 동맥 등을 관찰했다.

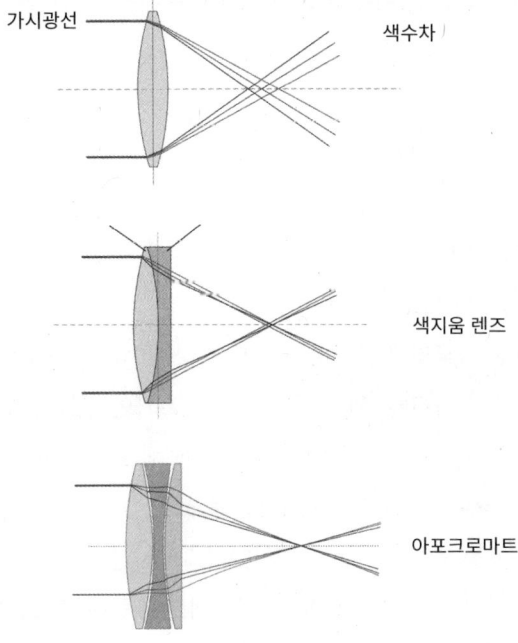

그림 3.1   색수차(위)를 개선한 색지움 렌즈(가운데)와 이를 더 개선한 아포크로마트 렌즈(아래).

리스터의 개선된 현미경은 후대의 현미경 제작자들에게 좋은 본보기가 되었다. 카를 차이스(Carl Zeiss)는 1846년 독일 예나(Jena)에서 광학기기를 제조하는 공장을 세웠다. 차이스는 현미경 렌즈를 개선하기 위해서는 광학 지식이 필수적이라는 것을 깨닫고 물리학자인 에른스트 아베(Ernst Abbe)를 고용했다.[1] 아베는 광학 이론에 근거해 기존의 렌즈보다 분해능이 뛰어난 렌즈를 만들기 위해서는 유리의 광학적 성질을 개선야 한다는 결론을 내리고 화학자인 오토 쇼트(Otto Schott)를 고용했다. 1886년 아베와 쇼트는 새롭게 개발된 유리를 이용하여 3개의 렌즈를 결합시켜 색수차를 일으키는 모든 빛의 왜곡을 보정한, '아포크로마

---

[1] 아베는 현미경의 광학 원리를 기술할 때 사용되는 개념을 고안했는데, 개구수(numerical aperture), 분해능(resolving power) 등이다.

트'(apochromat)라는 이름의 렌즈를 만드는 데 성공했다.

세포 이론의 태동

개선된 현미경은 세포 내부에서 새로운 구성물을 발견하게 해주었다. 그중 하나가 세포핵이다.

1831년 영국의 식물학자 로버트 브라운(Robert Brown)은 난초과 식물의 수정을 연구하던 중 세포 안에서 막으로 싸인 구조물을 발견하고 이를 '세포핵'(nucleus)이라고 불렀다. 1802년에 체코의 식물학자인 프란츠 바우어(Franz Bauer)가 세포핵에 해당하는 것을 관찰한 바 있으나, 이것에 핵이라는 이름을 붙인 이는 브라운이었다.[2] 하지만 브라운의 관찰도 식물에 한정된 것이어서 동식물의 거의 모든 세포에 공통적으로 핵이 존재한다는 것을 알아내지는 못했다.

세포가 생명체를 구성하는 기본 단위라는 중요성을 가장 먼저 깨달은 사람은 독일의 식물학자인 마티아스 슐라이덴(Mathias Schleiden)이다. 훅은 현미경으로 죽은 식물 세포인 코르크층을 관찰했지만, 슐라이덴은 살아 있는 식물 세포를 관찰하고 식물이 세포로 구성되어 있다는 것을 확인했다. 그리고 세포 안에 있는 어떤 성분은 세포 안에서 움직이고, 또한 세포들 사이에서 전달되는 것도 관찰했다. 그는 이러한 현상을 '원형질 흐름'(protoplast streaming)이라고 불렀다. 슐라이덴은 세포핵이 분열하는 것도 관찰했는데, 이 과정을 올바로 해석하지는 못했다. 그는 핵이 세포 밖으로 방출된 다음, 핵 주변에 물질들이 응집하여 새로운 세포가 생기는 것이라고 설명했다. 비록 새로운 세포가 생기는 메커니즘에 대해 잘못 이해했지만, 슐라이덴은 세포가 생리학적으로 생물의 기본 단위라는 것을 처

---

2   브라운은 '브라운 운동'(Brownian motion)을 발견한 것으로 더 유명하다.

음 주장한 사람으로 통한다.

독일의 생물학자 테오도어 슈반(Theodor Schwann)은 저명한 해부생리학자인 요하네스 페터 뮐러(Johannes Peter Müller)의 제자였는데, 1834년부터 1839년까지 베를린 대학교에서 여러 동물의 신경계, 근육, 혈관 등을 현미경으로 관찰했다. 슈반은 슐라이덴과 교류하면서 식물학자인 슐라이덴의 연구가 동물 조직을 연구하는 자신의 관찰과 일맥상통한다는 것을 깨달았다.

슈반은 다양한 동물의 조직이 모두 세포로 구성되어 있으며, 고등생물의 발생에서 중심이 되는 것은 세포의 형성이라고 주장했다. 이는 '세포이론'을 구성하는 두 축을 명백히 한 것이었다.

첫째, 모든 생물은 하나 이상의 세포로 구성되어 있다.
둘째, 세포는 동물과 식물의 기본 구조 단위이다.

그러나 세포 이론에는 결정적인 구멍이 있었다. 그것은 세포가 어떻게 만들어지느냐에 관한 것이었다. 슈반은 세포 밖으로 방출된 핵에 물질이 응집하여 새로운 세포가 생긴다는 슐라이덴의 주장을 별다른 문제의식 없이 받아들였기 때문이다. 따라서 슈반과 슐라이덴의 세포 이론은 완성된 상태가 아니었다.

세포는 세포로부터

슐라이덴과 슈반보다 먼저 식물 세포가 분열에 의해서 생성되는 것을 관찰한 사람이 있었다. 1832년 벨기에의 식물학자 바르텔레미 뒤모르티에(Barthélemy Dumortier)는 광합성을 하는 녹조류인 해캄이 세포가 둘로 나뉘는 이분법으로 증식하는 것을 보았다. 1852년 독일의 발생학자 로

베르트 레마크(Robert Remak)는 자신의 논문에서 동물 세포도 이분법적으로 분열한다고 주장했다. 뒤모르티에와 레마크의 관찰은 슐라이덴과 슈반의 주장과 달리 새로운 세포는 세포가 분열하여 만들어진다는 것을 의미했다. 그러나 슐라이덴과 슈반의 세포 형성 이론이 유포된 상태에서 그것을 부정하는 새로운 주장은 학계에 쉽게 수용되지 않았다.

세포가 다른 세포로부터 유래한다는 '세포 기원설'은 독일의 병리학자 루돌프 피르호(Rudolf Virchow)가 1855년에 발표한 에세이를 통해 학계에 널리 알려지고 인정받게 되었다. 피르호는 "omnis cellula a cellula"(모든 세포는 세포로부터 유래한다)라는 라틴어 문구로 세포의 발생 원리를 설명했다. 피르호는 세포병리학의 창시자로 평가받는데, 1858년에 펴낸 《세포병리학》이라는 책에서 세포의 병이 신체의 병의 근원이라고 주장하여[3] 로베르트 코흐(Robert Koch)와 루이 파스퇴르(Louis Pasteur)에 의해 주도된 '질병의 병원균 원인론'과 대립하는 입장을 보였다. 피르호의 이런 질병관은 비록 질병을 일으키는 병원균을 간과한 오류를 저질렀지만, 암과 같은 질병의 원인에 대한 이해를 제공했다.

피르호는 이후 정치인으로 변신하여 질병의 세포 이론을 사회적으로 확장하여 정치·사회·경제적 요인이 질병을 일으킬 수 있다는 질병의 사회적 기원을 일깨우는 등 다채로운 이력을 쌓았다. 그러나 자신의 이름으로 널리 알려진 세포의 '세포 기원설'이 레마크의 연구에 힘입은 바 크다는 사실을 단 한 번도 인용하거나 언급하지 않아 씁쓸함을 남겼다. 어쨌든 레마크가 펼치지 못한 세포 기원설은 피르호의 명성과 수완 덕택에 세포 이론의 세 번째 요소로서 많은 연구자에게 수용될 수 있었다.

---

3   피르호는 질병을 건강한 세포와 병든 세포의 '시민 전쟁'(Civil Wars)이라고 표현했다.

화학 공업의 발전과 세포 염색

19세기 초반 현미경 제작술의 발달과 더불어 세포학의 발전에 기여한 또 다른 기술 한 가지는 '염색 기술'이다. 현미경을 이용하여 조직과 세포를 관찰하던 최초의 생물학자들은 이내 세포에 색소를 입히면 세포와 세포 내부를 더 잘 볼 수 있다는 것을 알아냈다. 이들이 처음으로 염색에 사용한 색소는 선인장에 기생하는 연지벌레(cochineal)에서 추출한 붉은색 카민(carmin)이었다. 카민 같은 자연색소로서 초창기부터 현미경 관찰에 사용된 것으로는 아이오딘(iodine, 요오드)이 있다. 아이오딘은 식물 세포 내의 전분과 반응하면 보라색을 띠므로 전분의 유무를 확인하는 용도로 사용된다. 1841년에는 동물의 간세포에 당 저장 물질인 글리코젠(glycogen)이 있다는 사실도 아이오딘 염색을 통해 알게 되었다.

다양한 세포 염색 기술이 본격적으로 발달하기 시작한 것은 19세기 중반, 최초의 합성염료인 모빈(mauveine)이 등장한 이후였다. 윌리엄 헨리 퍼킨(William Henry Perkin)이 그 주인공인데, 그는 열다섯 살에 당대의 유명한 화학자였던 아우구스트 폰 호프만(August Wilhelm von Hofmann)의 연구실에서 일했다. 호프만은 퍼킨에게 말라리아 치료 물질인 퀴닌(quinine)을 합성하라는 숙제를 냈다. 퍼킨은 실험을 하다가 우연히 짙은 보랏빛을 띠는 물질을 만들게 되었다. 그때까지 알려진 염료는 모두 천연 물질이었는데, 모빈이 자연에 존재하지 않는 물질을 사용해 최초로 인공 염료를 합성한 것이었다. 퍼킨은 열여덟 살이 되던 해에 모빈 제조 방법에 대한 특허를 취득하고 이를 상업화했다. 퍼킨의 발견은 영국과 독일에 있던 화학회사들의 연구를 촉진하는 계기가 되었다. 곧이어 모빈의 원료인 아닐린(anilline)을 이용하여 다른 색깔을 내는 염료들이 합성되었다. 여기에는 보라색을 내는 푸신(basic fuscine, 1858), 파란색을 내는 아닐린 블루(anilline blue, 1862), 에오신(eosin, 1871), 메틸렌 블루(methylene blue, 1876) 등이 있다. 이러한 합성염료들과 함께 헤마톡실린(haematoxylin)이라는 천연색소도 새롭게 발견되어 세포 염색에 이용되었다.

　이러한 색소들로 세포를 염색하면 세포는 어떻게 보일까? 헤마톡실린이 산화하면 헤마테인(hematein)이라는 물질이 나온다. 헤마테인은 금속이온과 함께 DNA에 결합하여 청색을 띠는 성질이 있어 핵을 청색으로 염색한다. 한편 에오신은 산성인데, 세포질에 있는 염기성 단백질과 결합하여 세포질을 적색으로 염색한다. 헤마톡실린과 에오신을 세포 염색에 같이 사용하면 핵과 세포질을 다른 색깔로 물들여 세포 관찰에 편리하다. 이렇게 헤마톡실린과 에오신을 동시에 사용하는 염색법은 두 염료의 첫 글자를 따서 'H&E 염색'이라고 한다. H&E 염색은 개발된 지 140년이 지난 지금까지도 조직학에서 표본을 염색하는 표준적인 방법으로 사용된다. H&E 염색을 이용하면 헤모글로빈, 근육세포를 더 짙은 색으로 염색할 수 있다.

　H&E 염색 외에도 화학염료 도입 이후 나타난 여러 가지 염색법 중 현재도 폭넓게 사용되는 염색법이 '그람 염색'(Gram Staining)이다. 덴마크의 세균학자인 한스 그람(Hans Gram)이 고안한 것이다. 그람 염색은 미생물 분류에 사용된다. 세균류의 세포벽에는 펩티도글리칸(peptidoglycan)이라는 물질이 들어 있어 염색 시약에 반응하여 색깔을 띤다. 세균은 펩티도글리칸 층이 두꺼운 종류와 얇은 종류가 있어, 두 종류의 세균은 그람 염색 후 다른 색깔을 띠게 된다. 그람 염색 후 보라색을 띠는 세균을 '그람 양성 세균', 분홍색을 띠는 세균을 '그람 음성 세균'이라고 한다.(부록 '컬러 화보' 참고)

뉴런주의(Neuron Doctrine)의 탄생

　1. 모든 생물은 하나 이상의 세포로 구성되어 있다.
　2. 세포는 동물과 식물의 기본 구조 단위이다.

3. 세포는 세포로부터 유래한다.

'세포 이론'을 구성하는 세 개의 축이 완성되자, 세포가 생물을 구성하는 모든 조직의 기능적 기본 단위라는 것에 과학자들의 의견이 일치하기 시작했다. 그런데도 19세기 말까지 여전히 미스터리로 남겨진 영역이 있었으니 바로 뇌를 포함한 신경 조직이었다. 다른 조직의 세포들은 염색을 해서 세포를 하나씩 구분할 수 있었지만, 신경 조직의 세포는 그렇게 할 수가 없었다. 세포마다 복잡하게 가지를 치고 있고, 또 이 가지들이 서로 맞닿고 엇갈려 있었던 것이다. 이렇게 세포들이 그물망처럼 엮여 있어 과연 신경 조직이 다른 조직처럼 개별적인 세포로 구성된 것인지, 아니면 신경 조직 전체가 하나로 연결되어 있는지 판별하기가 쉽지 않았다.

1871년 독일의 해부학자 요제프 폰 게를라흐(Joseph von Gerlach)는 이러한 관찰에 근거하여 신경계가 수많은 세포로 구성된 것이 아니고 하나의 가느다란 신경관으로 이어진 네트워크를 형성하고 있다는, 이른바 '망상체설'(Reticular theory)을 제시했다. 망상체설의 주요 지지자는 이탈리아의 병리학자 카밀로 골지(Camilo Golgi)였다. 골지는 신경 조직을 더 정확히 관찰할 수 있는 '은 염색법'(silver staining)[4]을 고안했다. 은 염색법은 신경 조직의 일부 신경세포만을 검게 염색하므로 신경세포체, 신경돌기, 가지돌기의 구조를 잘 보여준다. 골지는 이러한 관찰 결과를 두고 망상체설을 지지하는 것으로 해석했다.

모든 과학자들이 망상체설에 동의한 것은 아니었다. 망상체설과 대립하는 '뉴런 이론'(Neuron theory)도 대두되었다. 이 이론의 선두에는 에스파냐의 산티아고 라몬 이 카할(Santiago Ramón y Cajal)이 있었다. 카할도

---

4 처음에 조직을 포타슘 다이크롬산($K_2Cr_2O_7$)으로 처리하고, 다시 질산 은(silver nitrate)으로 처리하면 질산 다이크롬산(silver dichromate)이 생성된다. 이 물질이 침전하여 신경세포의 일부만을 검게 물들인다. 왜 은 염색법이 신경세포의 일부만을 염색하는지는 골지도 이유를 몰랐고, 이는 아직도 밝혀지지 않고 있다.

골지의 은 염색법을 사용하여 골지의 실험 결과와 거의 비슷한 결과를 얻었지만, 그의 해석은 달랐다. 신경계를 형성하고 있는 세포들은 축삭돌기(axon)과 가지돌기(dendrite)를 뻗어 복잡하게 얽혀 있다. 하지만 이 세포들은 하나하나 구분되는 독립적인 세포라는 주장이었다. 신경세포들이 네트워크를 형성하고 있긴 하지만, 하나의 신경관이 이어진 것이 아니라고 하는 점에서 망상체설과 차이를 보였다.

카할은 신경세포의 가지돌기에서 튀어나온 작은 돌기들(스파인, spine)에 주목했다. 반대편 축삭에는 이런 스파인이 없었다. 카할은 이러한 구조가 신경세포에서 신호가 전달되는 것과 관련이 있을 것으로 추정했다. 스파인이 있는 가지돌기는 수신부의 역할을 하고, 스파인이 없는 축삭돌기는 송신부의 역할을 한다는 것이 카할의 주장이었다. 스파인은 골지나 다른 신경해부학자들의 염색 실험에서도 관찰되었지만, 이들은 스파인을 염색 과정에서 생기는 인위적인 얼룩으로 보고 무시했다. 그러나 카할은 스파인이 신경세포에 고유한 특징일 거라 보고 은 염색이 아닌 메틸렌 블루(methylene blue)로 염색을 해도 스파인이 관찰된다는 것을 입증해 스파인이 은 염색에서 생긴 얼룩이라는 주장을 반박했다.

카할은 독립적인 신경세포들이 서로 연결되어 있다는 해부학적 관찰에서 한걸음 더 나아가 신경세포가 계층적으로 연결되어 신호가 전달된다는 '역동적 극성화 이론'(The Law of Dynamic Polarization)을 정립했다. 신경 신호는 신경세포의 축삭돌기로부터 나와 다른 신경세포의 가지돌기로 접수되어 세포체를 거쳐 축삭돌기로 전달된 후 또 다른 신경세포로 전해지는, 일정한 방향을 가진다는 것이다. 이는 척수, 소뇌, 해마, 후각망울, 망막 등 다양한 신경계를 해부학적으로 관찰하고 확인한 결과에서 도출된 결론이었다.[5]

---

5 카할은 은 염색법을 사용한 해부학적 관찰만으로 신호 전달 과정을 추측했다. 20세기 중후반 전기생리학이 발달함에 따라 신경 신호가 전기적인 신호라는 것이 밝혀진 이후 신경세포 내에서 신호가 전달되는 과정이 확인되었다.

그림 3.2 골지는 1875년에 발표한 논문에 개의 후각 신경 조직을 정밀하게 묘사한 그림을 실었다. 후각세포가 감지한 냄새 신호가 신경 조직을 따라 후각망울(olfactory bulb, 후각 신경세포의 축삭이 실뭉치처럼 뭉쳐 있는 곳)로 전달되는 모습이 마치 그물처럼 보인다.

카할의 주장이 당대 학자들로부터 점점 더 많은 지지를 받게 되자, 하인리히 폰 발다이어-하츠(Heinrich Wilhelm Gottfried von Waldeyer-Hartz)는 신경계에서 신호 전달의 기본 단위가 되는 세포를 '뉴런'(neuron, 신경세포)이라고 명명한다. 그리고 이와 같은 내용을 종합한 '뉴런주의'(Neuron Doctrine)라는 이론이 체계화되었다. 뉴런주의의 주요 내용은 아래와 같이 정리할 수 있다.

1. 뉴런은 신경계의 해부학적인 기본 단위: 신경세포는 축삭돌기와 가지돌기로 구성된 단일 세포이다.

2. 역동적 극성화: 신경세포에서 정보의 전달은 인접한 신경세포와 가지돌기가 수신하여 신경세포체를 지나 말단의 축삭으로 전달되는 단일 방향으로 진행된다.
3. 신경세포는 발생학적인 기본 단위: 축삭돌기와 가지돌기는 발생 과정에서 신경세포체로부터 자라난다.
4. 신경세포는 생리학적인 기본 단위: 신경세포 하나의 손상은 다른 신경세포로 전달되지 않는다.

20세기에 들어서면서 뉴런주의는 신경계를 설명하는 정설로 자리 잡았다. 골지가 지지하던 망상체설은 구식 이론이라는 취급을 받게 되었지만, 골지는 자신의 이론을 끝내 포기하지 않았다. 1906년 카할과 골지가 노벨 생리의학상을 공동 수상하게 되는데, 골지는 은 염색법을 개발한 공로로, 카할은 이를 이용하여 신경세포의 구조를 처음으로 설명한 공로였다. 결과적으로 골지는 경쟁자인 카할에게 자신의 이론을 부정하는 도구를 제공한 공로로 수상한 셈이 되었다. 골지는 노벨상 수상 강연에서도 "뉴런주의: 이론과 실제"라는 제목으로 뉴런주의를 강력히 부정했다.

그러나 골지의 이름을 모르는 현대인은 없다. 골지체(Golgi complex)라는 세포소기관에 그의 이름이 남아 있기 때문이다. 골지는 카할의 뉴런주의를 반박하기 위해 연구를 하던 도중 우연히 골지체를 발견했다. 그는 신경절세포(ganglion cell)를 연구해 신경세포 사이의 연결을 입증하려고 했다. 염색 과정에서 은의 처리 시간을 단축해 세포를 검게 염색하는 침전물을 줄이면 원하는 '연결'을 관찰할 수 있을 거라 기대했지만 실패했다. 대신 기대와는 달리 은 염색법으로 염색된 다른 구조물을 발견했다. 그리고 이 결과를 1898년 학술대회에서 발표했는데, 자신이 발견한 연결 구조를 "apparato reticolare interno", 즉 '(세포) 내부 망상 기관'이라고 표현했다. 골지가 발견한 '망상 기관'은 당시에 주목받지 못했지만, 20세기 중반 전자현미경이 세포 연구에 본격적으로 도입된 이후 재확인되어 '골지체'

라는 이름을 갖게 되었다.

지금까지 살펴본 바와 같이 생명이라는 복잡한 현상에 대한 올바른 이해에 접근하기 위해서는 새로운 관찰이 이뤄져야 했고, 여기에는 새로운 도구와 기술이 필수적이었다. 현미경과 염색 기술의 발달은 각각 물리학(광학)과 화학(유기합성)의 발달에 힘입었다. 생물학의 발전은 생물학과는 무관한 학문에서 일어난 발견과 발명에 의해 촉진되어 왔다. 19세기 중반의 세포에 대한 인식이 비약적으로 발전한 것도 이러한 기술적 발달이 큰 몫을 했다.

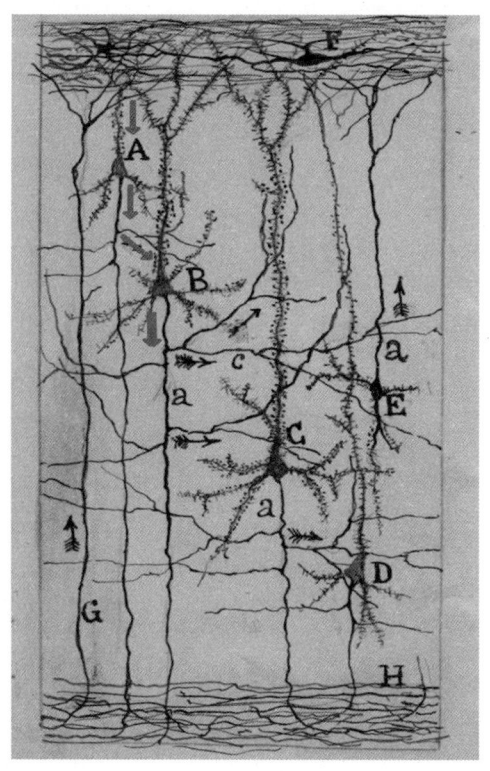

그림 3.3 카할이 그린 뉴런의 구조와 신호의 전달 경로. 스파인이 존재하는 가지돌기에서 수신된 신호는 세포체(A)를 지나 가지돌기가 없는 축삭으로 이동한다. 화살표는 신호의 전달 방향을 가리킨다.

4장

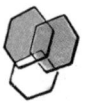

세포를 만드는 정보

전성설

세포가 생명체의 기능적 기본 단위라는 사실이 널리 받아들여진 이후, 다세포 생물의 다양한 세포가 갖는 성질이 어떻게 유래되는지에 대한 궁금증이 커졌다. 단일 세포인 수정란으로부터 발생하는 다세포 생물은 몸을 구성하는 다양한 세포를 어떻게 만들며, 그 많은 세포의 성질을 결정하는 정보는 어떻게 전달될까? 그리고 이러한 생물의 특성을 결정하는 정보는 어떻게 후대로 전달되는 걸까?

근대과학이 발달하기 전에도 생명의 근원적인 비밀을 묻는 질문들은 있었다. 질문의 기원을 찾아 거슬러 올라가면 고대 그리스 철학에 도달한다. 그러나 19세기 이전까지 생명에 대한 생각이나 설명은 대개 관찰이나 실험에 기반하지 않았다. 요즘 사람들이 듣는다면 '뇌피셜'이라고 치부할 만한 사변적인 아이디어가 많았다. 가령 아리스토텔레스는 동물의 기원을 이렇게 설명했다. '여자는 새로 태어날 배아의 재료가 되는 물질을 제공하는데, 이는 식물이 땅에서 자랄 때 토양과 같은 역할을 한다. 남자의 정액은 식물의 씨앗과 같아서 생명의 근원과 영혼을 제공한다.' 아리스토텔레스 이후 천 년이 넘는 시간이 흐른 뒤에도 동물의 발생에 대한 이론은 사변적 해설에서 벗어나지 못했다.

르네상스 시기에 동물 해부학이 시작되면서 배아와 발생에 대한 연구도 시작되었다. 혈액순환 이론을 마련한 윌리엄 하비는《동물의 발생에 관하여》(*On the Generation of Animals*, 1651)라는 책을 통해 닭의 발생 과정과 사슴의 난소를 해부한 결과를 바탕으로 동물의 발생 과정이 동물의 종과는 상관없이 공통적이며, 모든 생명이 '알'에서 태어난다고 주장했다.(그의 주장은 "ex ovo omnia"라는 라틴어로 표현되는데, 'all animals come from eggs'란 의미이다.)

난자 대신 정자에 주목한 사람들도 있었다. 1677년 레이우엔훅은 고인 빗물에서 '미세 동물'을 발견한 것처럼 사람의 정액에서도 '미세 동물'을 처음 관찰했다. 이 미세 동물은 개나 말과 같은 다른 동물의 정액에서도 똑같이 발견되었다.

정자와 난자의 관찰은 생물이 완성된 상태로 알 혹은 정자에 들어 있다는 '전성설'(前成說, preformationism)의 토대가 되었다. 네덜란드의 물리학자 니콜라스 하트수커르(Nicholaas Hartsoeker)도 직접 제작한 현미경으로 인간의 정자를 관찰했는데, 1694년에 출간된 자신의 저작에서 정자 안에 '작은 인간'(호문쿨루스, homunculus)이 들어 있다고 표현했다.

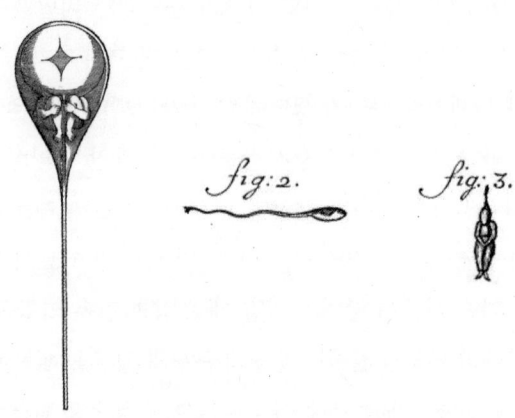

그림 4.1 하트수커르가 인간의 정자 안에 들어 있다고 주장한 '작은 인간'. 사진술이 개발되지 않았던 17세기의 현미경 관찰 결과는 전적으로 연구자가 그린 그림을 보고 확인할 수밖에 없었다. 따라서 현미경으로 보이는 모습과 연구자의 주관이 들어간 해석을 제3자는 구분할 방법이 없었다.

전성설은 작은 인간이 정자에 들어 있다는 쪽과, 난자에 들어 있다는 쪽으로 나뉘어 18세기까지 동물의 발생을 설명하는 유력한 이론으로 존재했다. 그러나 전성설은 그에 대립하는 후성설(epigenesis)을 낳게 된다. 후성설은 전성설을 전면적으로 부정하는 입장으로, 발생 과정에서 생물의 형태와 구조가 형성되어 간다고 설명했다. 후성설이 전성설을 대체하는 과정이 바로 현대 발생생물학의 역사라고 할 수 있다. 결국 동물의 발생에 관한 인간의 인식은 아리스토텔레스의 후성설에서 전성설로, 이것이 다시 후성설로 되돌아가는 과정을 거쳤던 셈이다.

난자와 수정을 발견하다

윌리엄 하비가 모든 동물은 종에 상관없이 알에서 태어난다고 주장한 이후 포유동물의 '알'(난자)은 19세기가 되어서야 관찰되었다. 조류나 양서류, 어류의 알처럼 맨눈으로 볼 수 있을 만큼 크지도 않고,[1] 배란 전의 난자는 난소의 난포(follicle) 안에 들어 있어 알아보기도 어렵기 때문이다. 포유동물의 난자를 제일 먼저 관찰한 사람은 독일의 발생학자인 카를 에른스트 폰 베어(Karl Ernst von Baer)였다. 그는 암캐를 해부하여 난소 조직을 현미경으로 들여다보다가 난자를 발견했다. 이후에 다른 동물들의 난소도 해부해본 후 동물의 난자(미성숙 난자)가 공통적으로 난포에 싸여 존재한다는 것을 확정할 수 있었다.

개념적으로만 이해되었던 포유동물의 난자가 최초로 관찰되자, '세포 이론'의 창시자인 슐라이덴과 슈반도 직접 난자를 관찰했고, 난자가 하나의 세포라고 주장하게 되었다. 정자와 난자에 있는 유전인자들이 만나

---

1 정자의 크기가 머리 부분이 5~8마이크로미터, 꼬리를 포함한 길이가 50마이크로미터라는 점을 감안하면, 난자는 지름이 100마이크로미터여서 매우 크다. 난자는 포유동물의 세포 중에서 가장 크기가 큰 세포이다.

서 하나의 개체를 형성한다는 생각이 19세기 초반에 이르러서야 비로소 구체화되기 시작한 건 너무나 자연스런 일이었던 것이다.

그러나 실제로 난자와 정자가 결합해서 하나의 개체가 발생하는 장면을 목격한다는 건 쉬운 일이 아니었다. 이전에 관찰된 적이 없는 현상이었기 때문에 공상적 상상에 가까운 주장이 난립했다. 예컨대 난자와 정자가 만날 때, 정자가 난자에 자극을 주어서 난자가 발생을 시작한다거나, 정자가 난자를 관통한 이후에 발생이 진행된다거나 하는 주장이었다.

포유동물은 체내에서 수정된다. 만약 체외에서 수정이 된다면, 난자와 정자가 수정되는 순간을 포착하기가 매우 쉬울 것이다. 포유동물의 난자와 정자를 체외에서 수정시키는 것은 20세기 중후반에나 가능해졌다. 이 때문에 처음에는 수정이 수중에서 진행되는 수생생물을 이용했다. 19세기부터 20세기 중반까지 발생생물학의 발전은 수생생물의 발생을 모델로 하여 진행되었다. 그 최초의 대상은 성게(sea urchin)였다.

성게의 정자와 난자가 만나는 과정을 처음으로 관찰한 이는 독일의 오스카르 헤르트비히(Oskar Hertwig)였다. 성게의 난자는 다른 수생생물의 알에 비해서 크기는 작지만 투명하여 관찰하기에 좋다는 장점이 있어 실험에 많이 사용되었다.[2] 1872년 헤르트비히는 성게의 정자와 난자가 만나서 수정·발생하는 과정을 관찰하여 논문을 발표했다. 성게의 난자에 정자가 들어오면 바로 수정막(fertilization membrane)이 급격히 팽창하여 다른 정자가 들어오지 못하게 차단한다.[3] 이렇게 난자 안에 들어온 정자는 난자의 핵과 융합한 후 개체로 발생하게 된다. 헤르트비히의 관찰은 200년 이상 지속된 난자 혹은 정자 한쪽이 생명의 근원이라는 통념을 무

---

[2] 성게의 난자는 다른 수생생물에 비해서 훨씬 작은 100마이크로미터 정도이지만, 포유동물의 난자가 가지고 있는 투명대(zona pellucida)라는 막이 없다는 장점이 있다. 그리고 흔히 일식당에서 식재료로 먹는 '성게 알'이라고 불리는 것은 성게의 정소와 난소를 포함한 생식소이다.

[3] 오늘날 우리는 이 과정을 유튜브에서 동영상으로 관찰할 수 있다. https://youtu.be/TrBG3oMcmko

너뜨렸다.

생명의 출발점에서 난자와 정자가 동등하게 생물을 결정하는 정보를 제공한다는 발상이 19세기 후반에서야 나타나게 되었으니 인류의 역사를 생각하면 이는 지금으로부터 그리 오래되지 않은 과거이다. 그렇다면 난자와 정자가 전달하는 '정보'는 어떤 형식으로, 세포의 어디에 저장되어 있을까?

다윈의 '제뮬'과 '범생설'

여기서 그 유명한 찰스 다윈(Charles Darwin) 이야기를 하려고 한다. 19세기 영국에서는 동물 육종이 유행했는데, 다윈도 비둘기를 육종하면서 변이와 유전 현상을 깊이 있게 연구했다. 다윈은 1868년에 출간된 《가축화된 동물과 식물의 변이》(*The Variation of Animals and Plants under Domestication*)라는 책에서 유전 현상을 설명하기 위해 '판게네시스'(Pangenesis), 즉 '범생설'이라는 가설을 제시한다. 다윈의 범생설은 '제뮬'(gemmules)이라는 입자로부터 생명이 태어난다(genesis)는 가설이다. 세포가 제뮬 입자를 혈액으로 분비하면, 제뮬이 혈액을 타고 생식세포(정자, 난자)에 축적된다. 몸에 있는 세포들은 다른 세포에 대한 정보는 갖지 않고 자기 자신의 제뮬만을 분비한다. 그러나 생식세포는 혈액을 통해 전달받은 몸에 있는 모든 세포의 제뮬을 가지고 있기 때문에 생식세포가 만나서 새로운 개체가 발생될 때 온몸의 세포를 만들어낼 수 있다.

다윈이 범생설을 내놓은 이유는 1859년에 출간한 《종의 기원》에서 동식물의 형질이 후대로 전해지는 원리에 대해 설명하지 않았기 때문이었다. 범생설에 따르면, 제뮬이 생식세포에 집적되는 정도가 자손의 형질을 결정한다. 자식은 부모 양쪽으로부터 형질을 받기 때문에 부모의 중간 형질 정도를 물려받게 될 것이다. 하지만 당장 우리 주변을 둘러봐도 그렇지 않다는 반례를 쉽게 발견할 수 있다. 부모 중 한쪽을 더 닮는 경우도 있고, 부모의 특징을 모두 물려받되 중간 정도에서 닮는 것이 아니라 어머니의 피부색, 아버지의 머리카락 색 등과 같이 유전 양상은 복잡하게 나타나는 경우가 많다. 범생설은 이러한 유전 현상을 잘 설명할 수 없었다.

한편, 1866년 체코의 수도사 그레고어 멘델(Gregor Mendel)은 완두콩을 재배하며 관찰한 사실들을 정리하여 논문으로 발표했다. '멘델의 법칙'으로 유명한 유전의 원리를 담고 있는 저술이다. 그러나 멘델의 논문은 당대에 거의 알려지지 않았고, 사후 30여 년이 지난 20세기 초에 재발견된다. 만약 다윈이 멘델의 연구를 알았다면 범생설과는 다른 유전 이론을 내놓았을지도 모른다.

다윈이 범생설을 발표한 이후 여러 학자가 이를 입증하거나 부정하기 위해 실험을 시도했다. 다윈의 친척이자 지지자였던 프랜시스 골턴(Francis Galton)은 제뮬이 정말로 피를 통해 전달되는지 알아보려고 1871년에 토끼 실험을 했다. 털색이 다른 두 종류의 토끼 중 한쪽 토끼의 혈액을 채혈해 다른 토끼에게 수혈했다. 혈액을 받은 토끼가 피를 준 토끼의 형질을 가진 새끼를 낳는지 보려는 것이었다. 만약 다윈의 가설대로 몸속의 세포들이 제뮬을 분비하여 생식세포에 전달된다면, 토끼의 털색을 결정하는 제뮬 역시 생식세포로 전달될 것이다. 골턴의 실험은 다윈의 범생설을 입증하기 위해 설계된 것이었지만, 그의 기대와는 달리 검은 토끼의 피를 받은 흰 토끼는 검은 털을 가진 새끼를 낳지 않았다.

사람들의 의구심이 부풀려진 상황에서 범생설에 치명타를 날리는 또 다른 실험이 진행되었다. 독일의 유전학자 아우구스트 바이스만(August Friedrich Weismann)은 생식세포가 유전정보를 가지고 있으며, 생식세포는 체세포의 영향을 받지 않지만 생식세포의 유전정보는 체세포를 만드는 데 사용될 수 있다고 생각했다. 바이스만의 주장을 정식화한 '체세포는 생식세포에 영향을 줄 수 없지만 생식세포는 체세포를 만드는 정보를 제공한다'라는 개념을 '바이스만의 장벽'이라고 한다. 이는 유전정보의 일방통행을 의미한다. 바이스만은 자신의 가설을 증명하기 위해 흰 쥐의 꼬리를 자르고 교배하는 실험을 했다. 만약 다윈의 가설대로 꼬리에 있는 세포가 자신의 제뮬을 생식세포에 전달한다면, 꼬리가 잘린 생쥐는 꼬리가 없는 새끼를 낳을 것이다. 그러나 5대에 걸쳐서 68마리의 꼬리를 제거했지만, 901마리의 새끼 쥐 중 꼬리가 없는 생쥐는 하나도 없었다. 체세포는 생시세포에 영향을 주지 않는다는 바이스만의 가설이 옳았고, 제뮬에 의한 범생설은 설 자리를 잃었다.

바이스만의 실험은 다윈의 범생설을 논파하는 좋은 사례일뿐더러 장-밥티스트 라마르크(Jean-Baptiste Lamarck)가 주창한 '획득형질 유전'을 반박하는 실험이기도 하다. 20세기 초가 되자 원래의 질문은 다음과 같이 바뀌게 된다. '생식세포에 있는 정보는 어디에 저장되며 어떻게 전달되는 것인가?'

플레밍과 염색체

'염색체'(chromosome)라는 이름에서 짐작할 수 있듯이 염색체의 발견은 현미경과 염색술의 발달이 뒷받침되었기 때문이다. 원래 의사로 훈련받은 발터 플레밍(Walter Flemming)은 1876년 독일 키엘(Kiel) 대학교의 해부학 교수로 임용된 후 세포를 관찰하기 시작했다. 특히 그는 세포분열에 관심이 컸다. 여러 가지 염색약을 써서 세포를 관찰하던 중, 아닐린(aniline) 계열의 시약을 사용했더니 세포분열 전 세포핵이 사라지면서 세포핵을 구성하던 물질이 응축되는 현상을 매우 잘 볼 수 있었다. 플레밍은 응축되었던 물질을 염색약에 잘 염색된다는 의미에서 '염색질'(chromatin)이라고 불렀다. '뉴런'이라는 용어를 만들었던 발다이어-하츠는 플레밍의 염색질에 착안하여 세포분열 시 관찰되는 정체불명의 덩어리를 '염색된 본체'라는 의미에서 '염색체'(chromosome)라는 용어로 바꾸어 불렀다.

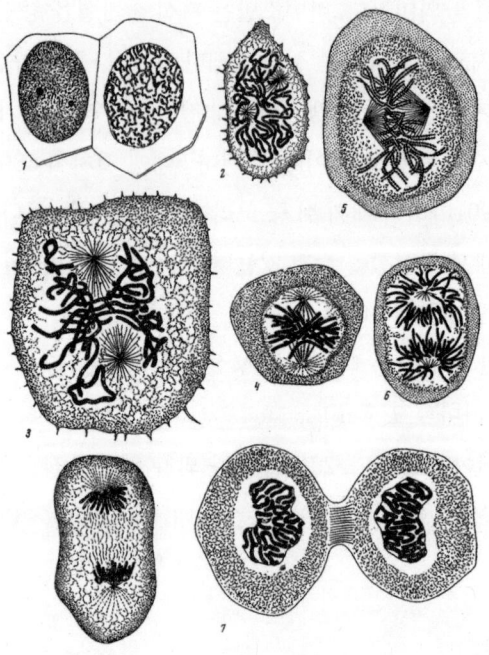

그림 4.2 플레밍은 염색약으로 염색한 세포 안에서 어떤 구조물이 응축하고, 방추사가 생겨나 염색체와 결합하고, 두 개의 세포로 분리되는 유사분열을 최초로 관찰했다.

플레밍은 세포가 분열을 시작하면 핵이 사라지면서 염색체가 형성되고, 염색체의 모양이 변화하는 과정을 관찰하고 난 뒤 이를 '유사분열'(有絲分裂, mitosis)이라고 불렀다. 이 용어는 '실', '꿰다'라는 뜻의 그리스어 '미토스'($\mu\tau\iota o\varsigma$)에서 유래했다. 풀어져 있던 염색사가 응집해 실타래처럼 생긴 염색체를 형성하는 모습을 표현한 것이다. 그러나 플레밍 같은 당대의 생물학자들은 세포분열 과정을 꼼꼼하게 관찰하고도 염색체가 세포와 생명체가 작동하는 데 필요한 정보, 즉 유전물질을 함유한 본체라는 데까지는 생각이 미치지 못했다.

염색체의 중요성을 알아본 보베리

독일의 동물학자 테오도어 보베리(Theodor Boveri)는 염색체가 세포에서 얼마나 중요한 역할을 하는지를 처음으로 알아본 인물이다. 보베리는 원래 회충의 알로 세포분열을 연구했는데, 1888년 이탈리아 나폴리의 동물학 연구소를 방문하고 나서 시료를 성게의 알로 바꾸었다. 보베리는 세포분열과 수정 후의 발생을 결정하는 정보가 핵(그리고 핵에 있는 물질이 응축되어 생기는 염색체)에 있는지, 아니면 핵 바깥의 세포질에 있는지 알아보기 위한 실험을 했다. 그는 성게의 알을 흔들면 세포질이 줄어드는 것을 알았다. 알을 계속 흔들면 핵이 남기도 하고 핵이 빠져나가기도 했다. 이렇게 변형을 가한 성게의 알에 정자를 수정시켰다. 세포질이 줄어들었지만 핵이 온전히 남은 알은 수정란이 되어 분열이 일어났다. 반면, 핵이 제거된 알은 정자가 수정되어도 아무런 변화가 없었다. 이 실험을 통해 보베리는 발생을 결정하는 중요한 인자가 핵에 있다는 결론을 내렸다.

보베리는 회충 알을 연구할 때 중심체(centrosome)라는 세포 구조물을 발견했다. 세포에는 두 개의 중심체가 있다. 세포분열의 어느 단계에 이르면 중심체에서 '미세소관'(microtubule)[4]이 자라난다. 모세포가 2개의 딸세포로 분열하려고 할 때 중심체는 세포의 양극으로 이동하고 미세소관에서 나온 방추사가 염색체에 연결되어 염색체를 절반씩 중심체 방향으로 끌어당겨 딸세포가 염색체를 균등하게 나눠 갖도록 한다.(그림 4.3)

보베리는 다른 실험도 해보았다. 성게의 난자 1개에 2개 이상의 정자를 수정시켰더니 3개의 중심체가 형성되고 분열도 일어났지만 이후의 발생은 정상적으로 진행되지 않았다.(그림 4.4) 보베리는 그 이유를 염색체가 균등하게 분배되지 못했기 때문이라고 생각했다.

이 실험을 통해 보베리는 세포의 발생을 결정하는 인자가 핵(그리고

---

4 튜불린(tubulin)이라는 단백질로 구성된 관 모양의 세포 구조물. 미세소관에서 방추사가 형성되어 염색체의 동원체에 연결된다.

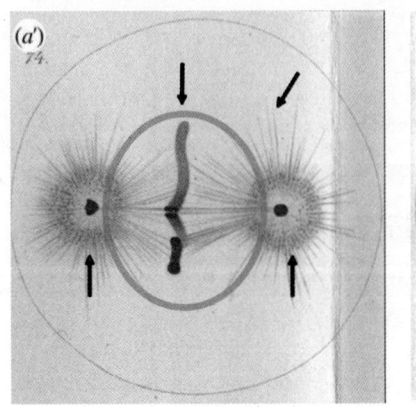 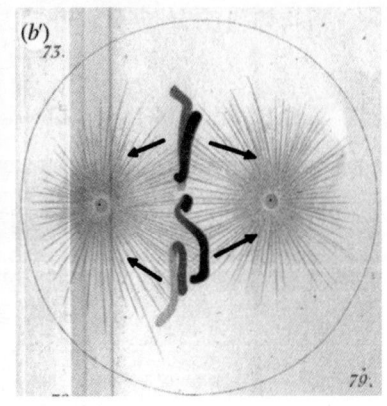

그림 4.3 보베리는 중심체를 발견하고, 중심체가 세포분열 시에 염색체를 정확하게 두 개의 세포에 배분해주는 데 핵심적인 역할을 한다는 것을 알아냈다.

핵에서 만들어진 염색체)에 있다는 사실과 세포가 정상적으로 분열해 발생하기 위해서는 염색체가 균등하게 나뉘는 것이 매우 중요하다는 사실을 주장할 수 있었다.

보베리가 성게 알 연구를 시작한 지 10년이 지난 1899년, 식물학자 카를 코렌스(Carl Correns), 휘호 더 프리스(Hugo de Vries), 에리히 폰 체막(Erich von Tschermak)은 각각 다른 식물에서 독립적으로 멘델이 30년 전에 발견했던 사실들을 재발견한다. 이 세 식물학자는 논문 발간을 위해 이전의 문헌을 뒤져보던 중, 그들의 '발견'이 30년 전 체코의 무명 수도사가 발표한 이름 없는 학술지에 자세히 실려 있다는 것을 알고 깜짝 놀랐다. 이들이 논문에 멘델을 인용함으로써 비로소 멘델의 유전법칙이 많은 연구자에게 알려지게 되었다.

멘델의 연구가 그동안 거의 아무런 관심을 끌지 못하다가 30년 후에 주목을 받게 된 이유는 무엇일까? 다른 이유도 있겠지만 무엇보다 그동안 세포와 염색체에 관한 지식이 상당히 축적되었기 때문일 것이다. 멘델이 완두콩을 이용하여 식물의 형질을 결정하는 '분리할 수 있는 유전의 인자'를 제시했을 때가 1860년대였다. 세포에 대한 지식은 불완전했고 염색

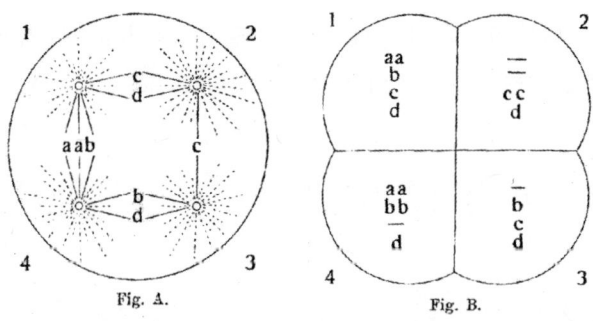

그림 4.4　2개 이상의 정자를 인위적으로 수정시킨 성게의 수정란에서는 중심체가 비정상적으로 형성되었다. 모세포의 염색체 aa, bb, cc, dd가 절반씩 고르게 나뉘어야 하는데, 어떤 염색체는 과다하고, 어떤 염색체는 아예 없는 딸세포를 갖게 된 배아는 더 이상 발생하지 못한다는 것이 보베리의 설명이었다.

체도 알려지지 않았을 때였으니, 멘델이 말하는 '유전인자'는 그저 추상적인 개념에 지나지 않았다. 그러나 염색체의 중요성이 알려지기 시작한 20세기 초에는 상황이 달라졌다.

　　미국의 생물학자 월터 서턴(Walter Sutton)도 보베리가 발견한 염색체의 중요성과 재발견된 멘델의 유전법칙에 주목했다. 서턴은 메뚜기의 정자가 되는 정원세포(spermatogonia)를 이용하여 세포분열과 염색체 분열 과정을 관찰했다. 분열 중인 정원세포 안의 염색체들은 크기가 제각각이었는데, 크기가 같은 2개의 염색체[5]가 쌍을 이루고 있었다. 가령 크기가 가장 큰 순서대로 a, b, c, d 라는 염색체가 있다면, 그 염색체들은 각각 aa, bb, cc, dd로 존재한다. 그런데 정원세포가 정자로 발생할 때 정자는 염색체 쌍을 갖는 것이 아니라, 'a, b, c, d'의 한 벌만을 가지게 된다.[6] 서턴은 체

5　이를 상동염색체라고 한다. 염색체는 2개의 상동염색체로 이뤄진다. 하나는 어머니로부터, 다른 하나는 아버지로부터 받은 것이다.
6　이와 같은 생식세포의 감수분열(meiosis)은 서턴 이전에 독일의 발생학자 오스카르 헤르트비히에 의해서 발견되었다.

세포에 있는 두 벌의 염색체(aa, bb, cc, dd)는 부모로부터 한 벌씩 받은 것이며, 각각 다른 크기를 가진 염색체가 멘델이 유전법칙에서 기술한 유전인자라고 확신했다. 보베리의 친구이자 서턴의 지도교수인 에드먼드 윌슨(Edmund B. Wilson)은 보베리와 서턴의 연구 결과를 종합하여 '서턴-보베리 염색체 이론'(Sutton-Boveri chromosome theory)으로 정리했다.[7]

성을 결정하는 염색체

비록 죽은 식물 세포의 흔적을 본 것이긴 했으나 로버트 훅이 세포를 최초로 관찰한 때가 17세기 중엽이었다. 인간의 눈을 보조하여 미시 세계를 들여다볼 수 있게 한 현미경과 조직 염색기술의 발달로 세포를 더 깊숙이 들여다볼 수 있게 되었다. 그리고 20세기에 접어들면서 세포가 어떻게 분열하며, 세포의 기능과 생물의 발생에 필요한 유전인자가 어디에 있는지 알게 되었다. 20세기 초, 또 다른 생명의 신비에 대한 비밀이 풀리게 되는데 그것은 성 결정의 원리였다.

포유동물의 성별을 결정하는 것이 성염색체(sex chromosome)이다. 사람의 경우 몸속 세포 하나하나에는 23쌍의 염색체가 들어 있다. 22쌍이 상염색체(常染色體, autosome)이고, 나머지 1쌍이 성염색체다. 성염색체의 쌍이 XX이면 여성이 되고, XY이면 남성이 된다.[8] 염색체가 동물의 성을

---

7   서턴은 최초로 멘델의 유전인자와 염색체의 관계를 연결시키는 중요한 연구를 했지만, 박사학위를 받고 나서 의과대학에 진학하여 의사가 되면서 연구 일선에서 멀어졌다. 그는 제1차 세계대전에 군의관으로 참전했다가 급성맹장염으로 39세의 젊은 나이에 사망했다.

8   엄밀히 말하면 성은 Y 염색체에 존재하는 SRY라는 유전자에 의해서 거의 결정되며, 비록 Y 염색체를 가지고 있다고 하더라도 SRY에 돌연변이가 일어나서 그 기능을 하지 못하면 여성과 거의 다름없는 외모를 가지게 되는 경우가 있다. 이러한 경우를 스와이어증후군(Swyer Syndrome)이라고 한다. 그런데 기억해야 할 것은 이러한 'XX/XY 염색체'에 의한 성 결정은 사람, 생쥐 같은 포유동물에나 해당하고 모든 동

결정하는 현상을 처음 탐구한 사람은 네티 스티븐스(Nettie Maria Stevens)이다. 여성 연구자가 드물던 그 시절에 박사학위를 가진 여성 연구자였던 스티븐스는 브린모어 대학교(Bryn Mawr College)에서 초파리 유전학의 창시자로 명성을 떨친 토머스 모건(Thomas H. Morgan)과 함께 연구를 시작했다. 그후 카네기 연구소(Carnegie Institute of Washington)에서 곤충의 생시소에 있는 염색체를 연구했다.

밀웜(Tenebrio molitor)의 난자에는 10개의 큰 염색체가 있고, 정자의 전 단계 세포인 정모세포(spermatocyte)에는 9개의 큰 염색체와 하나의 작은 염색체가 있다. 스티븐스는 같은 생물의 난자와 정자가 서로 다른 염색체를 가지고 있는 것이 밀웜에서만 발견되는 현상인지 확인하기 위해 다른 19종의 곤충을 조사했다. 다른 곤충들의 정자도 난자와 다른 염색체를 하나씩 가지고 있었다. 생물의 성별이 특정한 염색체에 의해서 결정된다는 발견은 이후에 에드먼드 윌슨과 같은 다른 학자들에 의해 다른 생물을 통해서도 재확인되었다. 스티븐스의 연구는 처음으로 성염색체를 발견했다는 의미에서도 중요하지만, 성별이 멘델의 유전법칙에 따라 염색체를 통해 후손에게 전달되는 형질이라는 사실을 최초로 확인했다는 점에서도 의미가 있다.

모건, 초파리, 유전자 지도

오늘날 초파리를 이용한 유전학 연구의 선구자로 기억되는 토머스 모건은 원래 보베리, 서턴, 스티븐스처럼 세포분열과 염색체의 배분 같은

물에 적용되는 건 아니라는 점이다. 거미나 일부 곤충류는, 암컷이 두 개의 성염색체(XX)를, 수컷은 단 하나의 성염색체(X)를 갖는다. 조류나 파충류, 몇몇 곤충은 포유동물과 반대로 암컷은 서로 다른 두 개의 성염색체(ZW)를, 수컷은 동일한 성염색체(ZZ)를 갖는다.

문제에 천착했던 발생생물학자였다. 그는 다양한 해양생물의 알을 이용해 발생을 결정하는 인자들을 탐구했고, 네티 스티븐스와 마찬가지로 곤충의 성 결정에 관심이 있었다. 그는 1904년 컬럼비아 대학교로 옮긴 뒤 초파리를 실험생물로 선택하여 연구했다.[9]

모건은 식물학자들이 재발견한 멘델의 유전법칙이 동물에게도 적용되는지 알아보기 위해 적합한 실험생물을 찾고 있었다. 유전법칙을 확인하기 위해서는 몇 대에 걸친 교배가 필수적인데, 생쥐나 토끼 같은 기존의 모델생물을 수세대 이상으로 교배하려면 시간이 너무 오래 걸렸다.[10] 이에 비해서 초파리는 알에서 깨어나 1주일 후면 번식할 수 있어 세대 주기가 짧을 뿐만 아니라, 먹이와 온도만 적당히 유지해주면 까다롭지 않게 잘 자란다. 동물에서 유전법칙을 확인하는 데 초파리가 가장 적절한 실험생물이었다.

초파리 연구를 시작할 때 모건은 멘델의 유전법칙이나 서턴-보베리 염색체 이론을 크게 신뢰하지 않았다. 스티븐스의 성염색체 연구에도 의구심을 품고 있었다. 그의 목적은 환경 변화에 의해서 성이 결정된다는 것을 입증하는 것이었다. 결과는 자명했다. 그의 실험 목적은 달성되지 못했다. 오히려 스티븐스의 관찰을 재확인했으며, 그동안 그다지 신뢰하지 않았던 멘델의 유전법칙에 관심을 갖게 되었다. 모건으로 하여금 더 확신을 갖게 한 사건은 흰 눈을 가진 돌연변이 초파리를 발견하고 이를 정상적인 빨간 눈 초파리와 교배한 후 벌어진 일이었다.

야생 초파리의 눈은 빨갛다. 흰 눈을 가진 돌연변이 수컷을 붉은 눈의 암컷과 교배했다. 둘 사이에서 태어난 새끼(잡종 1대)는 모두 빨간 눈 초

---

9 사실 생물학에서 초파리를 최초로 실험에 사용한 것은 모건이 아니라 곤충학자였던 찰스 우드워스(Charles W. Woodworth)였다. 초파리를 유전학 실험에 사용하기 위해 기르기 시작한 인물은 윌리엄 캐슬(William E. Castle)이었다.

10 포유류 중에서 한 세대의 주기가 가장 짧은 동물이 쥐다. 쥐는 새끼로 태어나서 번식하기까지 10주 정도면 된다. 멘델의 유전학 실험에 필요한 2대에 걸친 교배 결과를 보기 위해서는 최소한 30주 정도의 시간이 필요하다.

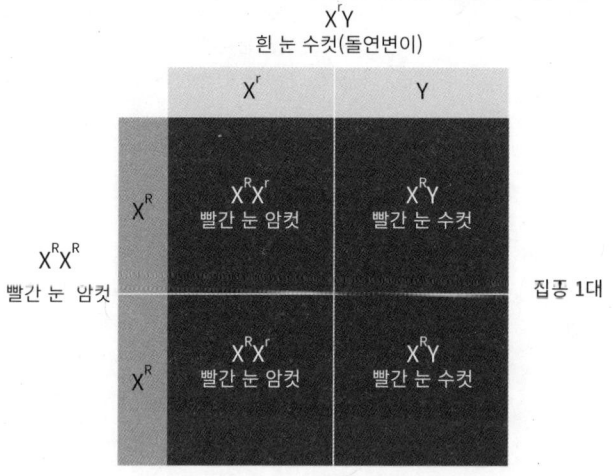

그림 4.5 정상 초파리의 눈은 빨갛고(여기에 해당하는 유전형은 X^R), 돌연변이 초파리의 눈은 하얗다(X^r). 이 두 초파리를 교배하여 나오는 1세대는 모두 빨간 눈이다. 이는 빨간 눈이 하얀 눈에 대해서 우성형질이라는 것을 의미한다.

파리였다. 이는 빨간 눈이 흰 눈에 대해서 우성(dominance)이라는 것을 의미한다. 여기까지는 멘델의 완두콩 교배 결과와 거의 비슷했다.(그림 4.5)

다음으로 빨간 눈의 잡종 1대 초파리끼리 교배했더니 예상치 않았던 결과가 나왔다.(그림 4.6) 만약 멘델의 유전법칙대로라면 잡종 2대의 빨간 눈과 흰 눈의 비율은 3:1로 나와야 한다. 실험 결과, 비율은 대략 3:1이었지만, 기이하게도 암컷은 모두 빨간 눈인데, 수컷은 빨간 눈과 흰 눈이 절반의 비율로 나타났다.[11]

초파리의 성별은 암컷이 두 개의 X염색체, 수컷은 하나의 X염색체를 가지는 것으로 결정되는데,[12] 흰 눈 '돌연변이' 인자는 X염색체에 존재한다. 암컷은 X염색체가 2개 있으므로, X^R과 X^r 염색체를 가진 암컷은 붉은 눈이 된다. 흰 눈 암컷이 나오려면 2개의 X염색체가 모두 X^r이어야 한다. 수컷은 X염색체가 하나밖에 없으므로 X^r 염색체를 가지면 흰 눈 초파리가

---

11 암컷과 수컷의 비율은 절반이다.
12 초파리의 Y 염색체는 성별 결정에 관여하지 않는다.

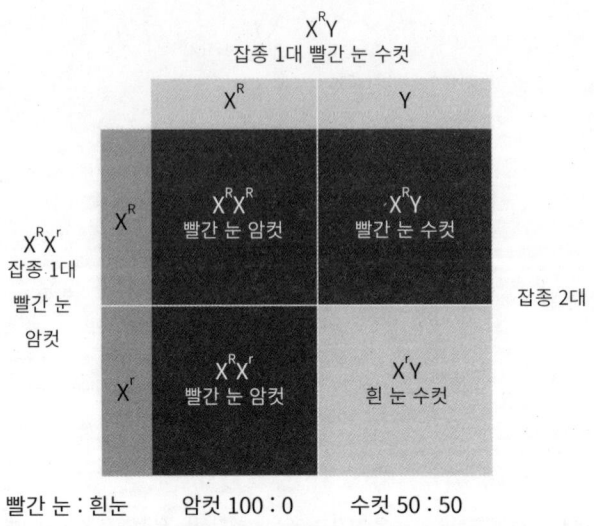

그림 4.6 완두콩과 초파리의 잡종 2대의 결과에서 차이가 나는 이유는 초파리의 성을 결정하는 염색체(X)에 눈의 색깔을 결정하는 돌연변이가 존재하기 때문이다.

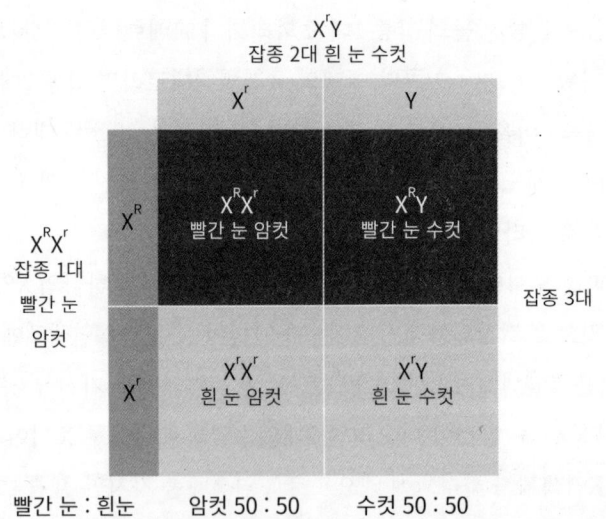

그림 4.7 잡종 2대의 흰 눈 수컷(X^rY)과 잡종 1대의 빨간 눈 암컷(X^RX^r)을 교배하면, 이제 빨간 눈과 흰 눈의 표현형을 가진 초파리가 암수를 불문하고 나온다.

된다. 모건은 동물인 초파리에서도 멘델의 유전법칙이 적용되며, 성염색체와 함께 유전되는 형질이 존재한다는 결론을 내리고, 1910년에 이 결과를 논문으로 발표했다.

모건은 다음 단계로 멘델 같은 식물 연구자들이 했던 것처럼 초파리의 외형으로 나타나는, 식별할 수 있는 여러 가지 표현형을 이용하여 유전법칙을 더 깊이 연구하려고 했다.[13] 그러나 오랫동안 사람의 손길에 의해 육종되어 자연적으로 이미 다양한 변종이 있던 완두콩과 달리, 이제 막 실험에 사용된 초파리는 변종이 별로 알려져 있지 않았다. 모건은 당시에 새롭게 발견된 방사능 물질 라듐을 이용해 인위적으로 돌연변이를 일으켰다. 라듐에서 방출되는 방사능을 초파리에게 쪼이면 눈 색깔, 날개 모양, 더듬이 길이 등에 이상이 생긴 돌연변이 개체가 태어났다. 이 개체와 정상 개체를 교배하여 표현형의 변화를 가져오는 유전자를 추적했다.[14]

모건은 '독립유전 법칙'도 확인해보기로 했다. 멘델의 유전법칙 중 '독립유전 법칙'은 두 가지 이상의 형질이 동시에 유전될 때 하나의 형질이 유전될 때처럼 대립형질들이 서로에게 영향을 미치지 않고 독립적으로 유전된다는 것을 의미한다. 독립유전 법칙은 잡종 2대에서 확인할 수 있다. 멘델의 완두콩 교배로 이해해보자. 순종인 둥글고(round) 노란(yellow) 완두콩(RRYY)과 주름진 녹색 완두콩(rryy)을 교배하면 잡종 1대(F1)는 100% 둥글고 노란 완두콩(RrYy)만 나온다. 잡종 1대를 자가수분한 결과를 표로 나타내면 그림 4.8과 같다.

잡종 2대(F2) 완두콩의 표현형 비율은 둥근 노랑 : 주름진 노랑 : 둥근 녹색 : 주름진 녹색이 9 : 3 : 3 : 1로 나왔다. 색깔과 모양을 각각 나눠 본 비율은 둥근 콩 : 주름진 콩=3 : 1, 노란 콩 : 녹색 콩=3 : 1로 같다.

---

13 멘델의 유전법칙은 하나의 유전자가 지배하는 표현형에서는 잘 맞지만, 복수의 유전자가 등장하면 유전현상을 잘 설명할 수 없게 된다.

14 이렇게 인위적인 돌연변이를 유도하고, 정상적인 생물과는 다른 돌연변이체 생물을 얻고, 돌연변이 생물이 정상 생물과 어떤 유전적인 차이를 갖는지를 확인하는 것은 이후 '유전학'(Genetics)이라는 신생 학문의 기본적인 연구 방법이 되었다.

		RrYy 잡종 2대 흰 눈 수컷			
		RY	Ry	ry	ry
RrYy 잡종 1대	RY	RRYY 둥근 노랑	RRYY 둥근 노랑	RRYY 둥근 노랑	RRYY 둥근 노랑
	Ry	RRYY 둥근 노랑	RRyy 둥근 녹색	RRYY 둥근 노랑	Rryy 둥근 녹색
	ry	RRYY 둥근 노랑	RRYY 둥근 노랑	rrYY 주름진 노랑	rrYy 주름진 노랑
	ry	RRYY 둥근 노랑	Rryy 둥근 녹색	rrYy 주름진 노랑	rryy 주름진 녹색

그림 4.8 멘델의 독립유전 법칙은 다른 염색체에 존재하는 유전자들에만 적용된다.

이는 두 형질의 유전이 서로에게 영향을 주지 않으며 독립적으로 일어난다는 것을 의미한다. 모건이 초파리 실험으로 확인한 결과는 어땠을까? 일단, 초파리의 성별과 눈 색깔의 유전은 서로에게 영향을 미치며 독립적으로 유전되지 않는다. 두 형질이 동반해서 유전되는 경우는 두 형질이 한 염색체에 있는 것이고, 독립적인 형질은 각각 다른 염색체에 있기 때문이라는 것이 모건의 해석이었다.

1913년 모건의 연구실에서 일하던 컬럼비아 대학교의 학부생 앨프리드 스터티번트(Alfred Sturtevant)는 다양한 돌연변이 초파리 교배 실험을 하면서 멘델의 유전학으로는 설명되지 않는 현상들을 관찰하게 되었다. 방사능으로 유도된 초파리의 대표적인 돌연변이는 다음과 같다.

- 몸 색깔 대립형질: 검은색(정상), 노란색(돌연변이)

- 눈 색깔 대립형질: 빨간색(정상), 흰색(돌연변이)
- 날개 모양 대립형질: 정상날개, 흔적날개(돌연변이)

세 종류의 대립형질은 성별과 연관되어 유전되었다. 이것은 3가지 형질을 결정하는 유전인자가 모두 성염색체에 있다는 것을 의미한다. 그러니 이 3가지 형질의 상호 관계에는 차이가 있었다.

1. 몸 색깔(노란색/검은색)과 눈 색깔(흰색/빨간색)

거의 연관되어 유전된다. 예를 들어, 노란 몸 + 빨간 눈 초파리와 검은 몸 + 흰 눈 초파리를 교배했을 때 나오는 새끼는 부모가 가진 형질의 짝을 그대로 물려받는다. 즉 새끼의 몸이 노란색이면 눈은 반드시 빨간색이고, 새끼의 몸이 검다면 눈은 반드시 흰색이 된다. 바꿔 말해, 부모에게 없는 노란 몸 + 흰 눈 혹은 검은 몸 + 빨간 눈과 같이 형질이 교차하는 경우는 거의 없다.

2. 몸 색깔(노란색/검은색)과 날개 모양(정상날개/흔적날개)

거의 독립적으로 유전한다. 노란 몸 + 정상날개 초파리와 검은 몸 + 흔적날개 초파리를 교배하면, 부모에게 있는 형질의 조합 이외에도 노란 몸 + 흔적날개, 검은 몸 + 정상날개처럼 형질이 교차되는 경우가 부모에게 있는 형질과 거의 같은 빈도로 나타난다.

같은 성염색체에 존재하는 유전인자들인데도 왜 어떤 경우에는 독립유전 법칙과 유사하게 유전되고, 어떤 경우에는 연관되어 유전될까? 스터티번트는 이러한 차이가 유전인자의 상대적 위치와 관련이 있다고 보았다. 만약 두 개의 유전인자가 염색체 내에서 상대적으로 가까운 위치에 있다면 두 유전인자는 거의 동시에 유전될 가능성이 크다. 그러나 염

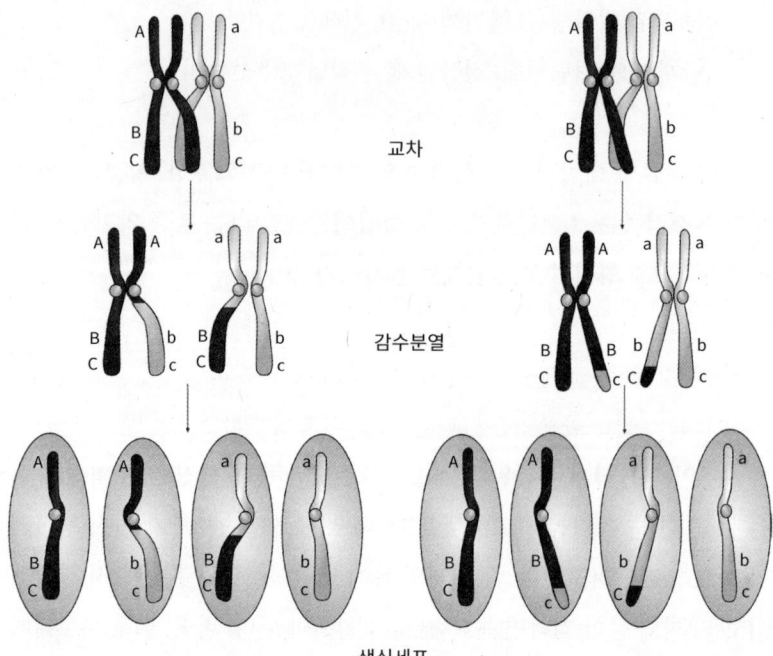

그림 4.9 생식세포는 감수분열 중 일어나는 교차에 의해 염색체가 섞이게 된다.

색체 내에서 두 유전인자가 멀리 떨어져 있다면 염색체가 교차(crossing over)되면서 유전인자가 섞일 가능성이 커진다.(그림 4.9)

교차는 생식세포가 생길 때 일어나는 감수분열과 관련이 있다. 앞에서 설명했듯이 체세포에는 부모로부터 각각 1벌(n=a, b, c, d)씩 물려받은 2벌(2n=a, a, b, b, c, c, d, d)의 염색체가 들어 있다. 2벌의 염색체는 정자와 난자 같은 생식세포에서는 1벌이 된다. 그래서 감수분열이라고 한다. 이때 1벌의 염색체는 엄마로부터 받은 1벌과 아빠로부터 받은 1벌로 나뉘는 것이 아니다. 생식세포가 감수분열을 할 때는 부모로부터 물려받은 염색체가 뒤섞여서 정자나 난자를 만든다.[15] 그림 4.9를 보면서 이해해보자.

---

15 같은 부모로부터 태어난 형제자매인데도 서로 꼭 닮지 않는 이유를 이제 이해했을 것이다. 우리는 아버지가 친할머니+친할아버지 염색체를 적절히 섞어서준 염색체 한 벌과 어머니가 외할머니+외할아버지 염색체를 적절히 섞어서준 염색체 한 벌로

유전자 A, B, C는 같은 염색체에 있다. A와 B, C는 멀리 떨어져 있기 때문에 교차가 발생할 확률이 상대적으로 높고, 거리가 가까운 B와 C는 교차가 발생할 확률이 상대적으로 낮다. 앞에서 살펴본 스터티번트의 실험에서 몸 색깔을 결정하는 유전인자와 눈 색깔을 결정하는 유전인자는 가까운 위치에 있으므로 감수분열을 할 때 교차가 일어날 확률이 적다. 그러나 몸 색깔 유전인자와 날개 모양을 결정하는 유전인자는 염색체에서 서로 먼 위치에 있기 때문에 상대적으로 교차가 잘 일어나게 된다. 1913년 스터티번트는 초파리의 성염색체에 있는 6종의 형질에서 교차가 일어나는 확률을 측정하여 염색체 내에서 유전자의 상대적 위치를 측정했다. 이것이 최초의 '유전자 지도'가 되었다.

모건과 그의 제자들은 서턴-보베리의 염색체 이론에 더해서, 하나의 염색체에는 생물의 여러 형질 결정에 관여하는 '인자'가 마치 실에 꿴 구슬처럼 일렬로 배열되어 있다는 것을 알아낸 셈이었다. 그리고 이 인자는 '유전자'(gene)라고 불리게 되었다.

세포의 발견 이래 세포가 생명체의 구조적·기능적 기본 단위이며, 세포가 살아가는 데 필요한 모든 정보가 염색체에 저장된다는 것이 알려지는 데는 200여 년이 걸렸다. 그러나 정작 그 시점에 알아낸 것은 염색체에 존재하는 유전자라는 추상적인 개념이었다. 그리고 이로부터 40여 년이 더 흐른 후에야 유전자가 어떻게 생명에 필요한 정보를 저장하는지에 대한 화학적인 실체가 규명되었다.

이루어지며, 이것이 어떻게 섞이느냐는 생식세포마다 다르다.

5장

생명의 화학 공장, 세포

유기물질을 '합성'하다

세포를 발견하고, 세포 관찰로 알게 된 기초 지식을 종합해 세포 이론이 수립되었다. 그리고 염색체와 유전의 관계를 파악하기까지는 세포에 대한 형태학적 관찰이 중심이 되었다. 이런 성과들이 생물학의 토대를 다져주었다. 이번 장에서는 19세기가 될 때까지 일견 독립적이라고 생각했던 화학이 어떻게 생물학과 관계를 맺게 되었는지, 이런 연합을 통해 생산된 지식들이 어떻게 세포 연구에 영향을 주었는지 알아본다.

오늘날 생물학 교육을 받은 사람은 누구나 세포가 화학물질로 이뤄져 있고, 무생물과 마찬가지로 생물에도 동일한 물리·화학 법칙이 적용된다는 것을 알고 있다. 그러나 지금 우리의 상식은 19세기에만 해도 전혀 상식이 아니었다.

19세기까지 세상의 물질은 크게 생물에서 유래한 유기물(organic matter)과 무생물에서 유래한 무기물(iorganic matter)로 나뉘었다. 한편 유기물과 무기물의 19세기적 정의는 오늘날의 정의와 같지 않다. 오늘날 유기물은 탄소 기반의 화합물을 가리키며, 유기화학(organic chemistry)은 이런 탄소 화합물의 화학을 연구한다. 무기물은 유기물의 여집합으로 볼 수 있으며, 무기화학은 여기에 속하는 물질을 연구한다. 생물에서 유래하는 물질은 거의 대부분 탄소 화합물이므로 유기물이 탄소 화합물의 의미로 사용되는 것은 무방하다. 그러나 19세기까지 통용된 의미에 따르면 유기물과 무기물은 '생명력'(vital force)의 유무라는 잣대로 구분되었다. 유기물은 오로지 생명이 있는 물질에서만 생성되며, 반대로 무기물은 생명과는 무관한 것으로 여겨졌다. 물질 자체에 이처럼 특별한 생명력이 깃들어 있다는 관념은 고대의 생기론(生氣論, Vitalism)으로까지 거슬러 올라간다. 생기론이 여전히 득세하고 있던 1827년 스웨덴의 화학자 옌스 베르셀리우스(Jöns Jakob Berzelius)가 쓴 교과서의 유기화학 파트를 조금만 살펴보자.

> 살아 있는 물체에서 원소들은 죽은 물체와는 전혀 다르게 작용한다. 따라서 생명체로부터는 무기물과는 다른 여러 가지 상호작용에 의해서 다른 물질들이 탄생한다. 죽은 물질과 살아 있는 물질 간의 원소의 차이가 유기물 화학의 핵심 이론이 될 것이다. … 살아 있는 물질이 되기 위해서는 무기 원자가 아닌 다른 것이 필요하며 … 우리는 이것을 생명력이라고 부른다.[1]

"생명체를 구성하는 물질과 무생물을 구성하는 물질은 근본적으로 다르다. 따라서 생명체의 물질은 오직 생명체로부터만 만들어질 수 있다"라는 것이 19세기 초의 교과서적인 견해였던 것이다. 그러나 이러한 생각은 곧 실험실에서 유기물을 만들 수 있다는 사실이 확인되면서 흔들리게 된다.

요소(urea)는 탄소 1개, 질소 2개, 산소 1개로 구성된 매우 단순한 분자이다. 체내에서 단백질이 분해된 후 생성되는 암모니아(NH_3)를 배출하기 위해 만들어지는 물질이다. 암모니아는 독성이 높아 동물의 몸속에 많이 생성되는 것은 좋지 않다. 이에 우리 몸은 요소 회로(urea cycle)라는 일련의 생화학반응을 일으켜 물에 잘 녹는 요소를 만들어 암모니아의 독성을 감소시킨 다음 오줌의 형태로 배출한다. 요소는 오줌에서 발견되는 화합물이므로 당연히 유기물로 간주되었다. 하지만 유기물이 반드시 생물

---

[1] Cornish-Bawden, A. (Ed.). (1997). *New Beer in an Old Bottle. Eduard Buchner and the Growth of Biochemical Knowledge*. Universitat de València, p. 73.

에서만 생성되는 것은 아니라는 것을 보여준 첫 유기물이 요소이기도 하다. 독일의 화학자 프리드리히 뵐러(Friedrich Wöhler)는 무기물질로 화학 실험을 하던 중 우연히 요소를 합성하게 되었다.[2] 뵐러가 요소를 합성한 화학 실험은 오늘날 고등학생도 할 수 있을 정도로 간단한 것이었지만, 유기물과 무기물을 '생명력'의 유무를 잣대로 구분했던 당시의 통념을 무너뜨렸다.

1828년 뵐러는 자신의 발견을 논문으로 출판하고, 당대의 가장 유명한 화학자인 베르셀리우스에게도 편지를 보내 이 사실을 알렸다. 하지만 베르셀리우스 등 생기론을 신봉하던 과학자들의 입장은 뵐러의 실험 결과만으로 쉽게 바뀌지 않았다. 무생물과 마찬가지로 생명체에도 물리·화학 법칙이 그대로 적용되고, 생명과 무생물을 구분하는 '생기'의 실체가 없다는 사실을 당대 과학자들이 수용하기에는 생명현상이 너무나도 복잡해 보였기 때문에 이는 어쩌면 당연한 결과였을지도 모른다. 그러나 화학이라는 학문이 지속적으로 발전하고 생물체 내에서 일어나는 화학반응의 실체가 속속 밝혀지면서 기존의 인식도 서서히 바뀌게 되었다.

유스투스 리비히와 생물화학

뵐러와 자주 협력 연구를 한 유스투스 폰 리비히(Justus von Leibig)는 생화학, 농업화학, 유기화학 분야의 시조로 알려진 화학자이다. 리비히는 처음 유기화학으로 시작해 동물과 식물의 생리학으로 연구 영역을 확장해 갔다. 그는 식물이 필수영양소로서 질소, 인, 칼륨이 필요하고, 탄소와 수소, 산소는 물과 이산화탄소를 통해 공급받는다는 것을 알게 되었다. 이 발견은 식물에게 '무기물'로 분류되는 물질들만을 공급해주는 것으로 생

---

2 원래 뵐러는 무기화합물인 사이안산 암모늄(ammonium cyanate)을 합성하려고 했다.

육이 가능하다는 것을 의미한다. 식물은 탄소, 산소, 수소, 질소, 인, 칼륨, 칼슘, 마그네슘, 황, 철 같은 10가지 무기원소를 공급받아 유기물을 만들어낸다. 이 간명한 사실은 유기물은 유기물로부터 생겨난다는 통념을 부정하고, 무기물과 유기물을 '생명력'에 의해서 구분하는 것이 무의미함을 입증했다.

리비히는 또한 생물체 내에서 일어나는 다양한 생명현상의 본질이 일종의 화학반응이라는 결론에 이르렀다. 그런 후 그는 식물과 동물의 다양한 생리 현상을 화학적으로 설명하기 위한 연구를 수행했다. 리비히는 생명체에서 일어나는 모든 현상을 화학반응으로 설명하는 데 너무 집착하다 보니 때로는 생명체 내에서만 일어날 수 있는 화학반응이 생명체와 관계없이 일어날 수 있다고 고집하는 일도 있었다. 가령 이 장의 뒤에서 설명할 '발효'(fermentation), 즉 효모나 박테리아에 의해서 당이 알코올이나 산으로 바뀌는 현상을, 당이 화학적으로 산소와 만나서 분해되는 화학적 촉매현상이라고 생각했다. 때문에 포도주가 발효할 때 생기는 효모는 발효 현상에 의해서 생기는 부산물일 뿐이며 효모나 효모의 생명력은 발효를 촉진하는 것이 아니라고 주장했다. 그의 이러한 주장은 후세의 연구자들에 의해서 반박되었다.

리비히는 생명현상을 화학에 기반하여 설명하려고 한 선구자라는 것 이외에도 지금까지 이어지고 있는 근대적인 대학의 과학 연구실 체계를 구축한 인물로도 유명하다. 리비히 이전의 대학에서 과학 연구는 대개 연구자 1인이 담당했고, 가끔 연구자 개인이 고용한 조수가 일손을 거들었다. 오늘날의 이공계 대학원 연구실에서 연구의 실무는 주로 대학원생 혹은 박사후연구원이 맡고, 교수는 주로 관리 감독자가 되는 것과는 판이한 상황이었다. 리비히는 화학 교육에 있어서 실습의 중요성을 절감했기에 학생이 직접 연구에 참여케 하여 연구의 효율을 높였다. 리비히는 교육을 받는 학생이 교수의 아이디어를 실험적으로 증명하는 '도제식 연구 시스템'을 구축함으로써 같은 세대의 다른 연구자들보다 범위가 훨씬 더 넓은 분야의 연구에서 업적을 쌓을 수 있었고 당대의 이름난 과학자로 명성을 떨쳤다. 리비히로부터 훈련을 받은 학생들이 유럽 전역에 퍼져서 자신들이 배운 시스템을 재생산했으니, 리비히는 오늘날까지 지속되고 있는 대학원의 도제식 연구실 시스템을 만든 사람이라고 할 수 있겠다.

실험생리학의 확립

프랑스의 클로드 베르나르(Claude Bernard)는 현대 생리학의 창시자로 일컬어진다. 그 칭호에 걸맞게 생명과학과 의학 분야에서 실험의 중요성을 최초로 역설했다. 근대과학이 발달하면서 생명에 대한 연구도 꾸준히 깊이를 더하고 있었지만, 다른 분야에 비해 생물학 분야에는 유난히 실험적 근거가 빈약한, 사변적이고 형이상학적인 이론이 만연했다. 당시 비교적 탄탄한 관측에 근거하고 이론적으로도 손색이 없었던 물리학이나 화학에 비하면 생명과학과 의학은 이들과 어깨를 겨루기가 어려웠다.

클로드 베르나르는 생명체도 역시 물리·화학적인 원리에 지배된다는 비생기론적 원칙에 입각하여 물리와 화학의 방법론을 이용한 실험을 통해 생리학적 지식을 발견할 수 있다는 것을 분명히 보여주었다. 그의 주장은 "실험실은 과학의 신전이다"(Laboratory is the temple of Science)라는 경구에 잘 함축되어 있다. 그렇다면 그는 실험을 통해 무엇을 발견했을까? 베르나르는 박사과정을 밟는 동안 탄수화물이 동물의 몸에서 어떻게 흡수되는지 추적했다. 장에서 흡수된 탄수화물은 간을 거치는데, 간은 무슨 일을 하는 걸까? 그는 간이 탄수화물을 저장한다는 가설을 세우고, 탄수화물을 며칠 동안 계속 먹인 개의 몸에서 간으로 들어가는 혈액과 간에서 나오는 혈액의 탄수화물 양을 조사했다. 그러나 별로 차이가 없었다.

사실 실험 결과가 이러했다면 대부분의 연구자는 '간은 탄수화물을 흡수하지도 않고 새롭게 만들지도 않는다'라는 결론을 내릴 것이다. 그러나 베르나르는 여기서 한 발짝 더 들어가는 실험을 설계했다. 이번에는 탄수화물이 아닌 단백질만을 먹인 개를 대상으로 같은 실험을 해보았다. 단백질만을 먹인 개의 간으로 들어가는 혈액에서 탄수화물의 양은 현저히 감소했으나 간에서 나온 혈액은 탄수화물을 먹인 개의 수치와 별 차이가 없었다. 즉 동물의 간은 당을 형성할 수 있는 능력이 있으며, 그는 단백질만을 먹인 개의 간에[3] 글리코젠(glycogen)이 존재한다는 것을 아이오딘 염색으로 입증했다. 베르나르의 실험으로 광합성을 하는 식물만이 체내에서 탄수화물을 합성한다는 상식이 깨졌다.

동물이 탄수화물을 글리코젠 형태로 간에 저장하는 이유는 무엇일까? 생물을 구성하는 세포가 증식하고 유지되려면 에너지가 필요하다. 이 에너지는 탄수화물 같은 물질을 분해하여 얻는다. 그리고 다세포 생물의 몸에서 탄수화물과 같은 에너지 연료는 혈관을 통해 온몸의 세포에 전달되고, 세포들은 이 연료를 분해하여 에너지를 얻는다. 그런데 탄수화물을 섭취하는 즉시 세포가 모두 소모해버린다면, 다음 음식을 먹기 전까지 에너지 생산이 원활하지 않을 것이다. 음식을 먹고 난 직후에만 에너지가 충분하고 이것이 소화되면 에너지가 고갈되는 상태를 막으려면 탄수화물의 잉여가 생길 때 이를 저장해 두어야 한다. 그 저장고가 간이고, 탄수화물은 글리코젠이라는 물질로 변환되어 간에 저장된다. 이렇게 함으로써 혈중 탄수화물 농도를 일정하게 유지할 뿐만 아니라, 다시 음식물이 공급될 때까지 생체 환경을 일정하게 유지할 수 있다. 베르나르의 발견은 단순히 탄수화물에 대한 것이라기보다는 우리 몸이 조절되는 기본 원리에 대한 암시를 주는 것이었다.

이러한 발견에 근거하여 베르나르는 외부 환경의 변화와 상관없이 혈당, 체온, 산소 농도 등 생물의 '내적 환경'을 일정하게 유지하는 것이 생명을 유지하는 데 중요하며, 이것이 불가능해질 때 질병이 발생한다고 보

---

3   글리코젠은 동물의 간에 축적되는 영양물질로서, 식물의 전분과 비슷한 구조를 가진 당이 결합된 물질이다.

았다. 베르나르는 이 같은 이해를 바탕으로 '생리학'(physiology)과 '병리학'(pathology)이라는 두 가지 연구 범주를 설정했다. 생리학은 정상적으로 유지되고 작동하는 신체 상태를 연구하고, 병리학은 균형이 깨져 질병이 발생한 신체 상태를 연구한다. 따라서 질병의 원인을 이해하기 위해서는 정상적인 신체 상태와 비정상적인 신체의 상태를 비교해 차이를 찾아야 한다. 차이를 찾자면 우선적으로 정상적인 신체 상태를 잘 파악하고 있어야 한다. 고로 '죽은 신체'의 해부로 얻을 수 있는 지식에는 한계가 있다. 이런 이유로 베르나르는 '살아 있는 인체/동물'을 대상으로 실험하고 연구해야 생명을 올바르게 이해할 수 있다고 역설했다.

베르나르가 개별 세포 단위보다는 하나의 개체를 관통하는 관점에 치중해 있었지만, 그의 기본적인 연구 방법론은 이후 세포 연구자들에게 엄청난 영향을 끼쳤다. 개체는 장기로 구성되고, 장기는 조직으로 그리고 조직은 궁극적으로 세포로 구성되므로, 생물은 개체-장기-조직-세포의 단계마다 내적 환경을 유지하려고 할 것이기 때문이다. 이처럼 베르나르가 세포로 구성된 동물의 내적 환경 전체를 고려하는 입장이었다면, 19세기 중반 이후에는 세포 자체에 집중하는 연구들이 등장했다. 그들은 세포 안에서 작용하는 화학물질들의 종류와 기능 등을 알고자 했다. 그 화학물질들 중의 하나가 단백질이었다.

단백질의 발견

단백질은 생물을 구성하는 4대 생체 물질—단백질, 핵산, 탄수화물, 지질—중 하나이며, 거의 모든 생명현상에서 주역으로 등장하는 '세포의 부품'이다. 단백질이라는 물질이 처음 알려진 18세기 말에 단백질은 유기체에 필요한 영양 성분의 하나 정도로 인식되었다. 그러나 세포 안에 매우 다양한 단백질이 있다는 것과 단백질의 화학적 구성이 알려진 이후 이러한 인식은 서서히 바뀌었다. 특히 20세기에 들어서 단백질이 세포 내 화학반응을 촉매한다는 사실이 밝혀지면서 세포 단백질들의 기능을 아는 것이 세포 화학은 물론 생명현상의 이해에 직결되는 과제가 되었다.

우리는 어떻게 단백질이라는 물질의 존재를 알게 되었을까? 18세기 말, 프랑스의 화학자 앙투안 푸르크루아(Antoine François Fourcroy)에 의해서 단백질이 최초로 알려졌다. 달걀흰자나 식물 씨앗을 갈아서 여기에 열을 가하면 하얗게 응고하는 물질이 생긴다. 푸르크루아는 이 물질에 '알부민'(albumin)이라는 이름을 붙였다. 당시에는 성질이 다른 많은 단백질이 있다는 사실을 몰랐기 때문에 알부민은 모든 단백질을 통칭하는 말로 쓰였다. 이후 우유에서 역시 비슷한 성질을 가진 물질이 발견되어 '카세인'(casein)으로 불렸으며, 응고된 혈액에서는 '피브린'(fibrin)이라는 물질이 발견되었다. 이 물질들은 모두 단백질의 한 종류이며 화학적 조성이 비슷하지만, 당시로서는 이런 유사성을 간파할 수 없었다.

단백질의 화학적 조성이 비로소 파악된 때는 1839년이었다. 네덜란드의 화학자 헤라르뒤스 뮐더르스(Gerardus Johannes Mulders)는 여러 종류의 단백질의 원소를 분석했다. 이 단백질들은 제각각 출처가 달랐지만 모두 탄소, 수소, 질소, 산소와 함께 극소량의 인과 황을 함유하고, 거의 모두 원소비가 동일했다. 뮐더르스가 잠정적으로 결정한 단백질의 화학식은 '$C_{400}H_{620}N_{100}O_{120}P_1S_1$'이었다. 그리고 다른 종류의 생물과 조직에서 채취한 단백질들의 원소 구성비도 거의 동일했기 때문에 모두 같은 물질이라는 잘못된 결론을 내렸다.[4]

아미노산이 단백질을 구성하는 물질이라는 사실은 이미 19세기 초에 알려져 있었다. 뮐더르스는 단백질을 분해해보고 기존에 알려져 있던

---

4   단백질의 성질을 결정하는 것은 원소의 구성비가 아니라 아미노산의 배열이다. 모든 단백질은 아미노산으로 구성되므로 원소 구성비는 비슷하다. 자연에 존재하는 100가지 이상의 아미노산 중 유기체의 몸에서 단백질 합성에 사용되는 것이 20가지라는 사실을 알게 되기까지 엄청난 시간이 걸렸다. 20가지 아미노산에 공통된 구성 원소는 탄소, 수소, 산소이며, 황과 인은 일부 아미노산에만 들어 있다.

아미노산인 류신(leucine)과 글리신(glycine)이 단백질의 구성 성분에 포함되어 있음을 확인했다. 뮐더르스는 농도가 매우 높은 산과 고온이라는 가혹한 실험 조건에서 아미노산을 분리했기 때문에 그 외의 아미노산들은 실험 도중에 완전히 분해되어 확인할 수 없었다. 아미노산을 손상시키지 않는 좀 더 온건한 실험 조건이 개발된 후인 1846년 타이로신(tyrosine)이, 1936년 20번째로 트레오닌(threonine)까지 약 120년 동안 단백질 합성에 쓰이는 20가지 아미노산이 하나씩 하나씩 발견되었다.

1902년 독일에서 개최된 한 학회에서 생화학자 헤르만 피셔(Hermann Emil Fischer)와 프란츠 호프마이스터(Franz Hofmeister)는 각각 단백질이 아미노산의 펩타이드 결합(peptide bond)으로 형성된 중합체라

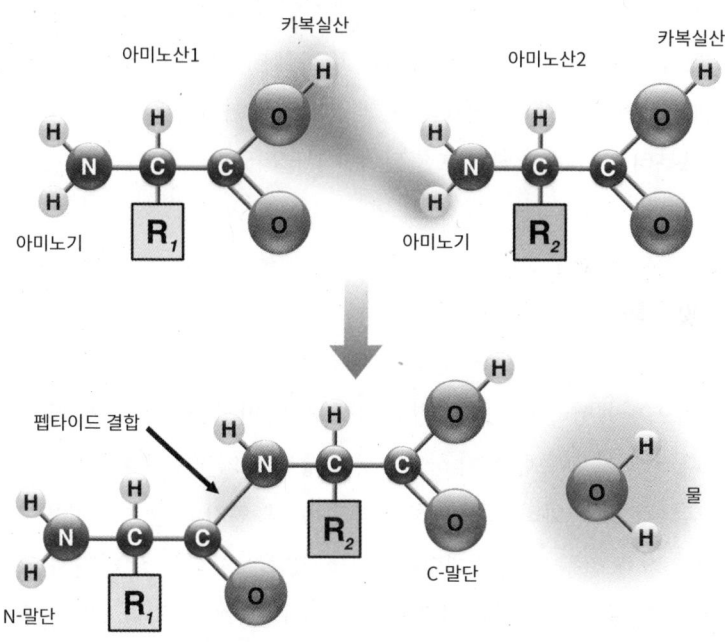

그림 5.1 아미노산은 두 아미노산의 카복실산과 아미노기가 서로 반응하는 '펩타이드 결합'으로 연결된다. 이렇게 다수의 아미노산이 결합된 것을 '폴리펩타이드'라고 한다. 폴리펩타이드의 한쪽 끝인 아미노기 부분을 질소가 있다는 뜻에서 'N-말단', 반대쪽 끝인 카복실기 부분에는 탄소가 있기 때문에 'C-말단'이라고 부른다.

는 결과를 발표했다. 피셔와 호프마이스터는 상반된 방법으로 같은 결과에 도달했는데, 피셔는 아미노산을 결합하는 방법을, 호프마이스터는 자연의 단백질을 분해하는 방법을 사용했다.[5]

이렇게 단백질이 펩타이드 중합체라는 것을 알아낸 피셔는 이제 글리신과 류신을 화학적으로 연결하여 폴리펩타이드(polypeptide)를 만들고, 이 폴리펩타이드가 생명체에서 일어나는 화학반응을 매개하는지 살펴보려고 했다. 1906년 피셔는 18개의 아미노산이 연결된(15개의 글리신과 3개의 류신) 폴리펩타이드를 화학적으로 만들고, 이 '인공 폴리펩타이드'로 촉매반응이 일어나는지 실험했지만 실패했다. 피셔는 단백질이 폴리펩타이드로 구성된다는 것은 알았지만, 단백질이 촉매를 비롯한 화학작용을 일으키기 위해서는 아미노산이 특정한 순서로 배치되어야 한다는 데까지는 생각이 미치지 못했다. 또한 단백질이 생물학적인 기능을 하기 위해서는 글리신과 류신 이외에도 다른 18개의 아미노산이 조합되어야 한다. 세포 내에서 실제로 작동하는 단백질이 만들어지는 원리는 피셔의 발견으로부터 다시 50여 년이 흐른 뒤에야 규명되었다.

발효와 효소

세포 내에서 일어나는 화학반응 중 가장 먼저 이해된 것은 '발효' 현상이다. 공기가 부족한 혐기 상태에서 미생물에 의해 탄수화물이 알코올 혹은 젖산으로 변화하는 것을 '발효'라고 한다. 인간이 발효를 이용해 술을 빚고 빵을 만든 역사가 대단히 오래되었다는 사실은 잘 알려져 있다. 발효의 원인을 화학적으로 연구하게 된 시기는 19세기 중반 리비히 등에

---

5   피셔는 두 가지 다른 아미노산을 화학적으로 결합하여 펩타이드 중합체가 형성되는지 확인했고, 호프마이스터는 단백질을 화학적으로 분해하면 아미노기와 카복실산이 생기는지 확인했다.

의해서 유기화학이 본격화된 이후이다.

19세기에 발효의 화학적 본질에 대한 설명은 두 가지였다. 세포설의 주창자들 중 하나였던 슈반 등은 발효가 효모의 생명력에 의존한 반응이라고 주장했고, 리비히 등은 당 분자가 진동에 의해서 산소와 결합하여 분해되는, 순전히 화학적인 반응이라고 주장했다. 대체로 1850년대까지는 리비히 측의 주장이 정설로 받아들여졌지만, 프랑스의 루이 파스퇴르(Louis Pasteur)가 살아 있는 효모가 없이는 발효가 일어나지 않는다는 것을 실험으로 증명하면서 상황이 달라졌다. 산소가 있는 환경에 비해서 산소가 없는 환경에서 발효가 더 효율적으로 일어나는데, 이는 발효가 산소가 존재하지 않을 때 발생하는 효모의 호흡이기 때문이다. 따라서 발효는 살아 있는 세포와 분리할 수 없는 생리학적인 현상이라는 것이 파스퇴르의 해석이었다.

독일의 모리츠 트라우베(Moritz Traube)는 파스퇴르와 생각이 조금

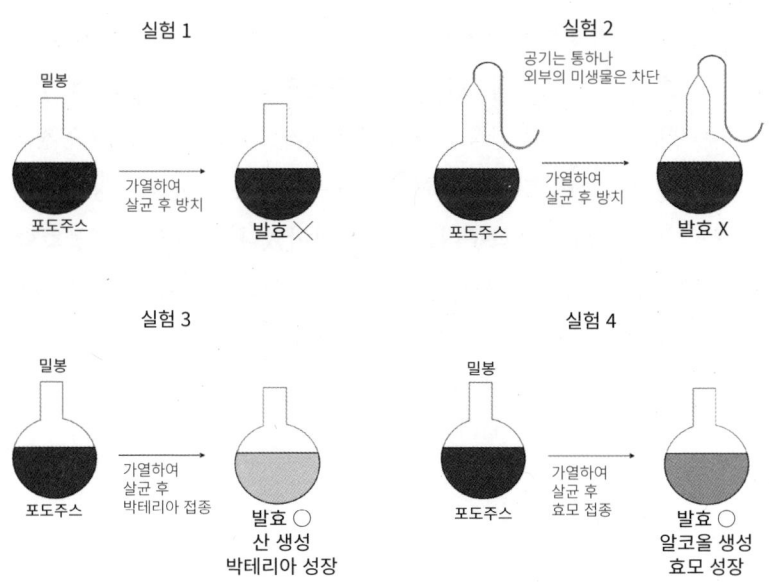

그림 5.2   산소가 없는 조건에서 효모가 당을 분해하는 현상이 발효라는 것을 밝힌 파스퇴르의 실험.

달랐다. 그는 발효가 세포 내에서 발생하는 화학작용이며 이를 촉매하는 세포 내의 물질이 있을 거라고 가정하고, 감자에서 추출한 물질을 이용해 세포 밖에서 당이 분해되는 현상을 관찰했다. 그는 당을 분해한 물질을 '알부민과 유사한 것'(albuminous bodies)이라고 추측을 했지만, 이를 실제로 입증하지는 못했다. 1897년 독일의 에두아르트 부흐너(Eduard Buchner)가 효모를 분쇄한 추출물을 이용하여 발효의 전 과정(당이 분해되어 알코올이 생성될 때까지)이 세포 밖에서 일어날 수 있다는 것을 실험을 통해 증명함으로써 19세기 초반부터 진행되어 온 발효 논쟁에 마침표를 찍었다.

그동안 주장된 내용을 종합해보자. 발효는 파스퇴르의 주장대로 효모라는 생명체가 일으키는 화학작용이다. 그러나 발효는 생명체 내부에서만 일어나진 않는다. 세포 내에 있는 발효를 일으키는 물질이 세포에서 분리된 환경에서도 발효(무세포 발효)를 일으킬 수 있다. 공통점은 결국 발효란 생명체 내에 존재하는 물질에 의해 일어나는 화학반응이라는 점이다.

부흐너는 발효를 일으키는 원인 물질을 치메이스(zymase)라고 불렀다.[6] 부흐너의 발견은 새로운 학문의 탄생으로 이어졌다. 세포에서 일어나는 생명현상이 화학반응의 총합이라면 세포는 하나의 화학 공장이다. 세포를 구성하며 복잡한 화학반응을 촉매하는 물질들의 정체를 파악하는 것이 이 새로운 학문이 해야 할 일이었다. 그리하여 생물화학, 즉 생화학은 세포 내에서 물질이 분해되고 합성되는 화학 과정(대사경로(metabolism))을 규명하는 학문으로서 등장한다.

---

6 오늘날 발효를 일으키는 데 관여하는 효소는 단 한 종류의 단백질이 아니라 수십 종이라는 것이 밝혀졌다. 부흐너의 치메이스는 하나의 순수한 단백질이 아니라 효모가 가진 여러 단백질의 총합체라고 해석하는 것이 좋을 것이다.

단백질과 효소의 관계

맥주를 제조하기 위해 보리의 싹을 틔운 다음 싹을 분쇄하여 가열하면 물에 녹지 않는 전분이 물에 녹는 당으로 변한다. 전분을 당으로 변환시키는 것이 보리 싹에 있는 다이아스테이스(diastase)라는 효소이다. 이것은 1833년 프랑스의 화학자들이 발견했다. 다이아스테이스의 정체는 전분을 분해하여 포도당으로 만드는 효소인 세 종류의 아밀레이스(amylase)이다. 1836년 슈반은 위액에서 분비되어 단백질을 분해하는 펩신을 발견한다. 그리고 효소 추출물에 존재하는 인버테이스(invertase)는 설탕(sucrose)을 글루코스(glucose)와 과당(fructose)으로 분해했다. 1877년 독일의 생리학자 빌헬름 쿤(Wilhelm Kuhne)은 이런 생물체 유래의 촉매 물질을 총칭하여 '효소'(enzyme)라고 명명했다. 여러 분해 물질에 효소라는 이름을 붙여주었지만 이 당시에 효소의 정체가 단백질이라는 사실은 아직 밝혀지지 않았다.

20세기에 접어들어 여러 종류의 효소가 발견되고, 세포 밖에서 화학반응을 촉매하는 세포 추출물인 효소에 단백질이 들어 있다는 것이 확인되었지만, 촉매 물질의 본질은 여전히 드러나지 않았다. 당시에 사용하던 효소에는 단백질을 포함해 세포에서 추출한 여러 화학물질이 섞여 있었기 때문이다. 단백질을 순수하게 정제하는 기술도 없었다. 설령 단백질이 어떤 촉매반응을 일으킨다고 해도 이것이 단백질에 의한 것인지, 단백질은 실제로 촉매를 일으키는 화합물질이 붙어 있는 운반체일 뿐인지가 명확하지 않았다. 20세기 초에는 후자의 견해가 우세했는데, 여기에는 그럴 만한 이유가 있었다. 당시 단백질 연구에 많이 활용된 헤모글로빈의 특유한 성질 때문이었다. 헤모글로빈은 적혈구 안에서 산소와 결합하는 단백질이다. 헤모글로빈이 산소를 결합하기 위해서는 헤모글로빈에 붙어 있는 헴(heme)이라는 화학물질과 철 분자가 필요하다. 헴이 없는 헤모글로빈은 산소를 결합하지 못한다. 단백질인 헤모글로빈이 헴과 철 분자를 동반해야 제대로 작용하므로, 대다수 연구자들은 단백질보다 분자량이 작은 소분자 물질로 구성된 촉매단(prosthetic group)에 의해서 촉매반응이 일어나며, 효소 같은 단백질은 촉매단의 운반체에 지나지 않는다는 견해를 가지고 있었다.[7]

만약 촉매단이 없는 100% 순도의 단백질을 세포 추출물에서 정제하여 그것이 촉매반응을 일으킨다면, 이 견해를 반증할 수 있을 것이다. 20세기 초까지 화학물질이 순수하게 정제되었음을 확인하는 유일한 방법은 물질의 결정화였다. 결정은 순수한 물질의 격자형 구조로 형성되므로, 결정을 형성한다는 것은 물질이 다른 물질과 혼합되어 있지 않다는 것을 의미한다. 따라서 단백질이 결정을 형성하고, 이 결정을 녹인 액체가 효소반응을 일으키면 된다. 단백질을 어떻게 결정화할 것인가가 문제였다. 소금 결정처럼 대부분의 저분자 물질은 서서히 건조시키면 결정이 형성된다. 그러나 단백질은 건조되면서 불규칙하게 응집하여 침전되어 활성을 잃는 경우가 대부분인데, 이렇게 되면 단백질은 완전히 손상되고 결정은 형성되지 않는다. 이런 이유로 효소 혹은 단백질을 결정화한 사람은 1920년대까지 아무도 없었다.[8]

1926년 미국의 생화학자 제임스 섬너(James B. Sumner)는 작두콩(jack bean)에서 요소 분해효소(urease)를 결정화하는 데 성공했다. 섬너가 사용한 방법은 어이가 없을 정도로 간단했다. 작두콩을 아세톤과 물을 섞은 액체에 갈아서 추출물을 얻고, 이를 밤새도록 방치해 두었더니 결정이 생겼다. 이 결정을 분석해보니 단백질이었다. 결정을 녹여서 액체로 만들어도

---

[7] 물론 나중에 효소의 본체가 단백질이라는 것이 밝혀진 후에 일부 효소에서는 화학반응을 촉매하기 위해서는 촉매단이나 금속이온처럼 단백질이 아닌 물질이 필요하다는 것을 알게 된다. 그러나 이 경우에도 화학반응은 단백질인 효소가 있어야 이루어지며, 효소반응에 필요한 단백질이 아닌 물질들은 조효소(coenzyme)라고 부르게 되었다.

[8] 현재도 특정한 단백질을 결정화하는 것은 그리 쉬운 일이 아니어서, 연구자가 오랜 시간 동안 적합한 실험 조건을 찾아야만 가능하다.

요소를 분해할 수 있었다. 앞에서 설명한 것처럼 순수한 물질만이 결정을 형성한다. 요소 분해효소가 결정화되었다면 순수한 단백질 결정일 것이고, 이 결정이 요소의 분해반응을 촉매했다면 요소 분해효소는 순수한 단백질만으로 구성된다는 것을 의미한다.

섬너는 요소 분해효소가 단백질이라는 것을 재확인하기 위해 결정을 녹인 액체에 단백질 분해효소를 첨가해보았다. 그러자 이 액체는 더 이상 요소를 분해하지 못했다. 이는 요소 분해효소가 단백질로 이뤄진 것임을 입증하는 또 다른 결과였다. 그러나 당시의 생화학계를 주도하던 독일 학계는 효소가 단백질만으로 이루어졌다는 섬너의 주장을 인정하지 않았다. 1930년 미국의 생화학자 존 노스롭(John H. Northrop)이 이전부터 잘 알려져 있던 단백질 분해효소인 펩신을 결정화하고, 펩신 결정을 녹인 액체가 역시 단백질 분해 능력을 유지한다는 것을 입증하면서 비로소 효소의 본질이 단백질이라는 사실이 수용되었다.[9]

주장과 주장이 맞서고 주장이 반증되는 과학의 규범적인 절차를 거쳐서 세포의 생화학은 조금씩 이해를 더해 갔다. 세포 내부의 화학반응을 촉매하는 물질의 실체가 단백질인 효소이며, 다양한 효소의 작용에 의해서 물질이 분해되어 세포에 에너지를 공급하고, 또 세포를 구성하는 물질을 합성한다는 개념이 20세기 중반 즈음 확고히 정립되었다. 복잡한 화학반응을 쉴 새 없이 만들어내는 공장과도 같은 세포 안에서는 구체적으로 어떤 '케미'가 일어나고 있을까?

에너지를 생산하고 소비하는 화학 공장

앞에서 발효는 효모가 산소가 부족할 때 당을 분해하는 현상이라고

---

9   섬너와 노스롭은 효소를 최초로 결정화하여 효소가 단백질로 구성되어 있다는 것을 증명한 공로로 1946년에 노벨 화학상을 수상했다.

했다. 그럼, 효모는 왜 당을 분해하는 걸까? 광합성을 하는 식물이나 플랑크톤과는 달리 외부의 영양분을 섭취하여 살아가는 생물이 에너지를 얻는 과정은 내연기관으로 움직이는 자동차가 연료를 태워서 에너지를 얻는 과정과 근본적으로 다르지 않다. 자동차의 내연기관인 엔진은 탄화수소 성분인 휘발유를 산소를 이용하여 태워서 발생하는 열에너지를 운동에너지로 바꾸는 기계이다. 많은 전자를 가지고 있는 에너지 상태가 높은 탄화수소가 산소와 만나 에너지 상태가 낮은 이산화탄소로 변해 방출되는 것이 물질 '연소'의 본질이다.

세포에서는 어떠한가? 세포도 역시 높은 에너지 상태의 탄수화물 같은 물질을 산소와 결합시켜 이산화탄소 형태로 만들고 나오는 에너지를 살아가는 데 사용한다. 그러나 엔진에서 탄화수소가 타는 과정은 산소와 결합하여 많은 열에너지를 발생하고 이를 순식간에 운동에너지로 전환하지만, 생물체 내에서 탄수화물 등이 분해되는 과정은 그처럼 급격하게 일어나지 않는다. 생물체의 체내로 들어온 물질은 세포에서 천천히 분해되고, 물질이 분해되는 단계별로 조금씩 방출되는 에너지는 저장되었다가 사용된다.

20세기 전반기에 생화학자들은 이 과정에 연관된 모든 화학작용을 조사했다. 세포에서 물질이 분해되는 과정, 분해 후 생성되는 에너지를 화학물질로 저장하는 방법, 새로운 세포를 만들 때 필요한 단백질, 탄수화물, 지질, 핵산 같은 생체 물질이 합성되는 원리 등. 결론을 앞당겨 말하자면 세포는 물질을 태워서 에너지를 생산하는 '발전소'에 해당하는 공장과, 이렇게 만들어진 에너지를 이용하여 세포에 필요한 새로운 물질을 만드는 '화학 합성 공장'의 두 부문이 유기적으로 연결된 공장이다. '발전소'에서 하는 일을 '분해 대사'(catabolism, 이화작용)라고 한다. 탄수화물 같이 복잡하고 에너지를 많이 포함하고 있는 물질을 분해하여 에너지를 만드는 일련의 화학 과정이다. '화학 합성 공장'에서 하는 일은 '합성 대사'(anabolism, 동화작용)라고 하며, 세포분열에 필요한 생체 물질을 에너지를 이용하여 새롭게 만드는 과정이다. 분해 대사와 합성 대사의 여러 단계는 효소에 의해 촉매된다. 이와 같은 '대사 경로'(metabolic pathway)를 알아내는 것이 20세기 전반기부터 후반기까지 걸친 생화학의 주된 연구 과제였다.

사실 고등동물에는 헤아릴 수 없이 많은 대사 경로가 있다. 이를 이 책에서 대강이라도 설명하는 것은 불가능에 가깝다. 그러나 합성 대사와 분해 대사를 이어주는 공통적인 요소가 있으니, 그것은 분해 대사에서 생성된 에너지를 저장하여 합성 대사에서 사용하는 물질이다. 그 물질은 무엇일까?

에너지 화폐 'ATP'

분해 대사에서 나오는 에너지를 합성 대사에 사용하기 위한 가장 간단한 방법은 두 가지 대사를 연결하는 것이다. 예컨대, 당을 분해하는 화학반응이 단백질이나 지질을 만드는 단계와 바로 연계되어 분해반응과 합성반응이 동시에 일어나는 것이다. 실제로 세포 속의 수많은 대사 중에는 이와 같은 동시 반응도 있지만, 모든 반응이 동시에 일어날 수는 없다. 음식물을 분해하여 나오는 에너지를 곧바로 합성반응에 사용하기보다는 이를 다른 형태로 저장했다가 합성반응이 필요할 때 사용하는 게 대사를 안정적으로 관리하는 방식일 것이다. 이렇게 저장해 두는 에너지는 흔히 '화폐'에 비유되기도 한다. 유기체의 대사를 위해 저장되는 에너지 화폐의 이름이 바로 'ATP'이다.

ATP는 '아데노신삼인산'(adenosine triphosphate, ATP)의 머리글자 줄임말이다. ATP는 RNA를 구성하는 기본 단위체이면서, 세포 내에서 통용되는 에너지 화폐이다. ATP의 인산(PO_4)이 서로 연결되어 있는 인산다이에스테르 결합에는 많은 에너지가 저장되어 있다. ATP가 ADP와 인산(P_i)

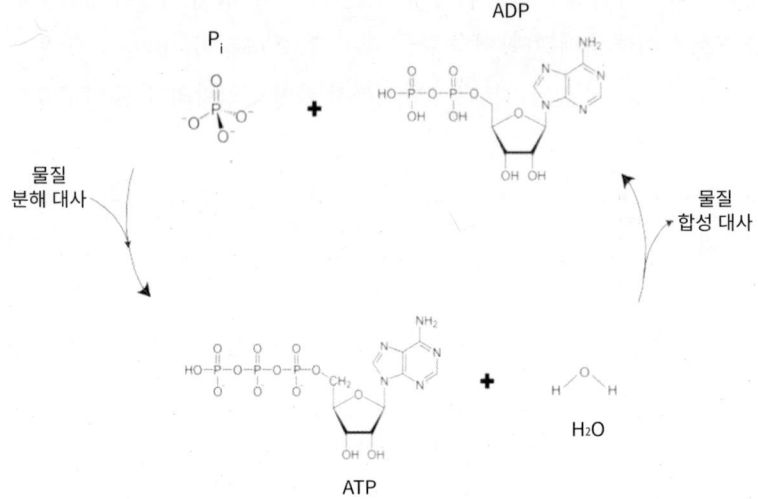

그림 5.3   ATP의 분해는 물질의 분해·합성 대사 반응과 연계되어 일어난다. 즉 ATP가 물(H_2O)과 만나 ADP와 인산(Pi)으로 분해되면서 배출되는 에너지는 간단한 물질로부터 복잡한 물질이 합성되는 대사를 돕는다. 반대로 복잡한 물질이 분해되어 간단한 물질이 될 때 방출되는 에너지는 ADP와 인산(Pi)이 결합하여 ATP 형태로 저장된다.

로 분해되면 ATP 1몰당 -14.6킬로칼로리의 에너지가 방출된다. 반대로 1몰의 ATP를 합성하려면 14.6킬로칼로리의 에너지가 필요하다. 요컨대, 분해대사에서 구조가 복잡한 고에너지 물질이 저에너지 물질로 분해되면서 방출되는 에너지는 그냥 열에너지로 분산되는 것이 아니라, ADP에서 ATP를 합성하는 데 사용되고, ATP에 저장된 에너지는 합성 대사가 발생할 때 사용된다.(그림 5.3)

ATP는 1929년 독일의 생화학자 카를 로흐만(Hans Karl Heinrich Adolf Lohmann)이 근육 추출물에서 발견했다. 동물의 근육은 수축과 이완을 통하여 운동에너지를 발생하는 조직이다.[10] 엔진이 휘발유가 탈 때 발생하

---

10   근육이 화학에너지를 운동에너지로 바꾸는 메커니즘에 대해서는 11장에서 다룬다.

는 열에너지를 회전운동으로 바꾸듯이 근육이 운동에너지를 발생시키는 근원은 근본적으로 탄수화물 같은 영양물질이 분해되어 나오는 에너지이다. 그 에너지가 어떻게 운동에너지로 전환되느냐가 1920년대 로흐만이 소속되어 있던 베를린의 카이저빌헬름 생물학연구소의 주된 관심사였다. 로흐만은 근육의 추출물에서 분해되었을 때 높은 에너지가 나오는 물질을 찾아내려다가 ATP를 발견했다. 곧 ATP의 합성과 분해 기전이 밝혀졌고, 탄수화물 등이 분해되어 생성된 고에너지 화합물도 여러 경로를 거치지만 결국 ATP를 만드는 데 사용된다는 것이 20세기 중반까지 밝혀졌다. 참고로 흔히 포도당으로 불리는 글루코스 1분자가 분해되어 완전히 이산화탄소가 되면 38분자의 ATP가 생성된다.

 이렇듯 20세기 중반까지 세포 연구란, 세포를 깨서 그 안에 들어 있는 효소와 물질을 찾아내고, 그 물질들이 어떤 대사 경로로 분해되고 생성되는지를 확인하고, 여기에 개입하는 효소를 찾는 것이었다. 세포에서 분리한 효소를 이용하여 시험관에서 화학반응을 재현해보고, 생성되는 물질을 분석함으로써 세포 안에서 일어나는 현상을 유추하는 것이 세포와 효소를 연구하는 주된 연구 방식이 되었다. 그러나 효소에 대한 이해만으로 세포의 다양한 특성을 완전히 설명하기는 어렵다. 단순히 액체를 담아둔 그릇에 불과한 시험관과 실제로 세포 안에서 작용하는 효소는 다른 환경에 있기 때문이다. 세포는 단순히 '효소 주머니'라기보다는 효소를 포함한 여러 종류의 단백질이 맞물려서 작동하는 복잡한 기계에 더 가깝다. 이러한 세포의 성격을 더욱 면밀히 이해하기 위해 세포의 내부를 더욱 자세히 들여다보고 세포 내부의 구조를 좀 더 이해해야만 했다.

6장

세포생물학의 탄생

생화학자들은 세포 내부에서 어떤 화학반응이 일어나며, 이러한 화학반응이 어떤 단백질들에 의해서 어떤 화학물질들의 변환 과정을 거쳐 이뤄지는지 연구했다. 생명현상, 생물, 생명체를 이해하기 위한 탐구가 세포에 집중되면서 이 미시 세계의 내부로 더욱 깊숙이 들어가게 되었다. 이제 탐구의 방향은 세포라는 화학 공장 안에서 발생하는 현상들이 세포의 어떤 부분에서 일어나는지 알아내는 쪽으로 나아갔다. 우리는 이 과정에서 '세포생물학'(Cell Biology)이라는 새로운 학문이 등장하는 장면을 목격할 것이다. 발생학, 생화학, 세포생물학이 마치 예정된 순서처럼 등장하듯이 이야기되었지만, 역사에서 그런 목적론적 여정은 없다. 그럼에도 세포에 대한 세포생물학적 연구를 할 수 있기 위해서는, 생물학의 초창기에서 보았듯이 도구의 제약을 뛰어넘게 하는 기술적 뒷받침이 있어야 했다. 그리고 세포의 기능적 복잡성뿐만 아니라 구조적 복잡성을 파헤치기 위해서는 이에 가능케 하는 도구가 등장한 이후에야 세포생물학 분야의 확립과 발전이 가능해졌다.

원심분리기

세포에는 단백질, 지질, 탄수화물, 핵산 등 이질적인 성분들이 섞여 있다. 세포막을 제거하면 이런 성분들이 뒤섞여 비균질적인 혼합물이 된다. 원심분리 방법을 사용하면 혼합물 안의 특정 성분만을 분리해낼 수 있다. 최초의 원심분리기(centrifuge)는 원래 생물학 연구와는 상관없는 용도로 제작되었다. 목상에서 갓 짠 생우유를 가만히 놓아 두면 위층(유지방)과 아래층이 분리되는 현상을 볼 수 있다. 우리가 마시는 우유는 유지방을 매우 작은 크기로 쪼개어 섞는 균질화 공정을 거친 것이다. 생우유의 크림층을 따로 모은 것이 생크림이다. 막걸리와 마찬가지로 우유도 가만히 두고 기다리면 크림층을 분리해낼 수 있지만, 시간이 오래 걸린다.

　　19세기 중반 스웨덴의 기술자 구스타프 드 라발(Gustav de Laval)은 원심력에 의한 액체 분리 원리를 이용해 기계를 제작했다. 우유를 항아리에 담고 손잡이를 잡고 항아리를 회전시키면, 크림층은 위로 떠오르고 우유는 아래로 가라앉는데, 이를 각각 분리하면 된다. 라발의 원심분리기는 오늘날에도 우유의 생크림을 분리하는 데 사용되고 있다.

　　세포를 구성하는 성분들을 분리하기 위해서는 우유에서 크림을 분리하는 것보다 훨씬 더 빠른 회전 속도가 필요하다. 스웨덴의 화학자 테오도르 스베드베리(Theodor Svedberg)는 주로 산업계에서 사용되던 원심분리기를 화학 실험과 생물학 실험에 도입했다. 콜로이드[1]를 연구하던 그는 용매에 녹아 있는 콜로이드 입자의 질량을 측정할 방법을 찾고 있었는데, 원심력이 입자의 침강에 미치는 영향에 주목했다. 액체 안의 입자가 가라앉는 속도는 입자의 질량에 비례한다. 중력보다 높은 원심력으로 액체를 고속 회전시키면 콜로이드 용액 안의 입자들은 서로 다른 속도로 침강할 것이므로, 침강 속도를 측정하면 콜로이드 입자의 질량을 알아낼 수 있다. 콜로이드나 우유, 막걸리보다 훨씬 작은 입자를 원심분리 방식으로 가라앉히려면 지구 중력의 수만 배에 이르는 강력한 회전 속도를 내야 한다.

　　스베드베리는 입자의 질량에 따라 달라지는 침강 속도를 '침강계수'로 나타냈다.[2] 그는 입자의 침강 속도가 단백질의 분자량에 비례한다는

---

[1] 콜로이드(colloid)는 약 $10^{-7} \sim 10^{-3}$ cm 지름의 비교적 큰 입자가 용매에 퍼져 있는 용액을 말한다. 교질(膠質)이라고도 번역된다.

원리를 이용해 헤모글로빈과 우유에 함유된 단백질의 질량을 최초로 측정했다.[3] 그 결과 단백질은 기존에 알려진 것처럼 분자량이 1000 이하의 저분자 물질이 아니라 수만에서 수십만에 달하는 고분자 물질이라는 사실이 최초로 밝혀지게 되었다.

생체막

세포의 내부를 본격적으로 들여다보기 전에 세포의 내외부를 가르는 '생체막'(biomembrane)에 대해 먼저 살펴보자. 하나의 세포를 둘러싸고 있어 세포가 외부 물질이나 다른 세포와 구분되는 것은 생체막의 하나인 '세포막'이 있기 때문이다.

1888년 독일의 물리학자 게오르크 퀸커(Georg H. Quincke)는 세포가 물 안에서 둥근 공 모양으로 떠 있고, 반으로 쪼개도 구형을 유지한 채 떠 있는 것은 세포가 기름과 비슷한 성질의 막에 둘러싸여 있기 때문일 거라고 추측했다. 그후 영국의 생물학자 어니스트 오버턴(Ernest Overton)은 세포 내 여러 물질의 투과성을 조사했는데, 비극성 용매인 에테르에 잘 녹는 물질일수록 세포 안으로 잘 투과해 들어가는 현상을 보고, 세포와 그 외부를 구분하는 막은 에테르에 잘 녹는 비극성일 거라고 추정했다. 1925년 네덜란드의 생리학자 에버러트 호르터르(Ebert Gorter)와 프랑수아 그렌델(Francois Grendel)은 적혈구의 생체막 성분인 인지질을 추출해, 인지질

---

2 침강계수는 침강 속도를 침강 가속도(원심분리기의 회전 반경과 각속도로 표현되는)로 나눈 숫자이며, 이 단위는 스베드베리의 이름을 따서 'S'로 쓴다. 1S는 10^{-13}초로 정의되며, 질량이 큰 입자일수록 수치가 크다. 가령 생물에서 단백질을 만드는 거대한 생체 고분자인 리보솜의 침강계수는 70S이다. 침강계수는 침강에 필요한 시간의 역수이므로 침강계수가 클수록 물질이 빠르게 침강한다는 것을 의미한다.
3 스베드베리는 원심분리를 이용해 생체 고분자의 분자량을 최초로 측정한 공로를 인정받아 1926년 노벨 화학상을 수상했다.

이 물층과 기름층 사이에 퍼지는 면적을 적혈구의 표면적과 비교해보았다. 왜 적혈구를 이용했을까? 생체막에는 세포막 이외에도 핵과 세포질의 경계를 만드는 핵막도 포함된다. 그런데 적혈구에는 핵이 없으므로 적혈구의 생체막의 면적은 세포막의 면적과 일치한다고 간주할 수 있다. 따라서 적혈구의 표면적과, 물과 기름 층 사이에 퍼진 생체막의 표면적을 비교하면 세포막의 구조를 가늠해볼 수 있다. 측정 결과 생체막의 표면적이 적혈구의 표면적의 약 2배였다. 이는 생체막이 이중 구조라는 것을 의미한다. 생체막이 이중 구조인 까닭은 무엇일까?

생체막의 주성분인 인지질의 '머리' 부분은 물과 친화도가 높은 극성이고, '꼬리' 부분은 마치 기름과 같은 성질을 가진 비극성이다. 그런데 생물의 무게 중 70% 정도는 물이어서 생체막의 외부와 내부는 모두 물과 접하고 있다. 기름과 비슷한 성질을 가진 인지질의 꼬리는 물을 회피하기(비극성, 소수성) 때문에 인지질 분자는 그림 6.1에서 보이는 것처럼 물과 접하는 생체막의 양쪽 표면에는 인지질의 머리 부분이 배치되고, 생체막의 가운데로는 인지질의 꼬리가 모이는 지질 이중막이 된다.

생체막이 인지질로만 구성된 지질 이중막이라면 비극성 부분은 극성

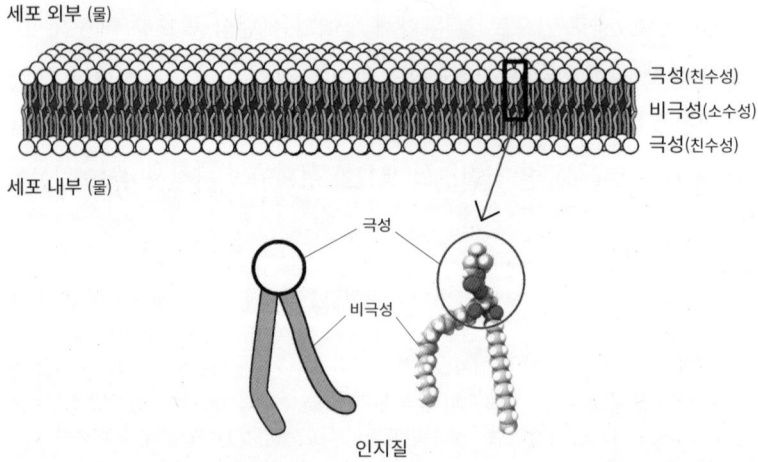

그림 6.1 생체막의 이중 구조.

물질의 접근을 막는 장벽으로 작용하여 극성 물질을 투과할 수 없게 된다. 그러나 20세기 중반, 포타슘(K^+)이나 염소(Cl^-)처럼 극성을 띤 이온들이 생체막을 통과한다는 것이 알려지면서 극성 물질이 어떻게 지질 이중막을 통과하는지 해명하려는 연구가 이어졌다. 생체막에서 극성 물질을 통과시키는 일종의 '구멍'이 발견되었는데, 그것은 '채널'(channel) 혹은 '수송단백질'(transpoter)이라고 불리는, 생체막을 관통하는 단백질이었다. 오늘날 생체막은 지질 이중막과 생체막에 결합된 '막단백질'(membrane protein)로 구성된 '선택적 투과성을 지닌 장벽'으로 이해된다.

세포 내부에 있는 생체막의 실체도 드러나고 있었다. 광학현미경만 있던 시절에도 '세포핵'과 '핵 바깥 부분'이 구분된다는 것을 알고 있었다. 하지만 세포 안에 핵 말고도 다른 구분된 공간들이 존재한다는 사실은 세포 염색기술과 전자현미경이 발달한 이후 더욱 구체적으로 탐구될 수 있었다. 세포 내에 독립된 공간이 생체막에 싸여 화학적으로도 독자적인 구획을 형성한다는 사실은 20세기 중반 이후에 널리 알려지게 되었다. 이제

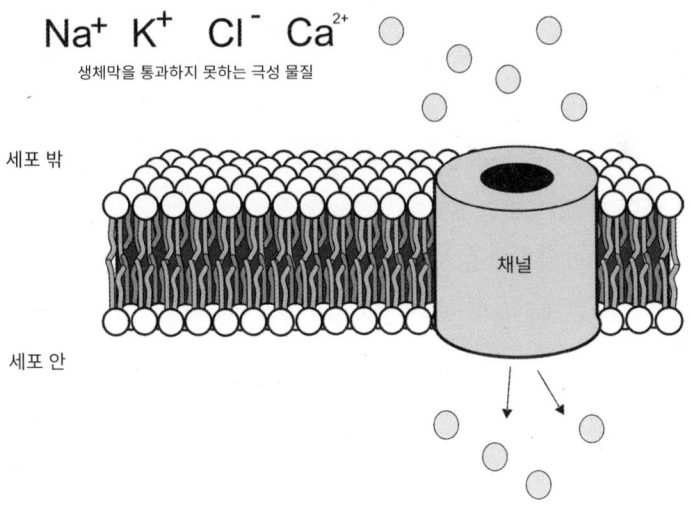

그림 6.2 비극성인 인지질의 다리 부분을 통과하지 못하는 극성 물질은 막단백질의 도움을 받아서 생체막을 통과한다.

생체막으로 구분된 여러 세포 구조물을 어떻게 분리하게 되었는지 알아보도록 하자.

세포 구조물의 원심분리

스베드베리가 최초로 원심분리기를 이용하여 생체 고분자의 분자량을 측정했지만, 그의 원심분리기는 이미 분리된 물질의 성질을 측정하는 '분석용 초원심분리기'(analytical ultracentrifuge)였다. 미국 록펠러 대학교의 알베르 클로드(Albert Claude)는 세포 내의 성분을 분리하는 '분리용 원심분리기'(preparative centrifuge)를 가지고 세포의 구조물들을 분리하여 암을 일으키는 바이러스의 화학적 실체를 알아보려고 했다.

맨 먼저 세포를 그라인더로 간다. 이 걸쭉한 혼합액을 원심분리기에 넣어 저속(지구 중력 1500배의 원심력이 작용하는 속도)으로 돌리면 그라인더에 파쇄되지 않은 세포와 세포핵이 가장 먼저 가라앉는다. 침전물을 제외한 액체를 모아 이전보다 조금 더 높은 속도(중력의 2000배)로 돌리면 처음에 침전되지 않았던 성분, 즉 세포와 세포핵보다 가벼운 성분들이 가라앉는다. 이를 제외한 나머지 액체를 이전보다 훨씬 더 빠른 속도인 중력의 18,000배 원심력으로 돌리면 다시 침전물이 생긴다. 이 침전물과 상층액을 분리한다. 이렇게 다단계의 원심분리를 통해 세포의 구조물들을 무게와 부피에 따라서 분리할 수 있다.

클로드는 단계적으로 분리해낸 성분들로 새로운 세포를 감염시켜 바이러스의 감염력이 세포의 어느 부분에 잔존하는지 확인했다. 그 결과 바이러스 감염력은 18,000배로 원심분리한 후 침전된 부분에 남아 있었다. 그리고 이 부분의 화학 조성을 분석했는데, 절반 정도는 지질 성분이었고, 나머지 절반에는 핵산과 단백질이 섞여 있었다. 그런데 이 핵산은 핵에 존재하는 DNA가 아니라 리보스당을 가지고 있는 RNA였다. 한편 기묘한 점은 바이러스에 감염되지 않은 세포에서도 동일한 과정을 거치면 같은 물질이 나오는 것이었다.[4] 그는 이 물질을 마이크로솜(microsome)이라고 불렀다.

클로드는 바이러스의 화학적 실체를 규명한다는 원래의 연구 목적은 달성하지 못했지만, 그 과정에서 세포의 구조물들을 각기 다른 원심분리 속도로 돌려 분리해낼 수 있다는 정보를 제공했다. 클로드가 사용한 방법을 '분별원심분리법'(differential centrifugation)이라고 한다. 원심분리기의 속도에 따라 분리되는 세포 구조물은 다음과 같다.

- 중력의 1~500배 원심력에서 침전: 깨지지 않은 세포와 세포핵처럼 비교적 무거운 것
- 중력의 2000배 원심력에서 침전: 세포소기관(미토콘드리아 등)
- 중력의 18,000배 원심력에서 침전: 세포소기관보다 작은 구조물
- 중력의 18,000배 원심력에도 침전되지 않는 것: 단백질

세포의 구조물들을 분리했으니 그다음은 그 구조물이 제각기 어떻게 다른지를 살펴볼 차례이다. 구조물들의 화학적 조성을 분석하는 것도 한 가지 방법이지만 그것을 직접 관찰하는 것은 또 다른 방법이다. 한편 구조물을 직접 관찰하여 유용한 정보를 얻으려면 광학현미경이 제공하는 확대능보다 더 높은 확대능이 필요했다.

전자현미경의 등장

4　그가 분리한 것은 세포 내부의 소포체(endoplasmic reticuluim, ER)와 여기에 붙어 있는 리보솜과 mRNA였다. 바이러스의 RNA 역시 이 부분에 존재한다. 그러나 바이러스에 감염된 세포이건 감염되지 않은 세포이건 소포체의 생체막, 리보솜, mRNA는 같이 분리될 것이므로 화학적 조성은 비슷할 수밖에 없다.

가시광선을 이용하는 광학현미경의 최대 해상도는 약 250나노미터, 즉 0.25마이크로미터이다. 광학현미경으로는 지름이 1~100마이크로미터 크기의 세포는 관찰할 수 있지만, 0.25마이크로미터보다 작은 바이러스(지름 0.1마이크로미터)나 이보다 훨씬 작은 리보솜, 단백질 등은 관찰할 수 없다. 이처럼 작은 대상을 보려면 가시광선보다 짧은 파장을 이용하는 관찰 도구가 필요하다. 가령 전자파는 파장이 2.5피코미터(1미터의 1조분의 1)이다. 가시광선의 파장[5]에 비해서 수십만분의 1이므로, 광학현미경보다 훨씬 더 작은 물체를 볼 수 있다.

최초의 전자현미경, 정확히 말해 '투과 전자현미경'(transmission electron microscope, TEM)을 만든 사람은 독일의 전기공학자 에른스트 루스카(Ernst Ruska)와 그의 지도교수인 막스 크놀(Max Knoll)이다. 투과 전자현미경은 빛 대신 높은 전압에서 나오는 전자를 이용한다는 것을 제외하고는 광학현미경과 원리가 비슷하다. 시료를 통과한 빛이 유리로 된 광학렌즈를 통과해 굴절하면서 상이 확대되는 것과 마찬가지로, 전자원에서 나온 전자는 전자석 코일을 통과하면서 굴절되어 상을 확대시키고, 형광 스크린이나 필름 혹은 이미지 센서[6]가 확대된 시료의 정보를 담고 있는 전자를 감지해 상을 확대하여 표시하게 된다. 루스카는 1933년 12,000배의 확대능을 가진 전자현미경을 제작했다. 이는 1000배에 불과한 기존의 광학현미경에 비해서 12배나 개선된 것이었다.

전자현미경은 곧 생물학자들의 관심을 끌었다. 그리고 이 도구를 사용해 최초로 관찰한 것이 광학현미경으로는 관찰할 수 없었던 바이러스였다. 1940년 루스카의 동생인 생물학자 헬무트 루스카(Helmut Ruska)가 담배모자이크바이러스(tobacco mosaic virus)와 박테리오파지(bacteriophage)[7] 등 다양한 종류의 바이러스를 전자현미경으로 관찰했다

---

5   가시광선의 파장은 740~380나노미터.
6   디지털 카메라에서 빛을 감지하는 픽셀 센서와 비슷하다고 생각하면 된다.
7   박테리아에 기생하는 바이러스. '파지'라고도 부른다.

고 보고했다. 전자현미경은 곧 바이러스를 확인하는 연구 장비로 자리잡 았으며, 세포소기관 중 처음으로 미토콘드리아를 관찰하게 해주었다.

세포 발전소, 미토콘드리아

원심분리법이 도입된 이후 미토콘드리아를 분리하여 정확한 구조를 관찰하게 되었지만, 미토콘드리아를 맨 처음 발견한 것은 1830년대로거 슬러 올라간다. 특히 독일의 생리학자 리하르트 알트만(Richard Altmann) 은 미토콘드리아가 특정한 세포에만 있는 것이 아니라 모든 세포에 공통된 구조물이라고 주장했다. 그는 새로운 세포 염색법으로 많은 세포를 실험하다가 실처럼 생긴 미토콘드리아를 발견했고, 1890년 자신의 저작에서 그것을 '비오블라스트'(bioblasts)라는 이름으로 소개했다. 알트만은 비오블라스트가 세포 내에서 어떤 일을 하는지 정확하게 설명할 근거를 가지고 있지 않았지만, 이것이 원시적인 생물로서 세포 안에서 필수적인 역할을 할 것이라고 추측했다. 이러한 알트만의 통찰은 오늘날 밝혀진 사실—미토콘드리아가 고대 원핵생물의 기생체로부터 유래했으며, 에너지를 생산하는 세포소기관이라는 사실—에 가까운 것이어서 매우 놀랍다. 현재 사용되는 '미토콘드리아'라는 명칭은 1898년 카를 벤다(Carl Benda)가 현미경으로 관찰한 모양, 즉 긴 실타래(thread, mitos)와 작은 입자(granule, condros)에 해당하는 그리스어 단어를 합해 조어한 것이다.

1900년 독일의 생화학자 레오노어 미켈리스(Leonor Michealis)는 '야누스 그린 B'(Janus Green B)라는 염색약이 죽은 세포의 미토콘드리아는 염색하지 못하고 살아 있는 세포의 미토콘드리아만을 초록색으로 염색하는 것을 보았다. 미켈리스는 당시에는 그 이유를 몰랐지만, 훗날 미토콘드리아에 있는 사이토크롬 산화효소(cytochrome oxidase)로 인해 야누스 그린 B가 전자를 잃고 산화되어 다른 물질로 바뀌기 때문에 색이 변한다는 사실이 밝혀졌다. 사이토크롬 산화효소는 미토콘드리아 내에서 물질을 산화시켜 ATP 형태의 에너지를 생산하는 데 작용하는 효소이다. 야누스 그린 B는 사이토크롬 산화효소의 활성이 아직 유지되어 에너지를 생산할 수 있는 살아 있는 세포의 미토콘드리아만을 염색했던 것이다.

앞서 부흐너가 효모에서 추출한 물질을 이용해 당을 분해시키는 발효가 가능하다는 것을 보여준 이래, 실제 세포에서 어떻게 물질이 분해되는지에 대한 연구가 20세기에 들어서면서 활발히 진행되었다. 많은 연구자가 관심을 가졌던 것은 호흡, 즉 탄수화물 같은 물질이 산소와 만나서 분해되고 에너지가 생성되는 과정이 세포의 어디에서 어떻게 일어나는지였다. 이를 알아내기 위해서는 세포의 구조물들을 성질에 따라서 분리하고, 그 각각에서 효소의 촉매반응이 나타나는지를 확인해야만 했다. 이는 알베르 클로드의 분별원심분리법이 개발된 덕분에 가능했다. 클로드는 중력의 1500배 원심력에서 침전되는 세포핵 같은 성분을 제거한 다음, 중력의 2000배 원심력에서 가라앉는 부분에 미토콘드리아가 존재한다는 것을 알아냈다.

1944년 알베르 클로드는 분별원심분리법으로 분리한 세포 추출물을 전자현미경으로 관찰하고, 광학현미경으로 관찰되던 미토콘드리아와 매우 유사하게 생긴 구조물을 추출물 안에서 확인했다. 클로드가 처음에 분리한 '미토콘드리아처럼 생긴 세포 구조물'은 분리되는 과정에서 많이 손상되어 야누스 그린 B로 염색되지 않았다. 따라서 클로드가 분리한 것이 진짜 미토콘드리아인지 의구심을 내보이는 연구자들도 있었다. 그러나 미토콘드리아의 손상을 줄이면서 세포로부터 분리하는 방법을 찾아낸 후, 세포에서 분리된 미토콘드리아도 세포 안에 있는 미토콘드리아처럼 야누스 그린 B로 염색할 수 있었고, 그가 분리한 것이 진짜 미토콘드리아임을 입증했다.

분별원심분리법으로 분리한 미토콘드리아에 물질 분해에 관여하는 효소가 있는지도 조사되었고, 사이토크롬 산화효소를 비롯한 여러 효소

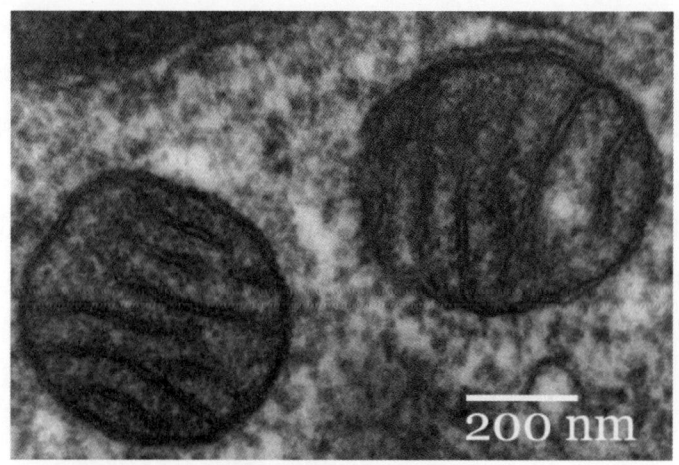

그림 6.3 포유동물의 폐 조직 세포를 투과 전자현미경으로 관찰한 사진. 내막과 외막으로 구성된 미토콘드리아의 구조가 보인다.

가 발견되었다. 그리하여 미토콘드리아는 세포 내 물질을 산소와 반응시켜 물질을 태우고 에너지를 생산하는 세포 속 '에너지 공장'이라는 사실이 확인되기에 이르렀다.

조지 펄레이드(George E. Palade)는 1940년대 후반부터 클로드의 연구실에서 전자현미경으로 세포소기관을 연구하기 시작했는데, 1953년에 미토콘드리아의 생체막이 한 겹이 아니라 두 겹이란 것을 발견했다. 미토콘드리아 안에 있는 두 번째 막은 매우 복잡하게 접혀 있어 그 표면적이 미토콘드리아 외부를 감싼 생체막의 표면적보다 훨씬 넓었다. 미토콘드리아 이중막에 대한 연구는 1950~60년대에 본격화되어 미토콘드리아가 에너지를 생산하는 메커니즘도 파악되었다.

세포 내에서 일어나는 물질의 분해는 화학적으로 보면 전자를 많이 가지고 에너지가 풍부한 물질로부터 전자를 빼앗아 산소에 전달하는 과정이다. 미토콘드리아 내막 안의 영역인 매트릭스에서 물질이 분해되면서 수소는 전자를 잃고 이온화된다. 이렇게 생성된 전자는 NADH(니코틴아미드 아데닌 다이뉴클레오타이드) 형태로 H_2O에 전달되고, 수소 이온은 미토콘드리아의 내막에 있는 단백질의 일종인 '전자 전달계'(electron transport system)를 통해 막 사이 공간으로 배출된다. 이때 막 사이 공간과 매트릭스 사이에 형성된 전위차로 인해 생성된 전기에너지가 내막에 있는 ATP 합성효소를 활성화하여 ADP로부터 ATP를 합성한다. 요컨대, 세포 내에서 ATP라는 생화학 에너지가 생성되는 곳이 바로 미토콘드리아의 내막이다. 내막이 복잡하게 접힌 것은 한정된 부피를 가진 미토콘드리아에서 ATP 합성효소와 전자 전달계가 존재할 수 있는 표면적을 최대화

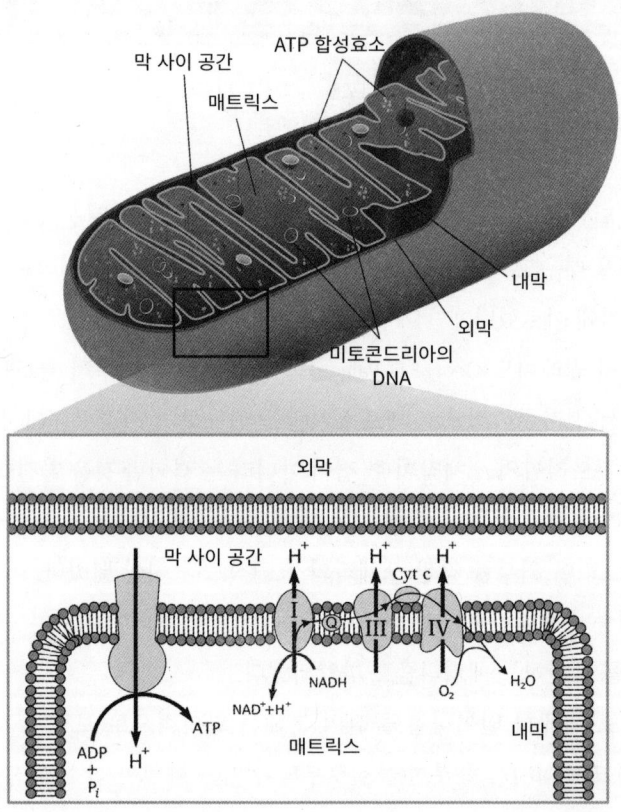

그림 6.4 미토콘드리아의 내막에 있는 전자 전달계는 전자를 전달하고 운반하는 효소와 단백질(유비퀴논(Q), 사이토크롬 C(Cyt C))로 구성된다. 산소는 전자와 쉽게 결합하므로 전자 전달계를 통해 전달된 수소 이온(H^+)과 전자와 결합하여 물 분자를 형성한다.

하여 ATP 생산 능력을 높이기 위해서이다.

소포체와 리보솜

1944년 록펠러 대학교의 키스 포터(Keith R. Porter)와 알베르 클로드는 닭의 배아세포를 전자현미경으로 관찰하던 도중 세포핵 주위에서 생체막으로 된 구조물을 발견했다. 당시의 전자현미경은 세포를 고정할 때 세포를 많이 손상시켜 이 구조물의 정확한 형태를 파악하기 힘들었다. 1951년 같은 대학에서 일하던 펄레이드가 산화오스뮴(OsO_4)을 사용하여 세포 손상을 줄이는 고정법을 개발했다. 이 방법으로 다시 세포를 관찰했더니 내부가 이어진 그물 모양의 구불구불한 세포막 구조물이 핵막과 연결되어 있었다. 1953년 이 구조물은 미세한 망상 조직이란 뜻의 '레티큘럼'(reticulum)으로 불리다가 나중에 '소포체'(endoplasmic reticulum, ER)로 개칭되었다.

세포 안의 구성물은 이것으로 끝이 아니었다. 펄레이드는 소포체 주변에 붙어 있는 작은 입자들에 주목했다. 입자가 붙어 있어 막의 표면이 울퉁불퉁한 소포체도 있고, 입자가 붙어 있지 않아 표면이 매끈한 소포체도 있었다. 그는 표면이 울퉁불퉁한 소포체를 '거친면 소포체'(rough ER), 매끈한 소포체를 '매끈면 소포체'(smooth ER)라고 불렀다. 거친면 소포체는 세포에서 DNA/RNA를 염색하는 염색약인 헤마톡실린으로 염색되는 위치에 있었는데, 이는 거친면 소포체에 DNA 아니면 RNA가 있다는 것을 의미했다.

펄레이드는 세포 추출물을 중력의 18,000배 속도로 돌려서 침전되었던 부분(알베르 클로드가 마이크로솜이라고 불렀던)을 전자현미경으로 관찰했다. 그랬더니 소포체와 비슷한 생체막으로 된 구조물이 나타났으며, 거친면 소포체와 비슷하게 이 구조물의 표면에 작은 입자들이 붙어 있었다.

이를 보고 펄레이드는 마이크로솜은 소포체에서 생긴 물질이며, 마이크로솜에 붙어 있던 RNA와 단백질은 거친면 소포체의 입자와 같은 것이라고 결론 내렸다.

한편 1950년대 초에는 세포에서 단백질이 합성되는 메커니즘에 대한 연구도 진행되었다. 이를 연구하는 한 가지 방법이, 세포를 깨서 만든 추출물에 방사능 동위원소로 표지한 아미노산을 넣어서 방사능을 추적하는 것이었다. 이 세포 추출물에서 생성된 단백질을 분리해서 방사능을 측정하면 아미노산에 부착했던 동위원소 때문에 방사능이 검출된다. 이 실험은 세포 추출물에 아미노산을 넣으면 세포 안에서와 마찬가지로 단백질이 합성된다는 것을 의미한다. 그렇다면 세포 구조물 중 어디에서 단백질이 합성될까?

분별원심분리법으로 세포의 구조물들을 나누고, 각각의 구조물에서 단백질이 만들어지는지 확인했다. 그 결과 단백질은 주로 중력의 18,000배 원심력에서 침전되는 부분, 즉 마이크로솜에서 합성되었다. 펄레이드가 관찰한 바와 같이 마이크로솜은 소포체와 소포체에 붙어 있는 RNA 입자이다. 그러므로 펄레이드가 발견한 소포체에 붙어 있는 입자가 바로 단백질을 만든다는 것을 의미한다. 이 입자에는 RNA 이외에도 단백질이 같이 붙어 있는 리보뉴클레오단백질(ribonucleoprotein)이 있었는데, 1958년 이 입자에는 새로운 이름이 붙여진다. 그것은 바로 '리보솜'(ribosome)이다. 세포 내에서 단백질을 생산하는 공장인 리보솜은 이렇게 발견되었다.

세포 단백질의 '요람에서 무덤까지'

펄레이드 연구팀은 리보솜이 세포 내부의 단백질 공장이란 사실을 확인한 후, 다음 과제로 리보솜에서 만들어진 단백질이 어떻게 이동하는

지 규명하기 시작했다. 이들은 단백질을 추적하기 위해 동위원소가 들어간 아미노산을 기니피그에 주사했다. 그런 다음 기니피그의 간 세포를 파쇄하여 추출액을 만들고, 이것을 원심분리하여 방사능이 세포의 어떤 부분에서 검출되는지 조사했다. 단백질은 아미노산으로 만들어지므로 방사능 동위원소라는 '꼬리표'가 달린 아미노산이 단백질에 들어가는 것을 시간대별로 추적하여 단백질의 이동 경로를 파악했다.

동위원소를 주입한 후 3분 이내에 생성되는 단백질은 주로 리보솜에서 발견되었다. 시간이 지나면서 단백질들은 마이크로솜 안으로 들어갔고, 좀 더 지나자 세포 내의 '과립'(granule)이라는 영역에 집적되었다. 이후 거듭된 실험을 통해 밝혀진 단백질 합성과 수송 경로는 1960년대에 이뤄진 10년에 걸친 연구 끝에 다음과 같이 정리되었다.

1. 단백질 합성: 핵에서 방출된 mRNA는 소포체의 표면에 있는 리보솜과 결합하고, 리보솜은 유전정보를 번역하여 단백질을 합성한다.
2. 격리: 리보솜에서 합성된 단백질은 곧바로 소포체 내부로 이송되어 아직 소포체에 붙지 않은 단백질과 격리된다.
3. 수송: 소포체 안으로 들어간 단백질은 여러 단계를 거쳐 골지체로 이동한다.
4. 농축: 단백질 저장소인 액포(vacuole)에 도달하여 농축된다.
5. 저장: 일부 단백질은 필요할 때까지 생체막으로 둘러싸인 과립(granule)이라는 장소에 저장된다.
6. 방출: 세포 밖으로 방출될 때는 단백질이 저장된 과립이 세포막과 융합하여 방출된다. 방출한 후 세포막에 남은 단백질은 세포막에 융합된다.

세포는 단백질과 생체 물질을 합성하기도 하지만, 불필요해진 단백질과 여러 가지 생체 물질을 분해하기도 한다. 후자의 과정은 벨기에의 생

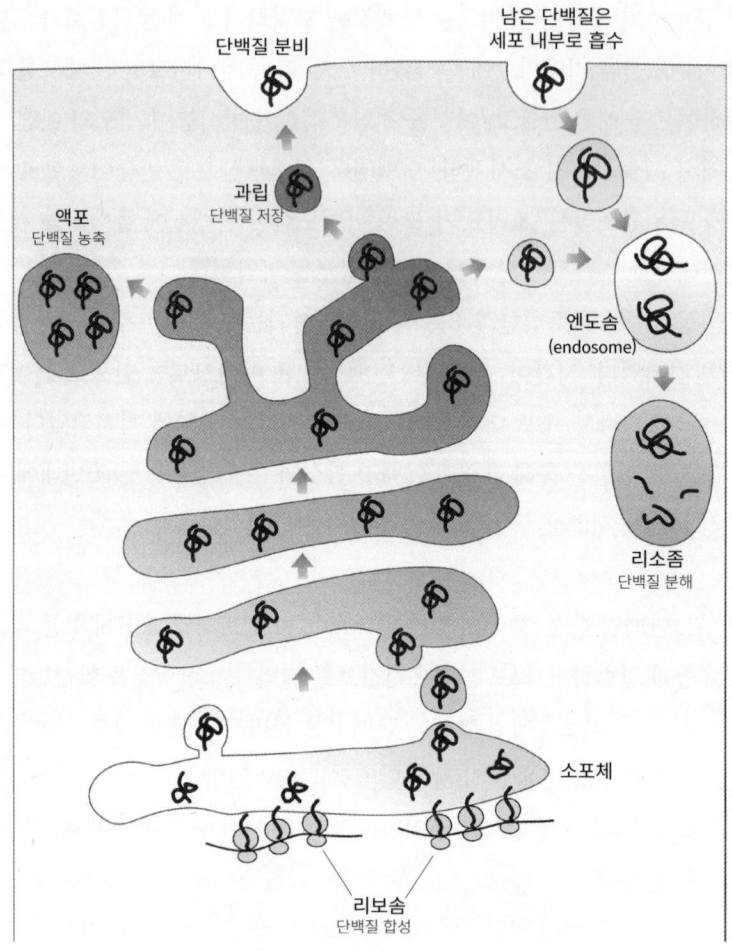

그림 6.5   세포 내부에서 단백질이 합성되고 수송되는 경로. 세포 내 물질을 분해하는 효소들은 소포체와 골지체를 거쳐 엔도솜에 융합되며, 이들은 리소좀에 쌓여 외부에서 흡수되는 물질과 합쳐져 분해된다.

리학자인 크리스티앙 드 뒤브(Christian de Duve)가 규명했다. 드 뒤브는 원래 탄수화물을 분해하는 효소를 연구하고 있었다. 세포를 깨뜨려 여러 방법으로 효소를 분리해보다가 분별원심분리법으로 세포 추출물을 분리하자, 효소가 화학반응을 일으키는 능력이 이전에 사용하던 방법의 10분의 1밖에 되지 않았다. 드 뒤브는 실험이 잘못되었다고 생각하고 세포 추출물을 냉장고에 넣어둔 채 며칠 동안 방치했다. 며칠 후에 냉장고에서 세포 추출물을 꺼내 다시 효소반응을 테스트해보니 이번에는 이전과 동일한 정도로 화학반응이 일어났다. 그가 연구하던 산성 탈인산화효소는 원래 세포 내에서 생체막으로 둘러싸인 영역에 들어 있기 때문에 분리 초기에는 효소반응이 일어나지 않았고, 냉장고에 방치해 두는 동안 생체막이 깨져서 흘러나와 효소반응이 일어났던 것이다.

 드 뒤브는 이처럼 의도하지 않은 계기로 생체 물질을 분해하는 효소들이 생체막으로 둘러싸인 공간에 들어 있다는 것을 알게 되었고, 그 영역을 리소좀(lysosome)이라고 불렀다. 리소좀 역시 펄레이드가 밝힌 단백질이 세포 내에서 이동하는 경로를 통해 만들어진다. 리소좀과 페록시솜[8]에 들어가는 분해효소들은 리소좀에 붙어 있는 리보솜에서 합성되어 리소좀 안으로 들어가고 골지체를 거쳐서 생체막에 둘러싸여 자리잡는다.

 리소좀은 주로 백혈구나 식세포(phagocyte) 등 외부에서 들어온 병원균 따위를 잡아먹는 세포에 많다. 리소좀에는 약 50가지의 분해효소가 있어 탄수화물, 지방, 단백질, DNA 등 다양한 물질을 분해한다. 리소좀이 가진 효소들은 함부로 방출되면 다른 세포 구조물들을 손상시키므로 생체막으로 격리되어 있다. 리소좀에서 분해될 물질 역시 생체막으로 격리된 공간에 담겨 있고, 나중에 리소솜에 융합되어 분해가 일어난다. 리소좀은 세포 안에서 발생한 불필요한 물질을 처리하는 '쓰레기 소각장' 역할을 한다.

세포생물학의 탄생

 1974년 알베르 클로드, 조지 펄레이드, 크리스티앙 드 뒤브는 노벨 생리의학상을 수상했다. 클로드는 원심분리 기술을 개발한 것, 펄레이드

---

8 peroxisome. 산화효소가 들어 있는 세포소기관.

는 단백질의 합성과 수송 과정을 밝힌 것, 드 뒤브는 리소좀과 페록시솜을 발견한 것을 공로로 인정받았다. 이들의 기술과 연구는 20세기 초반만 해도 거의 알려지지 않았던 세포 내부 구획의 중요성을 밝히는 데 크게 기여했다. 원심분리와 전자현미경은 극미한 데다 생체막에 싸여 있어 존재조차 몰랐던 세포소기관들을 확인하고, 이 소기관들이 하는 일들의 화학적 메커니즘을 파악하게 했다는 자체로 의의가 클 뿐만 아니라, 이러한 연구를 가능하게 하여 새로운 학문이 태동하는 데도 기여했다. 그 학문이 '세포생물학'(Cell Biology)이다.

세포생물학이 세포가 생물의 기능적인 기본 단위라는 '세포설'(Cell Theory)에서 유래했다고 생각하는 경우가 있으나, 현대적인 세포생물학의 탄생은 20세기 중반에 주로 록펠러 대학교를 중심으로 연구하던 클로드와 펄레이드, 그리고 그들의 영향을 받은 드 뒤브 같은 연구자들이 사용했던 방법론과 밀접하다. 1955년 록펠러 대학교의 연구자들이 주축이 되어 《The Journal of Biophysical and Biochemical Cytology》라는 학술지를 창간했는데, 이는 이번 장에서 소개된 펄레이드 등의 연구가 소개되는 주요 통로였다. 이 학술지는 1962년 《The Journal of Cell Biology》(JCB)로 제호를 변경하고 현재까지도 발행되는 세포생물학계의 주요 학술지이다. 그리고 현재 세포생물학계에서 가장 큰 학술단체인 미국세포생물학회(American Society for Cell Biology)는 1960년 역시 록펠러 대학교의 키스 포터를 초대 회장으로 하여 설립되었다. 어떻게 보면 현재 세포생물학이라고 일컬어지는 학문의 성격은 'JCB'의 원래의 이름인 '생물물리학 및 생화학적인 방법론으로 연구하는 세포학'(Biophysical and Biochemical Cytology)에 잘 함축되어 있다고 하겠다. 20세기 중반에 태동한 세포생물학과 '세포설'이 지배하던 19세기 세포학(cytology)의 근본적인 차이라면, 19세기의 세포학은 생기론의 영향력에서 아직 벗어나지 못하던 상태였고, 20세기 세포생물학은 세포의 중심 원리를 물리적·화학적인 방법론으로 규명할 수 있다는 원칙에 기반한 학문이라는 점이다.

7장

유전자 전성 시대

4장 '세포를 만드는 정보'의 요지를 상기해보자. 세포와 생물의 성질을 결정하는 정보, 즉 유전정보는 세포핵에, 더 정확하게는 세포가 분열하기 직전에 형성되는 염색체에 실려 있다. 그리고 모건의 초파리 연구는 유전정보가 염색체에 '선형'으로 저장되며, 유전정보의 내용을 결정하는 것이 '유전자'라는 것을 알려주었다. 이러한 개념이 정립되는 과정에서 유전학(Genetics)이라는 학문이 탄생했다. 유전학의 태동은 유전정보가 어떻게 화학물질의 형태로 저장되느냐를 아는 것과는 별개로 이루어졌다. 유전정보를 탑재한 본체인 염색체가 어떤 물질로 구성되며, 유전정보가 세포에서 구체적으로 무엇을 지시하는 정보인지는 유전학이 탄생한 지 50년이 지난 20세기 중반까지 완전한 미지수로 남아 있었다.

1943년 양자물리학자 에르빈 슈뢰딩거(Erwin Schrodinger)는 더블린의 트리니티 칼리지에서 진행한 강연을 토대로 펴낸 《생명이란 무엇인가?》(*What is Life? The Physical Aspect of the Living Cell*)라는 책에서 유전정보는 분자에 공유결합 방식으로 기록되며, 비주기적 결정의 형태로 존재할 것이라고 추측했다. '비주기적 결정'의 의미는 무엇일까? 소금(NaCl) 결정은 소듐(sodium, Na^+) 원자와 염소(Cl^-)가 주기적으로 반복된 격자 구조이다. 유전정보가 화학물질의 형태로 정보화되기 위해서는 소금 결정처럼 규칙적인 구조가 아니라 비주기적 구조여야 한다. 다른 예로써 이해해보자. 이진법으로 숫자 0은 0000, 1은 0001, 2는 0010, 3은 0011로 표현된다. Na—Cl—Na—Cl—Na—Cl…로 단순하게 반복되는 소금 결정은 어떤 정보를 표현하기 어렵다. 하지만 X-Y-X-X-Y-Y-X-X-X-X-Y…처럼 비주기적인 배열이라면 정보로서 작용할 수 있다. 슈뢰딩거가 유전정보가 공유결합 방식으로 기록되어 있을 것이라고 생각한 이유는 유전정보가 염색체에 기록되어 있을 것이라는 20세기 전반까지의 연구 때문이다. 생명체의 모든 양상을 결정하는 정보량은, 당시로서는 예측할 수 없었지만, 엄청난 양이라는 것은 알 수 있었다. 이렇게 어마어마한 양의 정보가 공유결합으로 저장되어 염색체에 존재하려면 결정처럼 빽빽하게 연결되어야 한다고 추론했던 것이다. 슈뢰딩거는 그때까지 알려졌던 생체 고분자인 단백질과 핵산, 그리고 이들이 유전정보에서 어떠한 역할을 하는지에 대해서는 전혀 언급하지 않았다.

직접적인 증거는 없었지만 20세기 전반까지 대부분의 생화학자들은 유전정보를 구성하는 화학물질이 단백질일 거라고 예상했다. DNA의 존재를 몰랐기 때문이 아니다. DNA는 이미 1860년대에 발견되었다. 왜 당시의 연구자들은 단백질이 유전물질이라고 믿게 되었을까? 이를 이해하기 위해 DNA가 발견되었던 당시로 잠시 거슬러 올라가보자.

프리드리히 미셔와 '뉴클레인'

DNA를 최초로 분리한 사람은 스위스의 프리드리히 미셔(Friedrich Miescher)이다. 원래 의사였던 미셔는 생리화학에 관심을 가지고 1869년부터 독일 튀빙겐 대학교에서 림프구를 연구했다. 림프구만을 추출하기가 쉽지 않기 때문에 미셔는 대학 연구실에서 가까운 병원에서 피고름이 잔뜩 묻은 붕대를 대량으로 수거해, 이 붕대에서 백혈구를 걸러내 실험에 사용하려고 했다. 그러나 고름에 묻은 세포 중 상당수는 파괴되어 있었고, 또 세포를 분리하기 위해서는 몇 가지 화학물질을 처리하여 파괴된 세포 물질을 먼저 제거해야 했다. 미셔는 세포를 온전하게 보전하면서도 파괴된 세포 물질을 제거하는 방법을 찾던 도중, 세포질 물질을 제거하고 순수한 핵만을 얻는 방법을 우연히 알게 되었다. 세포질이 완전히 제거된 핵에 알칼리성 용액을 가하자 핵이 완전히 녹았다. 이를 아세트산에 넣어서 중화시키자 하얀색 침전물이 나왔다.[1] 미셔는 이 물질을 '뉴클레인'(nuclein)이라고 불렀다.

뉴클레인은 탄소, 질소, 수소, 인으로 구성되어 있었다. 특이한 점이라면 단백질에는 그리 많이 들어 있지 않은 인(P)이 뉴클레인에는 많았다는 것이다. 뉴클레인은 단백질과 구별되는 물질인 것이다.[2] 미셔는 자신이 발견한 뉴클레인을 1869년 논문으로 학계에 보고했다. 그는 연어의 정자에서도 매우 많은 양의 뉴클레인을 발견했는데, 특히 정자의 머리 대부분이 뉴클레인 성분이었다. 연어의 정자에서 순수한 뉴클레인을 얻어서 이전보다 더 정밀하게 조사한 결과 뉴클레인 중 인산이 22.5%를 차지하며,[3] 뉴클레인은 4종류의 염기성 산으로 구성되어 있다는 등의 사실들을 1874년에도 논문으로 발표했다.

정자 머리의 주된 성분이 뉴클레인이라는 미셔의 논문은 발생 과정을 연구하던 학자들의 관심을 끌었다. 당시 발생학자들은 정자가 어떻게 난자에 수정되어 동물의 발생을 유도하는지에 대해 큰 관심을 갖고 있었다. 미셔의 1874년 논문에서 "만약 한 가지 물질이 수정 과정의 원인이 된다면 우리는 그 원인을 뉴클레인에서 찾아야 할 것이다"라고 언급했다.

---

1   미셔가 뉴클레인을 세포에서 분리한 원리는 오늘날 세포에서 DNA를 추출할 때 사용하는 알칼리 세포 용해(Alkaline lysis)와 동일한 원리다. 알칼리 용액에서는 세포막이 용해되고, DNA 이중나선의 수소결합이 깨지면서 DNA 이중나선도 풀려 용액에 녹는다. 여기에 아세트산을 첨가하여 용액을 중성으로 바꾸고, 물보다 비극성 용매인 알코올을 넣으면 DNA가 침전된다.

2   인은 단백질을 구성하는 기본 20가지 아미노산에는 들어 있지 않다. 일부 세린(serine), 트레오닌(threonine) 혹은 타이로신(tyrosine)의 하이드록실기(-OH)가 인산기(PO_4)와 결합할 수 있어, 이로 인해 세포 단백질의 원소를 분석하면 미량의 인이 검출된다.

3   실제로 DNA에서 인산기가 차지하는 질량은 22.9%이다

그러나 미셔는 뉴클레인이 동물의 형태를 결정하는 유전물질일 가능성을 부정했다. 여러 동물의 정자를 조사한 결과, 동물의 종류와 상관없이 정자 속 뉴클레인의 화학적 조성이 거의 비슷했기 때문이다. 개, 소, 말 등 너무나 다른 동물의 유전물질이라면 분명히 차이가 날 것이라고 생각했던 것과는 다른 결과였다.

간단히 예를 들어 설명해보겠다. 미셔가 개와 소의 정자에 들어 있는 뉴클레인을 분석해보니 각각 'AAATGATGGGC'와 'GGAATGGTAAC'였다고 하자. 두 뉴클레인의 염기 비율은 A:4, T:2, G:4, C:1로 같다. 뒤에서 다루겠지만, 유전정보는 DNA의 염기 조성이 아니라 염기의 배열 순서에 의해 결정된다. 미셔는 개와 소의 뉴클레인이 화학적 조성이 같으므로 동일한 물질이라고 보았다. 당시에는 뉴클레인의 염기서열을 알아내는 기술이 없었으므로, 미셔의 결론은 나름 합리적인 것이었다. 하지만 그는 DNA가 생물에서 정보를 저장하는 '물질'이라는 실체를 제대로 파악하지 못했다. 때문에 그는 뉴클레인이라는 이름으로 DNA를 최초로 발견하고도 생물학 역사에서 그다지 알려지지 않은 인물이 되었다. 이는 생물학 연구에서 관찰 도구가 상상력과 이론의 한계를 규정한다는 것을 보여주는 좋은 사례이다.

DNA 구성 물질의 결정과 4염기 모델

1879년, 독일의 생화학자인 알브레히트 코셀(Albrecht Kossel)은 미셔가 분리한 뉴클레인에는 핵산과 단백질이 동시에 존재한다는 것에 주목했다. 그리고 핵산에 대한 후속 연구를 통해 아데닌(adenine, A), 사이토신(cytosine, C), 구아닌(guanine, G), 티민(thymine, T), 우라실(uracil, U)이라는 염기성 물질들이 핵산을 구성하고 있다는 사실을 밝혀냈다.[4] 당시에는 아직 DNA와 RNA를 구분하지 못했기 때문에 우라실이 RNA에만 존재하는 염기라는 것도 알 수 없었다.

1889년 리하르트 알트만에 의해 미셔의 뉴클레인은 '핵산'(nucleic acids)이라는 새로운 이름으로 불리게 되었다. 핵산이 당, 염기, 인산이 결합된 구조라는 것을 최초로 규명한 사람은 러시아 출신의 생화학자인 피버스 레빈(Phoebus Levene)이다. 레빈은 19세기 말에 미국으로 이주하여 록펠러 의학연구소에서 효모를 이용하여 핵산의 화학적 조성을 연구했다. 그는 1909년에 핵산에서 인산기(PO_4) 외에 5탄당인 리보스를 발견했고,[5] 1910년에는 네 가지 염기가 대략 1:1:1:1 비율로 들어 있다는 것을 분석해냈다. 이를 근거로 DNA는 아데닌, 구아닌, 티민, 사이토신이 1분자씩 결합하여 이어져 있다는 '4 뉴클레오타이드 가설'을 제시했다. 레빈은 5탄당-염기-인산을 기본 단위('뉴클레오타이드'라고 함)로 구성된 핵산이 화학적으로 가능한 결합 방식을 제시한 것이다. 1953년 제임스 왓슨과 프랜시스 크릭이 발표한 'DNA 이중나선 모형'과 비교해보길 바란다.(그림 7.1) 아무튼 레빈의 모형에 따르면 4개의 염기는 당과 인산 사이의 인산다이에스테르 결합(phosphodiester bond)에 의해 완성된다. 그리고 레빈의 모델은 그 '단순함' 때문에 이해하기가 쉬웠고, 왓슨-크릭의 이중나선 구조가 제창되는 1950년대 초까지 별다른 의심 없이 받아들여졌다.

레빈의 매우 간단한 DNA 구조는 널리 알려졌다. 하지만 이 구조는 너무나 간단하여 어떤 정보를 저장할 수 있을 것 같지 않았다. 이 때문에 DNA는 유전물질의 후보에서 제외되었다. DNA가 애초에 유전정보가 담겨 있는 핵에서 추출되었고, 염색체에도 DNA가 있으며, 3장에서 알아본 것처럼 20세기 초에는 염색체가 유전정보를 담을 수 있다는 것이 알려져 있었음에도 말이다.

DNA 대신 강력한 유전물질 후보로 떠오른 것은 20세기 초반에 활발

---

4   코셀은 단백질과 핵산 연구에 기여한 공로로 1910년 노벨 생리의학상을 수상했다.
5   DNA에는 리보스 대신 디옥시리보스(deoxyribose)가 존재하는데, 이것을 알아낸 사람도 레빈이다. 디옥시리보스는 리보스보다 20년 늦은 1929년에야 발견되었다.

하게 연구되기 시작한 단백질이었다. 그리고 단백질이 약 20여 종의 아미노산으로 구성된 고분자라는 사실은 19세기 말부터 20세기 초 사이에 명확하게 이해되었다. 기본적인 구성 단위가 20가지라면, 고작 4가지 아미노산으로 구성되는 단백질도 20×20×20×20=160,000종류가 나올 수 있다. 그러니 복잡한 유기체의 유전정보를 담기에 적합한 물질로는 단백질이 더 유력해 보였던 것이다. 만약 레빈이 예상한 DNA 구조가 4개의 염기가 1:1:1:1로 구성된 고리형이 아니라, 핵산 여러 분자가 선형으로 연결된 구조였다면 DNA가 유전물질 후보로서 더 강력히 부상했을지도 모른다. 결과적으로 레빈의 이해하기 쉬운 간단한 DNA 구조는 DNA를 유전물질 후보에서 멀어지게 하는 부작용을 낳았다.

1951년 어윈 샤가프(Erwin Chargaff)가 1944년에 개발된 종이 크로마토그래피를 이용해 염기를 분리하여 그 성분비를 측정한 결과, 4가지 염기의 성분비가 1:1:1:1로 동일하지 않았다. 아데닌과 티민의 양이 비슷했고, 사이토신과 구아닌의 양이 비슷했다. 가령 아데닌과 티민이 20:20이

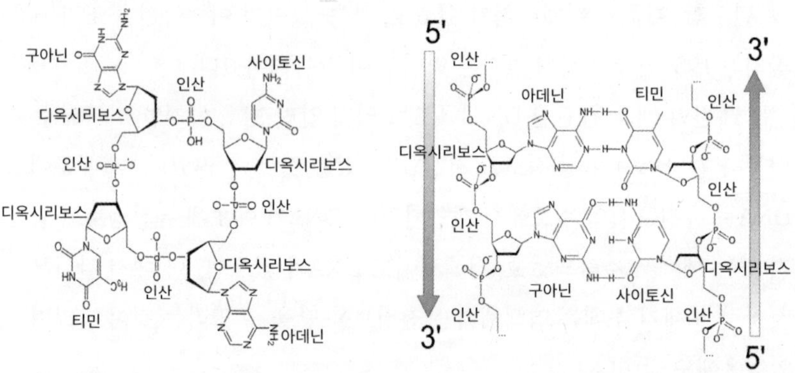

그림 7.1 레빈의 'DNA 4염기 모델'(왼쪽)과 43년 후 왓슨과 크릭이 발표한 'DNA 이중나선 모델'. 레빈의 모델에서 염기가 리보스와 결합하고 인산기(PO_4)가 리보스와 결합한다는 것은 왓슨과 크릭의 DNA 이중나선 모델과 같다. 왓슨과 크릭의 이중나선 모델에서 DNA는 두 가닥의 매우 긴 핵산의 중합체이며, 두 가닥의 염기에서 구아닌과 사이토신이, 티민과 아데닌이 수소결합으로 상호작용한다.

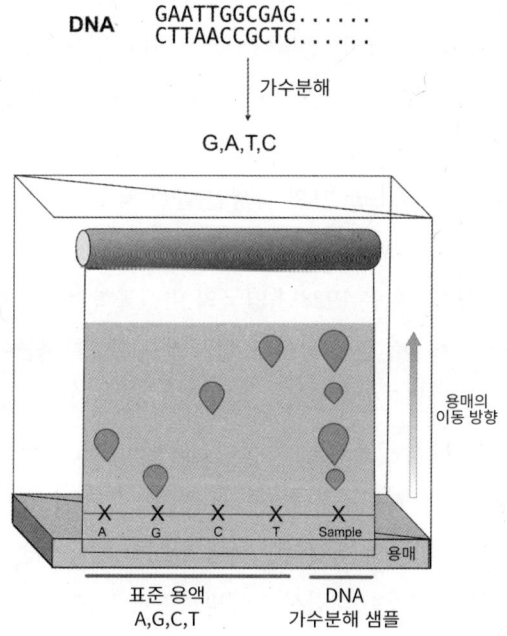

그림 7.2 거름종이의 X 마크를 한 곳에 아데닌, 구아닌, 사이토신, 티민과 DNA 분해물질을 찍은 후 말린다. 그리고 용매가 들어 있는 탱크에 시료가 찍힌 종이를 세워두면 용매가 모세관 현상처럼 종이를 타고 올라간다. 염기의 종류에 따라 이동하는 정도가 다르다. 4가지 염기가 섞인 DNA 분해물질의 양을 추정할 수 있다. 아데닌과 티민의 양이 비슷하고, 사이토신과 구아닌의 양이 비슷했다.

라면 사이토신과 구아닌은 30:30의 비율이라는 것이었다. 이 결과는 레빈의 고리형 DNA 구조와는 맞지 않는 결과이므로 DNA는 이와는 다른 구조를 하고 있다는 것을 암시했다. 비록 샤가프가 자신의 실험 결과와 DNA 구조와의 관계에 대해서는 아무런 언급을 하지 않았지만, 그의 실험 결과는 곧 다른 연구자들에게 중요한 힌트를 제공하게 된다.

폐렴균이 알려준 유전물질

막강한 유전물질 후보였던 단백질을 제치고 DNA가 유전물질이라는 것은 어떻게 밝혀졌을까? 뜻밖에도 DNA가 유전물질이라는 사실은 유전학사가 아니라 폐렴균을 연구하던 미생물학자가 밝혀냈다.

1944년 당시 록펠러 의학연구소에 근무하던 미생물학자 오스월드 에이버리(Oswald Avery), 그의 학생인 콜린 맥로드(Colin Macload)와 맥클린 맥카시(Macclin Maccathy)는 폐렴균의 형질전환을 연구하고 있었다. 폐렴균의 형질전환은 1928년 영국의 미생물학자 프레더릭 그리피스(Frederic Griffith)가 발견한 현상이다. 당시에 미생물학자들이 폐렴균을 연구한 데는 역사적인 배경이 있었다. 지금도 많은 사람이 알고 있을 정도로 처참한 '팬데믹'이었던 '스페인 독감'(Spain Influenza Pandemic)으로 인해 1918년부터 1920년 사이 5천만 명에서 최대 1억 명이 목숨을 잃었다. 상당수 인플루엔자 환자의 직접적인 사망 원인이 인플루엔자에 동반된 폐렴균 감염이었다. 이러한 대참사를 예방하고자 1920년대 이후 폐렴균 연구가 활발하게 진행되었다.

그리피스는 생쥐 실험을 통해 폐렴균은 유독한 S균과 무해한 R균이 있다는 것을 알았다. 병을 일으키는 S균의 배양액을 열로 가열하여 균을 죽인 다음, R균과 섞어서 생쥐에게 주입했는데 생쥐가 죽었다. R균이 S균으로 변한 것이다. 병을 일으키거나 일으키지 않는 성질을 형질로 본다면 이것은 폐렴균의 형질전환에 의한 결과로 이해할 수 있다. 죽은 S균 안의 '물질'이 R균에 들어가서 R균의 형질이 바뀐 것이다. 바로 이 물질이 화학적으로 어떤 물질인지 이해한다면 유전물질의 본질에 한 발자국 다가설 수 있을 것이다.

하지만 그리피스는 형질전환의 원인을 파악하지는 못했다. 이 실험을 알고 있던 록펠러 의학연구소의 마틴 도슨(Martin H. Dawson)이 그리피스의 실험을 재현해보았고, 제임스 얼로웨이(James L. Allowey)가 폐렴균의 형질전환에 대해 계속 연구했다. 얼로웨이는 폐렴균에서 형질전환을 일으키는 물질을 분리하는 실험을 시도했다. S균의 세포를 파괴하여 60도에서 끓인 다음, 거름종이로 걸러서 세포를 제거한 여과액을 알코올로 침전시킨 하얀 물질로 폐렴균의 형질을 전환할 수 있었다.[6] 얼로웨이가 얻은 '하얀 침전물'은 두말할 나위 없이 DNA였다. 얼로웨이가 실험을 하던 때에는 DNA에 대해 알려진 바가 별로 없었기 때문에 이 물질을 화학적으로 분석하는 시도는 이 연구를 이어받은 에이버리팀이 해냈다.

에이버리는 깊은 연구소에 근무하는 에즈라 머스키(Ezra Mirsky)와 대화를 하던 중 '하얀 침전물'이 DNA일 수도 있겠다는 아이디어를 얻었다. 에이버리는 DNA에 대해서는 거의 지식이 없던 미생물학자였던 반면, 머스키는 당시에 드물게도 DNA가 들어 있는 세포핵과 핵단백질을 연구하던 생화학자로, 동물 세포에서 DNA-단백질 복합체(오늘날 '크로마틴'(chromatin)이라고 부르는)를 최초로 분리한 사람이었다. 머스키는 핵 안의 DNA는 염과 알코올을 첨가하면 침전된다는 자신의 연구 경험을 에이버리 연구팀에 알려주었다. 이 방법은 폐렴균 침전물을 얻는 조건과 비슷했기 때문에 형질전환을 일으키는 '의문의 하얀 침전물'이 DNA일 거라고 추측할 수 있었다.

머스키는 핵과 DNA 전문가였기 때문에 레빈이 제시한 4염기로 구성된 간단한 DNA 모델에 대해서도 잘 알고 있었다. 머스키는 그렇게 단순한 구조를 가진 DNA는 유전정보를 담고 있을 리가 없다고 생각했기에 에이버리의 아이디어에 회의적이었다. 당시 대다수 연구자가 그랬듯이 머스키도 폐렴균의 추출물 속에 들어 있는 DNA가 아니라 단백질이 유전물질일 것이라고 생각했다. 그러나 DNA에 대한 지식이 상대적으로 부족했던 에이버리팀은 기존의 선입견에 얽매이지 않고 형질전환 물질이 실제로 DNA인지 확인하기 위한 실험을 했다.

추출물에서 단백질을 완전히 제거하는 것이 일순위였다. 단백질을 침전시키는 유기용매인 클로로포름을 처리하여 단백질을 제거했다. 이

---

[6] 오늘날에도 세포 파쇄액에 알코올을 첨가하여 DNA를 침전시킨다.

과정을 반복하여 단백질이 거의 발견되지 않을 정도로 제거했다. 그런데도 추출물은 형질을 바꾸었다. 다시 단백질 분해효소를 넣어 단백질을 분해해도, 그리고 RNA 분해효소를 넣어 RNA를 분해해도 형질은 전환되었다. 그다음으로 DNA 분해효소를 넣자 형질이 전환되지 않았다. 마지막으로 분석용 초원심분리기를 이용해 형질전환 물질이 레빈의 4염기 모델에서 추정하는 크기보다 훨씬 큰 고분자라는 것을 입증했다. 에이버리팀의 이 모든 실험 결과는 형질전환 물질이 DNA라는 것을 의미했다. 이들은 1944년 이 결과를 논문으로 제출했다.

그러나 학계는 DNA가 생물의 유전을 결정하는 물질이라는 에이버리의 연구 결과를 곧바로 받아들이지 않았다. 에이버리의 연구에 가장 비판적이었던 인물은 아이러니컬하게도 에이버리가 얻은 추출물이 DNA일 거라는 힌트를 제공한 에즈라 머스키였다. DNA 권위자의 고정관념을 깨뜨리는 것도 쉽지 않았으니 당연히 학계의 견해가 하루아침에 바뀔 것이라고 기대할 수도 없었다. 하지만 DNA가 유전물질이라는 것을 입증하는 후속 연구들의 성과가 잇따르면서 1950년대 대부분의 학자는 에이버리의 생각에 동의하게 되었다.

이중나선

DNA가 유전물질로서 판명되고 1950년대 초가 되자 DNA의 구조를 규명하는 일이 눈앞에 닥쳐 있었다. 몇몇 연구팀이 경쟁하고 있었는데, 승리의 트로피는 왓슨과 크릭에게 돌아갔다. 이후 분자생물학 분야가 대단히 유망해졌고 유전자의 시대가 열렸다. DNA 구조가 규명되는 과정에 대한 이야기와 지식은 많은 과학서적에서 다루고 있으니, 이 책에서는 DNA 이중나선의 구조가 유전정보를 이해하는 데 있어서 어떤 통찰을 제공했는지 설명하고자 한다.

DNA 이중나선 구조의 가장 큰 의미는, DNA 단일 가닥에 있는 염기의 순서로 코딩된 유전암호가 다른 가닥에도 복사되어 존재한다는 것이다. 아데닌은 티민하고만 결합하고(A-T), 구아닌은 사이토신하고만 결합한다(G-C)는 것을 말한다. 즉 DNA에 있는 4가지 염기는 두 개씩 배타적인 쌍을 이루기 때문에 다른 염기와는 결합하지 않는다. 구체적인 예를 들어보지. 한쪽 DNA에 있는 염기서열이 'ACGGTAGGAG'라면, 마주 결합하는 DNA의 해당 위치에는 'CTCCTACCGT'라는 염기서열이 온다.[7] 다시 말해, 두 번째 나선의 염기서열은 첫 번째 나선의 염기서열에 의해 결정된다. 이러한 염기서열의 쌍을 보통 다음과 같은 방식으로 표기한다.

5´-ACGGTAGGAG-3´
3´-TGCCATCCTC-5´

DNA 이중나선에서 염기 A는 T와, C는 G와 결합한다는 것은 두 가닥의 DNA 나선에 있는 정보가 상보적(complementary)이라는 의미이므로, 한쪽의 정보만 있으면 다른 쪽의 정보를 알아낼 수 있다. 이러한 상보적 구조는 DNA에 있는 정보의 복제 원리를 유추할 수 있게 한다. 1953년 왓슨과 크릭은 DNA의 이중나선 모델을 발표한 후 나온 두 번째 논문에서 DNA의 염기쌍에 의해 결합되는 상보적 이중나선 구조가 DNA의 복제 방식이 될 수 있다는 가설을 설명했다.

우리는 우리가 제시한 DNA의 구조가 근본적인 생물학적 문제 중의 하나인 유전적 복제에 필요한 주형의 분자적 기초를 규명하는 데 도움을 줄 수 있다고 느낀다. 우리가 제시하는 가설은 DNA의 한쪽 가닥에 있는 염기의 패

---

7 DNA를 이루고 있는 두 개의 나선은 서로 반대 방향으로 마주보고 있으므로, ACGGTAGGAG와 결합하는 다른 가닥은 제일 뒤의 글자인 G와 결합하는 C, 그다음 A와 결합하는 T, G와 결합하는 C…가 된다.

턴이 유전적 복제에 필요한 주형이며, 유전자는 이러한 주형의 상보적 쌍을 가진다.[8]

4가지 다른 염기로 구성된 DNA의 염기배열 순서가 유전정보(유전자)이다. 유전정보가 복제될 때는 두 가닥의 DNA가 풀어지면서 한 가닥의 DNA가 주형(template)이 되고, 염기의 상호작용에 따라서 새로운 가닥을 상보적으로 만들어냄으로써 DNA가 복제된다. 이를 '반(半)보존적 복제'(Semiconservative Replication) 방식이라고 한다. 그리고 1958년 미국의 생화학자 매튜 메셀슨(Matthew Meselson)과 프랭클린 스탈(Franklin Stahl)은 대장균 DNA 실험으로 반보존적 복제를 입증했다. DNA를 다른 DNA 주형의 정보에 맞추어 합성하는 효소 역시 같은 해에 아서 콘버그(Arthur Kornberg)에 의해 발견되었다.

왓슨과 크릭이 제시한 '이중나선 모델'은 두 사람의 엄밀한 실험 결과로서 도출된 것이 아니었다. 로절린드 프랭클린의 X선 회절 실험 결과 (DNA가 이중나선임을 강력하게 암시하지만 다르게 해석하는 것도 불가능하지는 않은), 어윈 샤가프가 얻은 아데닌과 티민, 구아닌과 사이토신의 비율이 대략 1:1이 된다는 실험 결과, 그리고 아데닌과 티민, 구아닌과 사이토신의 화학 구조 등을 감안하여 형성할 수 있는 수소결합 등을 종합한 이론적인 모델이 있었다. 왓슨과 크릭은 이론과 몇 가지 실험 결과에 기반한 모델을 만들었으며, 공교롭게도 이것이 거의 맞아버렸다. 따라서 이들의 DNA 이중나선에 대한 연구는 '구조 규명'보다는 '모델 제시'라고 부르는 것이 합당하다. 그럼에도 1953년의 DNA 이중나선 모델은 유전자의 화학적 특성과 복제 방식에 관한 결정적인 단서를 던진 의미 있는 이벤트였다고 평가할 수 있다. 실제로 핵산의 이중나선 구조가 원자 수준에서 누구도 부인할 수 없는 관찰에 의해서 입증된 것은 1981년이 되어서였다.

---

8   Watson, J. D., & Crick, F. H. (1953). Genetical implications of the structure of deoxyribonucleic acid. *Nature*, 171(4361), 964~967.

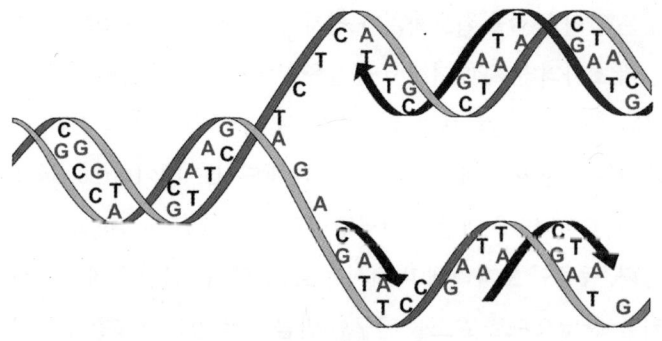

그림 7.3 왓슨-크릭의 DNA 이중나선 구조는 한쪽 나선의 염기서열 정보에 의해서 다른 쪽 나선의 염기서열 정보가 결정된다는 것을 시사한다. 실제로 DNA 가닥의 복제 방식은 이중나선을 규명한 지 5년 만에 실험적으로 증명되었다.

하나의 유전자, 하나의 효소(단백질)

유전물질의 실체가 DNA라는 것이 알려지기 시작한 1940년대에는 유전자와 단백질의 관계도 주목을 받았다. 5장에서 살펴본 것처럼 세포에 필요한 에너지 생산과 세포의 생성에 필요한 생체 고분자를 만드는 수많은 화학반응은 효소가 촉매한다는 사실이 19세기 말부터 20세기 초중반까지 밝혀졌다. 세포의 화학반응에 효소가 필수적이라는 것이 알려진 이후, 유전학에서 유전자를 규명하는 데 사용한 돌연변이가 효소와 어떻게 관련이 있는지 알아보려는 연구가 진행되었다.

유전학자 조지 비들(George Beadle)은 1931년 옥수수 연구로 유전학 박사학위를 받은 후, 초파리로 최초의 유전자 지도를 만들었던 앨프리드 스터티번트와 함께 이 문제를 연구했다. 비들은 초파리의 빨간 눈이 돌연변이체에서 하얗게 되는 것은 눈 색깔을 결정하는 효소가 잘못되었을 거라는 가설을 세우고 그 효소를 찾으려고 했다. 그러나 초파리가 아무리 유전학 실험생물로서 빼어난 장점을 가지고 있다고 하더라도 실험에 충분할 만큼 많은 양의 물질을 확보하기가 쉽지 않았다. 일단 다량의 세포를 구해야 하는데 초파리 눈을 떼어내서 물질을 분리할 수 있을 만큼 얻는다는 것이 얼마나 힘들지 상상해보는 것으로 충분히 납득할 수 있을 것이다.9

비들은 스탠퍼드 대학교로 옮긴 후 에드워드 테이텀(Edward Tatum)과 팀을 이뤘다. 연구 대상은 빵곰팡이인 뉴로스포라(*Neurospora crassa*)로 바꿨다. 동물인 초파리에 비해서 뉴로스포라는 간단한 배지에서 대량으로 키울 수 있으므로 효소를 연구할 만큼 많은 양의 세포를 얻기가 한결 쉽다. 초파리에 X선을 조사하여 인위적으로 돌연변이의 빈도를 높일 수 있는 것에 착안하여 이들도 뉴로스포라에 X선을 쪼여 손쉽게 돌연변이 빵곰팡이를 얻을 수 있었다.

초파리는 눈 색깔, 날개 모양 같은 외관상의 특징이 돌연변이를 선별하는 중요한 표현형이었다. 반면 빵곰팡이는 배지에서 자랄 때 필요한 영양 성분이 무엇인지가 중요한 표현형이었다. 가령 정상적인 곰팡이는 배지에 비타민 B_6(피리독신, pyridoxine)를 따로 첨가하지 않아도 잘 자란다. 그러나 1941년 비들과 테이텀은 X선을 쪼여 돌연변이를 유도한 곰팡이 가운데 배지에 비타민 B_6를 첨가해주지 않으면 자라지 못하는 것들을 발견했다. 이 돌연변이 곰팡이들이 특정한 영양분이 없어서 자라지 못한 이유는 해당 영양분을 세포 내에서 합성하는 효소들 중 하나에 문제가 생겼기 때문이었다. 이들은 이러한 연구를 다른 영양소로 확장하여 특정한 영양소를 자체적으로 만들지 못하여 해당 영양소를 배지에 공급해주지 않으면 자라지 않는 여러 가지 돌연변이체를 얻었다. 이 돌연변이 곰팡이들은 각각 대사 경로에서 특정한 화학반응 단계를 담당하는 효소와 일대일 대응 관계에 있었다. 예컨대 'X'라는 물질이 곰팡이의 생육에 필요하고,

---

9   초파리의 눈을 희게 만드는 돌연변이의 정체는 1999년에야 규명된다. 빨간 색소를 직접 만드는 효소의 유전자가 아니라, 빨간 색소를 만드는 원료가 되는 아미노산을 세포 내로 수송하는 단백질의 유전자였다.

이 물질이 A → B → C → D → E의 4단계 효소반응에 의해서 만들어진다면, 여기서 네 종의 서로 다른 돌연변이가 생길 수 있다. A → B 단계의 효소가 망가진 돌연변이는 물질 B를 공급해주면 자랄 수 있고, C → D 단계에서 돌연변이가 생긴다면, 물질 A, B, C를 공급해도 자랄 수 없지만 물질 D를 넣어주면 자라게 된다.

이런 과정을 통해 비들과 테이텀은 유전자의 실체가 대사 경로에서 하나의 효소를 만드는 정보이며, 유전자 하나가 효소 하나를 만드는 정보와 1:1로 대응한다는 '1유전자 1효소 가설'(One Gene-One Enzyme hypothesis)을 제안했다. 오늘날의 관점에서 볼 때 '1유전자 1효소 가설'은 완전히 정확하지는 않다. 이후 이어진 연구들이 새로운 사실들을 추가했기 때문이다.

유전자는 하나의 폴리펩타이드 사슬을 만드는 DNA 영역으로 다시 정의되었다. 하나의 유전자에 의해서 만들어지는 한 종류의 폴리펩타이드로만 구성된 효소도 있지만, 여러 개의 폴리펩타이드로 구성된 효소도 많다. 또한 촉매는 아니지만 세포 안에서 다양한 일을 하는 단백질도 많으며, 이러한 단백질을 만드는 정보 역시 유전자가 기록하고 있기 때문이다. 마지막으로 단백질이 아니라 RNA 자체로 작동하는(대표적인 예로 리보솜이 있다) 정보를 가진 유전자도 존재한다.

비들과 테이텀의 '1유전자 1효소 가설'은 결과적으로 완전히 정확하지 않은 가설이었다. 하지만 지극히 추상적인 개념이던 유전자를 효소를 합성하는 암호로 규정함으로써 유전자의 역할에 물리화학적 실체를 부여했을 뿐만 아니라, 이후 연구로 이어지는 중요한 디딤돌을 놓았다.

DNA로부터 단백질까지 '중심 원리'의 완성

'하나의 유전자는 하나의 효소에 대한 정보'라는 개념이 정립된 이후 유전자는 단백질을 만드는 정보를 제공한다는 바탕이 마련되었다. 이제는 어떻게 DNA의 특정 염기서열 단위의 암호가 단백질을 구성하는 스무 가지 아미노산의 합성을 지시하는지를 밝히는 것이 과제가 되었다. 관련 연구자들은 다음과 같은 기초적인 의문을 가지고 있었다.

1. 하나의 아미노산을 만드는 정보는 몇 개의 염기로 이뤄지는가?
2. 아미노산 합성을 지시하는 코드는 중첩될 수 있는가? 아니면 분리되어 있는가?
3. 각 아미노산의 사이를 구분하는 '쉼표'에 해당하는 신호가 염기서열에 존재하는가?

DNA의 염기는 4종류이고, 아미노산은 20종류이다. 4개의 염기와 아미노산이 일대일로 대응하지 않는다. 만일 아미노산 1개가 염기 2개의 조합이라면 4종류×4종류이므로 16개의 조합이 나온다. 단백질을 구성하는 것으로 알려진 20개의 아미노산을 표현하기에 부족하다. 따라서 최소 3개의 염기가 아미노산 1개를 지정한다면, 4×4×4=64가 되어 20개의 아미노산을 모두 표현하고도 남는다. 20개의 아미노산을 지정하고도 조합이 남는다면, 64개의 조합 중 특정한 염기 조합 20개만 코드로 사용되는 것일까, 아니면 다수의 염기 조합이 하나의 아미노산을 지정하는 것일까?

그다음 코드의 중첩 문제란, 예를 들어 ACGTGGTCC라는 염기서열이 있다. 이것이 ACG, TGG, TCC의 세 글자 단위로 해석될지, 아니면 ACG, CGT, GTG, TGG, GGT, GTC, TTC로 한 글자씩 중첩되어 해석될지의 문제를 말한다. 그리고 '쉼표'의 문제란, 어떤 언어에는 띄어쓰기가 있지만 그렇지 않은 언어가 있다는 걸 생각해보면 이해하기가 쉽다.

어찌 보면 이러한 문제는 정보학적 차원으로 접근해도 무방할 것처럼 보인다. DNA의 염기서열과 아미노산이 대응하는 규칙을 찾겠다는 난제를 해결하기 위해 제임스 왓슨과 저명한 우주물리학자인 조지 가모프(George Gamow)는 당대 북미 대륙의 내로라하는 연구자들을 끌어들여

'RNA 타이 클럽'(RNA tie-club)이라는 비공식적인 연구모임을 만들고 유전암호를 규명하려고 했다. 이들은 아미노산의 숫자에 맞춰 회원을 20명으로 제한했는데, 가모프, 왓슨, 크릭은 물론이고, 막스 델브뤼크(Max Delbrück) 같은 분자생물학자 외에도 리처드 파인먼(Richard Feynman), 에드워드 텔러(Edward Teller) 같은 저명한 물리학자들도 끼어 있었다. 복잡한 수학적인 규칙으로 되어 있을지도 모르는 유전암호를 풀기 위해 여러 분야의 세계적인 두뇌들을 규합하려 한 것이었다.

그러나 과학의 중요한 발견은 때로는 명성과는 무관하게 이뤄지기도 한다. 유전암호의 규명에 핵심적인 기여를 한 사람들은 이른바 '이너 서클'이었던 RNA 타이 클럽이 아니라, 마셜 니런버그(Marshall Nirenberg), 그와 함께 일하던 박사후 연구원 하인리히 마테이(J. Heinrich Matthaei), 인도 출신의 화학자 하르 고빈드 코라나(Har Gobind Khorana) 등 무명의 연구자들이었다. 유전암호의 규명은 애초에 기대했던 이론적인 추측이 아니라 잘 설계된 실험으로 획득한 성과의 좋은 본보기이다.

미국 국립보건원(National Institute of Health)에 근무하던 생화학자 니런버그는 1950년대 말 유전암호를 생화학적으로 규명하기 위한 실험 방법을 떠올린다. DNA와 단백질을 연결하는 중간 물질로 간주되던 RNA와 세포 유래 추출물을 섞으면 시험관 안에서 단백질을 합성할 수 있고, RNA의 조성에 따라서 생성되는 단백질을 확인한다면 이를 이용하여 유전암호를 규명할 수 있겠다는 아이디어였다.[10] 폴리-U(우라실 염기만으로

---

10 니런버그 역시 백지 상태에서 이러한 아이디어를 떠올린 것은 아니다. 1951년 뉴욕 대학교의 세베로 오초아(Severo Ochoa)는 폴리뉴클레오티드 포스포릴레이스(polynucleotide phosphorylase)라는 효소와 RNA를 구성하는 단위체인 리보뉴클레오타이드를 시험관 안에서 반응시키면 UUUUUU, AAAAA, GGGGG, CCCCC…와 같이 하나의 염기로 구성된 RNA 중합체를 만들 수 있다는 것을 발견했다. 그리고 1960년 보스턴 메사추세츠병원의 연구자들이 대장균의 세포를 깨뜨려서 중력의 30,000배 원심력으로 돌려 얻은 상층액(리보솜)에 동위원소가 들어 있는 아미노산을 넣으면 세포 밖에서도 단백질이 합성된다는 것을 확인했다. 니런버그는 이 두 가지 연구 결과를 유전암호의 규명에 응용한 것이다.

연속된 RNA), 폴리-C 등의 인공 RNA를 대장균 추출액에 넣어서 만들어질 단백질에는 과연 어떤 아미노산이 들어 있을까?

폴리-U와 대장균 유래 단백질 추출물이 들어 있는 20개의 시험관에 각각 다른 동위원소(^{14}C)로 표지된 아미노산을 넣었다. 만약 폴리-U가 어떤 특정한 아미노산을 만드는 신호라면 해당하는 동위원소로 표지된 아미노산을 넣은 시험관에서만 단백질이 만들어질 것이고, 이를 방사능을 통해 파악할 수 있다.[11] 실험 결과, 다른 19개의 아미노산이 들어 있는 시험관에서는 아무런 반응이 없었지만 동위원소 페닐알라닌(phenylalanine)이 들어간 시험관의 단백질에만 방사능이 들어가 있었다.

거의 비슷한 시기에 RNA 타이 클럽의 일원이던 프랜시스 크릭과 시드니 브레너(Sydney Brenner)가 박테리오파지를 이용한 실험 결과를 발표했다. 유전암호는 세 글자로 구성되며, 유전암호를 구분하는 기호는 존재하지 않고 연속적으로 구성되어 있을 것이라는 내용이었다. 두 팀의 연구 결과를 종합하면, UUUUUU…로 구성된 RNA는 페닐알라닌만을 만들기 때문에 바로 'UUU'가 페닐알라닌을 지시하는 유전암호가 된다. 이들은 1961년 이 결과를 모스크바에서 열린 국제생화학회에서 발표하고 논문으로도 발간했다.

---

[11] 정상적인 탄소는 분자량이 12이다. 14의 분자량을 가지는 탄소 화합물은 화학적으로는 완전히 일반적인 탄소와 동일하지만, 방사능을 방출한다. 동위원소인 ^{14}C를 가진 아미노산은 화학적으로는 정상적인 탄소를 가진 아미노산과 동일하게 단백질 생합성 과정에 참여하지만, 방사능을 띠므로 단백질의 방사능을 측정하여 단백질에 아미노산이 얼마나 들어갔는지 수치로 알 수 있다. 20세기 초반, 물리학자들은 안정한 원소에 높은 에너지를 가진 양성자를 충돌시키면 동위원소가 생성될 수 있다는 것을 이론적으로 계산했다. 이것이 실제로 가능하게 된 시기는 1932년 미국의 물리학자 어니스트 로렌스(Ernest Lawrence)가 고주파의 전극과 자기장을 사용하여 입자를 가속하는 장치인 사이클로트론(Cyclotron)을 발명한 후였다. 1940년 미국의 화학자 마틴 케이먼(Martin D. Kamen)과 새뮤얼 루빈(Samuel Ruben)은 광합성반응을 방사능으로 추적하기 위해 탄소의 동위원소가 필요했다. 이를 얻기 위하여 탄소입자인 흑연을 사이클로트론에서 가속하여 ^{14}C를 최초로 인공적으로 만들었다. 이 발견 이후 ^{14}C, ^{35}S, ^{32}P 등과 같은 동위원소들이 생화학반응의 추적에 널리 사용되었다.

니런버그와 마테이가 최초의 유전암호인 UUU를 찾아낸 후 유전암호를 규명하는 데 필요한 여러 가지 기반 기술을 개발되었다. 유기화학자였던 코라나는 폴리-CA(CACACACA⋯), 폴리-UG(UGUGUGUG⋯) 등 다양한 조합의 인공 RNA 제조법을 개발하여 나머지 유전암호들을 해독하는 데 기여했다. 니런버그팀과 코라나의 경쟁 때문에 1965년에는 거의 대부분의 유전암호가 결정되었다. 우리가 현재 알고 있는 유전암호(Genetic Code)가 완성된 것이다. 유전암호표(그림 7.4)를 살펴보면 유전암호의 몇 가지 특징을 알 수 있다.[12]

1. 유전암호는 세 글자의 염기로 구성된다.
2. 세 글자 암호는 총 64종류이므로 20개의 아미노산에 대응하기 위해서는 필연적으로 같은 아미노산에 대응하는 복수의 코드가 존재한다.
3. 같은 아미노산에 대응하는 코드는 첫 번째와 두 번째 염기를 공유하고, 세 번째 염기는 영향을 받지 않는 경우가 있다. 가령 알라닌의 코드인 GCU, GCC, GCA, GCG는 모두 G와 C를 공유하지만, 세 번째 염기는 상관하지 않는다. 이는 글리신, 아르지닌, 세린, 프롤린도 마찬가지이다.
4. 세 번째 염기에 의해서 아미노산이 달라지는 경우도 있다. 첫 번째와 두 번째 코드가 모두 U인 경우, 세 번째 염기가 U 혹은 C이면 페닐알라닌, A 혹은 G이면 류신이다. 처음 두 염기가 A, A로 시작하고 세 번째 염기가 U 혹은 C인 경우에는 아스파라진이 되고, A 혹은 G인 경우에는 라이신이 된다.
5. 류신과 세린, 아르지닌을 합성하는 코드는 각각 6개씩이다. 류신은 CUU, CUC, CUG, CUA의 4개 이외에도 UUA, UUG를 사용하며,

---

12 이 코드는 티민 대신 우라실을 사용하는 RNA 기준이므로 DNA의 경우 U를 T로 치환하여 생각하면 된다.

세린은 UCU, UCC, UCG, UCA와 AGU, AGC를 사용한다. 아르지닌은 CCU, CCC, CCG, CCA, ACA, ACG의 6개이다.

6. 메티오닌과 트립토판은 유일하게 단 하나의 코드만 사용하는 아미노산이다. 메티오닌은 AUG를, 트립토판은 UGG를 사용한다.

7. 세 번째 염기에 따라서 아미노산이 달라지는 경우(페닐알라닌과 류신, 아스파트산과 글루탐산, 아스파라진과 라이신 등), 두 종류의 아미노산은 화학적 성질이 비슷한 경우가 많다. 즉 페닐알라닌과 류신은 모두 물과 친하지 않은 소수성(疏水性, hydrophobic) 아미노산이며, 아스파트산과 글루탐산은 카복실기를 가지고 있다.

8. UAA, UAG, UGA는 20개 표준 아미노산을 암호화하지 않는다. 아미노산을 암호화하지 않는 코드는 단백질 합성을 종결하는 종결암호(stop codon)로 사용된다. 즉 아미노산의 코드에 쉼표는 없지만 말줄임표는 존재한다.

유전암호를 보면 어느 정도의 규칙성은 있지만 아미노산에 따라서 상당한 예외가 있으므로 RNA 타이 클럽의 과학자들처럼 실험 데이터 없이 정보이론적 관점에서 접근했던 방법이 성공했을지 의문스럽다. 이렇게 확정된 유전암호는 미생물이나 동식물을 막론하고 모든 생명종에서 통용되는 보편적인 암호라는 사실도 연이어 밝혀졌다.[13]

---

13 지구상의 생물종 가운데 아주 일부는 유전암호의 '방언'을 사용하기도 한다. 예컨대, 진핵생물의 미토콘드리아에는 독자적인 DNA와 리보솜이 있어 몇 종류의 단백질을 만들어내는데, 여기서 사용하는 코돈 중 몇 가지는 표준 유전암호와 다르다.(아르지닌인 AGA, AGG가 종결암호로 사용되고, 아이소류신인 AUA가 메티오닌으로, 종결암호인 UGA가 트립토판으로 사용된다.) 그 외에도 일부 생물에서는 한두 개의 코드가 다르다. 그러나 우리가 알고 있는 거의 대부분의 생물에서는 표준 유전암호가 사용되므로 이를 '표준어'로 봐도 무방하다.

유전암호표 초안

UpUpU / UpUpC	Phe	UpCpU / UpCpC	Ser	UpGpU / UpGpC	Cys	UpApU / UpApC	Tyr
UpUpA / UpUpG	Leu	UpCpA / UpCpC	Ser	UpGpA / ~~UpGpG~~	Nonsense* or Trypt	UpApA / UpApG	Nonsense†
CpUpU / CpUpC	Leu or Nonsense*	CpCpU / CpCpC	Pro	CpGpU / CpGpC	Arg	CpApU / CpApC	His
CpUpA / CpUpG	Leu	CpCpA / CpCpG	Pro	CpGpA / CpGpG	Arg	CpApA / CpApG	Glu-NH₂
ApUpU / ApUpC	Ileu	ApCpU / ApCpC	Thr	ApGpU / ApGpC	Ser	ApApU / ApApC	Asp-NH₂
~~ApUpA~~ / ApUpG	Met	ApCpA / ApCpG	Thr	~~ApGpA~~ / ApGpG	Arg. or Nonsense*	ApApA / ApApG	Lys
GpUpU / GpUpC	Val	GpCpU / GpCpC	Ala	GpGpU / GpGpC	Gly	GpApU / GpApC	Asp
GpUpA / GpUpG	Val	GpCpA / GpCpG	Ala	GpGpA / GpGpG	Gly	GpApA / GpApG	Glu

유전암호표 최종본
코돈의 두 번째 글자

		U	C	G	A	
코돈의 첫 번째 글자	U	UUU / UUC Phe (페닐알라닌) UUA / UUG Leu (류신)	UCU / UCC / UCA / UCG Ser (세린)	UGU / UGC Cys (시스테인) UGA STOP UGG Trp (트립토판)	UAU / UAC Tyr (타이로신) UAA STOP UAG STOP	U C A G
	C	CUU / CUC / CUA / CUG Leu (류신)	CCU / CCC / CCA / CCG Pro (프롤린)	CGU / CGC / CGA / CGG Arg (아르지닌)	CAU / CAC His (히스티딘) CAA / CAG Gln (글루타민)	U C A G
	A	AUU / AUC Ile (아이소류신) AUA AUG Met (메티오닌)	ACU / ACC / ACA / ACG Thr (트레오닌)	AGU / AGC Ser (세린) AGA / AGG Arg (아르지닌)	AAU / AAC Asn (아스파라진) AAA / AAG Lys (라이신)	U C A G
	G	GUU / GUC / GUA / GUG Val (발린)	GCU / GCC / GCA / GCG Ala (알라닌)	GGU / GGC / GGA / GGG Gly (글리신)	GAU / GAC Asp (아스파트산) GAA / GAG Glu (글루탐산)	U C A G

	코돈의 세 번째 글자

그림 7.4 니런버그가 1965년에 발표한 유전암호(위)는 현재 알려져 있는 유전암호와 약간 차이가 있다. 니런버그는 AUA 코돈을 메티오닌의 유전암호라고 했으나, 최종 버전에서는 아이소류신이 되었다. 그리고 당시에 확실히 결정되지 않았던 코돈도 있었다. UGG와 UGA 중 무엇이 종결암호이고 트립토판인지(UGA가 종결암호, UGG가 트립토판), AGG와 AGA가 종결암호인지 아르지닌인지(아르지닌이다) 등이다. 이것을 제외하고는 오늘날 확정된 유전암호표와 일치한다.

분자생물학의 발전을 이끌어 오던 상당수의 연구자는 DNA로부터 RNA를 거쳐 단백질이 되는 기본 얼개가 밝혀지자, 이제 분자생물학 연구를 통해 더 이상 밝혀낼 것이 없다며 신경생물학 같은 분야로 이동하기도 했다. 일부는 질병 연구에 분자생물학을 응용해보려고 했다. 대장균이나 박테리오파지 같은 단순한 시스템을 이용하여 밝혀낸 분자생물학의 원리가 다른 생물에도 그대로 적용될 것이라고 믿었던 것이다. 프랑스의 생화학자 자크 모노(Jacque Monod)가 다음과 같이 언급한 것은 당시의 연구 사조를 대변한다. "대장균에서 사실인 것은 코끼리에서도 사실이다."(Anything found to be true of E. coli must also be true of elephants.) 이런 믿음은 그후로도 분자생물학과 세포생물학을 지배하는 만트라가 되었다. 그러나 대장균에서 사실인 것 중 일부는 코끼리에서도 분명히 사실이지만, 모두 그런 건 아니라는 사실이 곧 드러난다. 종에 무관한 보편적인 원리(유전암호처럼)도 존재하지만, 생물종을 생물종답게 만드는 특이성도 존재하기 때문이다.

진핵세포는 다르다

1970년대까지 동물과 식물 같은 진핵생물에 대한 분자생물학 연구가 많이 진행되지 않았던 이유들 중 가장 큰 것은, 대장균이나 박테리오파지에서 얻은 분자생물학 지식이 진핵생물에 그대로 적용된다는 믿음을 철저히 신봉했기 때문이라기보다는 진핵생물의 분자생물학을 기술적으로 연구하기가 쉽지 않았기 때문이다. 대장균, 특히 박테리오파지 연구가 활발했던 것은 이들의 유전체(대장균은 약 4백만 염기서열, 박테리오파지는 4만~10만 염기서열)가 매우 작기 때문이었다. 당시의 분자생물학적 실험 기법으로는 세균이나 파지보다 유전체가 훨씬 크고 단백질 종류도 많은 진핵생물과, 또 생물마다 다양한 종류의 세포가 있는 진핵세포를 연구하기가

쉽지 않았다.[14]

일부 연구자들은 진핵생물의 분자생물학을 연구하기 위한 수단으로 동물 바이러스를 이용하기도 했다. 동물 바이러스는 유전체 크기가 1만 염기서열 이내인 데다 기존에 분자생물학에서 많이 사용하던 모델 시스템인 박테리오파지 연구 방법을 응용할 수 있었기 때문이다. 이렇게 이용된 동물 바이러스 중 하나가 라우스육종바이러스(Rous Sarcoma Virus)였다.[15] 1960년대 말, 라우스육종바이러스가 어떻게 암을 유발하고 복제되는지 연구하던 하워드 테민(Howard Temin)과 데이비드 볼티모어(David Baltimore)는 기존에 성립된 분자생물학의 기본 원리를 뒤흔드는 발견을 한다.

라우스육종바이러스의 유전정보는 DNA가 아니라 RNA로 구성되어 있다. 라우스육종바이러스 이외에도 다양한 동물 바이러스와 박테리오파지가 DNA가 아닌 RNA 유전체를 가지고 있다. 더욱 놀라웠던 것은 라우스육종바이러스가 복제되는 방식이었다. 이 바이러스는 RNA 유전체를 가지므로 이를 주형으로 삼아 DNA를 만든다.(DNA로부터 RNA를 만드는 전사와 반대이므로 '역전사'라고 한다.) 이렇게 만들어진 바이러스의 DNA는 숙주의 세포로 침투하여 유전체 안으로 들어간다. 숙주인 동물 세포의 유전체 안에 DNA 형태로 침투한 바이러스는 숙주 세포의 DNA가 복제될 때 '묻어서' 복제된다. 또 바이러스 증식에 적절한 환경이 갖춰지면 숙주의 RNA가 복제될 때 숙주의 유전체에 포함된 바이러스의 DNA도 복제되어 새로운 바이러스를 생성하게 된다.

DNA → RNA → 단백질이라는 단선적인 정보전달 과정이 모든 생물에 적용될 거라고 믿었던 1960년대 말의 생물학자들에게 RNA로부터 DNA를 만드는 역전사효소(reverse transcriptase)의 발견은 큰 충격을 주었

---

14 인간의 염기서열 개수는 약 30억 개이며, 가장 간단한 진핵생물인 효모도 염기서열이 1100만이나 된다.

15 라우스육종바이러스가 어떻게 암을 유발하는지에 대해서는 9장에서 알아본다.

다. 대장균에서 발견되지 않은 것이 동물 세포와 동물 바이러스에서 발견된 것이다. 한편 이러한 놀라움은 곧 새로운 발견에 묻히고 만다.

진핵세포가 단백질을 만드는 데 사용하는 RNA는 DNA의 단순한 복사가 아니라는 발견이 뒤를 이었다. 박테리아나 박테리오파지의 DNA는 대부분 RNA로 전환되며, RNA의 대부분은 단백질을 만드는 정보를 담고 있다. 진핵생물은 그렇지 않았다. 진핵생물의 DNA 중 단백질을 만드는 데 사용되는 영역은, 동물에 따라서 다르지만, 인간의 경우에는 불과 1%밖에 되지 않았다. 진핵생물과 박테리아는 세포핵의 유무에 따라서 구분된다. 진핵생물은 단순히 세포의 구조만 다른 것이 아니라, 이처럼 DNA에서 RNA, 단백질을 만드는 과정 자체가 박테리아와 달랐다. 진핵생물은 DNA에서 단백질을 만드는 데 사용되지 않는 불필요한 정보가 포함된 RNA를 만들어낸다. 이러한 RNA 중에서 단백질을 만드는 데 사용되는 극히 일부분(엑손(exon)이라고 한다)이 세포핵에서 'RNA 잘라 맞추기'(RNA splicing)라는 과정을 통해 짜맞춰지면서 불필요한 영역(인트론(intron)이라고 한다)이 제거된다. 세포핵 밖으로는 이렇게 짜맞춰진 영역만 가진 RNA가 방출된다. RNA의 유전정보에 근거하여 리보솜이 단백질을 합성하는 것은 진핵생물과 박테리아에서 공통되지만, 진핵생물의 리보솜은 세포핵 바깥의 세포질에 존재하는 반면 박테리아는 세포핵이 없다. 요컨대 진핵생물이 박테리아와 근본적으로 다른 점은 두 가지다.

1. 진핵생물의 DNA는 극히 일부분만이 단백질을 만드는 정보를 암호화하며, 단백질을 만드는 데 불필요한 정보는 'RNA 잘라 맞추기'를 통해 제거된다.
2. DNA에서 RNA가 만들어지는 장소는 핵이고, 단백질이 만들어지는 곳은 세포질에 있다.

많은 과학자가 성급하게 분자생물학계를 떠난 이후, 진핵생물과 박테리아가 유전정보를 다루는 방식에서 근본적인 차이가 난다는 사실이 밝혀지자 '진핵생물'의 분자생물학이라는 새로운 연구가 급속히 진행되었다.

재조합 DNA 기술

진핵생물의 분자생물학에 대한 연구가 가능했던 이면에는 또 다른 새로운 기술의 등장이 있었다. 진핵생물의 거대한 유전체는 이전과 같은 방식으로 연구하기가 대단히 어렵다. 큰 유전체 전체를 다루기 어렵다면 유전체를 작게 잘라서 박테리아나 박테리오파지에 넣어보면 어떨까?

1960년대 말 분자생물학자들은 박테리아와 박테리오파지의 DNA와 효소를 연구하던 중 이런 용도에 적합한 물질을 발견했다. 바로 DNA의 특정 염기서열을 인식하여 자를 수 있는 '제한효소'(restriction enzyme)이다. 제한효소로 진핵생물의 거대한 유전체를 수천 염기 정도로 작게 자른 다음, 잘라진 DNA를 서로 연결하는 효소인 'DNA 연결효소'(DNA Ligase)를 이용하면, 유래가 다른 두 개의 DNA를 연결할 수 있다. 가령 인간의 DNA 조각과 박테리아의 DNA 조각을 연결하여 박테리아에 넣을 수 있다.[16]

박테리아에는 플라스미드(plasmid)라는, 염색체와는 별도로 존재하는 작은 DNA 조각이 있다. 플라스미드와 외래 생물의 DNA를 결합시켜 박테리아에 넣고 박테리아를 배양한다. 박테리아는 개체가 빠르게 증

---

16   박테리아에 외래 DNA를 넣는 데는 에이버리가 사용했던 형질전환을 이용한다. 에이버리의 경우 병원성 폐렴균의 DNA가 비병원성 폐렴균에 들어가면 병원성을 띄지 않던 폐렴균이 병원성을 띄는 현상이었지만, 이것은 근본적으로 외래의 DNA가 박테리아에 들어가서 증식하는 현상이다. 1960년대 말이 되어서야 폐렴균 이외에도 대장균 등에 많이 사용되는 박테리아에서도 형질전환이 일어난다는 것이 밝혀졌고, 이를 이용하여 외래 DNA를 대장균에 넣을 수 있게 되었다.

식하므로, 외래 생물의 DNA를 증폭할 수 있다. 이를 'DNA 클로닝'(DNA cloning) 혹은 '재조합 DNA'(recombinant DNA)라고 한다.

　1973년 스탠리 코헨(Stanley Cohen)과 허버트 보이어(Herbert Boyer)가 개발한 이 기술은 곧 진핵생물의 거대한 DNA를 박테리아 안에서 다룰 수 있는 크기로 잘라서 분석하는 데 활용되었다. 최초로 박테리아 안에서 클로닝된 진핵생물의 DNA는 개구리(*Xenopus laevis*)의 리보솜 부위에 해당하는 DNA였다. 최초의 클로닝이 성공한 후 초파리의 염색체 일부를 대장균에 옮겨서 복제하는 것도 성공했다. 뿐만 아니라 1977년 'DNA 염기서열 분석'(DNA sequencing) 기술이 개발되자, 두 기술을 복합적으로 이용하여 드디어 특정 유전자의 염기서열을 분석할 수 있게 되었다. 프레더릭 생어(Frederic Sanger)와 월터 길버트(Walter Gilbert)가 각각 독자적으로 개발한 방법으로 이제 수천 염기에 달하는 유전자의 염기서열을 결정할 수 있게 된 것이다. 멘델의 '유전 결정 인자'와 모건의 '염색체 내에 선형으로 배열되어 있는 유전자'라는 추상적인 개념으로부터 출발한 유전물질에 대한 탐구는 1970년대 말에 들어서서 특정한 형질을 결정하는 유전자를 분리하고, 이것이 어떤 염기서열을 가지며, 여기서 어떤 아미노산 서열의 단백질이 합성되는지 알아내는 단계에 도달했다.

　염색체 중 일부 구간인 유전자 단위의 분석이 아니라 유전자 전체의 염기서열을 효율적으로 분석하는 방법도 강구되었다. 진핵생물, 특히 인간을 비롯한 포유동물은 유전체의 1%만을 단백질을 암호화하는 데 사용한다. 1%라고는 하지만 유전자가 한곳에 집중해 있어 그 영역만 잘라낼 수 있는 게 아니다. 불필요한 99%를 영역을 제외한 1% 영역에 흩어져 있는 유전자의 염기서열을 선별적으로 분석하는 데는 역전사효소가 유용하게 사용되었다.

　DNA의 유전정보는 RNA 전사와 RNA 잘라 맞추기 단계를 거쳐 mRNA로 모인다. mRNA의 정보는 거의 그대로 단백질 합성에 쓰인다. 따라서 mRNA에는 불필요한 99%를 제외한 고갱이가 모여 있다고 볼 수

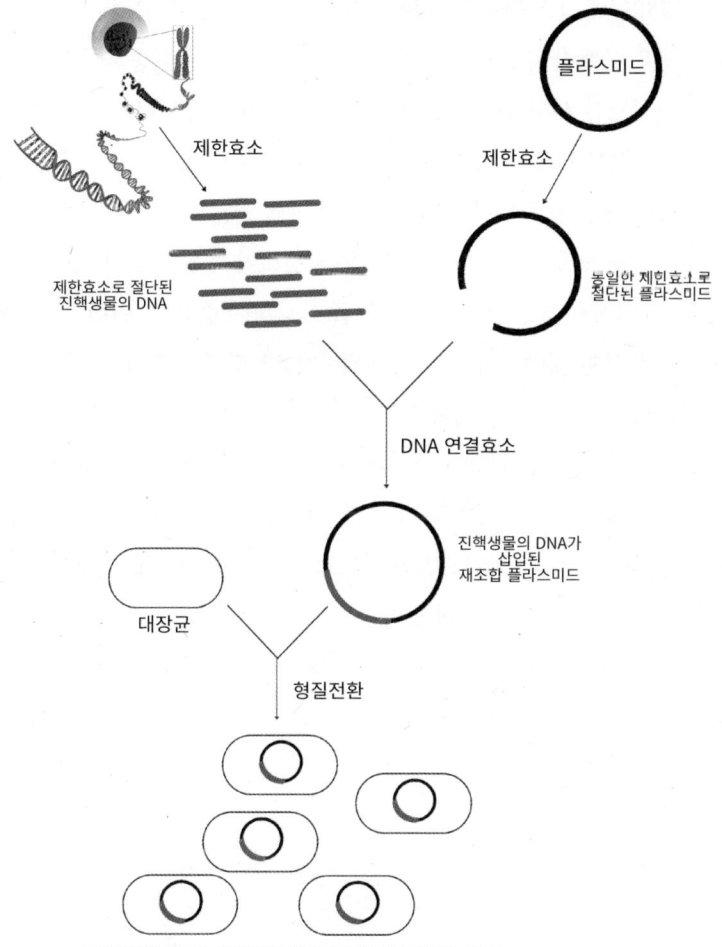

그림 7.5 재조합 DNA 기술로 진핵생물의 DNA가 삽입된 재조합 플라스미드를 만들 수 있다.

있다. 여기에 역전사효소를 첨가하면 mRNA가 DNA로 변환된다. 이처럼 mRNA를 역전사하여 만들어진 DNA를 '상보적 DNA'(complementary DNA, cDNA)라고 한다. 이 cDNA를 유전자 클로닝 기술로 대장균에 집어넣어 증식시키면 분석하는 데 충분한 양의 DNA를 확보할 수 있다. 이 DNA 집합을 'cDNA 라이브러리'(cDNA Library)라고 부른다.

1980년대 초부터는 'cDNA 라이브러리'를 만들어 진핵세포를 구성하는 많은 단백질 유전자의 염기서열을 파악했고, 이를 통하여 다시 단백질의 아미노산 서열을 알아냈다.[17] 단백질은 세포의 많은 기능을 실제로 수행하는 성분이다. 그리고 모든 생물은 공통 조상으로부터 진화했다. 만약 다양한 생물에 공통적으로 존재하는 단백질이 있다면 이 단백질은 역할이 매우 중요하여 진화의 긴 시간 동안 변화가 매우 적었던 것이라고 추정할 수 있다. 이처럼 단백질의 서열을 분석하여 중요도, 변화 속도, 변화 양상 등에 관한 메타 정보를 해석해낼 수 있게 되면서 분자생물학은 '생물정보학'으로 서서히 변모하게 된다.

1980년대부터 1990년대까지의 연구는 유전자 하나하나를 분석하는 것이었기 때문에 염색체에 담긴 유전정보의 전모를 파악하진 못했다. 이를 위해서는 근본적으로 DNA의 총체적인 정보를 확보해야 한다. 그리하여 특정한 유전자 하나를 대상으로 했던 유전학(genetics)에서 한 생물이 가지는 유전자의 총합인 유전체를 대상으로 하는 유전체학(genomics)으로의 전환이 요구되었다.

---

17 역전사효소의 용법을 알기 전까지는 단백질을 직접 분해해 아미노산의 서열을 알아내야 했다. 이 방법에는 역전사효소를 써서 역으로 유추하는 방법보다 훨씬 많은 노력이 투입되어야 했고, 분석을 위해서는 아주 많은 단백질이 필요했으므로 원래 세포에 많이 존재하는 일부 단백질을 제외하면 가능하지도 않았다.

8장

    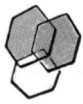

세포 수명

시드니 링거와 링거액

 19세기 중반 세포가 생물의 구조적·기능적 최소 단위라는 것이 알려진 이후부터 연구자들은 세포가 포함되어 있는 조직을 생물에서 분리하여 체외의 조건에서 증식시키려고 시도했다. 하지만 성공하기까지 오랜 세월이 걸렸다. 세포를 현미경으로 관찰하려면 동물에서 분리해야 하기 때문에 19세기 중반까지도 죽은 세포를 가지고 연구할 수밖에 없었다는 의미이다. 이는 반대로 세포를 동물에서 분리된 상태에서 일시적이나마 살아 있는 상태로 유지할 수 있다면 살아 있는 상태의 세포가 죽은 세포와 어떻게 다른지에 대해서 좀 더 다양한 관찰과 실험을 해볼 수 있다는 뜻이기도 하다.

 동물의 몸에서 제거한 기관을 체외에서 살아 있도록 하려는 시도는 19세기 말부터 이어졌다. 독일의 카를 루드비히(Carl Friedrich Wilhelm Ludwig)와 영국의 시드니 링거(Sydney Ringer) 같은 의사들이 있었다. 루드비히는 개구리의 몸에서 심장을 떼어낸 다음, 이를 토끼의 혈장을 순환시키는 장치에 연결하여 체외에서 심장을 뛰게 했다. '적절한 조건'만 유지된다면, 살아 있는 동물에서 떼어낸 세포나 조직이 일정 시간 동안 기능을 유지한 채 살아 있을 수 있다는 사실을 처음으로 확인한 것이었다.

 시드니 링거는 루드비히와는 다른 방법을 궁리하고 있었다. 토끼의 혈장 같은 생체 성분이 아니라 인공적인 액체를 화학적으로 만들고자 했

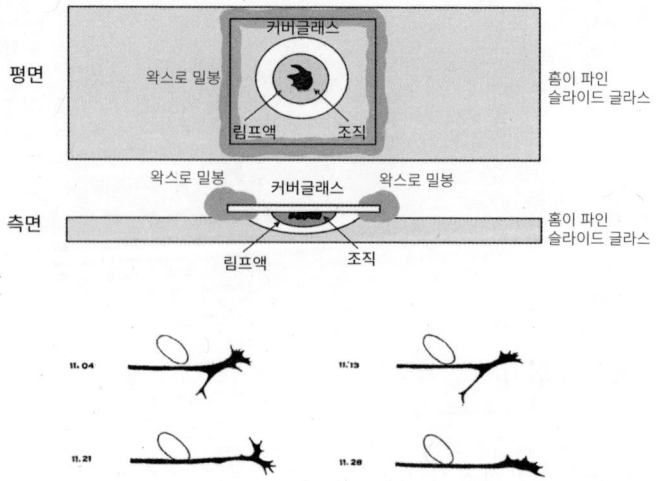

그림 8.1   해리슨은 행잉 드롭 방법으로 배지와 배양액이 마르지 않게 하여 신경세포가 40분 동안 자라면서 신경 조직이 형성되는 것(아래)을 실시간으로 관찰했다.

다. 링거는 여러 가지 물질을 실험한 결과, 소듐(Na), 포타슘(K), 탄산수소나트륨($NaHCO_3$) 등이 적합하다는 것을 알아냈다. 혈액과 비슷한 성질의 '인공 수액'을 처음으로 만든 것이었다. 이렇게 만들어낸 용액 안에서 개구리의 심장은 일정 시간 동안 박동이 유지되었다.[1]

그런데 링거가 고용한 기술자가 자리를 비운 사이 링거가 직접 수액을 만들게 되었는데, 몇 시간 이상 유지되던 개구리의 심장 박동이 채 몇 분이 지나지 않아 잦아들었다. 무엇이 잘못되었던 건지 되짚어보던 링거는 기술자가 그의 지시를 어기고 증류수 대신 수돗물을 사용해 수액을 만들었다는 것을 알았다. 검사해보니 순수한 물인 증류수와는 달리 수돗물에는 약 1밀리몰 농도의 칼슘이 들어 있었다. 링거는 증류수로 만든 수액에 수돗물과 같은 농도의 칼슘을 첨가했다. 그러자 개구리의 심장 박동이

---

[1] 링거가 고안한 수액에 젖산이 첨가된 것을 '하트만 수액'(Hartman's solution)이라고 하는데, 병원에서 흔히 맞는 '수액'인 '링거액'(Ringer's solution)은 바로 링거가 개구리의 심장 박동을 체외에서 유지하는 데 필요한 성분을 기원으로 하는 것이다.

되살아났다. 1883년 링거는 이 우연한 사고로 알게 된 사실을 학계에 발표했다.

링거는 중요한 발견을 했지만, 심장 박동에 칼슘이 필요한 이유를 설명하지는 않았다. 그럼에도 그의 우연한 발견 덕분에 생물학계는 체외에서 세포의 생존 환경이 되는 '배양액'의 성분에 주의를 기울이게 되었다.

최초의 동물 세포 체외 배양

링거의 실험은 심장 전체를 적출해 수액에 담근 것이었다. 조직의 일부를 떼어내 이를 체외에서 유지하려는 실험 역시 19세기 말에 시작되었다. 첫 시도는 1885년에 있었지만, 세포를 생리 식염수에 며칠 살려 둔 정도에 그쳐 체외 세포 배양이라고 간주하기는 어렵다. 실질적으로 최초 동물 세포 배양은 1907년 미국 존스홉킨스 대학교의 로스 해리슨(Ross Granville Harrison)이 해냈다. 해리슨은 신경계로 발달하는 개구리의 배아 조직 일부를 체외에서 몇 주 동안 자라게 하는 기술을 개발했다. 현미경의 커버 슬립에 림프액 방울과 배양할 조직을 넣고, 이를 홈이 파인 슬라이드 글래스 위에 붙이고 밀봉한다. 배지의 역할을 하는 림프액과 배양액이 마르지 않게 유지하는 '행잉 드롭'(Hanging drop) 방법을 이용하여 살아 있는 조직을 몇 주 동안 유지하는 데 성공했다.

해리슨의 세포 배양은 살아 있는 세포가 체외에서 증식하면서 원래의 신경 조직과 같은 구조를 형성할 수 있다는 것을 최초로 입증했다. 세포가 생명체로부터 분리된 조건에서도 증식과 성장을 한다는 것은, 세포 고유의 특성이 개체에서 분리된 이후에도 적절한 조건하에 유지된다는 것을 의미한다.

해리슨은 신경세포도 연구했는데, 그의 연구 결과는 신경 조직의 구조에 대한 오래된 논쟁을 종식시키는 데도 기여했다. 망상설과 뉴런설 중 어느 쪽이 옳은지는 은 염색법으로 판가름하기 어려웠다. 해리슨은 실제로 살아 있는 신경세포의 말단은 다른 세포의 접촉 없이 성장하는 것을 관찰하여 뉴런설이 옳음을 실험으로 확정했다. 해리슨의 세포 배양 성공은 많은 연구자에게 영향을 주었는데, 알렉시 카렐도 그 영향을 받은 연구자들 중 하나였다.

알렉시 카렐의 '불멸 세포'

프랑스의 외과의사 알렉시 카렐(Alexis Carrel)은 20세기 초 미국으로 이민한 후, 혈관 봉합술을 개발하여 명성을 얻었다.[2] 1906년부터는 록펠러 의학연구소에서 근무했는데, 해리슨이 체외에서 동물 세포를 배양하는 데 성공했다는 소식을 들었다. 카렐은 매우 뛰어난 외과의사였지만 그에게 장기이식 수술을 받은 동물들은 오래지 않아 죽었다. 카렐은 세포나 조직을 체외에서 배양할 수 있다면 높은 장기이식 사망률을 낮출 수 있지 않을까 기대했다.

1910년 카렐의 조수였던 몬트로스 버로스(Montrose Burrows)는 예일대학교로 옮긴 해리슨의 연구실을 방문해 세포 배양술을 전수받았다. 버로스와 카렐은 좀 더 오랫동안 배양할 수 있도록 해리슨의 방법을 개선했다. 림프액 대신 혈장(serum)을 배양액으로 사용했고, 배양액을 갈아주거나 세포를 옮겨주어 배양 시간을 연장시켰다. 이렇게 하여 세포의 계대배양(繼代培養, 대이음 배양)이 가능해졌으나 세포의 크기가 점점 줄어드는 현상이 나타났다. 카렐과 버로스는 세포 배양액에 배아의 세포 추출물을 첨가하면 세포의 크기가 줄어들지 않고, 계대배양을 할 때 배지를 교체해주면 세포를 지속적이고 영구적으로 배양할 수 있다고 주장했다.

---

2   이 업적으로 1912년 노벨 생리의학상을 수상했다.

1912년 카렐은 닭의 심장 조직에서 추출한 세포를 자신이 개발한 프로토콜을 이용하여 무한히 키울 수 있다는 주장이 담긴 논문을 발표했다. 심지어 1912년에 배양을 시작한 세포를 연달아 계대하여 34년 동안 배양을 유지했다. 카렐의 조수였던 앨버트 에벌링(Albert Ebeling)이 이를 담당했다. 이들은 최초로 배양을 시작한 이후 몇 년 간격으로 조사하여 세포의 성질은 항상 동일하다고 보고했다. 이런 결과에 근거해 카렐은 적절한 조건만 유지되면 세포의 수명은 무한하다고 주장했다. 심지어 배양된 닭의 심장 조직 세포는 가장 오래 산 닭의 수명보다도 길었다! 카렐의 연구는 대대적으로 소개되었다. 세포 배양 성공 20주년을 기념하는 기사는 《뉴욕트리뷴》에 게재되었으며, 카렐이 1939년 모국인 프랑스로 돌아갈 때 '죽지 않는 세포'에 대한 관심이 다시 한 번 조명되었다.

　현대 생물학에 대한 지식이 있는 독자는 이 대목에서 의아함을 느낄 것이다. 무한히 증식할 수 있는 암세포나 줄기세포를 제외하고 이미 분화한 조직에서 유래한 세포는 수명이 있다. 그럼 카렐의 세포는 어떻게 '불멸'하게 되었을까? 카렐의 연구를 재현해보려는 연구가 종종 있었으나 성공하지 못했다. 외과 의사로 훈련받은 카렐은 세포의 체외 배양에는 외과 의사 수준의 숙련된 기술과 빠른 손기술이 필수적이며, 다른 사람들이 자신처럼 지속적으로 세포를 배양시키지 못한 것은 세포의 문제가 아니라 실험자의 숙련도가 낮아서 실패한 것이라고 진단했다.

　카렐의 신비한 '불멸 세포'는 지금까지도 미스터리로 남아 있다. 어떤 사람들은 그들이 세포 배양액에 매일 넣어주는 배아 추출물에 새로운 세포(오늘날의 '줄기세포'에 상응하는)가 딸려 들어갔을 거라고 추측했다. 일부는 카렐의 조수인 에벌링이 카렐 몰래(혹은 묵인하에) 새로운 세포를 계속 투입했을 거라고 의심하기도 한다. 아무튼 카렐의 실험실에서 어떤 일이 일어났는지는 아무도 모른다. 그리고 현대 생물학의 지식으로도 카렐의 죽지 않는 세포에 대해 설명하기 힘들다. 에벌링은 카렐이 1944년 사망한 후에도 배양된 세포를 몇 년 더 관리했으나 1946년 더 이상 연구를 못하게 되었다며 세포를 버렸다. 1960년 카렐의 주장과는 달리 일반적으로 세포에는 수명이 있다는 사실이 밝혀졌다.

세포 배양 기술의 발달

세포 배양은 실용적인 목적보다는 세포를 체외에서 배양하고 유지시킬 수 있다는 것을 실증해 보이려는 학술적인 목적이 컸다. 그러다 1940년대에 들어서자 체외 세포 배양 기술 자체의 실용적 필요성이 대두되었다. 바로 바이러스와 이를 예방하는 백신을 개발하기 위해서였다.

20세기 초반 바이러스의 존재가 알려진 이후, 바이러스의 배양에는 살아 있는 동물이 이용되었다. 바이러스를 살아 있는 동물에 감염시켜 그 동물의 조직에서 바이러스를 분리하는 것이다. 그러나 살아 있는 동물을 이용하여 백신을 개발하는 데는 몇 가지 문제가 있었다. 첫째, 원숭이 같은 동물을 이용하면 비용이 많이 들었다. 둘째, 동물에 주사하여 배양한 바이러스들 중에서 광견병바이러스처럼 척수 조직에서 증식하는 바이러스를 이용하여 백신을 만들면, 백신을 접종했을 때 낮은 빈도로(전체 환자의 0.4%) 영구적인 척수마비가 일어나는 부작용이 있었다.[3] 셋째, 때로는 인간 유래의 바이러스를 배양할 수 있는 적절한 동물이 없는 경우도 있었다.

이런 문제들 없이 백신을 제조하려면, 바이러스를 살아 있는 동물이 아닌 환경에서 대량으로 배양하여 화학적으로 불활성화시키거나, 바이러스를 숙주의 몸이 아닌 다른 곳에서 장기간 배양하면서 돌연변이를 유도해 바이러스의 독성이 없어지는 약독화(virus attenuation) 바이러스를 얻어야 한다. 이를 위해 가장 이상적인 방법이 체외 배양이다.

---

[3] 척수 조직에서 배양된 바이러스를 이용한 백신의 경우 척수 추출물에 있는 수초 염기성 단백질(myelin basic protein)이라는 단백질에 대한 면역반응을 유도할 수 있고, 이 경우에 가능성이 낮긴 하지만 척수마비가 발생할 수 있다.

1930년대에 황열병(yellow fever)바이러스나 인플루엔자바이러스를 닭의 수정란에서 배양할 수 있는 기술이 등장했다. 그러나 소아마비를 유발하는 폴리오바이러스(poliovirus)는 닭의 수정란에서 배양할 수 없었고, 1930년대에는 원숭이의 척수에 주사하는 것 이외에 바이러스를 배양할 수 있는 방법이 없었다. 따라서 동물 세포, 특히 인간의 세포를 체외에서 장기간 배양할 수 있는 방법이 필요했다. 해리슨과 카렐은 닭, 개구리 같은 동물 유래 세포는 배양할 수 있었지만, 인간 유래 세포는 그리 쉽게 배양할 수 없었고, 바이러스를 세포 배양으로 증식시키려면 수십 일 동안 유지할 수 있어야 했다.

오랫동안 실패했던 인간 세포의 체외 장기 배양은 물론, 이를 이용하여 폴리오바이러스 등의 체외 배양을 처음 성공시킨 사람은 하버드 의대의 존 엔더스(John Enders)와 그의 연구실 대학원생이던 토머스 웰러(Thomas Weller), 프레더릭 로빈스(Frederick Robbins)였다. 이들이 1949년 최초로 인간 세포를 배양하고, 여기에 폴리오바이러스를 접종하여 바이러스의 배양에 성공할 수 있었던 이유는 당시에 등장한 새로운 기술 덕분이었다.

첫 번째는 1933년 존스홉킨스 대학교의 조지 가이(George Otto Gey)가 고안한 조직 배양법이었다. 해리슨과 카렐의 배양법은 세포를 대량으로 배양하는 데는 여러모로 부적합했다. 가이는 둥근 시험관을 서서히 회전시키는 '롤링 드럼'(Rolling Drums)이라는 기구를 만들고 여기에 이산화탄소 탱크를 연결하여 배양액과 기체를 순환시켜 시험관의 세포에 골고루 공급될 수 있게 했다. 암 연구자였던 가이는 암세포를 배양할 목적으로 이 기술을 개발했으나, 다른 세포의 대량 배양에도 유용하게 사용되었다.

둘째, 세포의 장시간 배양을 가능하게 한 것은 2차대전 이후 대량 생산이 시작된 항생제였다. 장시간 세포 배양에 가장 큰 걸림돌이 세균 오염이었다. 증식 속도가 동물 세포보다 훨씬 빠른 세균이 배양액을 장악하면 영양이 풍부한 배양액은 곧 세균의 온상이 되어버리고 동물 세포는 더 이상 자랄 수 없다. 카렐이 마치 수술실에 버금가는 엄격한 살균 환경을 강조한 것도 미생물 오염을 막기 위해서였을 것이다. 항생제가 보급된 이후 항생제를 첨가함으로써 배양액 오염을 획기적으로 차단할 수 있었다. 그리하여 동물 세포를 장시간 배양하고 여기에 각종 바이러스를 접종하여 증식시키는 조직 배양법이 마련되었다.

1949년 존 엔더스의 연구팀은 낙태된 인간 태아의 조직에서 분리한 세포가 보존된 배양액에 폴리오바이러스를 감염시켰고, 바이러스의 농도는 세포 배양을 계속할수록 높였다.[4] 배양은 52일 동안 지속되었는데, 배양이 끝난 후 바이러스의 농도는 처음 농도에 비해서 10^{16}배로 높아졌다. 인간 세포를 배양하는 배양 용기를 이용해 이전에는 원숭이 같은 실험동물에서만 기를 수 있던 폴리오바이러스를 마치 공장에서 화학물질을 생산하듯 대량으로 만들 수 있게 된 것이다. 엔더스가 개발한 폴리오바이러스 대량 배양법은 곧바로 폴리오바이러스 백신의 생산으로 이어졌다. 피츠버그 대학교의 바이러스학자인 조너스 소크(Jonas Salk)가 이끄는 연구팀이 엔더스의 세포 배양법에 착안하여 원숭이의 신장세포를 대량 배양하고, 여기서 생산한 바이러스를 폼알데하이드로 처리하는 방법으로 바이러스를 불활성화하여 폴리오 백신을 개발하는 데 성공했다. 이 백신은 1950년대 중반부터 미국 전역에서 접종되었다. 덕분에 1950년대까지 해마다 5만 건 이상 발생하여 2천 명 이상의 생명을 앗아가던 소아마비 발생률을 극적으로 낮췄고, 백신의 본격적인 접종이 시작된 지 6년이 지난 1961년 미국 내 발생 건수는 161건으로 줄어들었다.

인간 세포 배양 기술로 가능했던 소아마비 백신의 대성공 덕분에 인

---

4   이들은 애초에 폴리오바이러스 대신 수두(chickenpox)나 볼거리바이러스 등 다른 바이러스 배양법을 연구하고 있었지만 정작 폴리오바이러스에 대해서는 별 관심이 없었다. 그러나 지도교수인 엔더스가 연구실에 폴리오바이러스 샘플이 있다는 것을 떠올리고 대학원생인 웰러와 로빈스에게 연구를 권했다. 웰러와 로빈스는 한 번도 해보지 않은 실험이 성공할 것이라고는 기대하지 않은 채 시도하여 큰 성공을 거두었다.

간 세포의 배양 기술에 대한 관심 역시 높아졌다. 엔더스와 웰러, 로빈스는 1954년 폴리오바이러스의 인공 배양에 성공하여 백신을 개발한 공로로 노벨 생리의학상을 수상했다.

헬라(HeLa)

1951년 조지 가이는 존스홉킨스 대학병원에 내원한 자궁경부암 환자였던 헨리에타 랙스(Henrietta Lacks)의 몸에서 암 조직을 떼어내 배양했다.[5] 랙스의 암세포는 다른 암세포에 비해서 훨씬 빠르게 자랐고, 배양 후 수십 일이 지나면 더 이상 분열을 하지 않는 다른 세포와는 달리 세포분열의 기세를 늦추지 않았다. 진정한 '불멸 세포'였던 셈이다. 이 세포는 헨리에타 랙스의 이름을 따서 '헬라'(HeLa)세포라고 불렸다.

헬라세포의 엄청난 증식력은 곧 다른 연구자들의 관심을 끌었다. 기존의 배양 방식은 배양을 시작한 지 얼마 안 되어 더 이상 증식하지 못하므로 연구자가 세포를 분양받아도 오랫동안 배양할 수 없었다. 그러나 헬라세포는 증식력을 전혀 잃지 않고 영원히 증식했다. 헬라세포가 있어 동일한 특성을 가진 동물 세포를 체외에서 배양하여 여러 사람이 사용할 수 있게 되었다. 뿐만 아니라 헬라세포는 동물 세포가 필요한 많은 연구에서 표준세포로 사용되었다. 특히 헬라세포는 폴리오바이러스에 쉽게 감염되고, 감염되면 사멸하는 성질을 가지고 있어 폴리오바이러스 백신 생산을 위해 배양되는 바이러스의 감염력 측정에도 사용되었다. 이렇게 헬라세포는 대량으로 생산되어 수많은 연구에 사용되었다. 2019년 현재, 전 세계 생명의학 연구 문헌 데이터베이스인 미국 국립보건원의 펍메드

---

5 랙스의 가족은 랙스가 죽은 지 수십 년이 지난 후에야 이 사실을 알았다. 1951년 당시에는 연구 목적으로 인체의 조직을 사용하는 것에 환자 본인이나 가족의 동의를 구해야 한다는 법적 제도가 없었다.

(Pubmed)[6]에서 'HeLa'라는 키워드를 입력해보면 약 10만 건 이상의 논문이 검색된다.

대체 헬라세포는 어떤 변화를 겪었기에 정상적인 세포와는 달리 '불멸의 증식'을 계속하고 있을까? 인간의 정상적인 세포는 46개(23쌍)의 염색체를 가져야 하는데, 헬라세포는 70~90개의 염색체를 가지고 있다. 헬라세포가 60여 년 전에 분리되고 대를 이어 무한한 복제를 하는 와중에 수많은 '분파'가 생겼다. 이 변종 헬라세포들은 서로 다른 염색체 숫자를 가지고 있다. 헬라세포의 염색체 대부분이 2개가 아니라 3~4개인 경우가 많았고, 상당수의 염색체에 큰 변형이 있었다. 어떤 의미에서 헬라세포는 인간 세포의 굴레를 벗어던졌다고 할 수 있을 만큼 큰 변화를 겪은 셈이다.

헬라세포의 엄청난 증식력은 또 다른 문제를 만들었다. 헬라세포가 배양된 이후 연구자들은 다른 인체 조직이나 암 조직을 이용하여 헬라세포처럼 영구히 자랄 수 있는 세포주(細胞株, cell line)를 많이 만들었다. 그러나 1968년 헬라세포와는 구분되는 별개의 세포주라고 생각했던 세포주를 분석해보니, 상당수의 세포주가 연구실에서 배양 중이던 헬라세포가 오염되어 생긴 헬라세포로 판명되었다. 이런 일은 지금도 세포 배양을 하는 연구실에서 빈번하게 일어난다. 헬라세포는 다른 세포에 비해서 증식력이 월등히 뛰어나기 때문에 미세한 양이 섞여 들어가도 곧 원래 세포와의 생존경쟁에서 앞서 배양용기를 뒤덮어버린다. 유전자가 도입된 연골세포라고 판매되었던 국내 모 회사의 세포치료제가 사실은 태아의 신장 조직에서 유래한 세포주인 HEK293T 세포였던 것과 같은 상황은 사실 세포 배양을 하는 대학 연구실에서도 이따금 발생하는 사고다.[7]

---

6 https://www.ncbi.nlm.nih.gov/pubmed
7 "코오롱 '인보사' 판매 중단 사태, 그 파장은?", 바이오스펙테이터, 2019. 물론 뒤바뀐 세포가 의약품으로 인가를 받고 환자에게 투여된 것과 같은 사고는 세계적으로 전례를 찾아보기 힘들 만큼 희귀한 일이다. HEK293T 세포는 암 조직에서 나온 세포는 아니지만 암세포와 거의 유사한 특성을 가지고 있고, 증식력이 매우 좋다.

헤이플릭의 한계(Heyflick Limits)

카렐의 '세포 불멸론' 때문에 과연 분화된 세포가 무한히 증식하는지, 아니면 한정된 수명을 가지는지는 1960년대까지 확실하지 않았다. 그런데 헬라세포의 발견은 인간의 세포가 적절한 조건이 주어지면 무한히 배양될 수 있다는 카렐의 주장을 뒷받침하는 듯했다.

1958년 레너드 헤이플릭(Leonard Heyflick)은 필라델피아의 위스타 연구소(Wistar Institute)에서 세포 배양 연구실을 운영하며 바이러스와 암의 관계를 연구했다. 그는 연구소 옆에 있는 펜실베니아 의대에서 낙태된 태아의 세포를 얻어서 배양했다. 계대배양을 한 지 8~9개월이 지나자 세포는 더 이상 분열하지 않았다. 헤이플릭은 적절한 조건만 유지된다면 세포는 무한히 증식한다는 당시 학계의 정설을 믿었기 때문에 자신이 분명 뭔가 실수를 저질렀을 거라고 생각했다. 그런데 모든 배양세포가 증식을 중단한 것은 아니었다. 배양 기간이 가장 오래된 세포들은 사멸했고, 배양을 시작한 지 몇 주 되지 않은 세포들은 정상적으로 분열하고 있었다.

연구를 이어 가면서 헤이플릭은 세포 증식에는 한계가 있을 거라는 생각을 갖게 되었다. 세포 배양 초기에는 증식이 활발히 일어나지만, 어느 시점에 들어서면 분열 능력이 떨어지고, 일정 시점에는 완전히 분열을 멈춘다. 헤이플릭은 세포들의 염색체를 검사하여 염색체에는 이상이 없다는 것도 확인했다. 무한히 증식하는 세포의 경우 염색체 이상이 발생한다. 그러나 염색체 이상이 없는 세포는, 세포의 종류에 따라서 다르지만, 계대배양을 한 후 50회 정도 분열을 마치면 더 이상 분열하지 못하는 상태가 된다는 것이 헤이플릭의 결론이었다.

헤이플릭은 이러한 세포의 '수명'이 주변 환경의 영향을 받는지, 아니면 세포는 자체적으로 수명을 가지며 주변 환경에 영향을 받지 않는지를 확인하기 위한 실험에도 착수했다. 장기간 배양한 남성 태아 세포와 배양을 시작한 지 얼마 되지 않은 여성 태아 세포를 섞어서 배양해보았다.

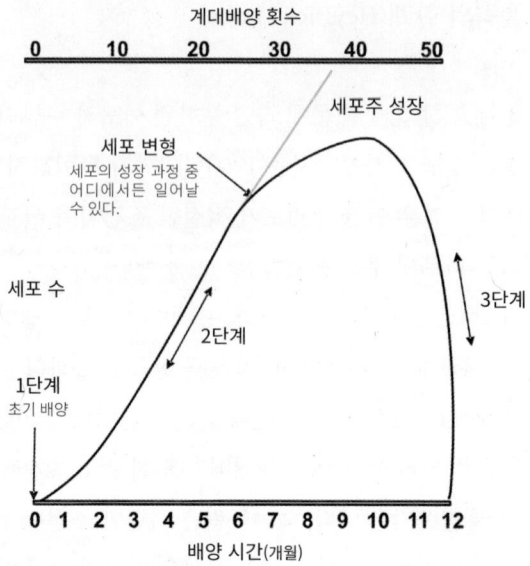

그림 8.2 　암세포 유래의 세포주와 같이 무한히 성장할 수 있는 세포가 아니라, 일반적인 조직에서 유래한 세포는 세포분열 횟수에 한계가 있다. 세포는 초기에는 지속적으로 성장하지만, 성장 도중 어느 시점에서 변형이 일어나며 성장 속도가 느려지면서 더 이상 성장하지 못한다. 분열 횟수가 일정 시점에 도달한 후로는 성장을 완전히 멈추고 생물학적 노화를 보이며 죽게 된다.

동시에 성인 남성의 세포를 별도로 배양했다. 시간이 지나서 별도로 배양한 성인 남성 세포가 더 이상 성장하지 못하고 죽는 시점이 되었을 때 남녀 태아 세포가 섞인 배양접시에서 살아남은 세포를 조사했더니 살아남은 세포는 모두 여성 세포였다. 즉 배양을 시작한 지 오래된 세포(남성 세포)에 젊은 세포(여성 세포)를 섞어준다고 오래된 세포의 수명이 증가하지는 않는다. 세포는 주변 세포의 나이와는 상관없이 자신의 수명을 기억하고, 때가 되면 죽는 것이다.

헤이플릭은 연구 결과를 록펠러 대학교에서 발행하는 《Journal of Experimental Medicine》(JEM)에 투고했다. JEM은 카렐의 논문이 실린 학술지였다. 학술지의 편집자는 논문 게재를 거절하는 편지에서 이렇게 이유를 밝혔다. "지난 50년간 세포 배양 연구를 통해 체외에서 적절한 조건이 주어지면 세포가 무한정 증식하는 능력이 있다는 것은 상식처럼 알려져 있다."

헤이플릭은 다른 저널에 논문을 실었고, 후속 연구의 논문도 그렇게 했다. 헤이플릭의 연구는 50년 동안 지속된 도그마를 단번에 무너뜨리진 못했다. 카렐의 연구는 세부적인 실험 프로토콜을 공개하지 않아 다른 연구자들이 재현하기 어려웠는데도 한 번도 반증되지 않은 채 신봉되고 있었던 것이다. 헤이플릭은 'Cell Associates'라는 회사를 설립해 자신이 만든 세포주와 실험 프로토콜을 보급했다. 적어도 약 1년 동안 염색체의 이상 없이 증식할 수 있는 그의 세포주는 널리 퍼져 나가 마침내 다른 연구자들이 헤이플릭의 연구를 재현하기 시작했다. 1973년 오스트레일리아의 면역학자 맥팔레인 버넷(MacFarlane Burnett)이 헤이플릭이 발견한 약 40~60회의 세포분열 한계를 '헤이플릭 한계'(Hayflick Limit)라고 명명했다.

텔로미어

세포는 자신을 몇 번 복제했는지 어떻게 기억할까? 1975년 헤이플릭과 그의 지도를 받던 대학원생 우드링 라이트(Woodring E. Wright)는 세포가 얼마나 복제되었는지를 감지하는 메커니즘이 세포핵에 존재한다는 것을 확인했다. 헤이플릭은 이러한 '복제 카운터'를 '리플리코미터'(replicometer)라고 불렀지만, 리플리코미터가 어떤 생화학적 작용을 일으켜 세포의 수명을 헤아리는지는 밝히지 못했다.

세포 복제 횟수를 표시하는 '복제 카운터'의 실체에 대한 단서는 세포의 수명 연구와는 전혀 관계가 없어 보이는 분야에서 나왔다. 이것은 1970년대 초 DNA의 복제 메커니즘이 명확해진 것과 관련이 있다. 이를 이해하기 위해 DNA 복제 과정을 조금 살펴보자.

DNA는 방향성이 있는 고분자 화합물이다. DNA 이중나선은 화학적

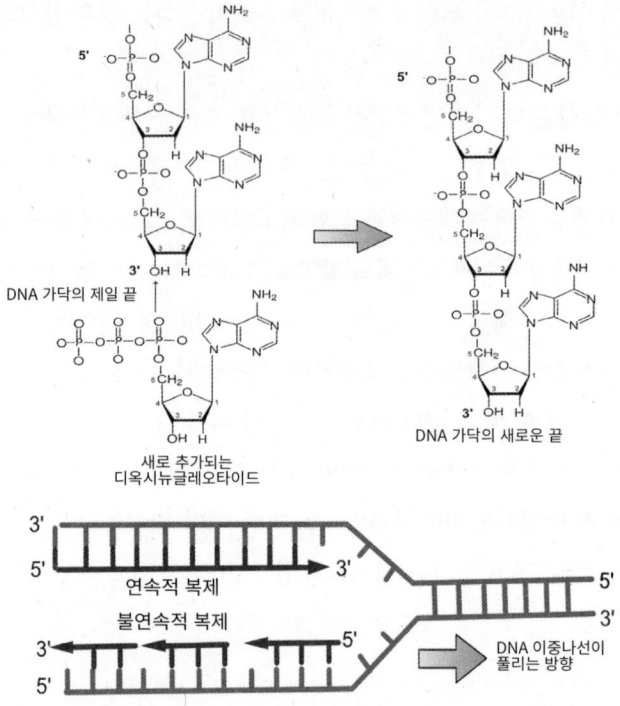

그림 8.3 DNA 복제 방향을 보여주는 화학식(위). 아래 그림은 선형 DNA가 복제 될수록 점점 짧아지는이유를 보여준다.

으로 서로 반대 방향을 보고 결합되어 있다. DNA가 복제될 때는 이중나 선이 풀어지면서 한 가닥의 말단에 디옥시리보뉴클레오타이드[8]가 결합 하면서 새로운 한 가닥이 조립된다. 이때 아무렇게나 조립되는 것이 아니 라 방향성이 있으며, 그 방향성은 화학적으로 결정된다는 뜻이다. 한 가닥 의 말단에 있는 리보스의 5개 탄소 중 3′ 탄소에 있는 하이드록실기(-OH) 에, 새로운 디옥시리보뉴클레오타이드의 5′ 탄소에 붙어 있는 인산기가 결합한다. 따라서 DNA 가닥은 항상 5′ → 3′ 방향으로 복제된다.(그림 8.3)

이때 특이한 점은 이중나선이 완전히 풀어진 후에 복제가 진행되는

---

[8] DNA의 단위체를 가리키는 용어. RNA의 단위체는 리보뉴클레오타이드라고 한다.

게 아니라, 두 가닥이 조금씩 풀어짐과 동시에 말단에서부터 합성이 진행된다는 것이다. 박테리아 기준으로 최소 수백만 염기, 진핵생물이라면 수천만, 수억 염기에 이르는 거대한 염색체의 DNA가 완전히 분리될 수는 없기 때문이다. 문제는 복제의 방향이 5′ → 3′으로 고정되어 있기 때문에 다른 가닥에서는 동시적 조립이 이뤄질 수 없다는 것이다. 따라서 이 가닥에서는 5′ → 3′ 방향으로 약 200염기 단위가 불연속적으로 조립되면서 복제가 일어나 나중에 연결된다. 그런데 이런 식으로 진행되다 보면, 염색체 끝단에서는 미처 합성되지 못하는 부분이 생기게 된다. 그 결과로 DNA가 점점 짧아지게 되고, 결국 염색체의 손상이 심해져 생명이 유지될 수 없다. 그러나 생명체가 복제를 거듭하면서 증식하기 위해서는 염색체를 온전히 유지해야 한다. 그렇다면 이와 같은 염색체 손상을 막는 보호기제가 있는 것이 아닐까?

오스트레일리아 출신의 분자생물학자 엘리자베스 블랙번(Elizabeth Blackburn)은 섬모충류의 원생생물인 테트라하이메나(Tetrahymena)의 리보솜 RNA 유전자를 연구하고 있었다.[9] 블랙번은 리보솜 RNA 유전자의 근처인 염색체 끝에 'TTGGGG'라는 염기서열이 반복적으로 이어져 있는 것을 발견하고 의아하게 여겼다. 1985년 블랙번과 그의 대학원생 캐럴 그라이더(Carol Greider)가 '텔로머레이스'(telomerase)라는 효소를 발견한 이후 의문이 풀렸다. 텔로머레이스는 '텔로미어'(telomere)라는 이름의 반복적인 염기서열을 염색체 끝에 붙이는 효소이다. 특이하게도 이 효소는 'CAACCCCAA' 서열을 가진 RNA가 붙어 있는 RNA-단백질 복합체이다. 이 단백질과 RNA는 염색체 끝에 존재하는 'TTGGGG'에 결합하여 또 다른 'TTGGGG'를 보충한다. 염색체의 끝단인 텔로미어는 세포가 복제될

---

9   블랙번이 다른 사람들은 별로 관심이 없었던 테트라하이메나를 연구한 까닭이 있었다. 진핵생물의 염색체는 기껏해야 수십 개 정도인데 테트라하이메나는 수만 개의 작은 염색체를 가지고 있었다. 유전자 조작(DNA Cloning) 기술이 보편적이지 않던 당시에 이처럼 작은 염색체는 DNA를 분석하는 데 알맞은 연구 대상이었다.

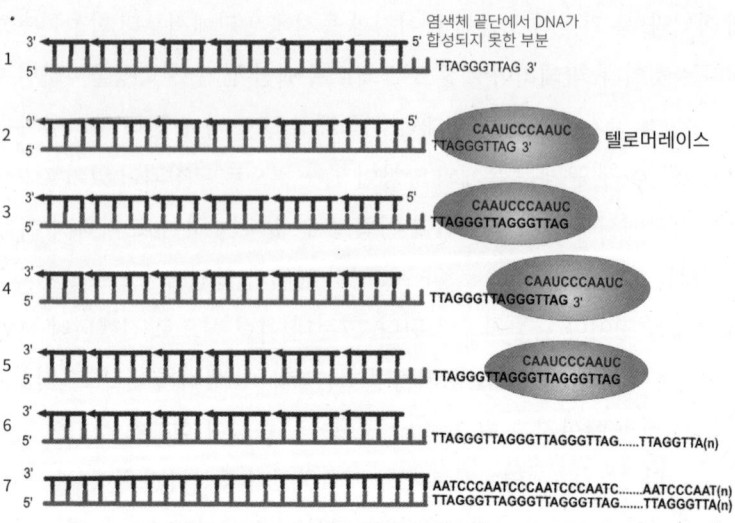

그림 8.4 　텔로미어와 텔로머레이스 복제를 거듭할수록 짧아지는 염색체 길이를 보충하여 손상을 막는다.

때마다 염색체가 짧아지는 문제를 이렇게 해결하고 있었던 것이다.(그림 8.4)

　　인간의 세포에도 텔로머레이스가 있을까? 인간의 대부분의 정상세포에는 텔로머레이스가 없고, 단 두 종류의 세포에만 있다. 하나는 분화하여 다른 세포의 근원이 되는 배아 줄기세포(14장)이고, 다른 하나는 암세포이다. 정상세포는 텔로미어를 붙여주는 효소가 없기 때문에 염색체 양 끝의 텔로미어는 길어지지 않는다. 세포분열을 위해서 매번 DNA가 복제될수록 텔로미어의 길이가 짧아진다. 점점 줄어들어 염색체의 본체 부분까지 줄어들 위기에 처하면 세포는 헤이플릭이 관찰한 것처럼 분열을 멈춘다.(헤이플릭의 한계) 반면 배아 줄기세포는 분화하여 다른 세포 및 생식세포를 만들어야 하므로 유전정보의 보존을 위해 텔로미어를 보충하는 텔로머레이스를 갖는다.

　　헬라세포 같은 암세포가, 현상은 정반대이지만 증식을 멈추지 않는 것도 텔로미어와 연관 지어 이해된다. 암세포의 90% 이상은 텔로머레이스를 많이 가지고 있어 끝없이 텔로미어를 재생한다. 헬라세포의 경우에는 텔로머레이스 외에도 다른 원인이 더 있지만, 암세포가 죽지 않고 분열하기 위해서는 텔로미어가 유지되어야 한다는 사실에는 오늘날 큰 이견이 없다.

생명체가 제 수명을 누리기 위해 세포가 제한된 수명을 가져야 한다는 사실은 역실직으로 들린다. 어하간 진해생물의 정상적인 세포라면 수명이 있다. 왜 정상적인 세포는 수명이 한정되어야만 할까? 이제부터는 수명이 거의 무한하여 비정상적으로 행동하는 어떤 세포에 대해 알아보자.

9장

죽지 않는 세포

'암'(cancer, neoplasm)이라고 하는 종양 조직을 구성하는 세포는 영원히 증식을 유지하는 성질을 가지고 있어 인간 같은 다세포 생물에게 치명적인 질병을 일으킨다. 다세포 생물의 몸에서 세포분열은 엄격히 통제된다. 한 쌍의 생식세포가 만나 수정란이 되고, 이로부터 세포분열을 거듭하여 세포 수를 늘려 나가며 하나의 개체가 된다. 그 과정에서 다세포 생물을 구성하는 세포들은 각자에 정해진 '운명'에 순응해 특정한 기능을 수행하는 세포가 된다. 그리고 이렇게 운명이 결정된 세포들은 특별한 경우가 아닌 한 증식하지 않는다. 그리고 수명이 다한 세포는 세포자멸사(apoptosis, 아폽토시스)나 또 다른 방식으로 제거된다.

어떤 의미에서 다세포 생물의 몸을 구성하는 세포들은 엄격히 통제된 전체주의 사회의 구성원과 비슷하게 몸 전체의 계획 혹은 설계에 철저하게 복속되어 있다. 그래서 '일탈자'가 등장하면 혼란이 발생한다. 정해진 수명을 어기고 자신의 증식에만 골몰하는 '불량세포'는 정상세포가 사용할 자원을 독식하며, 정상세포들이 넘지 않는 조직과 기관의 경계를 무너뜨리고 다른 조직과 기관으로 침투하여 기능을 망가뜨린다. 그리고 종국에는 몸이라는 사회의 균형과 질서를 파괴해 파국적인 결과로 끝나게 된다. 결국 다세포 생물이 하나의 개체로서 유지되려면 개별 세포는 '선을 넘지 않는 것'이 필수적이다.

암이 인간의 목숨을 위협하는 가장 위험한 질환으로 인식된 시기는 20세기 중반 이후, 즉 박테리아나 바이러스 같은 외래 병원체에 의한 질병을 어느 정도 통제할 수 있게 된 이후이지만, 그 이전이라고 암의 위험성이 간과되지는 않았다. 고대의 기록으로는 기원전 2600년 이집트의 의사인 임호테프(Imhotep)가 파피루스에 남긴 것이 전해진다. 임호테프는 여러 질병의 증상과 치료법을 적었는데, 다른 질병들에 대해서는 증상과 치료법을 모두 상술한 데 비해 "유방에 돌출되어 있는 덩어리"라는 증상에 대해서는 "치료법 없음"이라고만 언급한 것을 보면 암의 파괴적 속성은 예나 지금이나 다르지 않음을 엿볼 수 있다. 기원전 400년대에 활동한 그리스 의사 히포크라테스 역시 암에 대한 기록을 남겼다. 그는 암을 '카키노스'(karkinos, carcinos)라고 불렀는데, 카키노스는 '게'를 의미하는 그리스어이다. 종양 조직으로부터 혈관이 뻗어나간 모양을 보고 게를 연상했을 것이다. 이처럼 여러 종류의 암이 존재하고 이것이 치명적인 병이라는 사실은 고대로부터 잘 알려져 있었음에도 암에 대한 이해는 19세기까지도 별달리 진전되지 않았다. 암의 형성 원인에 대해 그나마 납득할 만한 설명이 등장한 시기는 20세기 초엽이었다.

성게 알에서 얻은 힌트

4장에서 설명한 것처럼 세포의 분열 과정에서 염색체가 제대로 분배되지 않은 수정란은 발생에 이상을 겪는다는 사실을 발견한 테오도어 보베리는 1914년 〈악성 종양의 기원에 관하여〉(Zur Frage der Entstehung maligner Tumoren)라는 논문을 발표했다. 그는 이 논문에서 암의 발생 원인을 다음과 같이 설명했다.

1. 암은 비정상적인 염색체 이상에서 유래한다.
2. 정상세포는 발생 단계에서 분열을 계속하지만, 성장하고 나면 분열을 멈춘다. 특정한 외부 자극이 존재해야만 세포가 분열하고 그렇

지 않으면 세포분열을 억제하는 기제가 있을 것이다.

3. 종양을 억제하는 염색체가 존재하고, 이것이 사라지면 암의 성장이 유발될 것이다.

4. 암이 발생할 때는 세포 성장을 촉진하는 암 유발 염색체가 증폭될 것이다.

5. 양성 종양이 악성 종양으로 진행되는 양상은 단계적이다. 이는 종양을 억제하는 염색체가 사라지고, 암 성장을 유도하는 염색제가 증가하면서 점진적으로 일어난다.

6. 세포 하나에서 염색체 이상이 발생하여 암 조직이 된다.

7. 암을 구성하는 세포들은 서로 다른 염색체 이상을 가질 수 있다.

보베리가 논문에서 사용한 용어가 현대 생물학의 개념과 완전히 일치하는 건 아니다. 가령 보베리는 염색체 이상을 암의 주원인으로 생각했기 때문에 암을 유발하는 '암 유발 염색체'와 암을 억제하는 '암 억제 염색체'라는 개념을 도입했다. 오늘날 분자생물학은 암을 유발하는 원인이 염색체 안에 존재하는 유전자에 더 가깝다고 본다.[1] 그리고 특정한 염색체 전체가 암을 유발하거나 암을 억제한다기보다는, 복수의 암 유발 유전자와 암 억제 유전자가 존재한다. 그러나 염색체 안에 존재하는 유전자라는 개념 자체가 보베리와 거의 비슷한 시기에 행해진 토머스 모건의 초파리 돌연변이체 연구를 통해 처음 등장했다는 것을 감안한다면, 보베리가 유전자 대신 염색체라는 표현을 쓴 것은 큰 문제가 아니다. 보베리가 여기서 이야기한 염색체는 유전정보를 담고 있는 매개로 이해할 수 있기 때문이다. 그러므로 보베리는 염색체 이상, 즉 유전정보의 이상에서 암이 발생한

---

[1] 이 장의 뒤에서 설명할 '만성골수성백혈병'의 경우처럼 염색체 이상에 의해서 암이 발생할 수도 있다. 그러나 염색체 이상은 결국 염색체 안에 있는 유전자의 이상을 초래하고, 이것이 암의 직접적인 원인이 된다. 그리고 염색체 수준의 큰 이상이 없어도 유전자의 염기서열 딱 하나가 바뀌어도 암이 발생하기도 한다.

다는 발상을 최초로 제기한 연구자로서 인정받을 만하다. 의학적 훈련을 전혀 받지 않은 동물학자였던 보베리가 성게와 회충의 수정과 발생에 대한 연구만으로 암에 대한 이론을 발표한 것은 꽤 놀랄 만한 일이었다. 그럼에도 의학자들은 정통성의 측면에서 '국외자'에 가까웠던 탓에 보베리의 학설을 즉각 받아들이지 않았다. 염색체 이상이 암의 원인으로 확인되기 위해서는 보베리의 발견 이래 반세기의 세월이 흘렀다. 그러나 염색체 이상만이 암의 원인으로 지목된 것은 아니다.

환경 요인과 병원체에 의한 발암

1775년 영국의 의사 퍼시벌 포트(Pacivall Pott)는 런던의 굴뚝청소부들에게 음낭암(scrotum cancer)이 많이 발생하는 것을 이상하게 여기고, 굴뚝 검댕에 노출되는 것과 암 사이의 상관관계를 의심했다. 실질적인 인과관계를 밝히지는 못했지만, 환경 요인과 직업적 요인이 암을 일으킬 수 있음을 암시한 최초의 사례를 남겼다. 그리고 1922년에는 의과학자인 리처드 패시(Richard D. Passey)가 쥐의 피부에 검댕 추출물을 발라 종양이 발생하는 것을 확인했다. 검댕의 어떤 물질이 암을 일으키는 것일까?

1930년대에 들어서 어니스트 케너웨이(Ernest Kennaway)가 검댕에 들어 있는 고리형 탄소화합물들[2]이 발암물질이란 것을 밝혔다. 하지만 안타깝게도 이 무렵에는 유전물질의 본질과 DNA에 대한 지식이 없어서 이들 물질이 어떻게 암을 유발하는지 밝혀내지는 못했다. 1980년이 되어서야 벤조피렌이 몸속에서 분해되면서 생성된 중간물질이 DNA의 구아닌기와 결합하여 돌연변이를 유발하고, 이렇게 유발된 돌연변이가 암의 직접적인 원인이라는 것이 밝혀졌다.

---

2   1,2,5,6-다이벤즈안트라센(1,2,5,6-dibenzanthracene), 1,2,7,8-디벤즈안트라센, 1,2-벤지피렌 (3) 벤조피렌(1,2-benzpyrene (3) benzo[α]pyrene) 등이다.

화학물질 외에 자외선, 흡연 같은 외부 발암 위험 요인에 대한 연구도 진행되었다. 그 외에 연구자들이 관심을 기울인 것은 병원균이나 병원체가 일으키는 암이었다. 특히 19세기 말 모든 질병의 원인은 병원균이라는 '병원균 이론'(Germ Theory)이 대세가 되면서 발암 '병원체'를 찾으려는 노력도 진행되었다. 이러한 노력에 따른 성과 중에서 최초는 미국의 의사 페이튼 라우스(Payten Rous)가 발견한 라우스육종바이러스이다. 1911년 라우스는 우연히 시장에서 배에 큰 종양을 가진 닭을 발견했다. 그는 닭에서 종양을 떼어내 분쇄했다. 필터로 분쇄물을 걸러 세포를 제거하고 추출물을 얻었다. 이 추출물을 암에 걸리지 않은 닭에 주사하자 종양이 발생했다. 같은 방식으로 다른 닭에게도 종양을 일으킬 수 있었다. 암세포가 제거된 상태의 추출물만을 이용하여 암을 유발할 수 있다는 것은 암세포가 들어가서 암을 일으키는 것이 아니라 닭의 암세포 안에 있는 병원체가 암을 유발한다는 증거였다. 더욱이 이 병원체는 대부분의 세균을 여과할 수 있는, 매우 가느다란 필터를 그대로 통과한다. 따라서 세균보다 더 작은 바이러스일 것이다. 그리하여 닭에게 종양을 일으킨 병원체는 발견자의 이름을 따서 '라우스육종바이러스'라고 불리게 되었다.

라우스는 이러한 발견에 힘입어 인간의 암 조직에 있을지도 모르는 암 유발 바이러스를 찾으려고 노력했지만 잘되지 않았다. 결국은 오랜 시도를 포기하고 연구 주제를 전환할 수밖에 없었다. 그러나 토끼, 쥐, 고양이, 유인원 같은 동물에게서 라우스육종바이러스와 유사한 바이러스가 발견되면서 바이러스가 암의 원인이 될 수 있다는 이론이 힘을 얻었다. 1964년에는 사람에게 암을 일으키는 것으로 알려진 엡스타인-바바이러스(Epstein-Bar virus)도 발견되었다.

라우스는 세상을 떠나기 4년 전인 1966년 라우스육종바이러스 발견에 대한 공로를 인정받아 87세의 나이로 노벨상을 수상했다. 그에게 노벨상을 안겨준 발견과 수상에는 무려 55년의 시간 격차가 있다. 라우스는 노벨상 수상 강연에서 암은 유전적 이상으로 생기는 것이 아니라 라우스육종바이러스 같은 감염원에 의해서 생긴다는 소신을 피력했다. 그러나 '인유두종바이러스'(human papilloma virus)에 의해서 생기는 자궁경부암처럼 바이러스에 의해서 생기는 암이 있고, B형 간염바이러스의 감염자는 비감염자보다 간암의 발생 확률이 정상인보다 30배 정도 올라가지만, 전체 암 중에서 바이러스가 발생 원인이 되는 암의 비율은 그리 높지 않다. 무엇보다도 대부분의 암은 전염성이 있지 않다는 점만 보아도 모든 암의 원인을 병원체에서 찾는 것은 무리였다.

필라델피아 염색체

'암은 염색체 이상에 의해서 발생한다'라는 보베리의 가설을 뒷받침하는 최초의 실험적인 증거는 보베리의 주장 이후 46년 만인 1960년에야 등장했다. 왜 이렇게 오랜 시간이 걸렸을까? 가장 먼저, 세포를 염색하여 염색체를 분류하는 기술이 필요하다. 앞에서 설명한 것처럼 염색체는 세포가 분열할 때 DNA를 두 개의 세포에 나눠주기 위해 '포장'해 놓은 상태이므로 세포분열 직전의 일정 시기(중기)에만 관찰된다. 조직에 있는 복수의 세포를 관찰할 때 이들이 분열하는 타이밍은 제각각이다. 어떤 세포는 아직 핵을 유지하고 있어서 염색체가 관찰되지 않는 상태에 있을 수도 있고, 어떤 세포는 염색체가 막 응축하는 시기일 수도 있다. 또 어떤 세포는 방추사를 형성하면서 분열하는 도중일 수도 있다. 따라서 세포를 염색해도 이 중에서 염색체를 관찰할 수 있는 단계에 있는 세포는 한정적이다. 더 많은 세포에서 염색체를 잘 관찰하기 위해서는 염색체가 형성된 단계에서 분열을 정지시키는 것이 좋다.

염색체를 손상하지 않고 염색하는 기술도 중요하다. 보베리가 성게 알을 관찰하던 때는 이런 기술이 없었다. 당시에는 정상세포에 정확히 몇 개의 염색체가 존재하는지도 몰랐다. 1923년이 돼서야 인간의 세포에는

48개의 염색체가 존재한다는 연구 결과가 보고되었으나, 실제로는 23종의 염색체가 한 쌍씩 있어 모두 46개이니 착오가 있었던 것이다. 정상세포의 염색체 종류과 개수도 정확히 세기 어려운 상황에서 암세포의 염색체 이상을 알아보기란 불가능하다.

시간이 흘러 염색체를 관찰하는 세포유전학(cytogenetics) 기술도 발달하고, 염색체 수를 정확하게 세는 데 필요한 기술들도 개발되었다. 가령 콜히친(colchicine)이라는 약물을 처리하면 분열이 억제되어 염색체가 형성된 상태에서 정지된 세포를 관찰할 수 있었다. 또한 낮은 염도의 용액을 세포에 처리하면 염색체와 결합한 방추사가 파괴되고 세포가 팽창하여 염색체가 더욱 잘 염색된다는 것도 알려졌다. 그리하여 1956년 인간의 정상세포에는 46개의 염색체가 있다는 것이 확인되었다. 그리고 곧이어 여러 암 조직에서 염색체의 숫자와 크기를 알아보는 연구가 시작되었다. 그러나 일부 실험동물에서 염색체 이상을 확인할 수 있었지만, 사람의 암 조직에서는 염색체 이상이 쉽게 발견되지 않았다.[3]

암세포에서 최초로 염색체 이상을 발견한 것은 1960년이었다. 미국 펜실베이니아 대학교 의대의 피터 노웰(Peter Nowell)은 폭스 체이스 암센터(Fox Chase Cancer Center)에서 박사과정을 밟고 있던 데이비드 헝거퍼드(David Hungerford)와 함께 백혈병 환자의 암세포에서 염색체를 조사하고 있었다. 만성골수성백혈병(Chronic Myeloid Leukemia, CML) 환자의 백혈구에서 채취한 암세포였다. 이 암세포에는 정상적인 염색체보다 매우 작은 염색체가 있었다. 인간의 염색체는 크기 순서로 1번부터 23번까지 번호가 부여되어 있는데, 23번 염색체보다 더 작은 염색체였다. 노웰과 헝거퍼드는 이 '작은 염색체'에 그들이 있던 지역 이름을 따서 '필라델피아 염색체'(Philadelphia chromosome)라는 이름을 붙였다. 이는 최초로 염색체 이상과 인간의 암 사이의 인과성을 지지하는 증거였다.

---

3 암 조직에는 대개 정상세포와 암세포가 섞여 있어서 설령 암세포의 염색체가 변형되었더라도 이것을 정상세포의 염색체와 구분하기가 어려웠기 때문이다.

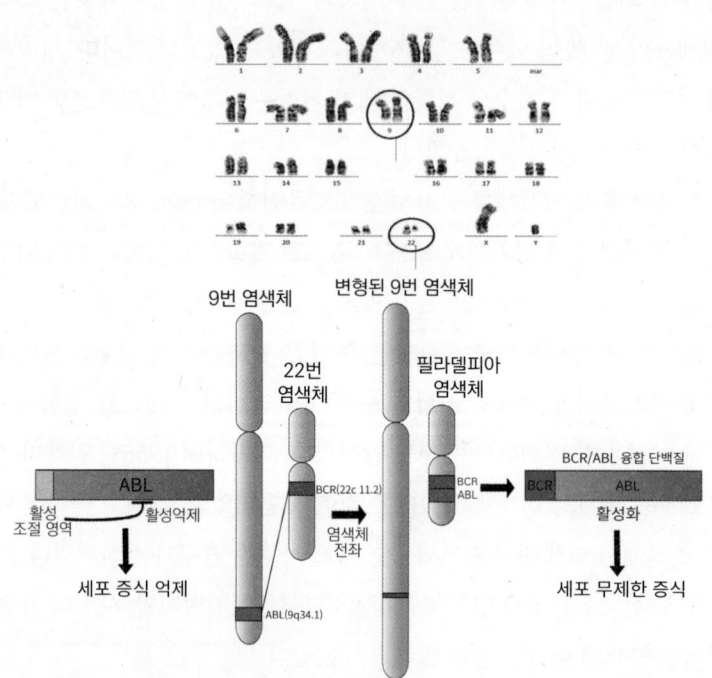

그림 9.1   필라델피아 염색체는 9번 염색체와 22번 염색체의 일부가 자리를 바꿔서 발생하는 돌연변이다. 그 결과로 9번 염색체에 있던 단백질인산화 효소인 ABL이 22번 염색체에 있는 BCR과 결합하여 융합 단백질인 BCR/ABL이 생기는 것이 만성 골수성백혈병의 원인이다.

    1971년 시카고 대학교에 근무하던 재닛 로울리(Janet D. Rowley)는 염색체를 염색하는 방법을 개량하여, 염색체가 염색될 때 생기는 패턴을 이용해 염색체의 세부적인 위치를 파악했다. 그는 이 기술로 만성골수성백혈병 환자의 필라델피아 염색체를 자세히 관찰했다. 그 결과, 필라델피아 염색체는 22번 염색체와 9번 염색체가 서로 일부를 맞바꾸어 만들어진 것이었다. 22번 염색체의 일부가 9번으로 옮겨가고, 9번 염색체의 말단이 22번으로 이동한다. 22번 염색체가 9번으로 옮겨가는 부분보다 9번에서 22번으로 옮겨가는 부분이 훨씬 작기 때문에 새롭게 탄생하는 염색체는 원래의 22번 염색체보다 작은 '필라델피아 염색체'가 된다.(그림 9.1)

두 개의 염색체가 만나서 기존에 없던 염색체가 생기면 어떤 일이 생기기에 암이 발생할까? 이를 이해하기 위해서는 바이러스에 대한 이야기로 되돌아가야 한다.

암 유전자(oncogene)

페이튼 라우스의 생각과는 달리 인간이 걸리는 암의 원인은 대부분 바이러스가 아니다. 그러나 라우스육종바이러스가 어떻게 닭에게 암을 일으키는지 연구한 성과는 암의 발생 기제를 이해하는 데 크게 이바지했다.

1970년대 초, 캘리포니아 대학교 샌프란시스코 캠퍼스의 해럴드 바머스(Harold E. Varmus)와 존 마이클 비숍(John Micheal Bishop) 연구팀은 라우스육종바이러스에 있는 발암 유전자를 연구하고 있었다. 이들은 'src'라는 이름이 붙여진 라우스육종바이러스의 유전자가 정상세포의 유전체 안에 들어가면 정상세포를 암세포로 변화시키는 주범임을 확인했다. 그런데 놀랍게도 정상세포에도 라우스육종바이러스의 src와 거의 비슷한 유전자가 발견되었다. 바이러스에 존재하는 src 유전자(v-Src)와 정상세포의 src 유전자(c-Src)를 비교해보니, c-Src의 유전자가 v-Src의 유전자에 비해서 약 10아미노산 정도 긴 단백질을 만들고, 나머지 부위는 거의 동일했다. 사소해 보이는 차이였지만, 이것이 암을 일으키는 데 중대한 영향을 준 것이었다. 이 유전자는 무슨 일을 하기에 이런 사소한 차이가 정상세포를 암세포로 변화시킬까?

정상세포는 아무 때나 세포분열을 일으키지 않는다. 반드시 필요할 때, 즉 세포의 외부에서 세포분열을 하라는 지시가 들어올 때에만 분열한다. 그러나 암세포는 그러한 지시와는 상관없이 분열한다. 암세포는 분열하라 혹은 하지 말라는 지시를 무시하고 제멋대로 분열을 지속하는 세포이다. 그런데 정상세포의 src 유전자가 만드는 단백질은 세포분열 신호를 받을 때 이를 다른 단백질로 전달하는 전령 역할을 한다. src는 다른 단백질에 있는 아미노산인 타이로신에 인산기를 부착시키는 단백질 타이로신 인산화효소였다. src와 타이로신의 관계처럼 세포 단백질들 중에는 물리적인 기계에서처럼 어떤 작동을 켜고 끄는 '스위치' 역할을 하는 것이 있다. 타이로신에 인산기가 달리거나 떨어지는 것은 단백질의 기능을 켜고 끄는 스위치로 작용한다. src는 외부로부터 세포분열 신호를 받아 다른 단백질의 스위치를 켜서 신호를 전달한다.

　src는 다른 단백질의 기능을 조절하는 스위치를 누르는 역할을 하지만, 그 자신도 기능을 조절하는 일종의 '브레이크'를 가지고 있다. 정상세포에 있는 c-Src에 그 스위치는 단백질의 끝에서 10번째 이내에 있는 아미노산들에 있는데, 그중 타이로신이 가장 중요한 역할을 한다. 이 타이로신에 다른 단백질이 인산기를 달아주면, c-Src는 더 이상 세포분열을 일으키라는 신호를 전하지 않는다. 브레이크를 밟은 자동차처럼 더 이상 움직이지 않게 되는 것이다. 정상적인 경우에 src는 브레이크가 걸린 상태로 있다가 신호가 전달되면 브레이크를 해제한다. 그런데 바이러스의 v-Src 유전자에는 이 브레이크에 해당하는 아미노산들이 아예 없었다. 브레이크가 없는 v-Src는 세포분열 신호를 계속 내보낸다. 정상세포의 src라면 외부로부터 세포분열 신호를 받을 때에만 브레이크를 해제하지만, 라우스육종바이러스에 감염되면 브레이크가 없는 바이러스의 v-Src로 인해 분열 활성화 상태를 유지하게 된다. 이로부터 '거짓 신호'가 계속 전달되어 세포는 증식을 멈추지 않게 되고 결국 암이 생기는 것이다.

　v-Src는 최초로 발견된 암 유전자(oncogene)다. 암 유전자는 정상세포에 있는 원래 유전자(원암 유전자(protooncogene)라고 한다)로부터 변형된 유전자이다. src의 경우에는 c-Src가 원암 유전자이고, v-Src는 암 유전자다.

　만성골수성백혈병의 원인인 필라델피아 염색체는 라우스육종바이러스와 공통점이 있었다. 22번 염색체로 이동하는 9번 염색체의 일부에는 ABL이라는 유전자가 있는데, 이 유전자는 src와 마찬가지로 세포의 성장 신호를 전달하는 단백질 타이로신 인산화효소를 만드는 유전자다. 그리고 9번 염색체의 일부가 전좌하는 22번 염색체의 부위에는 BCR이라는 유전자가 있다. 만성골수성백혈병 환자의 암세포에 존재하는 필라델피아 염색체에는 이 두 가지 유전자가 서로 결합하여 BCR/ABL이라는, 정상인에는 없는 융합 유전자가 생긴다. BCR/ABL 융합 단백질은 라우스육송바이러스의 v-Src처럼 '브레이크'가 망가진 단백질타이로신 인산화효소이다. BCR과 융합되지 않은 원래의 ABL 단백질은 앞쪽에 '브레이크'처럼 작동하는 부분이 있어서 특정한 조건이 갖춰지지 않는 한 작동하지 않는다. 그러나 염색체 전좌가 일어나 BCR/ABL 융합 단백질이 생성되면 ABL의 '브레이크' 영역이 없어지고 대신 BCR이라는 엉뚱한 단백질이 결합하므로 복제 신호를 계속 송출하여 무분별하게 증식하다가 결국 암세포가 되고 만다.

　　라우스육종은 바이러스가 정상세포에 있는 유전자를 '납치'하여 바이러스의 유전체 안에 가져와 변형시키기 때문에 생기는 암이다. 만성골수성백혈병은 두 염색체 사이의 유전자 자리바꿈으로 인해 발생하는 암이다. 얼핏 보면 그 원인이 달라 보이지만 결국 세포 증식 신호를 전달하는 단백질의 변형이 효소 활성의 조절 능력을 망가뜨려 암을 유발한다는 공통점이 있다.

　　이러한 원인 이외에도 유전자 하나에서 생기는 매우 단순한 돌연변이가 암 유전자를 만들어낼 수도 있다. 1980년 초, 하버드 대학교의 분자생물학자 로버트 와인버그(Robert A. Weinberg)는 환경적 요인에 의한 유전 변이가 유발하는 암을 연구하고 있었다. 와인버그는 에이버리의 폐렴균 형질전환 실험과 유사한 방법으로 암을 유발하는 유전자를 찾으려고 했다. 암세포의 DNA를 잘게 절단하여 정상세포에 넣어, 암세포로 변환된 세포에서 변이를 일으킨 유전자를 찾으려는 것이었다. 정상세포의 유전자와, 이렇게 분리된 암을 유발하는 세포에서 유래한 유전자의 염기서열을 분석해서 비교해보니, 정상세포의 유전자 중 단 하나의 아미노산이 변해 있었다. 이 유전자는 이전에 래트(rat, 실험용 집쥐)에서 암을 일으키는 바이러스에서도 발견된 적이 있는 '라스'(Ras)라는 유전자와 동일한 유전자였다.[4] 하나의 유전자에 발생하는 단 하나의 염기서열 변화로도 암이 발생할 수 있다는 것을 보여주는 사례였다.

이러한 발견이 바탕이 되어 1980년대 초반 이후 세포의 성장 신호를 전달하는 유전자에 변이가 일어나 정상세포가 암 유전자로 변한 것이 유력한 발암 원인으로 이해되었다. 그러나 이 외에도 암을 유발하는 유전자들은 존재했다.

암 억제 유전자(tumor suppressor)

보베리가 1914년의 논문에서 "종양을 억제하는 염색체가 존재하고, 이것이 사라지면 암이 자랄 것이다"라고 주장했다고 했는데, 이때 '염색체'가 '유전자'의 의미로 사용되었다는 것을 감안한다면 보베리는 정상세포에 암의 발생을 억제하는 유전자가 있다고 주장한 셈이 된다. 이 가설을 확인했던 최초의 시도는 1968년 옥스퍼드 대학교의 헨리 해리스(Henry Harris) 등이 수행한 실험이었다. 암세포와 정상세포를 융합하여 만든 세포는 원래의 암세포처럼 활발하게 증식하지 못했다. 이는 암세포가 되는 것을 억제하는 인자가 정상세포에 있다는 것을 암시하는 결과였다.

1971년 앨프리드 크눗슨(Alfred Knudson)은 망막모세포종(網膜母細胞腫)이라는 망막암에 걸린 환자에 대한 역학 조사를 실시해 다음과 같은 사실을 알아냈다. 양쪽 눈에 망막암이 생긴 환자들은 대개 어린 시절에 암이 발생하고, 망막암의 가족력이 있는 경우가 많으며, 한쪽 눈에 복수의 종양

---

4 라우스육종바이러스가 c-Src를 가져다 변형하여 자기 유전체에 가지고 다니면서 감염된 세포에서 암을 일으키듯이, 래트에서 발견된 암 바이러스도 돌연변이가 생긴 Ras를 자기 유전체에 가지고 다니며 암을 일으킨다.

이 생기는 경우도 있었다. 망막암이 한쪽 눈에서만 생기는 환자들은 대개 성장한 뒤에 암이 발생했다. 또한 부모 중 한쪽이 망막암이 있을 경우, 그 자녀들은 가족력이 없는 사람보다 망막암에 걸릴 확률이 높으나, 그렇다고 모든 자녀에게 망막암이 발생하는 것은 아니었다.

크눗슨은 역학조사 결과를 다음과 같이 해석했다. 망막암 가족력이 있는 사람은 암을 유발하는 돌연변이 유전자를 물려받지만, 이 유전자를 물려받는 것만으로는 암에 걸리지 않는다. 망막암 유전자는 열성으로서 부모로부터 물려받은 유전자 두 개 중 하나만이라도 온전하면 암에 걸리지 않는다. 그러나 물려받은 나머지 하나의 유전자에도 돌연변이가 발생하면 비로소 암에 걸린다. 돌연변이 유전자를 하나도 물려받지 않은 사람은 부모로부터 물려받은 두 개의 같은 유전자에 돌연변이가 모두 발생해야만 암에 걸린다. 따라서 암에 걸릴 빈도가 낮고, 그런 일이 양쪽 눈에서 두 번 일어날 확률은 더욱 낮으므로 양쪽 눈에서 암이 발생하는 경우는 더욱 적다. 그러나 이미 한쪽 부모로부터 암 유전자를 하나 물려받은 사람은 나머지 하나에서만 돌연변이가 발생하면 암이 발생하고, 또한 양쪽 눈에서 각각 한 번씩만 돌연변이가 일어나면 되므로 두 눈에서 암이 발생할 확률이 가족력이 없는 사람보다 높다.

이를 크눗슨의 '이중 적중 가설'(two-hits hypothesis)이라고 한다. 한마디로 부모로부터 물려받는 대립유전자 2개에서 동시에 돌연변이가 발생해야 망막모세포종에 걸린다. 그후 망막모세포종을 일으키는 돌연변이가 13번 염색체에 존재한다는 것이 알려졌고, 1987년 마침내 원인 유전자가 발견되어 망막세포종(retinoblastoma, RB)으로 불리게 되었다. 그리고 이것이 최초로 발견된 암 억제 유전자(tumor suppressor)였다.

암 억제 유전자와 앞에서 설명한 암 유전자는 모두 돌연변이로 인해 정상적인 유전자가 변하여 생긴 것이지만, 둘 사이에는 결정적인 차이가 있다. 암 유전자는 세포에 있는 대립유전자 한 쌍 중 하나에 돌연변이가 있으면 암을 일으킨다. 즉 암을 일으키는 돌연변이 유전자는 정상 유전자에 비해서 우성이다. 반면 암 억제 유전자는 대립유전자 한 쌍에 모두 돌연변이가 있어야 암을 일으킨다. 즉 암 억제 유전자에서 암을 일으키는 성질은 열성이다.[5] 왜 이러한 차이가 있을까? 앞에서 설명한 내용을 조금 상기해보면, 암 유전자는 정상적인 상태에서는 기능이 억제되어 세포 증식 신호를 내보내지 않지만, 돌연변이가 생기면 브레이크가 망가져서 증식 신호를 줄기차게 내보내게 된다. 따라서 세포에 있는 한 쌍의 대립유전자 중 하나만 잘못되면 암세포로 변하는 것이다. 반대로, 암 억제 유전자는 세포 내에서 암의 발생을 막는 역할을 하는데, 대립유전자 중 어느 하나가 잘못되어도 다른 하나가 제대로 기능하는 한 암이 바로 발생하지는 않는다. 암 억제 유전자들은 세포 내에서 다음과 같은 일을 하여 암의 발생을 최소화한다.

1. DNA 복구 단백질: DNA를 변형시키는 돌연변이가 암을 일으킨다. 세포는 살아가는 동안 DNA 손상을 입곤 한다. 그러나 세포는 DNA 손상을 신속하게 복구하는 매뉴얼을 가지고 있으며, 여기에는 많은 단백질이 관여한다. DNA를 복구하는 단백질에 돌연변이가 생기면 세포는 DNA를 제대로 수선할 수 없게 되는데, 이런 세포에는 돌연변이가 급증하게 되고 결국 암세포로 바뀐다.

2. 세포주기와 DNA 손상을 연결하는 단백질: DNA 손상이 누적되면 세포는 더 이상 복제를 진행해서는 안 된다. DNA가 손상된 세포가 복제되면 복제될수록 손상을 가진 세포가 누적될 것이기 때문이다. 세포의 어떤 단백질들은 세포 내의 DNA 손상 정도를 감지하여 손상이 과도하게 축적되었다고 판단하면 세포주기를 억제하여 분열이 다음 단계로 넘어가지 못하도록 한다.

3. 세포자멸사: 세포에서 감지된 DNA 손상이 수리될 수 있는 수준

---

5 멘델의 유전학에 근거하여 '암'을 표현형이라고 한다면 암 유전자에서 암이 되는 돌연변이는 우성이지만, 암 억제 유전자에서 암이 되는 돌연변이는 열성인 셈이다.

이라면 DNA를 수선한 이후 세포주기가 계속 진행되어 복제를 완수한다. 그러나 만약 DNA가 심하게 손상되어 복구될 가능성이 없다면 세포는 자멸사 과정에 시동을 걸어 사멸한다.[6]

1980년대에 암 유전자와 암 억제 유전자가 처음 발견되었을 때는 어느 쪽이 암 발생에 더 근본적인 역할을 하는지를 놓고 열띤 논쟁이 벌어졌다. 당연한 이야기지만, 암 유전자를 발견한 사람들은 암 유진자가 더 중요하다고 주장했고, 암 억제 유전자를 발견한 사람들은 암 억제 유전자의 돌연변이가 더 결정적인 역할을 한다고 주장했다. 시간이 지난 후 얻은 결론은 두 유전자의 역할이 모두 중요하다는 것이었다. 다시 말해 실제로 암이 발생하기 위해서는 DNA에 손상이 일어나 비정상적인 세포가 제거되는 과정에 문제가 생겨야 하며, 또한 세포가 무제한적으로 증식할 수 있도록 세포 증식을 조절하는 단백질의 브레이크가 고장 나는 것도 필요하기 때문이다. 비유컨대, 암 유전자와 암 억제 유전자는 각각 다세포 생물의 정상세포를 암세포로 변화시키는 창이자 방패다. 암이 실제로 발생하기 위해서는 암 유전자의 창이 암 억제 유전자의 방패를 뚫어야만 한다.

암 전이

암이라는 질병이 처음 발생한 위치에만 머물러 무한증식한다면 암 조직을 도려내는 수술로 그리 어렵지 않게 치료할 수 있었을 것이다. 그러나 암세포는 일단 발생한 조직에서 퍼져 다른 기관으로 옮겨 가며, 여기서 다시 증식을 시작한다. 암을 다세포 생물의 가장 치명적인 질환으로 만드는 근본 원인은 암의 '전이'(metastasis) 능력에 있다.

---

6 '세포주기'와 '세포자멸사'에 대해서는 다음 장에서 자세히 설명한다.

암 전이는 "한 기관으로부터 직접적으로 연결되지 않은 기관으로 암이 이동하는 것"을 의미한다. 암의 전이라는 개념을 최초로 언급한 사람은 프랑스의 의사 장 클로드 리카미에(Jean Claude Recamier)였다. 그리고 세포 이론을 정립했던 루돌프 피르호는 암 조직에서 떨어져 나간 세포가 혈관을 타고 이동하다가 혈관에 걸려서 자라면 암이 전이된 것이라는 비교적 단순한 이론으로 전이를 설명했다.

영국의 의사 스티븐 패짓(Steven Paget)은 피르호의 이론과는 상이한 관찰 결과를 얻었다. 그는 약 900명의 유방암 환자를 부검한 기록에서 암 전이의 패턴을 조사했다. 피르호의 이론대로라면 암이 혈관을 타고 모든 기관에 골고루 퍼져야 할 텐데, 암은 종류에 따라서 특정한 기관에 특징적으로 분포했다. 그는 유방암이 유독 내장 기관과 뼈로 많이 전이된 것으로부터 다음과 같이 추론했다. 암 전이는 순전히 우연에 맡겨지지 않는다. 그는 '씨'와 '토양'에 빗대어 특정한 암세포(씨)가 자라기 쉬운 조직(토양)에 도달해야만 발아한다고 주장했다.

기성 학계는 패짓의 '씨앗과 토양 이론'(Seed and Soil Theory)도 다른 이론들처럼 순순히 받아들이지 않았다. 1929년 미국의 병리학자 제임스 유잉(James Ewing)은 패짓의 '씨앗과 토양 이론'을 반박하며 암이 전이되는 것은 혈관계의 구조와 상관이 있고, 피르호가 처음 주장한 것처럼 암세포는 혈관을 통해 순환하다 모세혈관에 걸려서 정체되고 거기서 자라기 시작한다고 주장했다. 실제로 유잉의 주장을 입증하기 위해서 여러 가지 실험이 진행되었다. 1951년 실험동물의 혈관에 주사한 암세포가 다른 기관의 모세혈관에 걸려 그곳에서 암이 자라난 것을 확인했다.

그러나 암 전이가 일어나는 비율은 암의 종류나 정착하는 기관의 종류와는 상관없이 단지 암세포가 혈관계를 통해 얼마나 이동할 수 있느냐가 결정한다는, 피르호로부터 시작된 이론은 여전히 암 전이의 양상을 포괄적으로 설명하지 못했다. 가령 근육이나 신장 등은 혈관계가 발달해 있지만 비슷하게 혈관계가 발달한 간과 같은 기관에 비해서 상대적으로 암이 덜 전이된다.

    1970년 미국의 병리학자 아이제이어 피들러(Isaiah J. Fidler)는 방사능 동위원소로 표지된 암세포를 이용하여 동물의 체내에 주입한 암세포의 분포와 경과를 추적했다. 혈관에 주입한 암세포의 거의 대부분은 사멸했고, 아주 적은 암세포가 살아남아서 전이되었다. 1977년 피들러는 하나의 암 조직에는 다양한 변종 암세포들이 있으며, 이들은 서로 다른 전이 능력을 가진다는 것도 발견했다. 즉 혈관을 통해 전이되는 다양한 암세포 중에서 전이에 성공하는 것은 극소수라는 것이다.

    전이에 성공하는 암세포는 어떤 특성을 가지고 있을까? 암세포가 혈관을 타고 이동하여 다른 조직에 뿌리내리려면 일단 다른 암세포와 단단하게 연결되어 있는 암 조직에서 벗어나서 자유롭게 움직일 수 있어야 한다. 그다음, 혈관 내피세포(endothelial cell)의 밖을 감싸고 있는 기저막(basement membrane)을 통과해야 한다. 기저막은 콜라젠(collagen) 같은 단백질층이 단단한 장벽을 이루고 있다. 암세포는 1차로 기저막을 뚫어야 하고, 2차로 혈관 내피세포 층을 뚫어야 혈관으로 들어갈 수 있다. 이렇게 혈관에 침투해 이동하다가 목적지에 도달하여 뿌리내리기 위해서 혈관 내피세포층을 뚫고, 기저막을 뚫는 과정을 되풀이한다. 1980년 암세포의 전이력이 단백질 분해효소를 분비하여 기저막의 콜라젠을 분해하는 능력과 상관관계가 있다는 것이 드러났다. 그 단백질 분해효소가 '기질금속단백분해효소'(matrix metalloproteinase, MMPs)이다. 이후로 이어진 연구는 다음과 같은 암세포의 전이 단계를 밝혀냈다.

    1. 정상세포가 암화되어 종양으로 자란다.
    2. 자라는 암세포는 자신의 성장에 필요한 영양분과 산소를 공급하기 위해 암 조직 주변에 혈관이 성장하는 것을 촉진한다.
    3. 주변의 암세포와 단단히 붙어 있던 암세포는 세포 간 연접을 해체하고 세포 사이로 움직일 수 있도록 변모한다.

4. 암 조직에서 떨어져 나간 세포는 암 조직 주변으로 성장한 혈관의 기저막을 뚫고 암 조직의 일부가 혈관으로 침투한다.
5. 혈관으로 침투한 암세포는 혈관에 있는 면역세포들과 결합하여 응집체를 형성한다.
6. 암세포가 포함된 응집체는 혈관계와 림프계를 순환하다 일부는 좁은 말초혈관계에 걸려 정체된다.
7. 응집체로부터 암세포가 증식하여 혈관의 내피세포와 기저막을 뚫고, 목적지가 되는 기관의 조직 안으로 들어간다.
8. 새로운 기관의 조직 내에서 암세포는 증식을 계속하고, 증식된 암세포는 이제 암세포끼리 결합하여 암 조직을 형성한다.
9. 암 조직 주변으로 혈관 생성이 촉진된다.

위에서 설명한 것처럼 일단 암 조직 내의 암 세포가 전이하기 위해서는 단단한 암 조직으로부터 빠져나가야 하고, 혈관을 통해 다른 조직으로 전이한 다음에는 다시 단단한 암 조직을 형성해야 한다.[7] 이것은 마치 사람이 원래 살던 곳을 떠나 새로운 정착지에 적응해 가는 과정과 비슷하다. 즉 암세포의 전이는 혈관계에 침투하기 위해 '준비'하고, 혈관계를 통해 '이동'하다가 새로운 기관에 침투하여 '적응'하는 단계를 모두 성공적으로 통과해야만 가능하다. 그러므로 암 전이의 메커니즘은 피르호와 패짓의 이론을 통합해야 비교적 온전히 설명된다.

---

7   단단한 암 조직을 이루는 세포 간 연결이 사라져서 세포가 이동 가능한 상태로 바뀌는 것을 상피-중간엽 세포 전환(epithelial-mesenchymal transition, EMT)이라고 한다. 이것은 암 전이 이외에도 발생 과정에서 흔히 볼 수 있는 현상이다. 반대로 전이한 암 세포가 다시 단단한 암 조직을 형성하는 과정은 중간엽-상피 전환(mesenchymal-Epithelial transition, MET)이라고 부른다.

암의 특징

암이 정상세포와 다른 특징들이 하나둘씩 드러나자, 2000년 더글러스 해너핸(Douglas Hanahan)과 로버트 와인버그는 '암의 특징'(The hallmarks of cancer)이라는 총설논문(Review)을 발표하여 암이 정상세포와 구별되는 특징을 여섯 가지로 정리했다.

1. 성장 신호를 스스로 만들어낸다

다세포 생물의 세포는 아무 때나 분열하지 않고 외부에서 전달되는 신호에 응답해 꼭 분열해야 할 때만 분열한다. 그러나 암세포는 이러한 통제를 담당하는 유전자에 문제가 발생하여 무절제하게 분열한다.

2. 성장 억제 신호를 감지하지 못한다

다세포 생물의 체내에는 분열 촉진 신호와 분열 중단 신호가 모두 발생한다. 성장을 완료한 조직의 세포들은 주변에 있는 세포 표면의 단백질과 이들이 분비하는 단백질에 의해서 외부로부터 신호를 전달받아 더 이상 분열하지 않는다. 그러나 암세포는 이러한 세포 성장 억제 신호를 수신하지 못한 나머지, 브레이크가 고장난 자동차처럼 성장을 정지할 수 없게 된다. 상당수의 '암 억제 유전자'는 이처럼 무절제한 세포분열을 억제하는 역할을 한다.

3. 세포자멸사를 회피한다

DNA 손상이 누적되어 정상적인 유전정보를 더 이상 전달할 수 없을 때, 혹은 스트레스 상황에서 손상이 축적될 때 세포는 자신을 죽이는 자멸사 절차를 가동한다. 상당수의 암세포는 자멸사를 회피하여 무한 성장을 계속한다.

4. 무제한적인 세포 복제

거의 대부분의 정상세포는 세포분열 횟수가 제한되어 있다. 그러나 암세포의 가장 근본적인 특징은 영구적인 세포분열이다. 대부분의 정상세포에는 텔로미어의 길이를 유지하는 텔로머레이스가 거의 만들어지지 않는 반면, 암세포에서는 텔로머레이스가 활성화 상태를 유지하여 텔로미어가 끊임없이 재생된다.

5. 혈관 생성 능력

정상세포와 마찬가지로 암세포도 생존을 위해서는 산소와 영양소가 필요하다. 특히 정상세포에 비해서 빠르게 증식하는 암세포는 보다 많은 산소와 영양소를 공급받아야 한다. 산소와 영양소는 혈관을 통해 수송된다. 기존 혈관만으로는 급속하게 증식하는 암세포가 필요한 산소와 영양소를 충당할 수 없다. 암세포는 자기 주변에 새로운 혈관이 자라도록 촉진하는 능력을 가지고 있다. 혈관의 생성을 촉진하는 단백질인 혈관 내피세포 성장인자(vascular endothelial growth factor, VEGF) 등을 밖으로 분비하여 혈관을 근처로 '끌어 온다'. 이렇게 암 조직 주변으로 자란 혈관은 산소와 영양소를 공급할 뿐만 아니라, 암세포가 다른 곳으로 전이할 때 이동 통로로도 사용된다.

6. 침투와 전이(Tissue Invasion and Metastasis)

암세포가 혈관에 침투하고, 혈관계를 통해 다른 기관으로 이동하는 특징은 암을 치명적인 질환으로 만든다.

해너핸과 와인버그가 2000년에 정리한 이러한 암의 공통적인 특징 이외에 새로운 특징이 몇 가지 더 발견되었지만, 위의 여섯 가지 특징은 거의 모든 암에 공통적이다. 이 특징들은 다세포 생물 사회의 이단자인 암세포가 어떻게 치명적인 속도로 증식하여 다세포 생물 사회의 균형을 깨뜨리는 존재가 되는지를 설명하는 근본 원리로 받아들여진다. 20세기 중반까지도 우리는 암의 발생 원인에 대해 감조차 잡지 못했지만, 20세기 말에 이르러 상당수 암의 원인과 이들이 정상세포와 다른 특징에 대한 개괄적인 지식을 갖게 되었다. 암세포가 근본적으로 유전정보가 변경되어 다세포 생물로서 살아갈 수 있도록 세포에 부과된 '제약'을 탈피한 돌연변이 세포라는 점은 분명한 사실이다. 물론 이러한 암세포의 근본 특성을 이해하는 것과 암 치료법을 찾는 것은 별개여서 지금도 암은 크나큰 골칫거리 질환으로 남아 있다.

10장

세포 복제

세포분열에 대해서 다시 한 번 생각해보자. 19세기 중엽에 '세포 이론'이 확립되면서 모든 세포는 기존에 존재하는 세포로부터만 생겨난다는 것을 알게 되었다. 세포가 세포로부터 생겨난다는 것은 하나의 세포가 분열하여 2개의 세포가 된다는 뜻이다. 세포는 분열하기 전에 준비 단계가 필요하다. 원본과 똑같은 기능을 가진 복제본을 만들어내려면 내용물(세포질 내의 구성물과 염색체)을 두 배로 늘리고, 물리적으로 쪼개질 수 있도록 구조적 준비도 해야 한다.

세포분열 과정에 어떤 일이 일어나는지에 대해서는 20세기 초반까지 현미경 관찰을 통해 대략적으로 알려졌지만, 세포분열 과정이 단계마다 어떻게 조절되고 진행되는지에 대한 것은 20세기 중반까지도 좀처럼 밝혀내지 못했다. 어떤 세포가 활발히 분열하는 반면 다른 세포는 분열하지 않는다면 그 이유는 무엇일까?

유전물질의 복제가 끝난 뒤에만 세포분열 과정이 시작되어야 한다. 세포분열 시 염색체를 두 개의 딸세포에 골고루 전달하는 방추사가 형성되는 과정에서 방추사가 염색체에 완전히 부착되지 않았는데도 분열된다면, 이 또한 복제되는 세포에 결함을 초래한다. 이것 외에도 세포분열이 성공적으로 끝나기 위해서는 다른 '체크포인트'들을 점검하여 분열의 각 단계가 제대로 이행되었는지 확인한 후 다음 단계로 넘어가야 한다. 이번 장에서는 하나의 세포가 분열하는 모든 과정을 지칭하는 '세포주기'(Cell Cycle)에 대한 개념이 확립되는 과정을 알아보기로 한다.

유전물질을 복제하는 시기

'세포주기'(Cell Cycle)는 크게 세포핵이 보이는 '간기'(interphase)와 핵이 보이지 않는 '분열기'(mitotic phase)로 나뉜다. 우리가 현미경으로 세포에 일어나는 변화를 관찰할 수 있는 시기는 '분열기'이나, 분열기는 간기에 비해서 훨씬 짧다. 간기는 G1기, S기, G2기로 세분되고, 분열기는 전기(prophase), 중기(methapase), 후기(anaphase), 말기(telophase)로 세분된다.

광학현미경으로 관찰한 세포는 분열이 일어나기 직전이 아니면 대부분의 시간을 핵과 인(nucleolus)이 존재하는 상태로 아무런 변화 없이 잠자코 있는 것처럼 보인다. 하지만 그 시간에도 세포 안에서는 변화가 활발히 일어나고 있다. 이 시기가 '간기'이다. 세포는 간기에 분열을 위해 DNA를 복제하며, 크기도 약간 커진다. 세부적으로 살펴보면, 간기의 첫 단계인 G1기는 세포의 부피가 성장하는 시기로, 세포를 구성하는 단백질과 세포소기관이 급격히 늘어난다.[1] 분열 시 중요한 역할을 하는 중심체도 이 시기에 복제되어 두 개가 된다. S기에는 DNA가 복제된다. G2기는 DNA 복제를 끝낸 후 본격적인 분열 직전 점검하는 단계라고 볼 수 있다. 이때 DNA 손상이 발견되면 그것을 복구한다. DNA 복구가 완료되기 전에는 분열기로 넘어가지 않는다.

분열기의 첫 단계인 전기에는 DNA가 응축되어 염색체가 형성되며, 중심체가 양극으로 이동하여 중심체에서 미세소관이 자라 나오기 시작한다. 중기에 염색체는 세포의 중앙(적도면)에 일렬로 늘어서며, 미세소관에서 형성된 방추사가 염색체 각각의 동원체에 부착된다. 후기에는 세포의 양쪽 끝에 위치한 두 개의 중심체 방향으로 염색체가 끌려가 2개의 딸핵으로 나뉘어 들어간다. 말기에는 새로운 핵막이 생겨나 2개의 핵이 형성되고, 세포질 분열(cytokinesis)이 일어나 세포가 완전히 2개로 분리된

---

[1] 더 이상 분열하지 않는 세포는 G1기에 정체되어 있고, 이를 G0기라고도 한다.

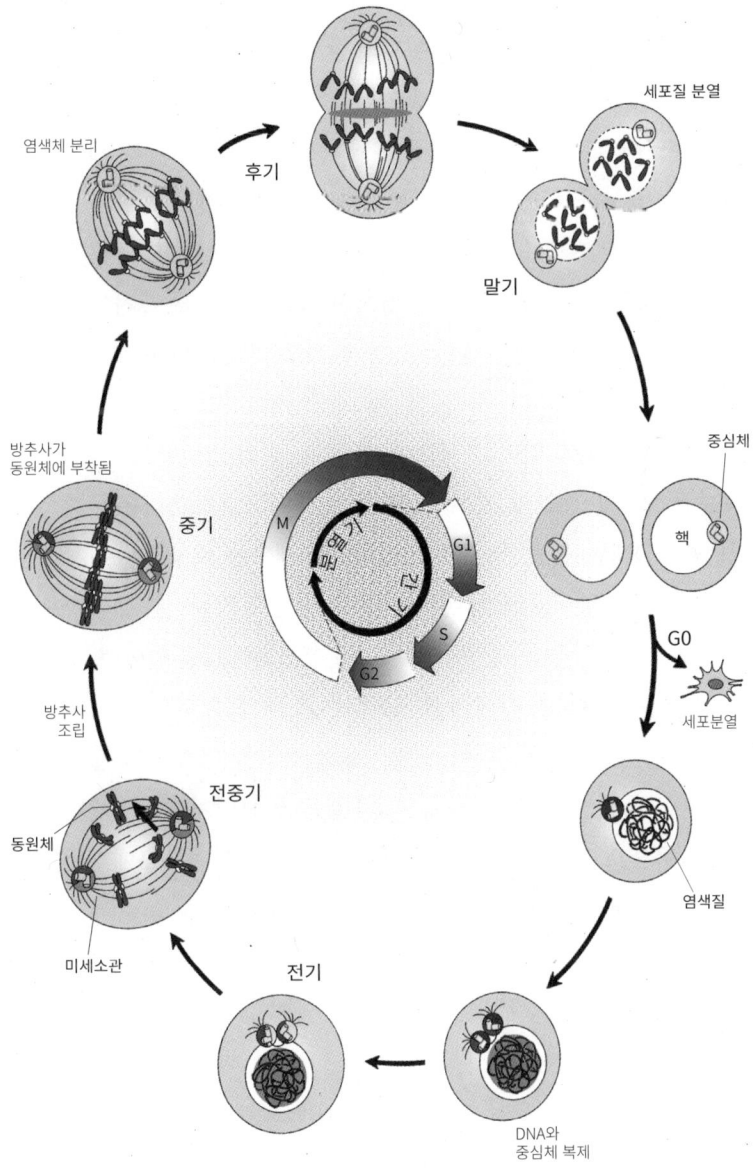

그림 10.1 세포주기의 대부분을 차지하는 시기는 분열을 준비하는 '간기'이다. 분열기는 시기적으로 짧지만 현미경으로 관찰할 수 있는 가장 활발한 변화가 일어나는 시기이다.

다. 세포는 다음 분열 신호를 받기 전까지 G0기에 머물러 있다가 분열 신호를 받으면 분열을 재개한다. 이렇게 하여 한 번의 세포주기가 끝난다. 그렇다면 주로 관찰되는 분열기 이후의 단계가 아니라 간기에 DNA가 복제된다는 것을 어떻게 알 수 있었을까?

1950년대 초반부터 여러 연구자가 다양한 방법을 동원해 세포 내의 DNA 양을 측정하려고 했다. 일부는 DNA가 자외선을 흡수한다는 것에 착안하여 세포핵이 흡수한 자외선을 측정하는 방법으로 DNA 양의 변화를 추정하려고 했다. 그러나 DNA 외에 단백질이나 RNA도 자외선을 흡수하는 이유로 세포주기가 진행되는 동안 DNA 양을 정확하게 측정하기가 쉽지 않았다.

1953년, 영국의 알마 하워드(Alma Howard)와 스티븐 펠크(Stephen Pelc)는 세포주기 중 언제 DNA가 복제되는지 알아내려고 다음과 같은 실험을 했다. DNA에는 인이 존재하므로 식물 세포를 배양하는 배지에 인 동위원소(P_{32})를 넣어주면, 합성되는 DNA에 인 동위원소가 들어가므로, 인 동위원소의 방사능을 측정하면 DNA가 합성되는 양을 알아낼 수 있다. 이 실험을 통해 DNA가 간기에 복제된다는 것을 알 수 있었다. 더욱 정확하게는 간기 중간의 6시간 정도였다. 그리하여 간기는, S기가 될 때까지의 'G1기', DNA가 복제되는 'S기', S기가 끝난 후 분열기로 들어가기 직전까지의 'G2기'로 더 세분할 수 있었다. 하워드와 펠크는 세포에 X선을 쪼이면 DNA 복제와 세포분열이 지연되는 현상도 관찰했다. 이런 지연 현상은 X선에 의해서 DNA가 손상되었고, 세포가 이를 감지하고 세포주기를 중단시켰기 때문에 발생한 것이었다.

방추사와 그 구성 물질

DNA가 S기에 복제된 다음, 분열기에 들어가 응축되어 염색체를 형성하고, 염색체가 나뉘어 두 세포로 들어가기 위해서는 방추사라는 구조물이 형성되어야 한다. 20세기 초에 발견된 방추사에 대한 구체적인 연구는 1960년대에 시작되었다.

방추사를 구성하는 물질과 세포주기에서의 역할을 규명하는 데는 이전부터 알려져 있던 콜히친이라는 약용 물질이 사용되었다. 콜히친은 콜키쿰(colchium)이라는 식물에서 추출된 물질로, 19세기부터 통풍이나 베체트병의 치료에 사용되고 있었다. 콜히친의 작용 원리는 20세기 중반까지도 알려지지 않았다. 20세기 초에 콜히친을 식물에 처리하면 염색체 수가 두 배로 늘어나는 현상이 관찰되었다.[2] 그리고 1937년 세포에 콜히친을 처리하면 방추사가 사라지면서 염색체가 응축된 상태에서 세포주기가 더 이상 진행되지 않는다는 사실도 알아냈다. 콜히친이 방추사 형성을 억제하는 약물이었다. 아직 콜히친이 어떻게 방추사 형성을 억제하는지는 파악하지 못했지만, 세포에 콜히친을 처리하는 것은 세포에서 염색체를 관찰하는 기본 테크닉이 되었다.[3]

1961년 전자현미경으로 성게 수정란의 방추사를 자세히 관찰하여 방추사는 가느다란 실 모양의 단백질 구조물이라는 것을 알게 되었다. 방추사 한 가닥의 지름은 대략 15나노미터이다. 1967년 시카고 대학교의 게리 보리시(Gary G. Borisy)와 에드윈 테일러(Edwin W. Taylor)는 콜히친이 방추사의 단백질에 강하게 결합하는 것을 관찰했다. 방추사의 실 모양 구조물에는 '미세소관'(microtubule)이라는 이름이, 그리고 콜히친이 결합하는 단백질에는 '튜불린'(tubulin)이라는 이름이 주어졌다.

---

2 일본의 유전학자 기하라 히토시가 바로 이 콜히친을 처리하여 수박의 염색체 수를 두 배로 늘리는 기술로 '씨 없는 수박'을 개발했다. 우리에게는 우장춘 박사의 업적으로 잘못 알려져 있다. 우장춘은 지인이던 기하라가 개발한 이 육종법을 한국에 들여왔고, 그 덕에 씨 없는 수박의 개발자로 대중에게 알려졌다.

3 세포주기를 정지시키지 않은 채 세포를 관찰하면 분열기에 있는 극히 일부 세포에서만 염색체를 볼 수 있다. 그러나 콜히친을 처리해 세포주기를 정지시키면 거의 모든 세포에서 염색체를 관찰할 수 있다.

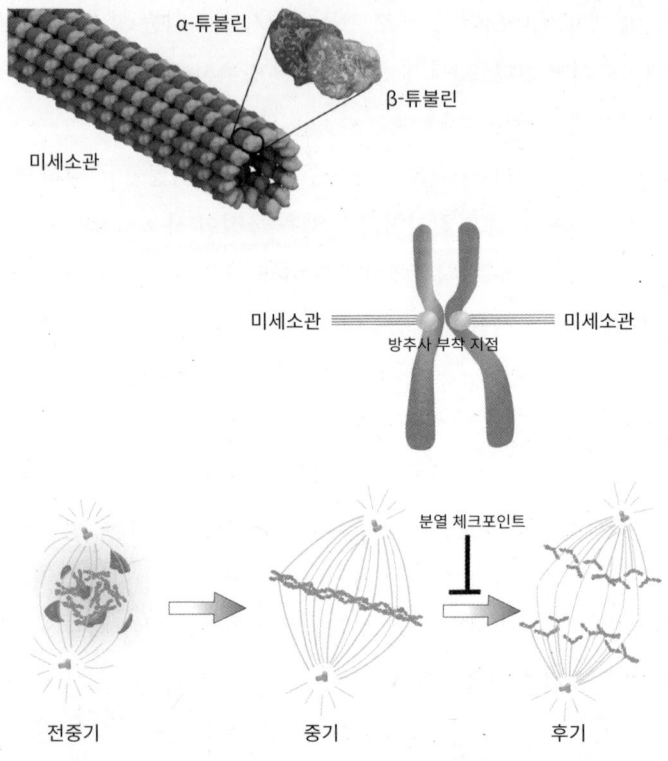

그림 10.2   미세소관에서 방추사가 자라 나와 염색체의 중심절(동원체)에 부착되는데, 바로 이것이 세포분열 시에 염색체가 이등분되도록 한다.

튜불린은 α-튜불린과 β-튜불린으로 구성된 이합체(heterodimer)이며, 튜불린 이합체는 하나의 단위로 작동한다. 튜불린 이합체는 다른 튜불린 이합체와 결합하여 원통형 미세소관을 만든다. 미세소관은 핵 주변에 위치해 있던 중심체로부터 자라나기 시작하고, 염색체의 가운데 부분인 중심절(centromere)에 있는 동원체(kinetochore, 방추사 부착지점)에 결합하여 방추사를 형성한다.[4] 앞서 설명한 바와 같이 두 개의 딸세포에 염색체가 절반씩 가도록 양쪽에서 끌어당기는 것이 방추사인데, 염색체가 방추

---

4   콜히친은 튜불린에 결합하여 미세소관 형성을 방해하기 때문에 미세소관은 물론 방추사도 만들어지지 않으므로 세포주기의 진행을 억제한다.

사와 결합되어 있지 않은 상태에서 분열되면 염색체가 골고루 나눠지지 못한다. 따라서 세포는 분열기의 후기로 넘어가기 전에 염색체가 방추사에 완전히 결합했는지 확인하는 분열 체크포인트(mitotic checkpoint)를 가지고 있다. 세포가 어떻게 이런 일을 하는지를 이해하려면 세포주기의 조절을 제대로 이해할 필요가 있다.

성숙촉진인자(MPF)

세포가 복제되기 위해 분열하는 과정의 단계들이 밝혀지고 점점 더 많은 이해가 누적됨에 따라 새로운 발견들도 잇따랐다. 세포주기의 조절에 관한 실마리를 풀게 된 계기는 개구리 알을 이용한 실험에서였다.

1970년대 초, 요시오 마츠이(Yoshio Matsui)와 클레멘트 마커트(Clement Markert)는 표범개구리(*Rana pipiens*)의 알을 이용하여 동물의 발생을 연구하고 있었다. 개구리(포유동물도 마찬가지이지만)의 알은 난소에서 생성된 후 오랫동안 G2기에 멈춰 있는다. 그러다 프로게스테론(progesteron)이라는 호르몬의 자극을 받으면 세포주기가 재가동되어 중기(M Phase)로 넘어가 알이 완전히 성숙한다. 이 상태에서 정자가 수정되면 세포분열이 시작되어 하나의 생물로 발생한다. 이 과정은 개구리의 난소에서 채취한 미성숙 알에 프로게스테론을 처리하면 체외에서도 그대로 재현되었다.

마츠이는 호르몬이 어떻게 세포주기를 개시하는지 더욱 자세히 알아보고자 했다. 미성숙 알이 들어 있는 배양액에 프로게스테론을 넣어주니 세포주기가 정상적으로 진행되었지만, 가는 바늘을 이용해 프로게스테론을 알에 직접 주입하면 아무런 일도 일어나지 않았다. 이를 통해 마츠이는 프로게스테론은 알의 세포 외부에 작용하여 세포 내부에서 세포주기를 일으키는 신호가 만들어지는 것이라고 가정하고, 추가적으로 이를 입증하기 위한 실험을 진행했다. 성숙한 알의 세포 내용물을 약간 꺼내서 미성숙 알에 주입했더니 세포주기가 진행되어 성숙한 알이 되었다. 미성숙한 알의 세포 내용물을 다른 알에 주입한 경우에는 아무런 일도 일어나지 않았다.

마츠이는 프로게스테론이 알을 자극하여 세포 안에 성숙을 촉진하는 인자가 생긴 것이라고 이해하고, 그 인자를 '성숙촉진인자'(maturation promoting factor, MPF)라고 불렀다. MPF는 정지된 세포주기를 재개하는 세포주기의 조절인자인 셈이다. MPF의 실체는 무엇일까? 마츠이는 MPF를 특정한 단백질로 가정하고 이를 순수하게 정제하고자 했으나 성공하지 못했다. MPF의 실체와 관련된 단서는 개구리와는 전혀 다른 생물인 효모로부터 나왔다.

돌연변이 효모의 세포주기 조절

한편 비슷한 시기에 세포주기의 문제를 다른 생물과 다른 접근법으로 밝히려고 시도한 연구자들이 있었다. 이들은 진핵생물 중에서 가장 간단한 생물인 효모의 돌연변이를 찾아 이것의 세포주기에서 발생한 이상 현상과 관련된 유전자를 추적하는 유전학적인 방법을 동원했다.[5] 1971년 릴런드 하트웰(Leland H. Hartwell)은 효모(*Saccharomyces cerevisiae*)[6]에 화학물질을 처리해 돌연변이를 일으키고, 22도에서는 자라지만 36도에서는 자라지 않는 효모를 선별했다. 분리한 효모를 22도에서 배양한 후, 온

---

5 초파리의 눈 색깔을 바꾸는 유전자 돌연변이는 초파리의 생명을 위협하지 않는다. 그렇지만 세포주기의 조절에 이상이 생긴 효모는 생존에 문제가 생긴다. 그렇다면 어떻게 세포주기에 이상이 생긴 돌연변이 효모를 찾을 수 있을까? 이 경우에는 낮은 온도에서는 문제가 없지만, 높은 온도에서만 세포주기의 조절에 문제가 생기는 온도 민감성 돌연변이를 찾게 된다.

6 흔히 '이스트'라고 부르는 빵효모.

도를 36도로 올려 세포분열에 이상이 생긴 것을 찾았다.[7]

하트웰은 수십 종류의 돌연변이 효모를 찾아낸 후 cdc(cell division cycle)라는 분류기호(cdc-1, cdc-2, cdc-3 등)를 붙였다. 이러한 돌연변이 효모들은 온도를 올리자 DNA 복제를 시작하지 못하는 것도 있었다. DNA 복제는 간기의 S기에만 일어나기 때문에 DNA 복제도 세포주기의 조절과 밀접하게 연관되어 있음을 알려주는 결과였다.

1970년대 영국의 유전학자인 폴 너스(Paul Nurse)는 하트웰이 사용한 효모와는 다른 종류의 효모인 분열효모(*Schizosaccharomyes pombe*)를 이용해 세포주기와 연관된 돌연변이를 연구했다. 분열효모는 출아효모와는 달리 두 세포가 같은 크기로 나뉘는 이분법으로 증식한다. 만약 세포주기에 문제를 생겨 주기가 정상보다 길어지거나, 세포를 이분하는 단백질에 문제가 생긴다면, 돌연변이 효모는 정상 효모보다 길이가 길어질 것이다. 그러나 세포주기가 비정상적으로 짧아질 경우에는 세포가 충분히 성장하기도 전에 분열이 일어나므로 세포의 길이가 작아질 것이다. 너스는 비정상적으로 크기가 작은 돌연변이 효모를 찾아서 'Wee'라는 이름을 붙였다.[8]

너스는 세포분열을 조절하는 유전자가 더 있는지 알아보기 위해 세포의 크기가 작아지는 돌연변이를 더 찾아냈다. 이렇게 찾은 50개 중 49개는 이전에 찾은 'Wee'와 같은 돌연변이였고, 1개는 기존의 것과 다른 유전자에 돌연변이가 있었다. 두 가지 돌연변이는 모두 세포주기가 빠르게 진행되도록 만드는데, 왜 출현하는 빈도가 다른 것일까? 너스는 첫 번째 돌연변이(Wee1)는 세포주기의 진행을 억제하는 유전자가 제 기능을 상실한 것이고, 두 번째 돌연변이(Wee2)는 세포주기의 진행을 촉진하는

---

7   빵효모는 출아법(budding)으로 증식하므로 정상적으로 세포주기가 진행되면 큰 세포 내에서 작은 포자가 출아하여 비대칭적인 모양을 갖춘 세포가 나온다. 그러나 세포주기에 이상이 생기면 크기가 동일한 두 개의 세포로 나뉜다.
8   'Wee'는 스코틀랜드어로 '작다'를 뜻하는데, 너스는 당시 스코틀랜드의 에든버러 대학교에서 연구하고 있었다.

기능이 더 활성화된 것이라는 가설을 세우고 추가적인 실험을 진행했다.[9] 그의 추측대로 Wee1는 세포주기의 진행을 억제하는 유전자에 생긴 돌연변이였고, Wee2는 세포주기의 진행을 촉진하는 유전자로 알려진 cdc2에 생긴 돌연변이였다. 너스의 연구는 세포주기의 조절과 관련된, 정반대 기능을 가진 두 개의 유전자가 있을 수 있다는 점을 시사했다.

비슷한 시기에 같은 에든버러 대학교에서 연구하던 피터 판테스(Peter Fantes)는 돌연변이 효모 cdc25의 세포가 정상 효모의 세포보다 길다는 것을 발견했다. 그런데 cdc25와 Wee1을 교배하여 두 가지 돌연변이 유전자를 모두 가진 효모를 만들자, 세포의 크기가 정상으로 돌아갔다. cdc25가 Wee1의 세포분열 억제 효과를 상쇄했던 것이다. 이후 연구는 Wee1, cdc2, cdc25 3개의 유전자가 상호작용하여 세포분열을 조절한다는 사실을 밝혔다. cdc2 유전자는 세포주기 진행을 촉진하고(엑셀레이터), Wee1은 cdc2 유전자의 기능을 억제한다(브레이크). 그리고 cdc25는 Wee1에 의해서 걸린 브레이크를 해제한다.

이와 같은 세포주기 조절 유전자들은 어떤 단백질을 만들어 일을 하는 걸까? 이를 알아내기 위해서는 해당 유전자의 DNA 서열을 확보하고 이로부터 단백질 서열을 분석하여 단백질이 어떤 생화학반응을 일으키는지 알아보아야 한다. 가장 먼저 유전자의 DNA 서열을 확보해야 하는데, 1970년대에는 효모의 전체 유전체 염기서열이 결정되기 한참 전이므로 다른 방법이 사용되었다. 효모의 유전체를 작은 크기로 잘라서 유전체 라이브러리를 만든다. DNA 조각들 중 세포주기를 조절하는 유전자가 들어 있는 조각을 찾아야 한다.[10] 판테스는 '표현형 보충'(phenotypic complementation)이라는 방법을 사용했다. 판테스가 분리한 돌연변이는

---

9   이 실험에서는 돌연변이 효모를 분리하기 위하여 화학물질을 이용하여 인위적인 돌연변이를 일으켰는데, 이때는 특정한 유전자의 기능이 없어지는 돌연변이가 기능을 활성화하는 돌연변이보다 훨씬 높은 빈도로 일어나기 때문이다. 즉 무작위적인 돌연변이로 유전자의 기능을 망가뜨리기는 쉽지만 원래 있던 기능을 강화하는 돌연변이는 쉽게 일어나지 않는다.

모두 온도 민감성 돌연변이로 25도에서는 자라지만 37도에서는 자라지 못한다. 가장 먼저 정상적인 효모의 유전자 조각이 들어 있는 유전체 라이브러리를 형질전환하여 돌연변이 효모에 집어넣는다. 형질전환한 유전자 조각들 중 돌연변이 효모의 망가진 유전자를 대체하여 기능을 회복시킬 수 있는 (정상) 유전자가 있다면, 돌연변이 효모는 이제 세포주기가 정상적으로 작동하여 자랄 수 있게 된다. 그럼 돌연변이 효모의 기능을 회복시킨 유전자 조각을 회수하여 그 염기서열을 결정하면 돌연변이가 발생한 유전자의 염기서열을 알 수 있게 된다.

이러한 방법으로 cdc25 유전자와 Wee1 유전자를 분리할 수 있었고, 두 유전자의 염기서열을 결정했다. DNA 서열에 의해서 예측된 Wee1 단백질의 아미노산 서열은 기존에 알려져 있던 단백질 인산화효소와 유사했다.[10] 반면 cdc25는 인산기가 달린 단백질에서 인산기를 제거하는 효소였다. 결국 이 두 가지 효소는 '어떤' 단백질의 타이로신기에 인산기를 부착하거나(wee1), 부착한 인산기를 뗌으로써(cdc25) 세포주기를 조절하는 것이다. 그렇다면 이 '어떤' 단백질은 무엇일까? 유전학적인 연구 결과에 의해서 이 단백질은 아마도 cdc2를 직접 혹은 간접적으로 조절하는 것이 분명했다. 거의 비슷한 시기에 cdc2 유전자 역시 클로닝되어 염기서열이 결정되었다. 그 결과에 따르면, cdc2 역시 단백질 인산화효소를 만드는 유전자인데, Wee1나 cdc25와 차이점은 cdc2가 세포주기를 조절하는 마스터 스위치(master switch) 역할을 한다는 것이었다. 마스터 스위치란 보통 복잡한 기계 장치에 달린 주전원 스위치를 가리킨다. 그 스위치를 누르면 기계 전체가 작동을 시작하거나 멈춘다. 생명현상이나 세포주기와 관련된 마스터 스위치는 그 현상의 발현이나 주기의 조절에 있어 핵심적인 조절 단백질/유전자를 가리킨다. cdc2는 다른 많은 단백질을 인산화하여 세포주기의 진행을 조절하기 때문에 마스터 스위치라고 하는 것이다.

---

10   1986년에는 몇 종류의 단백질타이로신 인산화효소의 유전자가 발견되어 그 서열이 알려져 있는 상태였다.

Wee1은 cdc2를 인산화하여 cdc2의 스위치를 '끄는' 역할을, cdc25는 꺼진 스위치를 다시 켜는 역할을 각각 하는 것이다.

상당수의 연구자는 하트웰과 너스의 연구가 단세포 진핵생물인 효모에 국한된 것으로 간주했다. 적어도 수억 년 전에 같은 조상에서 분기하여 서로 다른 길을 걸어온 효모와 인간이 과연 같은 방식으로 세포주기를 조절한다고 볼 수 없었기 때문이다. 이러한 의구심은 1987년 너스의 연구실에서 인간의 cdc2 유전자를 분리함으로써 해소되었다. 너스는 인간의 mRNA로부터 만든 cDNA 라이브러리를 cdc2 돌연변이 분열효모에 넣어서 과연 인간의 cdc2 유전자가 분열효모의 cdc2 돌연변이를 보충할 수 있는지 살펴보려고 했다. 그 결과 인간의 cdc2 유전자는 분열효모의 cdc2 돌연변이를 성공적으로 보충할 수 있었을 뿐만 아니라, 두 유전자의 일치도는 63%였다.[11] 즉 인간과 분열효모가 진화 과정에서 분기된 지 수억 년의 시간이 지났는데도 두 생물체의 cdc2 유전자는 기능적으로 호환될 수 있다는 것을 뜻한다. 인간과 효모처럼 종 간 거리가 엄청나게 먼 생물에서도 세포주기가 조절되는 방식은 근본적으로 동일하게 보존되어 있었다.

이것으로 단백질 인산화효소의 네트워크가 세포주기를 조절하는 핵심 스위치라는 것이 명백해졌다. 9장에서 설명한 암의 발생 원인에서 상당수의 암 유전자가 단백질 인산화효소라는 것과도 관련이 있다. 대부분의 암 유전자는 세포의 증식을 조절하는 유전자이다. 세포가 증식을 하느냐, 마느냐를 결정하는 것은 주로 단백질을 인산화하거나 인산화를 제거하는 것으로 이뤄진다는 것을 잘 보여준다.

MPF = 사이클린 + cdc2

---

11   인간과 분열효모의 cdc2 유전자에서 만들어지는 두 단백질의 아미노산을 비교해보니 100개 중 63개가 일치했다는 것이다.

세포주기를 조절하는 메커니즘의 중심에는 단백질 인산화효소 이외에도 있었다. 이것은 어떻게 발견되었을까? 보베리 이후 성게 알은 세포분열처럼 세포에서 발생하는 기본적인 현상을 탐구하기에 적합하다는 것이 알려져 매우 각광받는 실험 대상이었다. 미국 동부 메사추세츠주의 우즈 홀(Woods Hole)이라는 바닷가 마을에 있는 '해양생물학연구소'(Marine Biology Laboratory, MBL)에서도 성게 알을 이용한 연구가 활발하게 진행되고 있었다. 이곳에는 해마다 여름이면 미국 전역은 물론 해외에서 많은 과학자가 찾아와 주변에서 넉넉히 구할 수 있는 성게나 조개 같은 해양생물을 채집해 연구를 하곤 했다. 케임브리지 대학교의 생화학자 팀 헌트(Tim Hunt)도 그런 연구자 중 하나였다.

팀 헌트는 세포 내에서 단백질이 만들어지는 과정을 연구했다. 그는 1982년 여름, 수정된 성게 알의 배양액에 동위원소로 표지된 메티오닌(필수 아미노산 중 하나)을 넣고 경과한 시간대별로 어떤 단백질이 새로 생기는지 관찰했다. 예상한 바와 같이 동위원소를 넣은 이후 생성되는 단백질은 시간이 지남에 따라 점점 증가했고 모두 동위원소 표지를 가지고 있었다. 한데 몇 가지 단백질은 생성된 이후 시간이 지날수록 오히려 사라졌다. 그리고 사라지는 시점은 성게의 수정란이 세포분열을 시작하기 직전이었다. 단백질이 사라진다는 것은 세포 내에서 특정한 단백질이 선택적으로 분해된다는 것을 의미한다. 그런데 세포가 분열되기 직전에 사라졌던 단백질이 분열을 마친 후에는 그 양이 급격히 늘어났고, 다시 세포분열이 가까워질수록 감소하는 현상은 이후의 세포분열 과정에서 계속되었다.

헌트는 이 현상을 해양생물학연구소의 발생생물학자 존 게하트(John Gerhart)와 상의했다. 세포주기와는 관련 없는 연구를 해온 헌트와는 달리 게하트는 이전부터 성숙촉진인자(MPF)를 연구하던 생물학자였다. 게하트는 성게 알에서 MPF의 활성이 세포분열 직후부터 증가하여 세포분열 시에 급격히 감소한다는 사실을 가르쳐주었다. 헌트가 발견한 현상은 이전에 요시오 마츠이가 존재를 확인했지만 생화학적 실체를 확인하지 못했던 MPF와의 연관성을 암시했다. 1983년 헌트는 세포주기에 따라서 양의 증가와 감소를 반복하는 단백질을 '사이클린'(cyclin)이라고 명명하고, 사이클린과 MPF의 관계를 입증하려고 했다. 헌트는 사이클린의 유전자를 클로닝하여 염기서열을 결정했다. 그러나 사이클린 유전자는 그때까지 알려진 유전자들과는 전혀 비슷한 점이 없는 분자량 45,000의 새로운 단백질을 만든다는 것밖에 알 수 없었다.

1980년대 후반에 들어와서 그동안 개구리 알에서 순수 MPF 단백질을 분리하고자 했던 연구자들의 노력이 결실을 거두었다. MPF는 분자량 45,000과 32,000인 두 개의 단백질로 구성되어 있으며 단백질 인산화효소를 활성화하는 성질이 있었다. 두 개의 단백질 중 분자량이 작은 쪽이 단백질 인산화를 담당했는데, 분열효모에서 발견한 cdc2와 동일한 단백질이었다. 그리고 분자량이 큰 단백질이 바로 팀 헌트가 발견한 사이클린이었다. MPF의 정체는 사이클린과 cdc2가 결합된 복합체였던 것이다.[12]

사이클린은 세포주기에서 어떻게 작용할까? cdc2, 즉 CDK는 사이클린과 결합한 상태에서만 작동한다. 사이클린이 단백질 인산화효소의 '스위치' 역할을 하는 셈이다. 세포에는 여러 종류의 사이클린이 존재하며, 사이클린의 양은 세포주기에 따라서 변화한다. 가령 사이클린 B(Cyclin B)는 S기에서 G2기까지 점증하다가 M기에 들어서면서 급감하고, 사이클린 B와 결합하는 CDK의 활성 역시 줄어들게 된다.

앞서 효모 유전학을 통해 CDK(cdc2 유전자에 의해서 만들어지는)는 단백질 인산화효소인 Wee1과 단백질 탈인산화효소인 cdc25에 의해서 조절된다고 했다. CDK는 단백질 인산화 이외에도 사이클린이라는 별도의 스위치를 가지고 있는 것이다. 세포주기는 여러 조건에 맞춰 조절될 필요가 있고, 세포주기를 조절하는 마스터 스위치인 MPF는 여러 개의 스위치에 의해서 조절되는 것이다. 2001년 효모를 이용하여 최초로 세포주기를

---

12 이런 이유로 cdc2를 '사이클린 의존성 단백질 인산화효소'(cyclin-dependent kinase, CDK)라고도 한다.

연구한 하트웰, CDK가 어떻게 조절되는지를 밝힌 너스, 그리고 사이클린을 처음 발견한 헌트는 노벨 생리의학상을 공동 수상했다.

단백질 분해와 사이클린 조절

CDK가 기능하기 위해서는 사이클린이 필요하고, 사이클린의 양이 세포주기에 따라서 변한다는 것이 알려진 이후, 다음 의문은 사이클린의 양이 어떻게 조절되는가였다. 세포는 특정한 단백질이 필요하면 DNA로부터 RNA를 만들고, RNA로부터 단백질을 만드는 과정을 필요한 단백질을 합성하여 얻는다. 이렇게 만들어진 단백질이 더 이상 필요 없을 때는 어떻게 할까? 세포에는 단백질 분해효소가 있으니 불필요해진 단백질만을 특정하여 분해할 수 있다면 단백질 양을 조절할 수 있을 것이다. 그러나 당시에 알려진 단백질 분해효소는 단백질의 종류에 상관없이 단백질을 분해하는 효소였다.[13]

1970년대 말, 아브람 헤르슈코(Avram Hershko)와 아론 치에하노베르(Aaron Ciechanover)는 아미노산 76개로 구성된 작은 단백질인 '유비퀴틴'(ubiquitin)이 이러한 선택적인 단백질 분해에 중요하다는 것을 발견했다. 단백질의 라이신에 유비퀴틴이라는 단백질이 연결되면, 그 단백질은 세포 안에 있는 프로테오솜(proteosome)이라는 단백질 복합체에 의해서 분해된다. 마치 종량제 쓰레기봉투가 수거될 쓰레기를 표시하는 것처럼 유비퀴틴이 '표지'가 되어 '수거'되어야 하는 단백질을 알리는 역할을 하는 것이다. 분해될 단백질에 유비퀴틴이 연결되기 위해서는 다른 두 종류의 단백질이 더 필요하다. 일단 유비퀴틴은 '유비퀴틴 활성화효소'(ubiquitin activating enzyme, E1)라는 단백질의 시스테인기에 연결된다.

---

13 단백질의 종류를 가리지 않고 단백질을 분해하는 효소는 리소좀에 있는 단백질 분해효소처럼 다른 세포 구조물과 격리되어 있는 경우가 많다.

그다음 '유비퀴틴 결합효소'(ubiquitin conjugating enzyme, E2)와 '유비퀴틴 연결효소'(ubiquitin ligase, E3)라는 두 가지 단백질의 도움을 받아 분해될 단백질에 연결된다.[14] 그럼, 유비퀴틴 연결효소는 분해될 단백질을 어떻게 식별할까? 유비퀴틴 연결효소는 '데그론'(degron)이라는 펩타이드 서열을 인식할 수 있어, 데그론이 존재하는 단백질에 유비퀴틴을 달아준다. 이러한 연쇄적인 과정을 거쳐 유비퀴틴이 연결된 단백질은 '단백질 쇄절기' 역할을 하는 프로테오솜이라는 성분에 의해서 분해된다.

1980년대 중반에 유비퀴틴이 단백질을 분해한다는 사실이 처음 알려졌을 때는 이 과정이 생명현상에서 왜 중요한지 몰랐다. 그러나 1991년 사이클린에 유비퀴틴이 연결되어 단백질 분해가 일어나며, 사이클린에서 유비퀴틴이 연결되는 일부분만을 다른 단백질에 연결한 융합 단백질도 분해될 수 있다는 것이 밝혀졌다. 즉 유비퀴틴 연결효소가 인식할 수 있는 아미노산 서열인 '데그론'이 사이클린에 존재하고, 세포주기가 진행될수록 유비퀴틴에 의한 단백질 분해 작용으로 사이클린이 감소하는 것이다.

1995년 사이클린에 유비퀴틴을 연결하는 효소가 개구리 알에서 발견되었다. 이 단백질은 13개의 단백질로 구성된 분자량 100만 정도의 매우 거대한 단백질 복합체였다. 이 단백질의 구성 요소 중에는, 이전에 효모에서 돌연변이가 발생했을 때 세포주기에 이상이 생기는 것으로 알려졌지만 정확한 기능을 알지 못하던 유전자인 cdc27과 cdc16의 단백질 산물도 있었다. 이 단백질 복합체는 분열기의 중기에서 후기로 이동하는 데 필수적인 단백질이라는 의미에서 '후기 촉진 복합체'(anaphase promoting complex, APC)라고 명명되었다. 이 단백질 복합체를 별도로 발견한 다른 연구자들은 사이클린을 분해하는 거대한 단백질 복합체라는 의미에서 '사이클로솜'(cyclosome)이라는 이름을 붙였다. 최종적으로는 APC/C라는 이름으로 굳어졌다.(그림 10.3)

---

14 인간에게는 약 600종의 유비퀴틴 연결효소가 있고, 이들은 각각 다른 종류의 단백질에 작용하여 이들의 분해를 촉진한다.

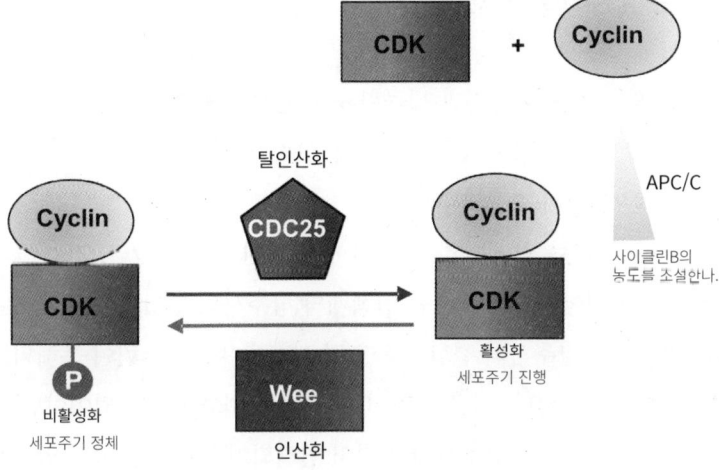

그림 10.3 세포주기의 마스터 조절인자인 CDK는 인산화효소와 사이클린 농도에 따라 조절된다. 세포에는 복수의 사이클린 의존성 단백질 인산화효소(CDK1, CDK2, CDK4)와 복수의 사이클린(cyclin A, cyclin B, cyclin E, cyclin D)이 있다. 이들은 각각 세포주기의 특정한 단계에만 작용한다. 사이클린 농도는 APC/C 같은 유비퀴틴 연결효소가 단백질을 분해하여 조절한다.

이 APC/C라는 단백질 복합체는 구조가 매우 복잡하지만 하는 일은 간단하다. 세포주기가 진행되어야 할 때 세포에 있는 여러 사이클린과 세큐린(securin)[15]이라는 두 종류의 단백질이 분해되도록 유비퀴틴을 부착하는 것이다. APC/C가 유비퀴틴을 붙인 단백질은 프로테오솜에 의해서 신속히 분해된다.

---

15 세큐린은 세퍼레이스(seperase)라는 단백질 분해효소의 기능을 억제하는 단백질이다. 세큐린이 분해되면 세퍼레이스가 활성화되고, 세퍼레이스는 S기에서 복제된 염색분체를 연결하고 있는 단백질인 코헤신(cohesin)을 분해한다. 후기(anaphase)가 되어 복제된 염색체가 각각의 세포로 나뉘려면 일단 복제된 염색체가 떨어져야 하는데, 코헤신이 분해되어야만 염색체가 분리될 수 있다.

분열 체크포인트

APC/C가 사이클린과 세큐린 등의 단백질을 분해하는 것이 세포주기를 조절하는 데 필수적이라고 했다. 그렇다면 APC/C가 단백질을 분해하는 것은 어떻게 조절되는가?

세포주기는 단계마다 조건이 충족되어야 순행한다. 가령 중기에서 후기로 넘어가기 위해서는 염색체와 방추사의 결합이 완료되어야 하고, 염색체와 방추사의 결합이 완료된 이후에야 사이클린이 분해되어 세포 주기가 진행된다. 이를 위해서 APC/C의 기능이 조절되어야만 한다. APC/C는 염색체가 방추사에 완전히 연결되기 전까지는 꺼져 있다가 염색체가 방추사에 완전히 연결되면 켜져서 사이클린을 분해하여 세포주기를 다음 단계로 진행시켜야 한다. APC/C가 염색체와 방추사의 연결을 감지하는 것을 '방추사 조립 체크포인트'(spindle assembly checkpoint, SAC)라고 한다. 방추사의 구조물인 미세소관은 염색체의 중심절에 붙어 있는 동원체에 부착된다. 미세소관이 미처 연결되지 않은 동원체는 APC/C를 억제하여 세포주기를 진행하지 못하게 하는 신호를 만들어 낸다. 방추사가 붙지 않은 동원체에서는 세포분열 체크포인트 복합체(mitotic checkpoint complex, MCC)라는 단백질 복합체가 생성되는데, 이것이 APC/C를 억제한다. 동원체에 방추사가 모두 부착되면 MCC가 더 이상 형성되지 않고, 이것이 신호가 되어 APC/C가 사이클린을 분해하도록 유비퀴틴을 붙인다.

MCC 합성을 지시하는 유전자와 단백질도 있을 것이다. 이것을 찾아내는 데는 다시 효모 유전학이 이용되었다. 방추사의 미세소관 형성을 억제하는 약물을 처리하면 세포주기가 더 이상 진행되지 않는다. 한데 체크포인트 복합체가 잘못되어 이를 감지하지 못해 분열이 진행되어버리면 염색체는 손상되고 말 것이다. 1991년 연구자들은 미세소관 형성을 저해하는 약물인 벤지미다졸(benzimidazole)을 일시적으로 처리해 염색체

분열에 문제가 생긴 돌연변이 효모를 찾았다. 이 돌연변이 효모의 유전자는 벤지미다졸을 처리해도 출아법에 의한 증식을 계속한다는 의미에서 'Bub'(budding uninhibited by benzimidazole)라는 이름으로 불렸다. 또 다른 연구자들은 비슷한 방법을 이용하여 Mad1, Mad2, Mad3 등의 돌연변이 유전자를 발견했다. 'Mad'는 '세포분열 억제 결여'(mitotic arrest-deficient)의 약칭이다. 그리고 생화학적 연구를 통해 Mad와 Bub 유전자가 MCC를 만들어낸다는 것을 밝혔다.[16]

DNA 손상과 체크포인트

세포주기를 계속 진행해도 좋은지 검사하는 '체크포인트'는 분열기의 중기에서 후기로 넘어가는 지점 외에도 존재한다.

1. G1기에서 S기로 넘어가기 전 체크포인트: S기는 DNA가 복제되는 시기이다. 그전에 DNA가 얼마나 손상되었는지 점검한다.
2. S기 중의 체크포인트: DNA의 복제가 진행되고 있는지 끝났는지를 점검한다.
3. G2기에서 분열기로 넘어가기 전 체크포인트: 복제가 완료된 DNA를 최종적으로 점검한다.

세포는 DNA 손상에 기민하게 대처할 수밖에 없다. DNA가 손상된 상태에서 세포주기가 진행되면 DNA 손상으로 인한 돌연변이가 복제된 세포에 그대로 전달된다. DNA의 손상이 계속 축적되면 일부는 암세포로 변모할 수도 있기 때문이다. DNA 손상을 차단하려면 세포주기 중에

---

16 Mad2, BubR1, Bub3 이라는 3개의 단백질이 APC/C를 활성화하는 단백질인 cdc20과 결합하여 MCC를 형성한다.

DNA 수선이 끝날 때까지 복제를 일시 중지시키는 것이 한 가지 방법이고, DNA의 손상이 너무 심하여 더 이상 이 세포가 가망이 없다고 판단되면 세포자멸사를 가동하는 것이 또 다른 방법이다.

세포는 어떻게 DNA 손상을 감지할까? 세포에 생기는 DNA 손상으로는 DNA의 이중나선이 그대로 동강나는 '이중나선 절단'(double strand DNA break, dsDNA break)이 있고, 이중나선 중의 한쪽만 잘리는 '단일나선 절단'(ssDNA break)이 있다. DNA 손상을 감지하는 핵심적인 단백질은 ATM(ataxia-telagiectasia mutated)[17]과 ATR(ATM and Rad3 related)라는 단백질 인산화효소이다. 이 두 단백질은 각각 이중나선 절단(ATM)과 단일나선 절단(ATR) 부위에서 결합하여 CHK2(ATM)와 CHK1(ATR)이라는 단백질 인산화효소에 손상 신호를 전달한다.[18] CHK1과 CHK2는 DNA 복구, 세포주기 억제 등 DNA 손상에 대한 대응을 촉매한다. 세포주기에 대한 반응에 대해서만 이야기한다면 CHK1과 CHK2는 세포주기의 마스터 조절인자인 CDK(사이클린 의존성 단백질 인산화효소)를 활성화하는 cdc25를 인산화하여 세포주기의 진행을 억제한 채로 DNA를 수리한다. DNA 수리가 끝나면 세포주기가 재개되어 무사히 복제를 마친다. 이렇게 함으로써 DNA 손상이 복제되는 세포에 전해지는 것을 최소화한다.

DNA 손상이 복구할 수 있는 수준을 넘어서면 어떻게 될까?

세포자멸사

세포자멸사는 DNA 손상이 아닌 다른 경우에도 일어난다. 가령 세포

---

17 모세혈관 확장성 운동 실조증후군(ataxia telagiectasia)이라는 희귀한 유전병을 유발하는 단백질로 처음 발견되었으며, 이름 역시 질병의 이름에서 나왔다.

18 신호 전달은 세포주기에 관련된 다른 단백질처럼 해당 단백질을 인산화하여 활성화하는 방식이다.

가 외부로부터 사멸을 유도하는 신호를 받은 경우나 세포 내부의 환경 변화를 미토콘드리아가 감지하여 세포자멸사를 유도하는 경우가 있다. 여기서는 DNA 손상에 의한 세포자멸사가 어떻게 일어나는지에 대해서 살펴보고자 한다.

DNA 손상을 일차적으로 감지하는 단백질인 ATM/ATR이 신호를 전달하는 단백질들 중에 P53이라는 단백질이 있다. P53 단백질은 1980년대에 암 억제 유전자로 처음 발견되었다. 이 단백질이 ATM/ATR에 의해서 인산화되면 두 가지 일을 하는데, 하나는 핵에서 갖가지 단백질의 전사를 촉진하는 역할이다. P53에 의해서 새롭게 만들어지는 단백질 중에는 P21이라는 단백질이 있는데, 이 단백질은 CDK와 결합하여 이를 불활성화하고, 세포주기를 억제한다.

P53의 또 다른 기능은 미토콘드리아에서 세포자멸사를 유도하는 단백질의 생성을 촉진하고, 이렇게 생성된 단백질과 결합하여 미토콘드리아가 자멸하도록 지시한다. 세포자멸사 신호를 받은 미토콘드리아는 자신의 내막과 외막 사이의 공간에 존재하던 단백질인 사이토크롬 c(cytochrome c)를 방출한다. 세포질로 방출된 사이토크롬 c는 Apaf-1이라는 단백질과 결합하여 아폽토솜(apoptosome)이라는 거대 단백질 구조를 형성한다. 아폽토솜은 세포자멸사에 관여하는 다른 단백질들을 활성화하는 카스페이즈 9를 활성화하는데, 이로써 세포는 스스로 죽음을 맞이한다. DNA 손상이 축적되어 나중에 암세포로 변화할 가능성이 있는 세포를 저절로 죽게 하는 '프로그램'이 인간을 포함한 고등생물의 유전체에 내장되어 있다. 이것이 인간이 좀처럼 암에 걸리지 않고 살아가는 원동력의 하나이다.

지금까지 알아본 것처럼 세포가 분열하는 과정은 다양한 전제 조건을 충족한 다음에야 순차적으로 진행되는 매우 예민한 과정이다. 이 과정이 잘못되는 것은 곧 세포의 유전정보 손상으로 이어지고, 이를 피하기 위해서 정밀한 조절이 뒤따른다. 우리가 현미경으로 보는 세포의 분열 과정이 이렇게 정교하게 이뤄진다는 것을 이해한 것은 1990년대 이후이므로 사실 얼마 되지 않았다. 세포가 생명의 기본 단위라는 것을 인식한 지 150여 년이 지나서야 세포가 어떻게 분열되는지를 겨우 이해한 셈이다.

11장

세포골격

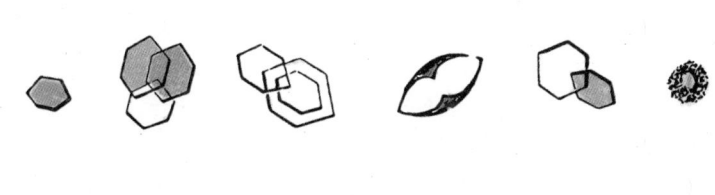

흔히 생물학 교과서에 묘사된 세포의 개념도는 부드럽게 부풀어 오른 풍선이 연상되는 그림이다. 말랑말랑한 풍선의 내부 구조는 복잡한 편이다. 가장 이른 시기에 광학현미경으로도 관찰할 수 있었던 세포핵이 핵막에 둘러싸여 별도의 구획을 이루고 있다. 핵막과 세포막 사이에 있는 세포질 영역에는 미토콘드리아, 소포체, 골지체, 리보솜, 리소좀 등 세포소기관들이 자리하고 있다. 세포와 세포소기관은 신축성이 있는 생체막으로 둘러싸여 있어 '말랑말랑한 풍선' 같은 이미지를 떠올리게 된다.

실제로 세포는 모양이 다양할 뿐만 아니라, 살아 있는 세포를 관찰해보면 그 모양이 동적으로 변한다. 그리고 말랑말랑한 이미지와는 다르게 내부적으로 단단한 골격을 가지고 있어 역동적으로 모양을 바꾸는 구조물에 가깝다. 세포의 모양과 형태를 유지하기 위해서는 내부적으로 힘을 가지고 있어야 한다. 겉으로 보기에는 터지기 쉬운 물풍선처럼 보여도 단단한 내부 골격에 의해 모양을 유지하는 '돔구장'과 비슷하다.

세포의 형태를 유지하기 위해서는 '뼈대'와 비슷한 구조물이 필요하다. 일반적으로 '세포골격'(cytoskeleton)이라고 부르는 단백질로 된 구조물이 세포질 내부에서 그 역할을 한다. 대표적인 세포골격 단백질은 3가지다. 미세소관, 액틴 필라멘트(actin filament), 중간섬유(intermediate filament)인데, 중간섬유는 케라틴(keratin), 라민(lamin) 등 다양한 단백질로 구성되는 단백질 중합체의 통칭이다. 이들은 많은 단백질이 중합되어 형성된 섬유 형태로 존재하면서 세포의 모양을 유지하고, 세포 내에서 운동에너지를 만들며, 세포 내의 화물 수송로가 된다.

근육을 움직이는 단백질, 마이오신

세포의 발전소인 미토콘드리아에서 생산되는 에너지는 ATP라는 화학에너지다. ATP는 화학에너지 자체로도 사용되지만, 운동에너지로 변환되어 사용되어야 할 때도 많다. 생체가 근육을 움직여 일어나는 모든 활동에 소모되는 에너지가 운동에너지인데, 이것은 ATP로부터 변환된 것이다. 세포 내에서 화학에너지가 운동에너지로 변환되는 메커니즘은 이런 변환이 주로 발생하는 조직인 근육을 연구하면서 밝혀졌다.

18세기 이탈리아의 해부학자 루이지 갈바니(Luigi Galvani)는 '동물전기'(animal electricity) 개념을 주창했다. 그는 죽은 개구리의 다리에 전기가 흐르면 근육이 수축되어 다리가 움직이는 것은 전기뱀장어처럼 개구리의 몸에서 전기가 발생하기 때문이라고 해석했다. 그러나 물리학자 알레산드로 볼타(Alessandro Volta)는 갈바니의 의견에 동의하지 않았다. 볼타는 개구리의 다리를 움직인 건 생체 전기가 아니라 갈바니가 사용한 두 종류의 금속막대가 서로 접촉하며 발생한 전기 때문이라고 반박했다.[1] 결론적으로 갈바니의 동물전기 이론 자체는 맞지 않았지만, 이후에 근육의 수축을 유발하는 신호가 신경세포에 의해서 전달되는 전기 신호인 '활동전위'(action potential)라는 것이 알려지면서 갈바니가 처음 발견한 전기와 근육 수축과의 관계는 재평가받게 되었다. 비록 갈바니의 주장처럼 전기가 발생해서 이 에너지로 근육이 수축하는 것이 아니었지만 말이다.

생체에서 떼어낸 근육이 어떤 조건에서 수축하는지에 대한 연구는 이후에도 이어졌다. 8장에서 소개된 링거의 실험을 통해 체외에서 심장 박

---

1   볼타의 발견은 후일 전지의 발명으로 이어진다.

동이 유지되려면 칼슘이 필요하다는 사실이 밝혀졌다. 칼슘은 심장 근육의 운동에 어떤 역할을 하며, 칼슘 외에 다른 물질이 더 관여되어 있을까?

19세기 중반, 세포의 성분을 화학적으로 규명하려는 연구가 계속되면서 근육을 움직이게 하는 물질에 대한 관심 역시 생겨났다. 1863년, 독일의 생리학자 빌헬름 퀴네(Wilhelm Kühne)는 동물의 근육에서 끈적끈적한 점성이 있는 단백질을 분리하고 이를 '마이오신'(myosin)이라고 불렀다. 퀴네가 근육을 수축시키는 물질이라고 주장한 마이오신은 나중에 단일한 마이오신이 아니라 마이오신, 액틴(actin), 그리고 여러 근육 단백질이 섞인 혼합 물질이라는 사실이 밝혀졌다.

퀴네의 발견 이후 마이오신의 생화학적 성질이 연구되면서, 1939년 마이오신이 ATP를 분해한다는 것을 알게 되었다. 이 무렵은 미토콘드리아에서 만들어지는 ATP가 생체 내에서 에너지원으로 사용된다는 것이 알려졌으므로, 마이오신이 ATP를 분해하여 근육 수축에 필요한 에너지를 얻는다는 가설이 도출될 수 있었다.

액틴의 발견

2차대전이 한창이던 때, 헝가리 부다페스트에 있는, 쉔트죄르지 얼베르트(Szent-Györgyi Albert)라는 생화학자의 연구실에서는 근육 단백질 연구가 한창이었다. 쉔트죄르지는 1937년 비타민 C를 처음 발견한 공로로 노벨 생리의학상을 수상했다. 헝가리가 1940년 독일과 이탈리아의 추축국 동맹에 참여하는 바람에 그의 연구실도 2차대전의 여파에 휘말릴 수밖에 없었다. 주로 영국이나 미국에 있던 근육 관련 연구자들과 교류가 끊어졌고, 《네이처》나 《사이언스》 같은 과학 학술지도 볼 수 없었다. 영국과 미국의 과학자들도 적국인 헝가리에서 수행된 연구 결과를 알 수 없었다.

1941년 쉔트죄르지와 연구자들은 근육에서 마이오신을 추출하는 조건에 따라서 성질이 다른 두 종류의 단백질이 추출된다는 것을 알게 되었다. 근육을 갈아 농도가 높은 염 용액에 약 20분간 담가 두면 점성이 낮은 마이오신이 추출되지만, 이것을 밤새도록 방치해 두면 점성이 매우 높은 마이오신이 추출된다. 각각 '마이오신-A'와 '마이오신-B'로 명명된 두 단백질에는 흥미로운 점이 있었는데, 마이오신의 점성이 ATP 첨가량에 따라 서로 달랐다. 마이오신-B의 점성은 ATP를 첨가하면 줄어들었지만 마이오신-A의 점성은 그렇지 않았다. 근육의 '마이오신'에는 성질이 다른 두 가지 단백질이 들어 있다고 볼 수 있었다.

이처럼 성질이 다른 두 마이오신 중 마이오신-B를 체외에서 가닥으로 만들어 ATP를 첨가하자 수축이 일어났다.(그림 11.1) 근육에서 일어나는 수축 현상이 체외에서도 재현된 것이었다. 마이오신-A와 B의 차이는 무엇일까? 마이오신-B에는 마이오신 이외에 다른 단백질이 들어 있음이 분명했다. 센트죄르지 연구실의 브루노 스트라웁(Brunó Straub)은 마이오신을 활성화하는 단백질을 분리하려고 했다. 마이오신-B에 아세톤을 처리하여 마이오신을 제거하고 남은 물질을 마이오신-A에 첨가해 수축작용을 일으키는 단백질을 정제하는 데 성공했다. 스트라웁는 이 단백질을 마이오신을 활성화하는 단백질이라는 의미에서 '액틴'(actin)이라는 이름을 붙였다. 그리고 마이오신-B는 액틴과 마이오신이 함께 들어 있으므로 '액토마이오신'(actomyosin)으로 바꾸어 불렀다.

조직에서 추출된 액틴은 고농도 염 용액에서는 점성이 높아지지만,

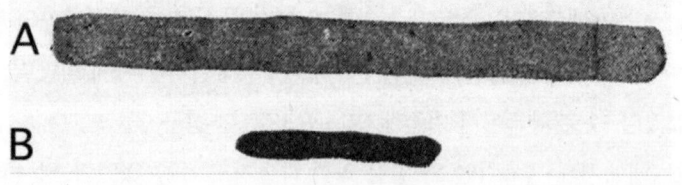

그림 11.1   근육에서 분리한 마이오신-B(A)에 ATP를 첨가하자 수축이 일어났다(B). 실제 조직에서 일어나는 근육 수축이 분리한 단백질에서도 일어난 것이다.

저농도 염 용액에서는 점성이 낮아졌다. 스트라웁이 처음 액틴을 정제할 때는 미처 알지 못했지만, 액틴은 세포 내부의 염 농도와 비슷한 수준의 고농도 염에서는 서로 결합하여 필라멘트를 형성하는데, 이를 '필라멘트 액틴'(filament actin, F-액틴)이라고 한다. 즉 레고 블록이 서로 결합하듯이 단위 단백질들이 결합하여 긴 필라멘트가 된다. 반면 묽은 염에서 액틴은 필라멘트 형태로 결합하지 않고 결합 이전의 단위체로 남아 있는데, 이때의 액틴을 '구상 액틴'(globular actin, G-액틴)이라고 한다. 액틴은 한번 F-액틴이 되면 영구히 필라멘트로 고정되는 것이 아니라, 묽은 염 용액으로 옮기면 결합했던 액틴이 풀어져 G-액틴으로 되돌아간다. G-액틴은 적절한 조건에서 다시 F-액틴으로 변화할 수 있다.

ATP가 근육 단백질의 수축을 유도하는 메커니즘도 확인되었다. 마이오신에 ATP가 결합되어 있을 때는 액틴과 마이오신이 분리된다. 그러나 마이오신에 결합된 ATP가 분해되면, 액틴과 마이오신이 단단히 결합하여 액토마이오신 상태가 된다. 결국 근육이 수축하고 이완하는 운동은 액틴과 마이오신이 결합했다 떨어졌다 하는 화학작용의 결과로 이뤄지는 것이며, 이를 위해서는 지속적으로 ATP가 공급되고 가수분해되어야 한다는 것이 1940년대의 생화학적 연구를 통해 밝혀졌다.

ATP가 분해된 상태에서는 액틴과 마이오신이 단단히 결합되어 있는 액토마이오신 상태가 된다.[2] 결국 액틴과 마이오신이 동시에 존재해야만 근육이 수축할 수 있으며, 여기에는 ATP의 가수분해가 필요하다는 것이 1940년대의 생화학적 연구를 통해 알려지게 되었다.

---

2   이런 현상은 동물의 '사후 경직'과도 관련되어 있다. 동물은 죽은 후 일정한 시간이 경과하면 몸이 딱딱하게 굳는데, 그 이유는 죽은 조직에서는 더 이상 ATP가 생성되지 않기 때문이다. ATP가 소모되어 나서 새로운 ATP가 채워지지 않으므로, ATP가 빠진 상태에서 액틴과 마이오신이 단단히 결합해 액토마이오신을 형성한다.

슬라이딩 필라멘트 모델

근육세포에서 액틴과 마이오신을 발견하고 이 단백질들이 활성화하는 화학적 조건까지 파악되었으니, 이번에는 액틴과 마이오신이 세포 안에서 어떤 식으로 구성되어 존재하는지 다양한 실험 연구가 진행되었다.

1953년 영국의 분자생물학자 휴 헉슬리(Hugh E. Huxley)는 케임브리지 대학교의 분자생물학연구소(Laboratory of Molecular Biology)에서 근육에 엑스선을 조사하여 나타나는 회절(回折) 무늬를 분석했다. 헉슬리의 연구에 따르면 근육의 구성 물질은 주기적인 규칙성을 띠고 분포되어 있으며, 두 종류의 필라멘트로 구성되어 있었다.[3] 이와 함께 전자현미경으로 근육 조직을 관찰해보니 두 종류의 필라멘트는 굵기와 길이가 달랐다. 굵은 필라멘트는 길이가 약 1.6마이크로미터, 가느다란 필라멘트는 약 1.0마이크로미터였고, 이 두 필라멘트가 엇갈리며 반복된 구조가 근육을 이루고 있었다. 이러한 근육의 기본적인 구성 단위를 '근절'(sacormere)이라고 부르게 되었다.

고농도 염에서 ATP를 가하면 액틴과 마이오신이 분리된 것에 착안해 전자현미경으로 분석할 조직에 짙은 염 용액과 ATP를 처리한 후 관찰해보니 굵은 필라멘트가 사라져 있었다. 따라서 높은 농도의 염 용액 존재에서 한 종류의 단백질이 사라졌으므로 전자현미경으로 관찰된 필라멘트 중 하나가 액틴, 다른 쪽이 마이오신임을 알게 되었다.

액틴과 마이오신이 서로 교차, 분포하는 구조가 어떻게 근육을 수축시키는 걸까? 1954년 헉슬리는 토끼의 근육에 ATP를 첨가하여 생기는 구조의 변화를 전자현미경으로 관찰했다.(그림 11.2) ATP가 첨가되어 근육이 수축된 상태에서는 액틴과 연결되어 있는 'Z선' 사이의 거리가 가까워지고, 근육이 이완된 상태에서는 Z선 사이의 거리가 멀어져 있었다. 결국

---

[3] 이러한 연구 방식은 1950년대에 DNA에 대한 X선 회절 분석을 통해 DNA가 나선 구조라는 것을 알아낸 것과 거의 비슷한 연구 방법이다.

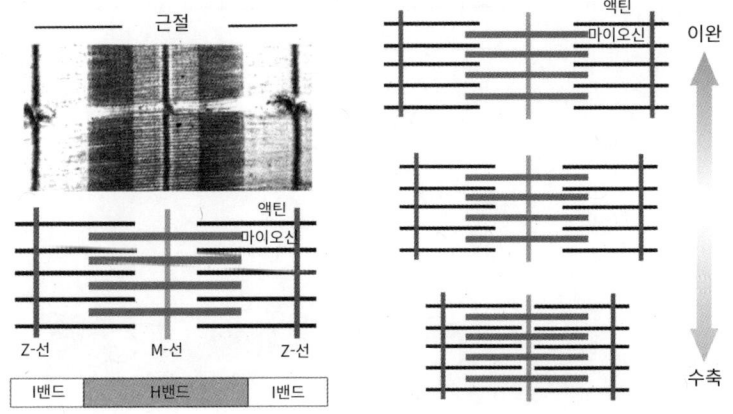

그림 11.2 근육 조직을 전자현미경으로 관찰한 결과 근육은 '근절'이라는 단위로 이뤄져 있었다. 사진에서 액틴과 마이오신이 중첩된 부분은 더 어둡게 나타난다. 근육의 이완과 수축은 서로 맞물린 액틴과 마이오신 필라멘트의 근절 단위의 움직임으로 인해 발생한다.

근육의 운동은 마이오신이 액틴 위에서 활주하듯 움직이며 근절의 폭이 변하는 수축과 이완에 의한 것이라는 모델이 정립되었다. 이를 '활주 필라멘트 모델'(Sliding Filament Model)이라고 한다.

액틴과 마이오신에 대한 분자 단위의 이해

현대의 생물학은 생체의 구조, 성분, 작용에 관한 모든 것을 분자 수준까지 해체하여 파악하는 학문이다. 활주 필라멘트 모델이 정립된 이후, 액틴과 마이오신에 대한 연구는 이 단백질들의 3차원 구조와 3차원 구조를 가진 그 단백질들이 어떻게 맞물려 활주하는지를 분석하는 단계로 넘어갔다. 하지만 휴 헉슬리가 활주 필라멘트 모델을 내놓을 때까지 3차원 구조가 밝혀진 단백질은 하나도 없었다. 최초로 입체 구조가 밝혀진 단백

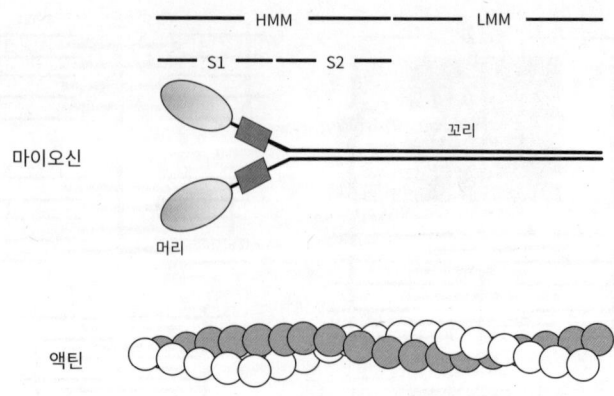

그림 11.3 마이오신과 액틴의 구조. 마이오신은 액틴과 상호작용하는 '머리' 부분과 마이오신을 서로 결합시키는 긴 '꼬리' 부분으로 나뉘어 있으며, 필라멘트 액틴은 개별 단위체인 구상 액틴이 길게 결합된 나선 구조로 되어 있다.

질은 헤모글로빈이었는데, 이는 1963년의 일이다. 이로부터 20년여가 더 흐른 후에야 마이오신과 액틴의 고해상도 입체 구조가 원자 수준에서 완전히 파악되었고, 액틴과 마이오신이 어떻게 상호작용하여 근육의 수축을 유발하는지 알려지게 되었다.

마이오신이 어떻게 생겼는지는 1960년대에 대략적으로 파악되었다. 단백질 분해효소인 트립신(trypsin)으로 마이오신을 분해해보니, 마이오신은 액틴에 붙으며, ATP 분해효소 활성이 있는 H-메로마이오신(Heavy Meromyosin, HMM)과 L-메로마이오신(Light Meromyosin, LMM)의 두 조각으로 나뉘었다. L-메로마이오신은 약 900옹스트롬(10^{-10}m) 길이의 매우 긴 필라멘트를 형성하고 있었다. H-메로마이오신을 다른 단백질 분해효소로 잘라보니, 다시 S1 영역과 S2 영역으로 나뉘었다. S1 영역은 두 개의 둥근 머리 모양의 분자였으며, ATP 분해효소를 활성화하고 액틴과 결합하는 데 관여하고 있었다. 한편 꼬리에 해당하는 S2 영역은 두 개의 마이오신 분자를 결합하여 마이오신이 둥근 머리가 2개인 모양을 하게 된다.

1963년의 전자현미경 관찰은 액틴이 360도를 주기로 두 개의 필라

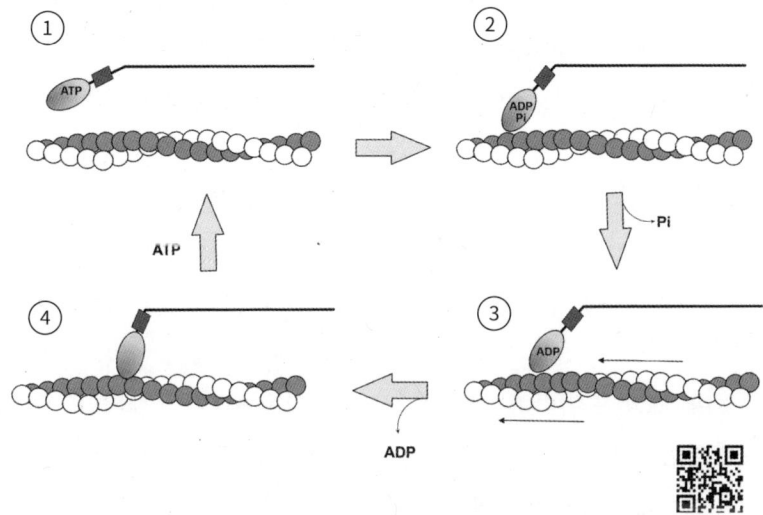

그림 11.4 걸음을 걸을 때 다리의 관절을 움직여 한 걸음씩 내딛는 것과 마찬가지로 마치 마이오신의 '머리'가 발이 되어 액틴이라는 트랙 위에서 ATP를 소모하면서 G-액틴을 하나씩 밀어내듯 걷는 모양새가 근육의 수축이다. QR코드를 스캔하면 이 과정을 동영상으로 볼 수 있다.

멘트가 나선형으로 결합되었음을 보여주었다.[4] 이어 1971년에는 이와 같은 구조의 마이오신과 액틴의 운동을 생화학적으로 분석하는 데 성공했다. 동물의 골격근이 수축과 이완 운동을 하는 동안 발생하는 생화학은 다음과 같은 단계를 밟는다.(그림 11.4)

1. 마이오신의 머리에 ATP가 결합되어 있으면 액틴과 마이오신이 분리된다.
2. 마이오신의 머리에는 ATP를 분해하는 ATP 분해효소 활성이 있어서 ATP가 ADP와 Pi로 분해되면, 마이오신의 머리 각도가 변해 액틴과 결합한다.

4　이때 관찰한 것은 원자 수준의 고해상도 구조가 아니라 단백질들 사이의 구성에 대한 대략적인 정보이다.

3. Pi가 마이오신에서 떨어져 나가면 마이오신은 구조를 변형시켜 결합된 액틴을 밀어내는데, 이것이 근육 수축의 원동력이다.
4. ADP가 마이오신에서 떨어져 나가면 마이오신과 액틴은 단단히 결합하고 더 이상 움직이지 않는다. 이 상태에서 ATP가 결합하면 마이오신과 액틴은 다시 떨어져서 1번 상태로 되돌아간다.
5. 이 과정이 반복되면서 ATP가 ADP로 분해되고, 액틴 필라멘트의 이동, 즉 근절의 수축이 일어난다.

마이오신은 머리(H-메로마이오신)에 부착된 ATP가 분해되어야만 액틴에 결합하여 수축 운동을 발생시킬 수 있다. 액틴과 마이오신의 상태 변화를 조성하는 환경은 어떻게 조절되는 것일까? 이미 19세기 링거의 실험이 근육 수축에 칼슘이 필요하다는 것을 암시했다. 1960년대가 되어 이 발견들을 종합할 수 있게 되었다. 근소포체(sarcoplasmic reticulum)에서 칼슘이 근세포로 방출되면 근육이 수축하고, 칼슘이 없어지면 근육이 이완

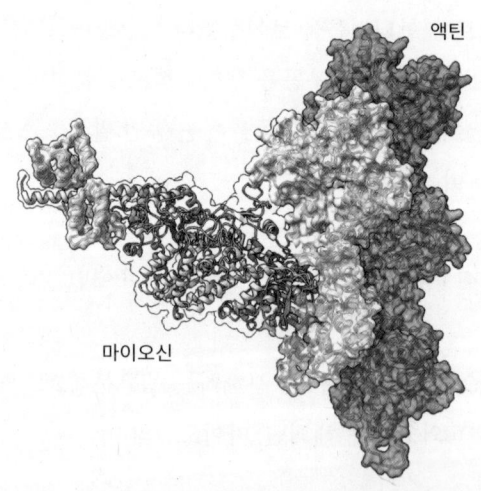

그림 11.5 액틴과 마이오신의 존재가 알려진 지 약 50년이 지난 1990년대에 비로소 원자 수준의 입체 구조가 결정되었고, 액틴과 마이오신이 어떻게 결합하고 떨어지는지를 보여주는 구체적인 그림도 나오게 되었다.

된다. 또 근육에는 수축을 억제하는 트로포마이오신(tropomyosin)이라는 단백질도 존재한다. 트로포마이오신은 약 390옹스트롬의 매우 긴 단백질로 액틴과 결합한다. 트로포마이오신이 결합되어 있으면 액틴은 수축할 수 없다. 마이오신의 머리가 액틴에 접촉하는 부위를 트로포마이오신이 가리고 있는 것이다. 트로포마이오신이라는 브레이크를 떼어내는 것이 칼슘 이온이다. 그리고 이 브레이크 해제에 하나 더 필요한 단백질이 트로포닌(troponin)이다. 트로포닌은 칼슘에 결합하여 자신의 입체 구조를 바꾸는 단백질로서 트로포마이오신과도 결합한다. 칼슘에 결합된 트로포닌은 액틴에 붙어 있는 트로포마이오신의 위치를 약간 변화시켜, 마이오신이 액틴과 결합하는 부위를 노출시킨다. 칼슘이 회수되면 트로포닌의 모양은 원래로 돌아가고, 액틴과 마이오신은 이제 더 이상 결합할 수 없으므로 근육은 이완된다.

그리하여 근육 조직의 연구를 통해 미토콘드리아에서 생산된 ATP라는 화학에너지가 운동에너지로 소모되는 물리적·생화학적 메커니즘이 분자 수준에서 명확히 밝혀졌다. 한편 세포 내에서 에너지가 힘으로 전환되는 곳은 근육세포만이 아니다. 다른 세포에서 '힘'을 쓰는 방식도 근육세포와 마찬가지일까?

근육세포가 아닌 세포에 있는 액틴과 마이오신

1973년 미국의 생물학자 토머스 폴라드(Thomas Pollard)와 에드워드 콘(Edward Korn)은 단세포 생물인 아메바에서 마이오신과 흡사한 단백질을 발견했다. 왜 근육세포가 아닌 단세포 생물인 아메바에 마이오신이 있을까? 폴라드와 콘은 아메바에서 분리한 마이오신을 더 자세히 조사해보았다. 아메바의 마이오신도 액틴과 결합했는데, 둥근 머리는 하나만 있었다. 아메바는 단세포 생물이므로 동물처럼 굵은 필라멘트와 가는 필라멘트로 짜인 근육 조직이 없다. 그렇다면 아메바의 마이오신은 세포에서 어떤 일을 하는 것일까?

이와 거의 비슷한 시기에 토머스 슈뢰더(Thomas Schroeder)는 성게의 수정란이 분열한 끝에 부모세포가 둘로 나뉠 때 '분열구'가 먼저 생기는 현상을 목격했다. 슈뢰더는 나름의 가설을 가지고 다른 수정란으로 재실험하여 분열구가 생기기 전에 액틴의 중합을 억제하는 약물을 처리해보았다. 예상대로 분열구가 나타나지 않았다. 그의 실험 결과는 분열구가 형성되는 데 액틴 필라멘트가 필요하다는 것을 암시한다.

또 슈뢰더는 전자현미경으로 성게의 분열구에서 근육 조직에 있는 것과 유사한 필라멘트를 관찰하고, 이를 검증하기 위해 다른 실험도 해보았다. 즉 성게의 분열구에 토끼 근육에서 추출한 마이오신을 투입하자 이것이 분열구에 있는 필라멘트와 결합했다. 성게 세포가 분열할 때 생기는 분열구에는 마이오신과 결합할 수 있는 필라멘트, 즉 액틴 필라멘트가 있다는 것이다. 즉 체세포가 분열될 때에도 액틴이 필요하다.

슈뢰더의 연구가 발표된 이후 동물의 거의 모든 세포에 액틴이 존재한다는 것이 확인되었다. 근육세포에서 액틴과 마이오신은 각각 가는 필라멘트와 굵은 필라멘트의 형태로 근절을 형성하지만, 그런 구조를 갖지 않는 다른 세포에서 액틴은 어떤 형태로 있으며, 무슨 역할을 하는 것일까? 1970년대에 면역형광염색법과 형광현미경이라는 새로운 관찰 기법이 일반화되면서 비근육세포에 액틴과 마이오신이 어떻게 존재하는지를 관찰할 수 있게 되었다.[5] 면역형광염색법은 특정한 단백질을 인식하는 항체를 만들고, 그 항체에 형광물질을 달아서 단백질의 위치를 형광현미경으로 관찰하는 방법이다. 콜드스프링스하버 연구소(Cold Springs Harbor Laboratory)의 일라이어스 라저라이스(Elias Lazarides)와 클라우스 베버(Klaus Weber)[6]는 마우스의 섬유아세포(fibroblast)[7]에서 액틴을 분리하고

---

[5] 면역형광염색법과 형광현미경에 대해서는 15장에서 자세히 설명한다.

이를 항원으로 삼아서 액틴을 인식하는 항체를 만들었다. 세포에 액틴을 인식하는 항체를 처리한 후 이 항체가 세포의 어디에 존재하는지를 관찰했다. 액틴은 섬유아세포에서 관찰되었을 뿐만 아니라, 세포와 외부의 경계를 이루는 세포막의 바로 아래 부분인 코텍스(cortex) 영역과, 세포를 종단하는 굵은 섬유망에서도 관찰되었다. 후자의 굵은 섬유망은 '스트레스섬유'(stress-fiber)라고 불리게 되었다.

액틴이 근육세포뿐만 아니라 거의 모든 진핵생물의 세포에 있다는 것은 분명히 액틴이 하는 역할이 있기 때문일 것이다. 이를 본격적으로 알아보기 전에 세포에 있는 또 다른 필라멘트와 이를 구성하는 단백질에 대해 먼저 알아보도록 하자.

미세소관이란 트랙 위에서 달리는 키네신

1950년대에 전자현미경을 통해 세포소기관들을 관찰할 수 있게 되면서 방추사와 그 구성물에 대한 관심이 되살아났다. 연구자들은 여러 종류의 서로 다른 세포에서 비슷한 특성을 가진 '원통형 구조물'을 관찰했다. 가령 섬모충류의 섬모(cillia) 안에는 약 13개의 원통형 필라멘트가 있었다. 비슷한 구조물은 식물의 뿌리에도 있었다. 이 구조물은 방추사의 미세소관과 동일한 필라멘트로 만들어져 있었다. 미세소관은 튜불린이라는 단백질로 구성된다. 미세소관과 튜불린이 방추사가 아닌 장소들에서 하는 역할을 알아내는 데는 오징어의 '거대축삭'(giant axon) 세포가 실마리를 제공했다.

---

6   클라우스 베버는 폴란드 태생의 독일 과학자로, 1965년 제임스 왓슨의 연구실에서 박사후연구원을 지냈고, 1975년 막스플랑크 연구소의 제안을 받아 독일로 돌아가기 전까지 콜드스프링하버 연구소와 하버드 대학교에서 연구했다.

7   콜라겐섬유를 만들어내 생체 내부 곳곳과 세포들을 감싸서 보호하는 세포.

물을 뿜어서 추진력을 내는 오징어의 머리 부분에는 '거대축삭'이라는 것이 있다. 오징어의 축삭은 지름이 0.5밀리미터, 길이는 수센티미터 정도로 다른 동물의 축삭에 비해 훨씬 커서 신경 신호의 전달 과정을 연구하기에 적합하다. 오징어의 축삭은 크기가 크긴 해도 결국 하나의 신경세포에 불과하다. 세포를 유지하는 데 필요한 단백질 같은 생체 물질들은 세포핵이 있는 세포 본체에서 만들어진다. 이렇게 만들어진 단백질은 축삭 말단까지 수센티미터에 달하는 거리를 이동해야 한다. 단백질이 일반적으로 세포 내에서 이동하는 방법인 확산(diffusion)으로 전달될 수 있는 거리는 기껏해야 수밀리미터 정도에 지나지 않는다. 따라서 축삭 말단까지 전달되어야 하는 단백질이나 세포소기관은 확산이 아닌 다른 방법으로 전달되어야 한다.

스탠퍼드 대학교의 박사과정 대학원생이던 론 베일(Ron Vale)은 이 문제를 풀어보고자 했다. 베일은 같은 대학의 제임스 스푸디치(James Spudich) 연구실에서 시도했던 것처럼 액틴과 마이오신의 상호작용을 현미경으로 실시간 관찰하려고 했다. 축삭 내에 액틴으로 구성된 긴 '트랙'이 존재하고, 이 액틴을 트랙 삼아 움직이는 마이오신에 의해서 물질이 전달된다는 가설을 세우고, 이를 오징어의 거대축삭을 이용해 증명한다는 실험을 설계했다. 그리고 작은 플라스틱 입자에 마이오신을 붙여서 거대축삭에 주입하고, 입자의 움직임을 확인했다. 그러나 기대와는 달리 마이오신을 붙인 플라스틱 입자는 축삭 안에서 전혀 움직이지 않았다. 공교롭게도 아무것도 붙이지 않은 플라스틱 입자는 오징어의 축삭 내에서 매우 빠른 속도로 움직였다. 축삭 내에서 물질의 이동을 촉진하는 단백질은 마이오신과 액틴이 아닐 수도 있다는 것을 암시하는 결과였다.

베일은 오징어 축삭 조직을 분쇄하여 체외에서 플라스틱 입자가 이동하는지도 관찰했는데, 놀랍게도 플라스틱 입자가 필라멘트 위에서 빠르게 이동했다. 전자현미경으로 들여다봤더니 이 필라멘트는 베일이 가설에서 예상했던 액틴 필라멘트가 아니라 미세소관이었다.

베일은 후속 실험에서 생화학적 방법을 동원해 플라스틱 입자를 옮긴 단백질을 순수하게 분리하는 데 성공하고 그 단백질을 '키네신'(kinesin)이라고 명명했다. 그후 새로운 사실들이 잇따라 밝혀졌다. 키네신은 미세소관 위를 움직이며, 움직이는 방향은 미세소관이 자라나는 방향과 같다. 세포분열을 위해 핵에서 자라나는 미세소관에서도 키네신은 같은 방향으로 움직인다. 키네신은 세포소기관이나 단백질 등의 '화물'과 결합하여 미세소관이라는 트랙을 타고 물질을 수송하는 '운동단백질'(motor protein)로 정의되었다. 마이오신이 액틴을 트랙으로 삼아 움직이는 것처럼 키네신은 미세소관을 트랙 삼아 그 위에서 움직인다. 하는 일이 비슷해서인지 키네신 역시 마이오신과 같이 두 개의 머리를 가지고 있으며, ATP의 가수분해와 해리에 의해서 모양을 바꾸어 가며 움직인다.

키네신이 미세소관이 자라나는 방향과 같은 방향으로 움직인다면, 반대 방향으로 움직이면서 물질을 수송하는 다이닌(dynein)이라는 단백

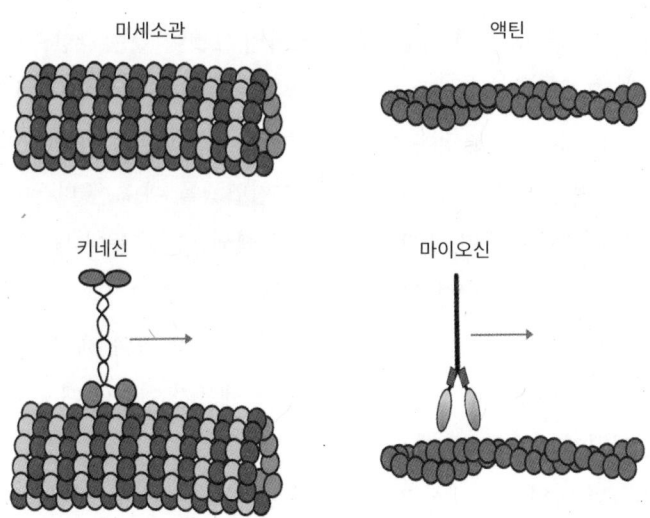

그림 11.6 키네신은 미세소관이라는 트랙 위를 움직이는 운동단백질이고, 마이오신은 액틴이라는 트랙 위를 활주하는 운동단백질이다. 미세소관과 액틴 필라멘트는 세포의 전역에 분포한다. 비근육세포에 있는 액틴은 세포막 아래 부분인 코텍스와 세포를 가로지르는 스트레스섬유 형태로 존재한다.

질도 발견되었다. 키네신과 다이닌은 축삭에서 물질 수송 이외에도 미세소관이 존재하는 모든 세포에서 운동단백질 역할을 한다는 것이 발견되었다. 예를 들어 방추사가 형성되는 과정에서도 키네신과 다이닌이 미세소관 위에서 움직이면서 다양한 단백질이 옮긴다. 방추사에 연결된 염색체를 끌어당기는 것도 키네신, 다이닌에 의해서 미세소관이 당겨지면서 이동하기 때문이다. 기차가 철로 위에서만 움직이는 것처럼 세포 안에서 미세소관과 액틴 필라멘트는 키네신과 다이닌, 그리고 마이오신이 이동하는 '철로' 역할을 한다. 굳이 구분하자면, 미세소관은 축삭처럼 장거리 화물 수송용 철로이고, 액틴 필라멘트는 단거리 동네 도로와 비슷하다.

세포를 움직이게 하는 액틴

몸속에 있는 세포들의 상당수가 고정된 위치에 있지 않고 계속 이동한다. 가령 면역세포가 침입자를 감지하면 그것이 있는 방향으로 이동하여 식세포작용(phagocytosis)을 통해 침입자를 흡수하여 분해하고, 상피세포(epithelial cell) 조직에 상처가 생기면 이를 메우기 위하여 이동한다. 단세포 생물인 아메바는 숙주세포에 침입했을 때 혹은 다른 세포를 잡아먹기 위해 이동한다. 박테리아 같은 원핵세포는 운동에 필요한 편모(flagella)를 가지고 있고, 정자도 긴 꼬리로 움직인다.[8] 그런데 세포는 편모나 꼬리 같은 별도의 운동기관이 없는데도 움직일 수 있다. 세포는 자신의 모양을 변형시키면서 꿈틀거리며 이동한다. 세포가 이동할 때 필요한 에너지는 어떻게 제공될까?

1971년 닭의 심장에서 떼어낸 섬유아세포의 이동을 전자현미경으로 관찰하던 연구자들은 세포 앞의 얇은 돌출 부위[9]에서 액틴을 발견했

---

8 정자의 꼬리는 섬모와 비슷한 미세소관으로 구성된다.
9 라멜리포디아(lamellipodia) 혹은 층상위족(層狀僞足)이라고 한다.

다. 1973년에는 이동하는 아메바 안에서도 액틴과 마이오신 필라멘트로 이뤄진 부분이 발견되었다. 이러한 발견들에 의해 근육세포가 아닌 세포가 이동하는 힘도 액틴과 마이오신의 수축 작용에 의해 발생할 것이라는 예상을 할 수 있게 되었다.

1970년대 중후반에 걸쳐 F-액틴 혹은 G-액틴에 결합하여 필라멘트의 형성을 조절하는 일련의 단백질이 발견되었다. 프로필린(profilin)이라는 단백질은 G-액틴에 결합하여 액틴이 필라멘트로 중합되지 않도록 한다. 코필린(cofilin)이라는 단백질은 F-액틴에 붙어서 이를 분해하여 G-액틴으로 만든다. 캡핑단백질(capping protein)은 F-액틴의 끝에 붙어서 필라멘트의 길이를 조절한다. 이상의 단백질들은 세포 내의 F-액틴을 줄이는 역할을 한다.

1990년대 초 세포생물학자인 앨런 홀(Allan Hall)은 암 유전자 Ras(9장)와 비슷한 서열을 가진 단백질 Rho(Ras-homolog)를 연구하고 있었다. 그런데 Rho는 Ras처럼 세포주기 등을 조절하는 단백질이 아니었다. 대신 세포 안에서 액틴의 양을 조절하는 마스터 스위치처럼 작동했다. Rho 단백질이 활성화되면, 세포 내 스트레스섬유의 양이 급격히 증가한다. Rho와 유사한 또 다른 단백질인 Rac의 경우, 세포 이동 시에 생성되는 라멜리포디아의 액틴 생성을 조절했다. 그리고 Rho와 비슷한 또 다른 단백질인 cdc42가 활성화되면 세포 표면에 필로포디아(filopodia, 사상위족(絲狀僞足))라는 작은 돌출 부위를 형성했다. 이 돌출 부위는 액틴이 자라서 세포막을 밀어내면서 생긴 것이었다.(그림 11.7)

세포는 세포 내 어떤 위치에서 F-액틴이 새롭게 만들어지면서 이동하는 것이라고 볼 수 있다. 그렇다면 Rho, Rac, cdc42는 어떻게 F-액틴을 만들까? 1998년 Arp2(actin related protein 2)와 Arp3(actin related protein 3)이라는 두 개의 단백질이 들어 있는, 6개의 단백질로 구성된 Arp2/3 복합체가 그 역할을 한다는 것이 밝혀졌다. Arp2/3 복합체는 이미 존재하는 액틴의 옆에 붙고, 여기에서 새로운 액틴의 가지가 시작된다. Rac,

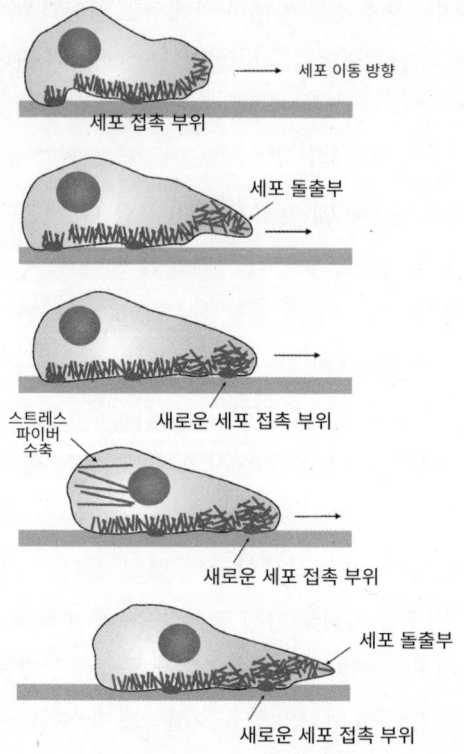

그림 11.7 세포는 액틴과 여러 단백질로 구성된 세포 접촉 부위로 고정된 상태이다. 하지만 세포 돌출부에서 F-액틴이 형성되서 세포막을 미는 힘이 생겨 앞으로 이동하고, 그곳에 새로운 세포 접촉 부위가 생긴다. 세포의 뒤편에서는 스트레스섬유에 있는 액틴과 마이오신이 수축하여 뒷부분을 당겨서 세포를 이동시킨다. 이 과정이 반복되어 세포는 일정한 방향으로 움직인다.

cdc42는 Arp2/3 복합체를 활성화하여 새로운 액틴을 만들어내는 역할을 한다. 이렇게 세포 내에서 새로운 액틴을 만드는 단백질을 '액틴 뉴클리에이터'(actin nucleator)라고 한다. 2000년대에 들어서 세포의 운동력은 세포의 돌출부에서 F-액틴이 지속적으로 합성되면서 세포막을 밀어서 추진력을 내고, 생성된 액틴 필라멘트는 코필린 등에 의해 G-액틴으로 분해되며, 액틴은 계속 재활용된다는 모델이 등장했다.

세포분열을 일으키는 액틴

성게의 수정란에서 분열구를 형성하는 물질이 액틴이며, 액틴과 마이오신이 세포분열을 일으키는 힘을 제공할 거라는 토머스 슈뢰더의 예측 역시 옳았다. 진핵세포는 핵분열이 먼저 일어나고 방추사가 염색체에 부착을 마친 후 세포질이 분열된다. 이렇게 세포가 물리적으로 두 개로 나뉘는 과정인 '세포질 분열'은 액틴 필라멘트의 생성으로 촉진되며, 분열구에는 마치 근육에서처럼 마이오신도 함께 작용하고 있었다. 분열구에 존재하는 액토마이오신 구조를 '수축환'(contractile ring, 액토마이오신 고리)이라고 한다. 물이 꽉 찬 비닐 봉지를 고무줄로 묶어서 두 개로 나누기 위해서는 힘을 주고 꽉 묶어야 하는 것처럼, 세포를 물리적으로 두 개로 나누기 위해서는 힘이 필요하다. 근육이 수축하는 원리와 마찬가지로 세포질 분열이 일어나기 위해서는 분열구 주변에 액틴과 마이오신이 만드는 수축환의 힘에 의해 세포가 나뉜다. 다만 근육세포에는 액토마이오신 구조가 상존하지만, 비근육세포에서는 분열기 후기의 세포질 분열 시에만 일시적으로 생기고 사라진다는 것이 다르다.

현상의 원리가 밝혀지고 나면 뭐든 간단해 보이지만, 비근육세포에서 매우 특정한 시기에만 형성되었다 사라지는 수축환은 알고 보면 꽤 까다로운 조건을 충족해야 하기 때문에 흥미로운 면이 있다. 세포주기를 다룬 챕터의 내용을 떠올려보면, 중심체로부터 자라나온 미세소관에서 방추사가 형성되어 염색체와 연결되면서 염색체들을 세포의 정중앙인 적도판에 배열시킨다. 핵분열이 완료되면, 염색체가 양분되었던 적도판 위치에서 세포질도 분할될 수 있도록 수축환 구조가 형성되는 것이다. 세포의 적도판은 방추사의 중심이기도 하다. 바로 이곳에서 F-액틴과 마이오신이 만들어진다. F-액틴이 만들어지려면 액틴 뉴클리에이터가 필요한데, 이때는 포민(formin)이라는 단백질이 그 역할을 한다.[10] 또한 포민과 마이오신을 정확히 세포 중심에 자리 잡게 하는 데에는 아닐린이라는 단백질도 필요하다. 요약하면 세포질이 정확히 분할되어 세포의 물질들을 두 곳으로 나누기 위해서는 액틴과 마이오신을 포함하여 수많은 단백질이 정교하게 작동해야만 한다.

자동 기계 안에서 화학에너지나 전기에너지를 운동에너지로 변환해주는 장치가 엔진 혹은 모터이다. 화학 공장인 세포 안에서는 정말 가지각색의 화학작용이 쉴 새 없이 일어나는데 여기에는 화학적인 에너지가 필요하며, 세포가 분열하고 증식하는 데에는 물리적인 에너지가 필요하다. 세포가 이 모든 작용에 투입하는 에너지의 원천은 미토콘드리아가 생산하는 ATP라는 화학에너지다. 세포에서 엔진의 역할을 맡아서 화학에너지를 운동에너지로 변화하는 부품들이 지금까지 알아본 액틴과 미세소관, 그리고 이 위에서 움직이는 마이오신, 키네신, 다이닌 같은 운동단백질이다. 세포와 생물체가 만들어내는 거의 모든 운동에너지는 바로 운동단백질과 액틴/미세소관과의 상호작용이 만들어내는 것이다. 이렇게 생명체가 어떻게 운동에너지를 만들어내는지에 대한 비밀 역시 20세기 후반에야 비로소 풀리게 되었다.

10　Arp2/3 복합체는 가지형으로 넓게 퍼지는 액틴 구조물을 만들기 때문에 세포 이동에 적합하다. 포민은 일자형 액틴을 만든다. 스트레스섬유를 만드는 것도 포민 계열의 액틴 뉴클리에이터이다.

12장

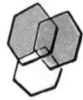

세포 발생의 미스터리

모자이크 이론

19세기 중반 생명의 기능적 구성 단위가 세포라는 것을 이해하게 되면서 다세포 생물의 몸을 구성하는 매우 다양한 종류의 세포에 대한 관심이 커졌다. 그리고 19세기 말 성게의 수정란으로 생물의 발생에 관한 많은 연구가 진행되었다.

단 하나의 세포인 수정란이 분열을 거듭한 후 생겨난 다양한 세포들은 어느 시점이 되면 저마다 다른 세포가 되는 운명의 길을 걷는다. 예컨대 개구리의 수정란은 단일층의 세포로 이루어진 포배(blastula)를 형성한 다음 배아의 안으로 접혀 들어가서 낭배(gastrula)를 형성한다. 낭배의 안쪽 부분을 내배엽(endoderm), 바깥쪽 부분을 외배엽(ectoderm), 내배엽과 외배엽의 중간 부분을 중배엽(mesoderm)이라고 부른다. 각 배엽은 몸

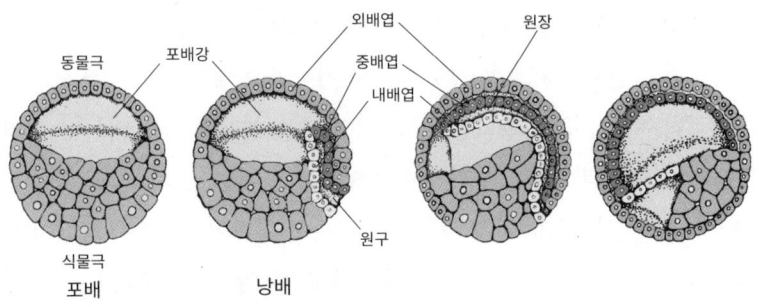

그림 12.1   양서동물의 포배기로부터 낭배기까지의 발생 과정.

에서 각기 다른 부분이 자라 나오는 토대가 된다. 외배엽에서는 피부세포, 신경세포, 유선세포, 망막세포 등 주로 몸의 외곽을 형성하는 세포들이 분화해 나온다. 내배엽에서는 폐, 간, 장 등의 내장 기관을, 중배엽에서는 혈관, 근육, 연골, 뼈 등을 형성하는 세포들이 분화한다.

세포의 운명은 언제 결정되는 것일까? 아우구스트 바이스만은 19세기 말에 이 질문에 대한 답으로서 '발생 모자이크 이론'(Mosaic Theory of Development)을 제시했다.

> 1. 세포핵에는 몸의 여러 부분을 구성하는 정보가 담겨 있다. 1세포기의 세포핵에는 몸의 모든 부분을 형성하는 데 필요한 모든 정보가 들어 있다.
> 2. 세포분열이 일어나면서 형성된 두 개의 세포핵에는 몸의 각기 다른 부분을 형성할 정보가 나뉘어 저장된다.
> 3. 세포분열이 계속 일어나면서 이러한 정보는 더욱 나뉜다.
> 4. 궁극적으로 수정란이 담고 있는 모든 세포에 대한 정보들이 분리된 핵에 저장된다. 이렇게 분화된 세포의 핵에 담긴 각기 다른 정보가 세포의 운명을 결정한다.

빌헬름 루(Wilhelm Roux)는 바이스만의 모자이크 이론을 지지하여 실험으로 입증해보려고 했다. 루는 발생 시에 분열하는 세포가 최종적으로 몸의 다른 부분이 되는 정보를 '나눠' 가진다면, 2세포기에서 세포 하나를 죽이면 완전한 성체로 발생하지 못할 것이라고 예상하고, 이를 입증할 실험에 착수했다. 2세포기의 개구리 수정란을 뜨겁게 달군 바늘로 찔러 한 개의 세포를 터뜨렸다. 루가 예상했던 대로 배아는 제대로 발생하지 못했다. 루는 이 실험으로 발생 모자이크 이론이 입증되었다고 주장했지만, 곧 다른 생물의 배아를 이용한 실험 결과로 인해 의심받게 된다.

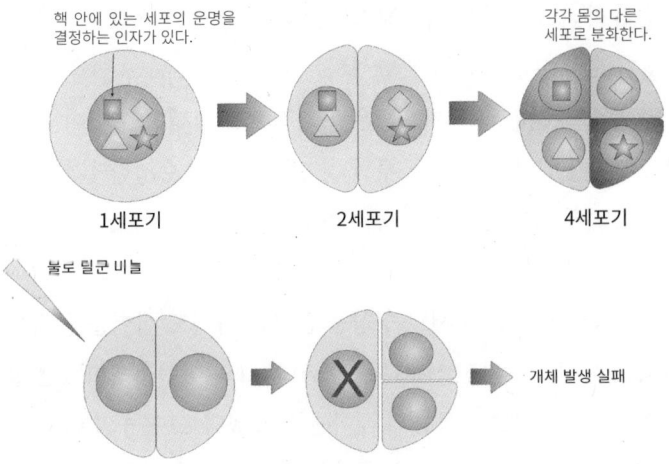

그림 12.2 바이스만의 발생 모자이크 이론(위)에 따르면 세포의 운명은 2세포기에 결정된다. 루의 실험(아래)은 이를 입증하기 위한 시도였다. 뜨거운 바늘로 찌르지 않은 다른 쪽의 세포는 어느 정도 발생하다가 실패했다.

발생 조절 이론

한스 드리슈(Hans Driesch)는 빌헬름 루와 비슷한 생각을 가지고 다른 생물의 배아를 이용해 다른 실험을 해보았다. 드리슈는 성게의 수정란이 2세포기에 이르렀을 때 세포 하나를 바늘로 찌르지 않고 두 개의 세포를 완전히 나누어 발생을 관찰했다. 배아가 제대로 성장하지 못한 루의 실험과는 달리 드리슈가 둘로 나눈 배아는 정상적으로 발생하여 성게가 되었다. 다만 정상적인 성게 배아보다 크기가 작을 뿐이었다. 드리슈의 실험 결과는 2세포기의 각각의 세포가 모두 독자적인 개체로 발생할 능력을 가지고 있다는 것을 의미했다.

드리슈의 실험으로 발생 모자이크 모델이 간단히 반증되고, 절반으로 나눈 개구리 알도 아무 문제 없이 발생한다는 것이 확인되었다. 루의 최초의 실험과의 차이는 성게에서 실험한 것처럼 죽은 세포를 그대로 방치한 것이 아니라 완전히 제거했다는 것이다. 발생의 극히 초반에는 각각의 세포가 모두 온전한 개체로 발생하는 '전능성'(totipotency)을 가진다. 그리고 발생 중에 분열되는 세포들은 독자적으로 발생하는 것이 아니라 주변 세포로부터 영향을 받는다. 루의 첫 번째 개구리 수정란 실험에서 발생이 제대로 되지 않았던 이유는 죽은 세포가 죽지 않은 세포의 발생에 영향을 미쳤기 때문일 것이다.

발생 중인 세포들이 서로 영향을 준다는 가설도 실험을 통해 입증되었다. 독일의 한스 슈페만(Hans Spemann)과 그의 대학원생이었던 힐데 만골드(Hilde Mangold)는 도롱뇽의 배아를 이용했다. 도롱뇽의 배아 역시 개구리와 동일한 발생 과정을 겪는다. 단일층의 세포로 이루어진 포배를 형성한 후, 이것이 배아의 안으로 접혀 들어가서 낭배를 형성하고, 낭배의 세포들은 외배엽, 중배엽, 내배엽으로 나뉘어 각기 다른 기관이 되는 세포로 분화한다. 이렇게 본격적으로 분화가 시작될 때 각각의 세포가 어떤 세포가 될지는 어떻게 결정될까?

만골드는 초기 낭배기의 배아에서 나중에 등배(dorsal)로 발생할 부분의 세포를 약간 떼어 다른 배아의 반대쪽에 이식했다.(그림 12.3) 이 떼어낸 세포는 외배엽의 일부로서 나중에 여기에서 신경판이 형성된다. 등배 세포를 이식받은 배아에서는 신경판이 두 개가 형성되었고, 발생이 진행되면서 배가 연결된 두 마리 도롱뇽이 되었다.

만골드의 실험에서 새로 생겨난 몸통은 원래 있었던 세포와 이식한 세포 중 어디로부터 자라난 것일까? 이를 알아내기 위해 만골드는 몸통 색깔이 다른 도롱뇽의 배아를 이용했다. 흰 도롱뇽 배아의 등배 부분을 검은 도롱뇽 배아에 이식했다. 만약 이식된 세포가 자라서 새로운 도롱뇽이 된다면 흰 몸통을 가질 것이고, 이식된 세포가 원래 배아의 세포에 영향을 주어서 새로운 도롱뇽이 생긴다면 검은 몸통을 가질 것이다. 실험 결과, 새로운 도롱뇽의 몸통은 검은색이었다. 원래는 다른 부분으로 발생해야 하는데, 이식된 세포로 인해 새로운 몸통이 발생된 것이었다.

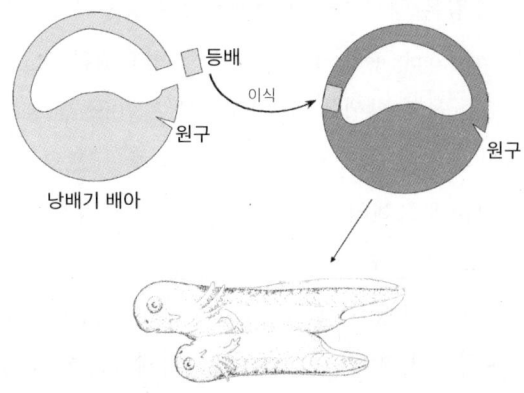

그림 12.3   발생조절 이론을 확립하는 데 기여한 슈페만과 만골드는 개체가 발생하는 과정에서 세포가 어떻게 분화할지를 결정하는 영역이 있다고 생각했다.

슈페만은 배아의 발생을 결정하는 부분을 '조절자'(organizer)라고 명명하고, 주변 세포의 분화를 조절하는 조절자가 개체 발생에서 세포의 분화를 결정한다는 '발생 조절 이론'을 확립했다. 수많은 세포 중에서 다른 세포의 발생에 영향을 주는 세포가 있다는 것이며, 그러자면 세포 사이에서 신호가 전달되어야 된다. 그 신호는 어떻게 전달되며, 신호의 화학적 본질은 무엇일까? 세포 분화를 결정하는 신호에 대한 개념을 제시한 사람은 의외의 인물이었다.

모포젠(morphogen)

영국의 수학자 앨런 튜링(Alan Turing)은 현대 전산학의 기본 개념인 알고리즘과 계산하는 기계의 가상적 개념인 튜링머신(Turing machine)을 창안한 것으로 유명한 인물이다. 튜링은 전산학 이외에도 다양한 분야에 관심을 보였는데, 말년에 관심을 가졌던 분야가 생물의 '형태 발생'(morphogenesis)이었다.

1952년 튜링은 영국 왕립학회에 〈형태 발생의 화학적 기초〉(The chemical basis of morphogenesis)라는 논문을 발표했다. 그는 수학적인 모델을 바탕으로 동물의 발생을 예측했다. 모포젠(morphogen)이라는 일종의 화학물질이 특정한 세포에서 확산하여 다른 세포로 전달되고, 이렇게 확산·전달되는 모포젠의 농도 차에 의해서 세포의 발생이 결정된다는 주장을 했다. 튜링이 제안한 모포젠에는 활성인자(activator)와 억제인자(inhibitor)의 두 가지가 있다. 활성인자는 특정한 패턴(가령 검은색 무늬)을 만들어내는 물질이며, 활성인자의 기능을 억제하는 억제인자의 생성 역시 촉진한다. 만약 억제인자가 활성인자보다 좀 더 빠르게 확산하면 억제인자가 확산한 영역에서는 활성인자의 생성이 억제되고, 활성인자의 농도는 활성인자가 만들어지기 시작한 부분에 국한되어 높아질 것이다. 이러한 과정을 통해 발생의 주기적 패턴이 형성된다.

튜링이 모포젠이란 개념을 처음 도입한 이후, 모포젠의 농도에 따른 세포 분화를 설명하려는 모델들이 등장했다. 그중 하나가 1969년 영국의 발생학자 루이스 월퍼트(Lewis Wolpert)가 제안한 '프랑스 국기 모델'(French Flag Model)이다. 배아의 한쪽에서 만들어진 모포젠이 점차 확산하여 퍼져나간다. 모포젠이 처음 형성된 곳은 농도가 진하고 멀리 떨어진 곳일수록 농도가 낮아진다. 모포젠의 연속적인 농도 차에 반응하는 세포들은 일정한 문턱값 이상이 되면 특정한 세포로 분화된다. 파랑, 하양, 빨강의 3색으로 구성된 프랑스 국기처럼 모포젠의 농도 차가 어느 정도 이상이 되면 3종류의 세포로 분화한다는 내용이었다.

튜링과 월퍼트가 모포젠이란 개념을 처음 제안한 것은 매우 의미 있는 시도였지만, 모포젠의 분자적·화학적 실체에 접근하고자 했던 연구는 아니었다. 후일에 유전학 연구에 있어 모델생물로서 크게 기여한 초파리를 발생생물학에도 도입하게 되면서 개념적 이해에 그쳤던 모포젠 연구에 실질적인 돌파구가 열리게 된다.

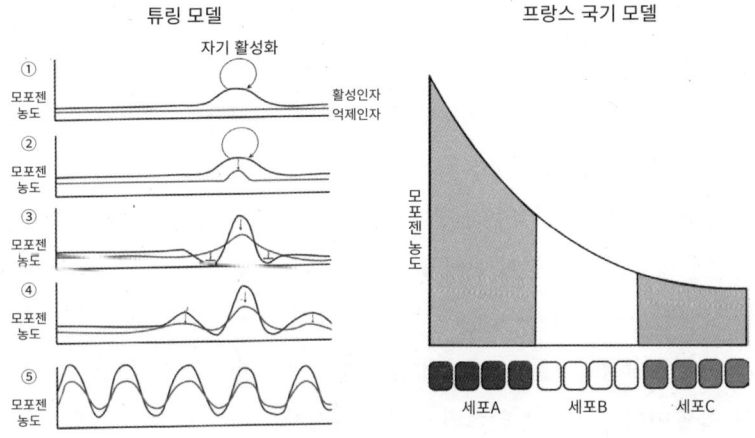

그림 12.4 앨런 튜링의 모포젠 모델(왼쪽)과 모포젠의 개념을 수용한 루이스 월퍼트의 '프랑스 국기 모델'. 활성인자는 자기 자신의 생성과 억제인자의 생성을 촉진하고, 억제인자는 활성인자의 생성을 억제한다. 만약 억제인자가 활성인자에 비해서 더 빠르게 확산하면 ①에서 ⑤에 이르는 과정을 통하여 억제인자와 활성인자가 반복되는 패턴이 생기고 이로 인해 동물의 표피 무늬가 생긴다. 월퍼트의 프랑스 국기 모델에 따르면 한 종류의 모포젠의 농도가 일정한 문턱값에 이르면 다른 종류의 세포로 분화한다.

초파리 발생유전학과 모포젠의 발견

1960년대까지 초파리는 발생학자들의 관심을 끄는 생물이 아니었다. 이유는 인간을 포함한 척추동물과는 구분되는 독특한 발생 과정을 거치는 초파리의 특성 때문이었다. 대부분의 척추동물은 발생 초기에 수정란에서 세포질 분열(cytokinesis)이 일어나 핵과 세포질이 동시에 갈라진다. 초파리는 발생 초기에는 핵이 복제되어 핵의 숫자가 늘어나는 데 반하여 세포질은 나뉘지 않는 채로 계속 핵의 숫자가 증가하다가 어느 정도에 이르면 그때까지 생성된 모든 핵이 배아의 가장자리로 이동한다. 바로 이때부터 세포질이 분열하여 세포의 숫자가 증가한다. 이렇게 배아가 여러 개의 세포로 나뉜 다음에는 여러 단계를 거쳐서 애벌레가 태어나고, 변태하여 성충이 된다. 그럼에도 초파리는 유전학적인 연구에 유리한 장점을 가지고 있어 점차 성게나 개구리를 대체하기 시작했다. 그리고 초파리의 발생에 대한 연구가 인간을 비롯한 척추동물의 발생을 이해하는 데 그다지 보탬이 안 될 것이라는 연구자들의 선입견과는 달리 초파리의 발생과 관련된 유전자의 특징이 인간을 포함한 포유동물의 발생을 설명하는 데도 시사점을 주었다.

대개 발생학자들은 발생에 관여하는 유전자를 직접적으로 찾지 않고, 돌연변이 개체에서 발현되지 않은 유전자를 찾는 방법으로 발생과 유전자의 관계를 조사한다. 하지만 돌연변이로 인해 개체가 숫제 성체로 발생하지 못하면 이 방법은 무용지물이 된다. 그러므로 돌연변이가 발행한 초파리 성체를 무사히 얻어야 한다. 1970년대 말부터 초파리 발생에 관련된 유전자를 찾아나선 크리스티아네 뉘슬라인-폴하르트(Christiane Nüsslein-Volhard)와 에리크 비샤우스(Eric Francis Wieschaus)는 발생 중에 열성 치사 돌연변이(recessive lethal mutation)[1]가 생긴 초파리를 찾아나섰다.

뉘슬라인-폴하르트와 비샤우스는 애벌레 상태에서 정상적으로 발생하지 않는 다양한 돌연변이 초파리를 골라, 이 돌연변이가 일어난 유전자를 찾았다. 그리고 '바이코이드'(bicoid)라는 유전자를 발견했다. 바이

---

[1] 어떤 유전자에 돌연변이가 있을 때, 한 쌍의 염색체 중 하나만 돌연변이라면 괜찮지만, 두 염색체가 모두 돌연변이여서 발생 도중 죽음에 이르게 하는 돌연변이를 뜻한다. 그 유전자가 발생에 반드시 필요한 것이라면 돌연변이가 생기면 유전자의 기능을 상실하여 발생이 중단될 것이기 때문이다. 이를 분리하기 위해서는 수컷 초파리에 에틸 메테인설폰산(ethyl metanesufonate, EMS)이라는 돌연변이원을 처리한 후, 이를 야생형 암컷과 교배한다. 수컷 초파리의 염색체에 돌연변이가 생겨도, 교배 상대인 암컷은 야생형이기 때문에 태어나는 새끼(잡종 1대)는 염색체 중 한쪽 유전자만 돌연변이이기 때문에 무사히 발생한다. 그다음 잡종 1대 중 수컷을 골라내서, 다시 정상 초파리와 교배하여 잡종 2대를 얻는다. 잡종 2대 중 부모가 같은 남매(같은 돌연변이를 가진)를 교배시킨다. 이렇게 생긴 잡종 3대에서 양쪽 염색체에 돌연변이가 생겼을 때 애벌레 상태에서 죽는 초파리는 발생 관련 유전자에 돌연변이가 생긴 것으로 추정할 수 있다.

코이드는 발생에 꼭 필요한 유전자인데, 난자에 mRNA 상태로 축적되며, 특이하게도 분포하는 위치에 방향성을 가지고 있었다. 초파리 알의 앞쪽에 mRNA가 집중적으로 분포되어 있는데, 수정된 이후 mRNA로부터 단백질이 번역되어 생성되면 mRNA의 분포 범위는 수정란의 앞쪽으로부터 뒤쪽까지 농도의 기울기를 이루며 폭넓게 분포했다. 뉘슬라인-폴하르드와 비샤우스가 그 전까지 개념으로만 존재했던 '모포젠'을 최초로 발견한 것이었다.

수정 후에 핵이 복제되어 여러 개가 되면 각각의 핵이, 초파리 알의 앞쪽부터 농도차를 가지고 분포하는 바이코이드 단백질과 접촉하게 된다. 바이코이드는 RNA의 전사를 조절하는 단백질이다. 바이코이드의 농도가 가장 높은 맨 앞쪽의 핵에서는 오르토덴티클(orthodenticle, '곧은 이빨'이란 뜻)이란 유전자의 전사를 촉진하며, 중간 부분에서는 헌치백(hunchback, '곱사등'이란 뜻)이란 유전자의 전사를 촉진한다. 또한 바이코이드는 mRNA가 단백질로 합성되는 것을 억제하기도 하는데, 바이코이드의 농도가 높을수록 코달(caudal, '꼬리'란 뜻)이란 유전자의 mRNA가 단백질로 합성되는 것을 억제한다. 따라서 코달 단백질은 알의 뒷부분에 많이 분포하지만, 앞쪽으로 갈수록 옅어진다.

알의 뒤쪽에서는 나노스(nanos)라는 또 다른 모포젠이 발견되었다. 나노스는 바이코이드와는 반대 방향에서 다른 유전자의 발현을 조절했다. 핵분열이 완료된 초파리의 배아는 세포화(cellularization) 과정을 거치는데, 이때 각각의 핵은 각각의 세포로 나뉜다. 모포젠의 공간적 분포 농도 차이로 인해 각기 다른 유전자가 발현된 세포들은 각기 다른 분화 과정을 밟아 초파리의 더듬이, 눈, 날개, 다리 등으로 발생한다.(그림 12.5)

초파리에 이어 척추동물에도 모포젠이 있다는 것이 확인되었다. 슈페만-만골드의 실험에서 밝혀진 등배의 조절자 영역에 작용하는 모포젠이었다. 배아에서 등배의 반대 영역인 복부(ventral)에서 BMP-4(Bone Morphogenesis Protein-4)라는 단백질이 분비되어 다른 세포에 분화 신호

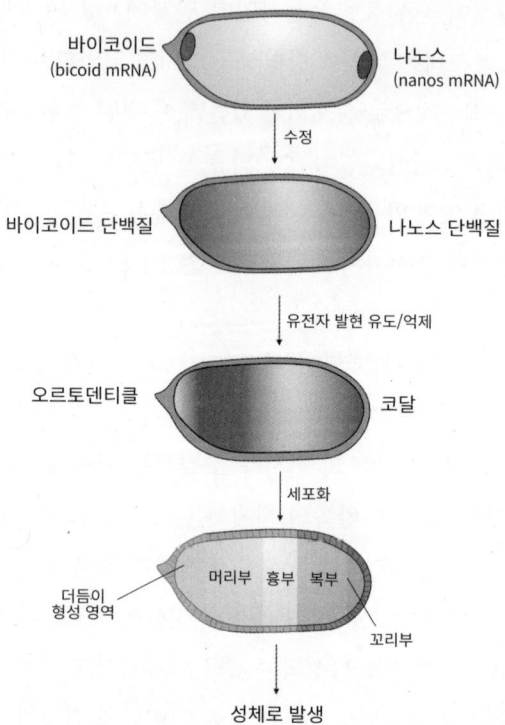

그림 12.5 　초파리 배아의 발생을 조절하는 모포젠은 분포하는 위치에 방향성을 띠는 것이 특징이다. 핵은 접촉하는 바이코이드와 나노스의 농도에 따라서, 또 핵의 위치에 따라서 각각 다른 단백질을 형성하게 되고, 이것이 최종적으로 분화될 세포의 종류를 결정한다.

를 전달한다. 반면에 조절자 영역에서는 BMP-4의 기능을 억제하는 초딘(chordin), 노긴(noggin) 등의 단백질이 분비된다. 초딘과 노긴은 세포 바깥에서 BMP-4에 결합한 후 그 기능을 무력화하여 조절자 영역 근처에 있는 세포들의 분화를 다른 방향으로 이끌게 된다.

　세포는 모포젠으로부터 받은 신호와 다른 세포와의 상호작용에 의해 운명이 결정되는 것이었다. 그렇다면 모포젠이라는 외부의 신호를 받은 이후 세포 안에서는 구체적으로 어떤 일이 일어날까? 잠시 1940년대로 거슬러 올라가서 세포의 운명이 결정되기 전에 세포핵에서 벌어지는

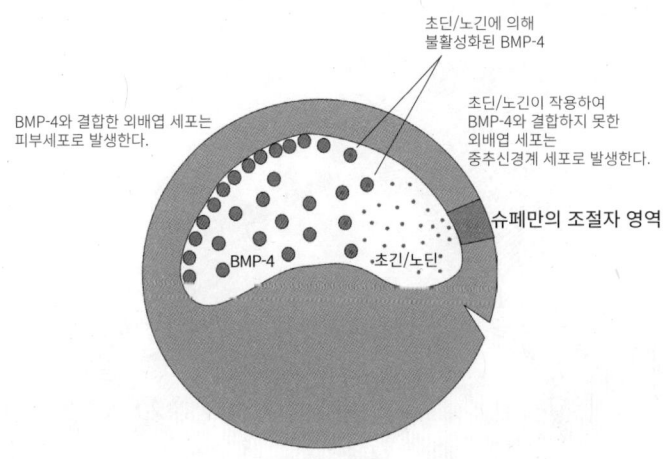

그림 12.6   척추동물의 배아에서도 모포젠의 역할을 하는 단백질들이 발견되었다.

일을 먼저 이해하도록 하자.

분화하는 세포들의 유전정보

영국의 발생생물학자 콘래드 워딩턴(Conrad H. Waddington)은 수정란이 다양한 세포로 분화하는 과정을 파헤쳐보려고 했다. 이 무렵은 유전정보의 화학적 본질에 대한 정확한 지식을 획득하기 전이지만, 유전적 요인에 의해 생물의 본질과 특성이 결정된다는 사실은 널리 이해되고 있었다. 때문에 수정란의 분열로 생성된 동일한 유전정보를 가진 세포들이 상이한 세포로 분화해 가는 현상은 커다란 미스터리였다. 워딩턴은 세포의 분화를 다음과 같은 비유를 들어 표현했다.

산 위에 있는 구슬이 툭 건드려져서 아래로 내려가는 과정을 생각해보자. 어떤 지점에서 계곡 A로 들어간 구슬은 다른 계곡을 만나고, 일단 한 계곡으로 들어선 구슬은 다른 계곡 B로 갈 수는 없다. 세포 역시 이와 비슷하게 발생 과

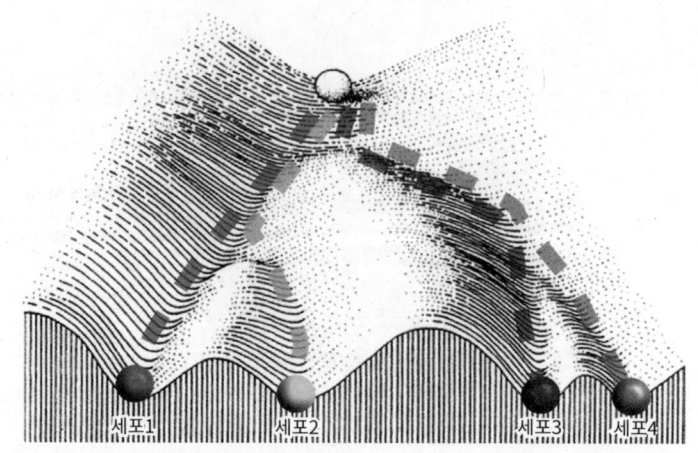

그림 12.7 워딩턴의 후성학적 지형. 산꼭대기에서 굴러 내려가는 구슬은 골짜기가 나타날 때마다 방향을 바꾸어 최종 목적지가 결정된다. 일단 갈림길에서 한 골짜기에 접어들면 경로를 바꿀 수가 없다. 분화 과정을 마친 세포는 다시는 그 이전 상태로 되돌아갈 수 없다.

정을 진행하면서 여러 경로로 가게 되고, 일단 한 운명을 선택한 세포는 다른 운명으로는 갈 수 없다.[2]

나중에 워딩턴의 구슬과 계곡 비유는 '워딩턴의 후성학적 지형'(Waddington's Epigenetic Landscape)이라고 불리게 된다.

워딩턴이 이런 비유를 생각해낸 1950년대에는 분화하는 세포에서 구체적으로 어떤 변화가 일어나는지 이해하지 못했다. 어떤 사람들은 발생 과정에서 분화하는 각각의 세포 안에서 유전정보의 변화가 일어나는 것이라고 주장했다. 과연 분화된 세포는 원래의 수정란과 다른 유전정보를 가지고 있는 것일까? 이 문제에 대해서 19세기 말부터 고민하는 사람

---

2 처음 와딩턴은 기차와 철도의 비유를 들었다고 한다. 역에 들어서는 기차가 몇 갈래 선로 중 하나로 들어섰더라도 그 선로에 연결된 철로가 있다면 선로를 이동할 수 있다는 이유에서 비유를 바꾸었다.

들이 있었지만, 명쾌한 해답을 얻지 못했다.

 1938년 슈페만은 이에 대한 해답을 얻을 수 있는 실험을 제안했다. 하나의 세포인 수정란에서 핵을 제거한 다음, 완전히 분화한 체세포에서 꺼낸 핵을 넣어서 발생이 일어나는지 보는 것이었다. 만약 완전히 분화한 체세포가 수정란과 동일한 유전정보를 가지고 있다면 수정란은 정상적으로 발생할 것이고, 분화가 끝난 체세포의 유전정보가 다르다면 발생이 불가능할 것이다. 그러나 슈페만의 실험은 제대로 이뤄지지 않았다. 당시에는 수정란에 손상을 주지 않고 핵을 제거하고, 체세포의 핵도 손상 없이 꺼낼 수 있는 기술이 없었기 때문이다.

 슈페만의 아이디어는 2차대전이 끝나고 1952년이 되어서야 실제 실험으로 이어졌다. 미국의 로버트 브리그스(Robert Briggs)와 토머스 킹(Thomas J. King)에 의해서였다. 1952년 이들은 개구리(*Rana pipiens*)의 알에 가는 바늘로 구멍을 내고 이 구멍을 통해 핵을 제거했다. 여기에 포배기 배아의 세포를 넣어보았다. 개구리 알은 정상적으로 발생하여 올챙이가 되었다. 그다음에는 좀 더 발생이 진행된 신경배(neurula) 단계의 세포를 알에 넣어보았다. 이번에는 발생이 잘 진행되지 않았다. 이들은 실험 결과를 다음과 같이 해석했다. 포배기 단계의 세포핵은 수정란의 핵과 비교하여 큰 변화가 일어나지 않았다고 할 수 있지만, 신경배 이후의 단계가 되면 핵의 유전정보에 불가역적인 변화가 일어난 후이다.

 브리그스와 킹은 후속 연구를 통해 발생 단계가 진행됨에 따라서 핵을 이식한 알의 발생률이 떨어진다는 사실도 알게 되었다. 특히 완전히 발생한 올챙이에서 유래한 체세포는 알에 이식해도 전혀 발생하지 못했다. 그리하여 1950년대에는 생물의 세포는 발생을 하면서 서로 다른 유전정보를 갖게 된다는 것이 정설처럼 받아들여지게 되었다. 그러나 오래지 않아 이와 상반된 실험 결과가 나와 갓 확립된 정설은 도전받게 된다.

 1956년 옥스퍼드 대학교의 대학원생 존 거든(John Gurdon)은 '아프리카발톱개구리'(*Xenopus laevis*)의 알을 이용해 브리그스와 킹의 핵이식 실험을 재현해보려고 했다. 거든의 원래 의도는 상대적으로 실험이 용이한 아프리카발톱개구리를 이용해 브리그스와 킹의 발견이 다른 종에도 적용되는지 확인하려는 것이었다.[3] 거든은 브리그스와 킹이 했던 방법대로 알에서 핵을 제거하려고 했지만, 아프리카발톱개구리의 알에는 두꺼운 젤리 같은 투명한 막이 있어 이 방법이 통하지 않았다. 대신 개구리 알에 오랜 시간 자외선을 쪼여서 핵을 파괴했다. 그리고 알 속에 다양한 발생 단계에 있는 핵을 이식하여 관찰했다.

거든의 실험 결과는 사뭇 달랐다. 포배기 이상 발달한 세포핵을 이식해도 아프리카발톱개구리는 정상적으로 발생하여 올챙이가 태어났다. 뿐만 아니라 발생을 마친 올챙이의 세포를 이식해도 발생이 정상적으로 진행되었다. 혹시 알의 핵을 자외선으로 불활성화한 것이 불완전했던 것은 아닐까? 거든은 이를 확인하기 위해 두 종류의 개구리를 사용했다. 몸에 무늬가 있는 개구리의 알에 민무늬 개구리의 체세포를 이식하여 태어나는 개구리가, 알과 이식한 체세포 중 어느 쪽으로부터 발생했는지 확인할 수 있었다. 태어난 개구리는 모두 민무늬 개구리였다. 이는 태어난 개구리가 체세포로부터 발생했다는 것을 의미한다. 이로써 거든은 완전히 발생한 세포도 수정란과 동일한 유전정보를 가지고 있으며, 발생 과정에서 유전정보는 변하지 않는다는 사실을 입증했다. 동시에 의도하지 않았으나, 유성생식을 하는 동물이 유성생식을 거치지 않고 그것의 체세포를 복제하는 방법으로 유전정보가 동일한 '복제 생물'을 만들 수 있다는 가능성을 최초로 확인했다.

거든의 중요한 발견 이후로도 한 가지 의문은 해소되지 않고 남아 있었다. 그것은 우리가 내내 질문해 온, 동일한 유전정보를 가진 세포들이 어떻게 서로 다른 세포가 되는가에 관한 것이다.

---

[3] 브리그스와 킹이 사용한 개구리는 연중 일정 시기에만 알을 낳는 반면, 아프리카발톱개구리는 포유동물의 배란 자극 호르몬을 주사하면 다음 날 알을 낳을 수 있어 일년 내내 실험할 수 있다.

조혈 줄기세포

제2차 세계대전은 1945년 일본의 히로시마와 나가사키에 원자폭탄이 투하되어 수많은 인명이 희생된 후에야 끝이 났다. 원폭지의 생존자들은 대규모 방사능에 피폭됨으로써 다양한 증상을 보이며 고통 속에서 죽어 갔다. 피폭자들 중 상당수는 백혈구가 급격하게 줄어들거나 빈혈 증상을 보이는 이들이 많았다. 지구의 역사를 통틀어 인간이 경험한 최초의 핵폭발 때문에 과학계와 의학계는 방사능 노출과 피폭이 골수의 세포에 치명적인 영향을 준다는 사실을 깨닫게 되었다.

방사능이 골수세포를 망가뜨려 혈중 백혈구가 감소했다면, 백혈구가 골수 내의 세포에 의해서 만들어진다는 것을 의미한다. 연구자들은 실험동물에 인위적으로 방사능을 쪼여서 추측이 사실인지 확인해보고자 했다. 1951년 에곤 로렌츠(Egon Lorenz)는 치명적인 양의 방사능에 피폭된 쥐들 중 일부의 골수에 건강한 쥐의 골수를 이식하는 실험을 했다. 정상적인 골수를 이식받은 쥐들은 생존했으나, 아무런 처치를 받지 못한 쥐들은 죽었다. 골수 속에 있는 미지의 세포가 혈액세포들을 만들 수 있다는 것을 일차적으로 확인한 셈이었다.

1961년 캐나다 토론토 대학교의 어니스트 매컬럭(Ernest McCulloch)와 제임스 틸(James Til) 연구팀은 그 미지의 세포를 찾으려고 했다. 방사능에 노출시킨 쥐에게 골수세포를 이식해보았다. 이 쥐의 비장(spleen)에서 '세포 덩어리'가 자라났는데, 이식한 골수세포가 많을수록 비장에서 자라는 '세포 덩어리'의 개수도 덩달아 많아졌다. 이들은 이것을 '비장 콜로니'(spleen colony)라는 이름으로 부르고, 이것이 이식받은 골수세포로부터 자라난 것이라고 생각했다. 그리고 1963년에 '비장 콜로니'에 존재하는 세포가 새로운 콜로니를 형성할 수 있다는 것을 확인했다. 즉 이 세포는 일반적인 체세포와는 달리 증식 능력을 잃지 않고 스스로를 복제하는 재생(self-renewal) 능력을 가지고 있었다. 또한 콜로니의 세포는 적혈구,

과립구(granulocyte), 림프구(lymphocyte), 거핵세포(megakaryocytes) 등 혈액에 존재하는 다양한 세포로 분화할 수 있었다. 그런 의미에서 이 세포는 '조혈모세포' 혹은 '조혈 줄기세포'(hematopoietic stem cell)라는 새로운 이름으로 불리게 되었다. 오늘날 '줄기세포'라고 부르는 세포를 처음 발견한 것이었다.

매컬러와 틸이 발견한 조혈 줄기세포는 혈액을 구성하는 다양한 세포 중 어떤 것으로든 분화하는 능력을 가졌다. 그러나 혈액세포 계통이 아닌 다른 세포로는 분화하지 못한다.[4] 워딩턴의 '구슬과 계곡'의 비유로 설명한다면, 조혈 줄기세포는 산꼭대기에 있는 구슬은 아니고, 어느 정도 분화를 거쳐 산중턱까지 내려온 구슬이다. 조혈 줄기세포와 혈액을 구성하는 세포의 분화 과정이 밝혀짐에 따라 실제로 세포가 어떤 계통을 거쳐 분화하는지 서서히 이해하기 시작했다. 그리고 자연스럽게 이런 질문도 하게 되었다. 몸을 구성하는 모든 종류의 세포로 분화할 수 있는, 즉 '산꼭대기에 있는 구슬'에 해당하는 세포도 있을까?

---

4   이러한 세포를 '다능성'(multipotency)을 가진 세포라고 한다.

13장

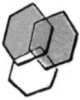

후성학과 줄기세포

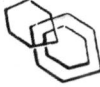

포유류의 배 발생 과정

이제 몸을 구성하는 모든 세포로 분화할 수 있는 '배아 줄기세포'(embryonic stem cell)가 어떻게 발견되었는지 알아볼 차례인데, 그에 앞서 포유동물의 발생 과정을 살펴볼 필요가 있다. 포유동물의 발생에 대한 연구는 성게나 개구리처럼 체외에서 수정과 발생의 전 과정이 진행되는 수생생물에 비해서 늦었다. 체내에서 이뤄지는 포유동물의 수정과 발생을 관찰하려면 체외 환경(in vitro)을 알맞게 조성해야 하는데 그 어려움이 매우 컸다. 1959년 중국계 미국 과학자 장밍줴(張明覺)가 최초로 인공수정에 성공했다. 그는 검은털 토끼의 정자와 난자를 채취해 체외에서 수정시켜 그 수정란을 흰털 토끼의 자궁에 이식했다. 물론 흰털 어미 토끼는 검은털 토끼를 낳았다. 이후 쥐, 원숭이, 사람 등 다양한 포유동물의 난자와 정자를 체외에서 수정시켜 발생을 관찰하는 실험이 진행되었다. 이렇게 인공수정이 가능하게 된 1960년대 이후부터 포유류의 발생 과정을 체외에서 현미경으로 자세히 관찰할 수 있게 되었다.

정자와 난자가 수정된 접합자(zygote)가 4번 분열한 후 16개의 세포가 되기까지 수정란은 균등하게 분할된다. 이를 '할구'(blastomere)라고 하며, 할구의 세포들은 빈틈없이 밀착해 있지 않다. 그러나 전체 세포수가 16개를 넘어선 순간 각각의 세포는 서로 단단하게 결합하여 상실배(morula)를 형성한다. 초기 배아가 본격적으로 모양이 변하는 것은 그후

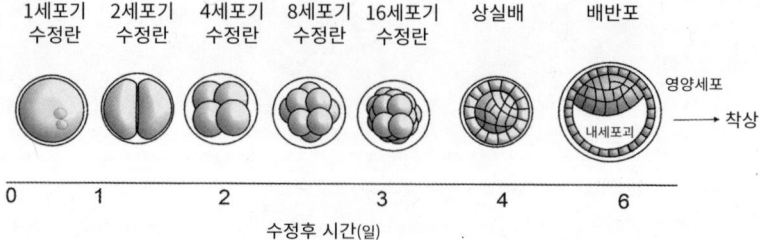

그림 13.1 포유동물의 착상 전 배 발생 과정. 수정 후 발생 단계의 시간은 인간을 기준으로 하며, 마우스 등 다른 포유류에서는 시간이 다소 달라진다.

로, 수정 후 5~6일이 지나 세포 수가 100개 정도 되면 수정란 안에 액체가 들어 있는 '포배강'이 생기고, 외부를 둘러싸는 '영양세포'(trophoblast)와 '내세포괴'(Inner Cell Mass, ICM)로 나뉘게 된다. 이 단계의 배아를 '배반포'(blastocyst)라고 한다. 배반포 단계에서 자궁벽에 배아가 결합하는 착상이 일어난다. 배반포의 외부에 있는 영양세포는 자라서 태반이 되고, 내세포괴에 있는 세포들이 개체로 발생한다. 즉 내세포괴의 세포들은 몸을 구성하는 모든 세포로 분화할 수 있는 능력(만능성, pluripotency)이 있다. 에딩턴의 비유를 상기해보면, 산 정상에 있는 세포인 셈이다.

테라토마와 배아 줄기세포

내세포괴의 세포들이 가진 '만능성'은 이상한 종양을 연구하던 중에 우연히 발견되었다. 1958년, 미국 잭슨 연구소(The Jackson Laboratory)의 리로이 스티븐스(Leroy C. Stevens)는 정소에 매우 특이한 종양이 있는 마우스를 발견했다. 그런데 이 종양은 단순한 암세포가 아니었다. 근육, 피부, 뼈, 머리카락 등 몸의 다른 조직을 구성하는 세포들이 마구 뒤섞여 있었다. 스티븐스는 이 정체불명의 종양에 괴물 같은 기형을 유발하는 암종이라는 의미로 '테라토마'(teratocarcinoma)라는 이름을 붙였다. 정소에서 분리한 테라토마를 테라토마가 없는 마우스에 이식하니 또다시 테라토마가 형성되었다.

스티븐스는 테라토마가 몸을 구성하는 다양한 세포로 자랄 수 있다는 점에 착안하여, 테라토마가 마치 배반포에서 형성되는 세포처럼 만능성을 가진 게 아닐까 추측했다. 1968년 그는 마우스의 수정란을 정소에 넣어보니 정소에서 테라토마가 생겼다! 그의 예상대로 테라토마는 초기 수정란을 구성하는 세포처럼 모든 세포로 분화하는 능력이 있었다. 이후의 연구를 통해 스티븐스는 수정된 지 며칠 되지 않은 마우스의 배아를 자궁이 아닌 몸의 다른 곳에 이식하면 테라토마가 형성된다는 것을 알게 되었다. 테라토마로부터 분리해서 체외에서 배양한 세포 역시 지속적으로 배양할 수 있었으며 다른 세포로 분화하는 능력을 가지고 있었다.

그렇다면 배아 발생 단계에서 어떤 세포가 다른 세포로 분화하는 능력을 가지고 있을까? 1981년 마틴 에번스(Martin Evans)와 게일 마틴(Gail R. Martin) 연구팀은 배반포 단계에 이른 마우스의 수정란에서 내세포괴 세포를 채취하여, 이를 테라토마를 배양한 것과 비슷한 조건에서 배양해 보았다.[1] 내세포괴의 세포는 테라토마에서 유래한 세포주처럼 체외에서 무한히 재생되어 지속적으로 배양할 수 있었고, 만능성을 가지고 있었다. 드디어 어떤 세포로건 분화하는 능력을 가진 세포를 체외에서 배양할 수 있게 된 것이었다. 에번스와 마틴은 이 세포를 '배아 줄기세포'라고 명명했다.

배아 줄기세포는 모든 세포로 분화할 수 있다. 배양한 배아 줄기세포를 다시 배반포에 넣으면 마우스의 몸을 구성하는 모든 세포로 바뀐다. 이러한 배아 줄기세포의 성질을 이용하여 흥미로운 실험이 진행되었다. 체

---

[1] 테라토마나 배아 줄기세포를 세포 밖에서 단독으로 배양할 수는 없고, 마우스 태아 섬유아세포(Mouse Embryonic Fibroblast, MEF) 등의 세포와 같이 배양해야 한다. 원래 배아 줄기세포는 배반포 내에서 영양세포에 둘러싸여 자라는 데서 알 수 있듯이 주변에서 영양을 공급해주는 MEF 같은 세포가 있어야만 체외 배양을 할 수 있다.

외에서 배양 중인 배아 줄기세포에 외래 DNA를 삽입하거나 특정한 유전자를 삭제하는 유전자 조작이 가능했다. 그럼, 유전자가 조작된 배아 줄기세포를 배반포에 넣고, 이 배반포를 마우스의 자궁에 이식하여 태어난 마우스에게는 어떤 일이 일어날까? 이 마우스는 원래의 배반포 세포와 유전자 조작이 가해진 배아 줄기세포로부터 온 세포가 뒤섞여 있다. 다세포 생물의 모든 세포는 1세포기 수정란으로부터 복제된 세포로 구성되므로, 몸을 구성하는 모든 세포는 원론적으로 유전정보가 같다. 그러나 '변형된 유전정보'를 가진 배아 줄기세포로부터 분화한 세포는 원래의 배반포 세포와 다른 유전정보를 가지고 있으므로, 이 생물은 서로 다른 두 가지 유전정보를 가진 세포로 구성된 키메라(chimera)[2]가 되는 셈이다. 키메라 생물의 생식세포에는 유전자가 조작된 세포와 그렇지 않은 세포가 모두 존재한다. 유전자가 조작된 생식세포로부터 태어난 2대 생물의 세포는 이제 키메라 생물이 아닌 유전자가 100% 조작된 세포를 갖게 된다.

    마우스에 한정된 실험이었지만, 이렇게 포유동물의 배아 줄기세포를 이용한 유전자 조작의 가능성이 확인되자, 이를 이용하여 유전자의 기능을 알아보는 연구가 시작되었다. 특정한 유전자를 파괴하거나(녹아웃(knockout)이라 한다), 외래 유전자를 넣어 형질전환(transgenic)한 동물을 이용하여 특정한 유전자가 미치는 영향을 직접 연구하려는 것이었다. 배아 줄기세포를 개발하는 데 공헌한 에번스, 형질전환 기술과 유전자 파괴 기술을 개발한 마리오 카페키(Mario R. Capecchi), 올리버 스미스(Oliver Smith)는 2007년 노벨 생리의학상을 공동 수상했다.

---

[2] 원래 키메라는 그리스로마 신화에 나오는 괴물로 머리와 다리는 사자, 꼬리는 뱀으로 되어 있는 혼종이다. 그러나 여기서 말하는 '키메라'는 몸을 구성하는 세포들의 유전정보가 완전히 같지 않은 생물을 이야기한다.

분화하는 세포의 DNA에서 일어나는 변화

배아 줄기세포와 완전히 분화된 세포는 어떻게 다를까? 앞서 살펴본 존 거든의 아프리카발톱개구리 실험을 통해 완전히 분화를 마친 세포의 DNA 역시 개구리 알에 있는 DNA와 궁극적으로 내용이 다르지 않다는 것을 알았다. 그러나 거든의 핵이식 실험에서도 성체세포를 이식하는 것은 발생 초기의 세포핵을 이용하는 것보다 발생 효율이 떨어졌다. 이는 발생 과정에서 세포핵의 DNA 자체는 크게 변하지 않지만, 세포핵이 분화를 거듭할수록 어떤 변화를 겪는 게 아닐까 하는 의문을 갖게 했다.

1958년 일본의 유전학자 오노 스스무(大野 乾)는 암컷 래트의 간에서 유래한 세포를 관찰하던 중 성염색체 두 개(XX)의 형태가 서로 다르다는 것을 발견했다. X염색체 하나는 다른 염색체와 크게 다르지 않았으나, 다른 하나가 비정상적으로 응축되어 있었다. 반면 수컷 래트의 X염색체는 정상이었다. 오노는 암컷 래트의 두 X염색체 중 하나만 정상적으로 작동하고, 응축된 X염색체가 비활성화되어 있을 거라고 보았다.[3]

오노의 예측을 확인한 사람은 메리 라이언(Mary F. Lyon)이었다. 라이언은 마우스의 털색을 결정하는 유전자 중 하나가 X염색체에 존재하는 것을 알게 되었다. 이 유전자에 돌연변이가 있으면 마우스의 털색은 검은색이 된다. 그런데 하나의 X염색체에만 돌연변이가 있는 이형접합(heterozygote)의 경우, 마우스의 털색은 흰색과 검은색이 섞여서 나타난다. 이를 설명하기 위해서 라이언은 X염색체 한 쌍 중 한쪽이 무작위로 불

---

[3] 흔히 성염색체라고 생각하는 X염색체에는 성 결정과는 관계없는 다른 유전자들도 많다. 그러나 Y염색체에는 제대로 작동하는 유전자가 없으며 성 결정에 관여하는 'SRY'라는 유전자 정도만 있다. 만약 여성(XX)에게 존재하는 두 개의 X염색체에 있는 유전자가 모두 작동하여 여기서 단백질이 만들어진다면 남성(XY)에게 존재하는 하나의 X염색체에 비해 두 배나 많은 단백질이 생길 수도 있다. 그러나 실제로 여성이건 남성이건 X염색체의 유전자로부터 합성되는 단백질의 양은 동일하다. 오노 스스무가 발견한 것처럼 여성의 X염색체 중 하나만 작동하고 하나가 불활성되어 있으므로, 성별에 상관없이 실제로 작동하는 X염색체는 하나이다.

활성화된다는 가설을 세웠다. 돌연변이가 있는 X염색체와 정상적인 X염색체 중에서 정상적인 X염색체가 불활성화된 세포는 검은색이 되고, 돌연변이가 있는 X염색체가 불활성화된 세포는 흰색이 된다. 전체적으로는 검은색과 흰색이 절반씩 섞여 얼룩으로 나타난다. 이러한 현상을 'X염색체 불활성화'(X-chromosome inactivation)라고 한다.

한 쌍으로 존재하는 염색체의 어느 한쪽이 통째로 불활성화되어 여기에 있는 유전자가 제 기능을 발휘하지 못하는 현상, 또 이와 함께 염색체 전체가 아닌 염색체 안의 일부 유전자가 발생 과정에서 작동하지 못하는 현상 등이 발견되기 시작했다. 한데, 특이한 점은 발생 중에 일어나는 이런 현상은 DNA 염기서열에서 일어나는 비가역적인 변화가 아니라 상황에 따라 원래 상태로 돌아갈 수 있는 가역적인 변화였다. 이러한 가역적인 변화의 화학적 속성은 어떠할까?

DNA 메틸화와 유전자 발현 조절

DNA에 있는 네 가지 염기 중 사이토신에 메틸기(CH_3)가 결합할 수 있다는 것은 1950년대 이후 잘 알려져 있었다. 진핵생물의 세포는 주로 사이토신에서 메틸화가 일어나는데, 특히 사이토신 뒤에 구아닌이 있는 부분에서 집중적으로 일어난다. 이 부분을 'CpG'라고 한다.[4] 한편 박테리아의 세포는 사이토신 외에 아데닌에서도 메틸화가 일어난다.[5] 이러한 사

---

4 p는 DNA 뉴클레오타이드를 연결하는 인산기를 의미한다.
5 박테리아는 DNA를 메틸화하여 외부에서 침입한 DNA와 자신의 DNA를 구분하는 데 사용한다. 유전공학에 사용되는 제한효소(특정 염기서열을 인식하여 자른다)는 염기서열 안에 메틸화된 염기가 있으면 DNA를 자르지 못한다. 제한효소가 인식하는 서열은 자신의 유전체 DNA에도 있으므로 이것은 자르지 못하게 하면서, 외부에서 침입한 DNA의 제한효소 인식 서열만을 자르기 위해 박테리아는 제한효소가 인식하는 서열을 메틸화하는 별도의 단백질을 가지고 있다. 이렇게 하여 자신의 서열은 제한효소로부터 보호하고, 메틸화'되지 않은 외래의 DNA는 자를 수 있게 된다.

실들이 알려져 있었으나, 염기의 메틸화가 구체적으로 어떤 현상을 일으키는지는 알지 못했다.

1975년 박테리아 DNA의 메틸화와 제한효소와의 관계를 연구하던 아서 리그(Arthur Rigg)는 X염색체의 불활성화와 DNA 메틸화의 연관성을 찾기 위해 가설을 세웠다. 진핵생물은 DNA의 사이토신을 메틸화하는 효소를 가지고 있어서 메틸화가 누적된 염색체는 불활성화된다는 것이었다. 비슷한 시기에 로빈 홀리데이(Robin Holliday)와 존 푸그(John. E. Pugh)가 생물의 발생 과정에서 유전자 발현의 변화가 DNA 메틸화와 관련 있을 것이라는 아이디어를 냈다. 이러한 가설들은 곧 실험적으로 증명되었다.

진핵생물의 DNA 메틸화는 항상 C-G로 이어진 서열(CpG)의 C에서 발생한다. DNA 이중나선 중 한쪽 가닥의 C-G가 메틸화되면, 다른 쪽 가닥의 C-G 역시 메틸화된다. 따라서 DNA가 복제된 이후에도 메틸화는 그대로 유지된다. 즉 사이토신의 메틸화는 세포 복제 이후에도 그대로 남는 표지가 된다.

1990년대에 들어서 사이토신에 메틸기를 달아주는 효소가 발견되었다. DNA 메틸기전이효소(DNA methyltransferase)라는 이름의 일련의 효소들이었다. 효소는 CpG 서열의 C에 작용하여 메틸기를 달아 5′-메틸사이토신으로 만든다. 메틸화된 사이토신은 염기로서의 성질이 바뀔까? 사이토신에 메틸기가 붙어도 여전히 구아닌과 염기쌍을 형성하기 때문에 메틸화 자체는 DNA의 염기정보 자체를 바꾸지 않는다.

DNA 메틸기전이효소 중 가장 먼저 발견되었고, 진핵생물의 세포에 가장 많이 존재하는 메틸기 전이효소가 바로 DNMT1(DNA methyltransferase 1)이다. 이 효소는 전혀 메틸화되지 않은 DNA 가닥에 작용하기보다는 한쪽 가닥의 CpG가 메틸화되어 있고, 다른 쪽 가닥의 CpG가 메틸화되어 있지 않은 경우에 주로 작용한다. 메틸화된 DNA가 복제되는 과정을 생각해보자. DNA가 복제된 직후, 새로 생성된 가닥의 CpG는 메틸화되어 있지 않는데, DNMT1은 이때 새로운 DNA 가닥에 선택적으

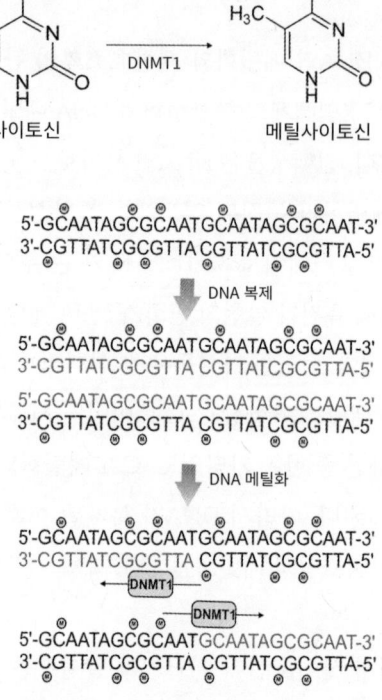

그림 13.2 세포에 가장 많이 들어 있는 DNA 메틸화효소인 DNMT1은 DNA가 복제된 다음 아직 메틸화되지 않은 사이토신을 반대 가닥의 메틸화 정보에 따라 메틸화한다. 이로써 새롭게 복제된 DNA에도 메틸화 패턴은 그대로 유지된다.

로 작용하여 메틸화한다. 따라서 DNMT1은 메틸화 패턴이 DNA 복제 후에도 소멸되지 않도록 계속 유지시키는 역할을 하는 것이다.

처음부터 메틸화가 되어 있지 않은 DNA의 CpG에 메틸기를 붙이는 효소도 있을 것이다. 이것은 DNMT3이라는 전이효소가 하는 일이다. DNA 메틸기 전이효소와는 정반대로 메틸기를 제거하는 탈메틸화효소도 있다. 이때는 제거하는 방식에 따라 다른 효소가 작용한다. 먼저 메틸화된 사이토신을 DNA로부터 잘라내고 새로운 사이토신으로 갈아 끼우는 효소가 있다. 또, 사이토신의 메틸기를 5-하이드록시메틸사이토신으로 산화시킨 후, 여러 단계의 반응을 거쳐 사이토신으로 바꾸는 효소도 있다. 앞에서 말한 발생 과정에서 유전정보에 일어나는 가역적 변화가 바로 이러한 현상이다. A, C, G, T의 염기서열은 지워지지 않는 잉크로 쓰인 고정된 서열이라면, 사이토신의 메틸화는 연필로 쓴 표식 같은 것이어서 상황에 따라 '지울 수 있다'.

궁극적으로 사이토신의 메틸화는 유전자 발현에 어떤 영향을 미칠까? 일반적으로 활발하게 전사되어 RNA가 만들어지는 유전자의 프로모터(promoter, 전사가 시작되는 지점) 영역에 있는 CpG는 메틸기가 적은 편이고, 전사가 잘 일어나지 않는 유전자에는 메틸기가 많은 편이다. 세포에 따라서 상황이 다르고, 유전자에 따라서 상황이 달라서 일반화하여 말하기는 힘들지만, 전반적으로 분화가 많이 일어나 최종적인 단계에 달한 세포일수록 메틸화가 많이 되어 있고, 유전자의 발현이 적은 편이다. 요컨대 세포가 분화할 때 염기서열은 바뀌지 않지만,[6] 사이토신의 메틸화 혹은 탈메틸화 상태에 따라 어떤 유전자에서 mRNA가 전사되어 단백질이 만들어질지, 즉 발현에 큰 영향을 끼친다.

히스톤과 크로마틴

사이토신의 메틸화가 유전자 발현에 영향을 주는 이유를 알기 위해서는 DNA가 핵 속에서 어떻게 존재하는지 살펴보아야 한다.

유전정보를 저장하는 물질을 알아내는 과정에서 DNA와 단백질이 경쟁했던 역사에 대해 앞서 언급했다. 이 경쟁에서 DNA가 승자인 것으로 판명 났지만, 그렇다고 해서 핵 속의 단백질이 아무런 쓸모도 없이 존재하

---

6 물론 세포분열 시에 돌연변이가 일어난다거나, 면역세포처럼 특수한 세포에서 유전자 잘라 맞추기 등이 일어나는 경우가 있긴 하지만, 이는 예외적인 경우이다. DNA 염기서열은 세포의 분화 과정에서 바뀌지 않는다고 생각하는 것이 좋다.

는 것은 아니다. 오히려 핵단백질들은 유전물질로부터 RNA 전사를 조절하는 데 중요한 역할을 한다. 핵단백질들 가운데 대표적인 것으로 꼽히는 히스톤(histone)은 이미 1884년에 발견되었고, 20세기 중반에 이르러 그 역할도 규명되기 시작했다.

1950년 에든버러 대학교의 에드거 스테드만(Edgar Stedman)은 체세포의 종류에 따라 히스톤의 화학적 조성이 다르다는 사실로부터 그것이 세포의 차이를 만들 수 있다는 가설을 세웠다. 1962년 제임스 보너(James F. Bonner)와 황저우루지(黃周汝吉)는 히스톤 단백질이 제거된 DNA에서 RNA 전사가 더욱 잘 일어나고, 반대의 경우 전사가 잘 일어나지 않는 현상을 관찰했다. 이 결과를 근거로 히스톤이 염색체에서 RNA 합성을 억제하는 역할을 한다고 주장했다.

1974년 로저 콘버그(Roger Kornberg)는 DNA와 단백질이 공존하는

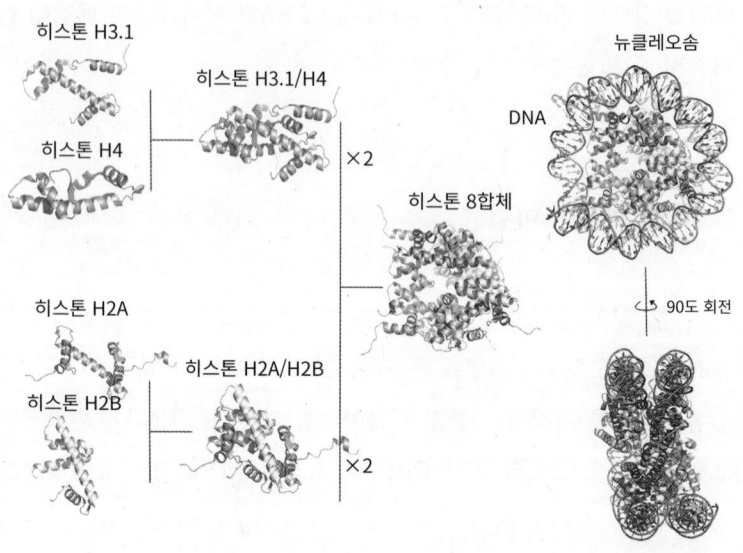

그림13.3 H3.1, H4, H2A, H2B의 4종류 히스톤이 각각 2개씩 모여 8개의 단백질로 이뤄진 '히스톤 8합체'를 형성한다. 히스톤 8합체는 DNA가 감기는 기본 단위가 된다. 히스톤 8합체에 정확히 146염기의 이중나선 DNA가 결합하여 뉴클레오솜을 형성하고, 이것이 염색체에서 DNA가 존재하는 기본 단위이다.

구조를 상세히 밝혔다. 네 종류의 히스톤 분자가 모인 총 여덟 개의 폴리펩타이드 사슬이 하나의 덩어리를 이루고, 여기에 약 146염기의 DNA가 감겨서 뉴클레오솜(nucleosome)이라는 단위체를 형성한다.(그림 13.3) 즉 세포핵 안에서 염색체의 DNA가 존재하는 기본 구조가 뉴클레오솜이다. 수동식 사진기 필름이나 구식 영화 필름이 롤에 감겨 있듯 DNA는 '골무'처럼 생긴 히스톤 단백질에 감겨서 있으며, 이런 구조를 '크로마틴'(chromatin)이라고 부른다.

　　DNA가 히스톤에 감겨 있으므로 유전정보의 복제를 위해 DNA로부터 RNA를 만드는 과정은 자연스럽게 크로마틴 구조와 관계없이 생각할 수 없다. 영화를 재생하려면 휠에 감긴 필름을 돌려서 풀어야 하듯, DNA를 '재생'하려면 히스톤에 감겨 있는 DNA를 풀어야 한다. 보너와 황저우가 관찰한 현상, 즉 히스톤이 제거된 DNA에서 RNA 전사가 잘 되는 이유를 이 구조를 통해 이해할 수 있다.

　　뉴클레오솜은 전사가 활발히 일어나는 유크로마틴(euchromatin) 영역과 전사가 잘 일어나지 않는 헤테로크로마틴(heterochromatin) 영역으로 구분된다. 히스톤에 DNA가 감긴 'DNA 실패'가 조밀하게 붙은 헤테로크로마틴 영역에서는 DNA를 잘 읽을 수 없어 전사가 쉽게 일어나지 않는다. 조밀도가 성긴 편인 유크로마틴 영역에서는 DNA의 내용을 RNA로 만드는 'RNA 중합효소'와 '전사인자'(transcription factor)[7] 같은 단백질들이 DNA에 쉽게 접근할 수 있다.(그림 13.4)

　　DNA 분자 안에서 유크로마틴 영역과 헤테로크로마틴 영역은 고정된 것이 아니라 상황에 따라서 변화한다. 이에 영향을 주는 요인은 크게 두 가지다. 첫째는 사이토신 염기의 메틸화이고, 둘째는 히스톤 꼬리의 변

7　전사인자는 특정한 유전자 부위에 결합하여 해당 유전자의 전사를 촉진하는 단백질을 총칭한다. 보통 전사인자가 유전체의 특정 부위에 붙으면 DNA의 메틸화 상태와 히스톤 꼬리의 변형을 일으키는 일련의 단백질들이 복합체를 형성하여 크로마틴 구조의 변화를 유발한다.

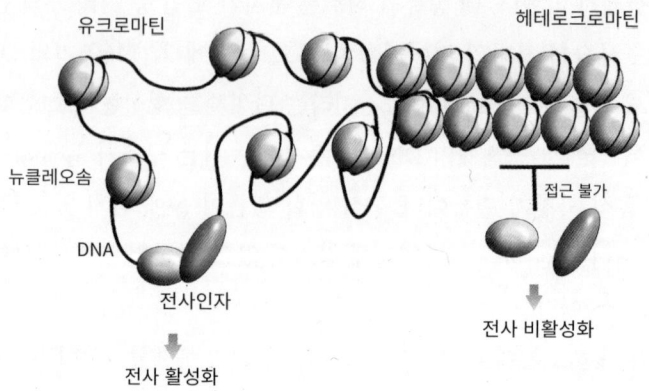

그림 13.4 뉴클레오솜에는 유크로마틴 영역과 헤테로크로마틴 영역이 섞여 있다. 일반적으로 전사가 활발히 일어나는 영역은 전사인자나 RNA 중합효소 등 RNA 전사에 필요한 단백질이 접근하기 용이한 유크로마틴 영역이다.

형인데, 두 요인은 서로 연관되어 있다.

헤테로크로마틴 영역에 있는 CpG 염기쌍의 사이토신은 유크로마틴 영역의 사이토신에 비해서 상대적으로 더 많이 메틸화되어 있다. 특히 어떤 유전자가 전사되기 위해서는 프로모터 영역의 크로마틴 상태가 중요하다. 전사를 개시하기 위해 RNA 중합효소 등을 포함한 다양한 전사 개시 복합체가 DNA에 결합하기 용이하도록 'DNA 실패'가 풀린 상태(유크로마틴)여야 하기 때문이다. 일반적으로 전사가 활발히 이뤄지는 유전자의 프로모터 영역의 CpG에 비해서 전사가 이뤄지지 않는 유전자의 프로모터는 헤테로크로마틴인 경우가 많으며 더욱 많은 CpG의 사이토신이 메틸화되어 있다.

두 번째 요인을 살펴보자. 히스톤은 120~130개의 아미노산으로 구성된 단백질인데, 히스톤의 가운데 부분은 히스톤 단백질 8개가 결합하여 DNA가 감기는 '실패' 부분을 형성한다. DNA는 이곳을 중심으로 히스톤에 감겨 뉴클레오솜을 형성한다. 이 히스톤 8합체를 형성하는 부분 외에도 꼬리처럼 삐져나온 20~30개의 아미노산으로 된 부분이 있다. 이곳을 '히스톤 꼬리'(histone tail)라고 한다. 히스톤 꼬리에는 유달리 많은 라이신이 있어 다양한 화학적 변화가 일어난다. 아세틸기가 붙는 아세틸화, 메틸기가 붙는 메틸화(methylation), 메틸기가 두 개 혹은 세 개 붙기도 한다. 이를 유형별로 살펴보면 다음과 같다.

1. 아세틸화

히스톤 꼬리에 많이 있는 라이신은 양전하를 띠기 때문에 별다른 변형이 없는 경우 음전하의 인산기가 풍부한 DNA와 강하게 결합하고, 크로마틴 구조가 빽빽하여 DNA 전사는 잘 일어나지 않는 경우가 많다. 그러나 히스톤 꼬리의 라이신에 아세틸기가 결합하는 아세틸화 반응이 일어나면 라이신의 양성 전하가 중화되고, 따라서 히스톤 꼬리는 DNA와 더 이상 강하게 결합하지 않는다. 히스톤 꼬리가 DNA와 결합하지 않으면 크로마틴 구조는 느슨하게 되어 DNA 전사가 일어나게 된다. 반대로 히스톤 꼬리의 라이신에서 아세틸기가 떨어지면 DNA의 전사가 억제된다. 요컨대 히스톤 꼬리의 아세틸화는 전사 활성화와 관련되며, 아세틸기를 제거하는 탈아세틸화는 전사 억제와 관련된다. 히스톤의 라이신에 아세틸기가 붙는 반응은 히스톤 아세틸화효소(histone acetyltransferase, HAT)에 의해 일어나며, 이 효소는 대개 전사개시복합체(transcription initiation complex)에 결합하여 전사 개시를 위해 주변 히스톤을 아세틸화한다. 반대로 아세틸화된 히스톤의 아세틸기를 제거하는 히스톤 탈아세틸화효소(histone deacetylase, HDAC)는 전사를 억제하는 전사억제복합체의 일원으로 존재한다.

2. 메틸화

히스톤 꼬리의 라이신에는 메틸기도 결합한다. 메틸기는 1~3개까지 결합할 수 있다. 히스톤 꼬리의 라이신이 메틸화되면 어떻게 될까? 어떤 히스톤이냐에 따라서, 그리고 메틸화가 일어나는 라이신의 위치에 따라서 그때그때 달라진다. 가령 히스톤 3번(H3)의 4번째 라이신 위치(H3K4)에 있는 라이신에 메틸기가 달라붙으면, 이 위치의 뉴클레오솜은 풀어지고, 잇따라 유전자의 프로모터 영역을 감싸고 있는 히스톤에도 변형이 일어나 DNA 전사 확률이 높아진다. 그러나 9번째 라이신(H3K9)이나 27번째 라이신(H3K27)에 메틸기가 2개 혹은 3개 붙으면 도리어 뉴클레오솜이 서로 단단히 결합하여 전사를 방해한다. 히스톤의 라이신에 메틸기를 붙이는 것은 히스톤 메틸기전이효소(histone methyltransferase)이며, 히스톤에서 메틸기를 제거하는 것은 히스톤 탈메틸화효소(histone demethylase)이다. 아세틸기와 마찬가지로 히스톤의 라이신기에 붙은 메틸기도 고정된 표지가 아니라 상황에 따라서 지워질 수 있는 표지다.

요컨대 사이토신의 메틸화와 히스톤 꼬리의 변형은 DNA의 유전정보 자체를 변화시키지 않지만, DNA에 있는 '유전정보를 읽어서 RNA로 만드는 능력'에 영향을 준다. 비유하건대, 유전체를 중앙도서관이라고 한다면, 30억 쌍에 이르는 (인간의) DNA 염기서열은 중앙도서관에 소장된 모든 책에 인쇄된 글자를 합한 것에 해당한다. 책의 경우 글자는 종이에 인쇄되어 권별로 장정되어 서가에 꽂혀 보관되듯이, DNA 역시 뉴클레오솜이란 단위로 히스톤에 감겨서 잘 보관되어 있는 것이 크로마틴 구조이다. 어떤 책들은 표지 외에도 비닐로 다시 한 번 포장되어 포장을 뜯지 않으면 내용을 읽을 수 없는 것처럼, 염색체 중에서 헤테로크로마틴이라는 영역은 단단하게 포장되어 있어서 내용 접근이 어려운 책이라고 생각하면 된다. 그러나 이러한 포장은 책에 인쇄되어 있는 내용과는 달리 상황에 따라서 뜯거나 다시 포장할 수 있다. 마찬가지로 크로마틴의 구조는 세포의 종류나 분화 과정에 따라서 달라질 수 있고, 이에 따라서 어떤 유전자가 발현되는지가 달라진다.

동물 발생과 후성학적 변화[8]

워딩턴이 '후성적 지형'이라고 비유적으로 표현했던 세포 분화의 실체는 지금까지 살펴본 연구들에 의해 온전히 이해하게 되었다. 동물의 발생 과정 중 비교적 초기에 형성되는 배아 줄기세포로부터 다종다양한 세포들이 분화해 나오려면 크로마틴의 구조가 변하면서 DNA의 메틸화와 히스톤 꼬리의 변형이 선행되어야 한다. 이와 같은 화학적 변경이 있은 연후에 유전자가 발현되고 유전자의 지시에 따라 합성된 단백질이 세포의 특성을 결정한다.

DNA 메틸화와 히스톤 꼬리의 변형을 결정하는 기제도 있을 것이다. 앞에서 설명한 것처럼 DNA가 메틸화된 상태와 히스톤 꼬리가 변형된 상태는 유전암호를 저장한 염기서열처럼 고정된 것이 아니라 가역적이라고 했다. 즉 '후성학적 신호'인 DNA 메틸화와 히스톤 꼬리의 아세틸화/메틸화와 변형은 DNA 탈메틸화효소나 히스톤 탈아세틸화효소/탈메틸화효소 등에 의해서 지워지고 다시 쓰일 수 있다. 그렇다면 DNA와 히스톤 꼬리는 발생 과정에서 어떻게 변형되는가?

---

[8] '후성학'(Epigenetics)이라는 용어의 유래와 정의에 대해 알아 두면 좋겠다. 'Epigenetics'는 '후성학' 혹은 '후성유전학'이라고 번역되는데, 처음에는 앞장에서 소개된 콘래드 워딩턴의 후성설(epigenesis)의 형용사형으로 사용되었다. 워딩턴은 '후성적 지형'(Epigenetic Landscape)을 '세포의 생물학적 발생 과정' 정도의 의미로 사용했다. 그후 DNA의 메틸화와 히스톤 꼬리의 변형이 유전자의 발현에 영향을 준다는 것이 알려지면서 'epigenetic'의 정의도 원뜻에서 조금 달라지게 된다. 로빈 홀리데이는 'Epigenetics'를 "복잡한 생물의 발생 과정에서 유전자 활성을 조절하는 연구"로 정의했다. 2009년의 정의에서는 "DNA 서열의 변화 없이 생기는 염색체의 변화에서 기인하는 유전 가능한 표현형"으로 구체화되었다. 이 책에서는 'DNA의 메틸화 또는 히스톤의 변형 등에 의해서 생기는 유전자 발현의 차이'로 정의하고, '후성학'이라고 번역하고자 한다. 일부에서는 '후성유전학'이라는 용어도 사용하고 있으나, 대부분의 후성학적인 변화는 같은 세대의 생물에서만 전달되고, DNA 메틸화나 히스톤 꼬리의 변화 등은 수정할 때 모두 초기화되어 후대에 거의 전달되지 않는다. 이런 점을 감안하면 후대로 전달되는 DNA 유전정보에 기반해 연구하는 유전학과 같은 범주에서 사용하는 것은 문제가 있다고 생각하기 때문이다.

난자와 정자가 수정된 직후인 1세포기 접합자에서는 RNA가 거의 만들어지지 않는다. 난자와 정자의 DNA는 메틸화가 많이 되어 있고, 히스톤 꼬리에도 헤테로크로마틴 형성을 촉진하는 변형이 많아서 RNA를 만들기에 적합하지 않은 상태이기 때문이다. 그러나 수정된 직후에 곧장 DNA 탈메틸화가 시작되고, 히스톤 꼬리도 유크로마틴 형성을 촉진하는 변형이 일어나기 시작한다. 유전자 발현을 억제하던 후성학적 표지가 제거되는 과정은 약 4세포기까지 진행되고, 4세포기가 끝날 즈음에는 난자와 정자의 유전체로부터 RNA를 전사할 준비가 갖춰진다. 즉 생식세포에서 유전자의 발현을 억제해 놓았던 모든 굴레를 푸는 과정이 4세포기까지 끝난다. 그후 유전체로부터 유전자 발현이 시작되는 것을 수정란 유전체 활성화(zygotic genome activation, ZGA)라고 부른다.

대략 8세포기에 도달할 때까지의 난할구는 분리되었을 경우 각각 별도의 개체로 발생할 수 있는 전능성을 가지고 있다.[9] 이때는 거의 모든 후성학적 표지(DNA 메틸화, 히스톤 꼬리)가 유전자를 발현할 수 있는 상태로 변경되어 있으며, 모든 세포는 동일한 후성학적 표지를 가지고 있기 때문에 완전히 동일한 종류의 유전자들을 발현한다. 할구 단계를 지나 세포가 최초로 분화하는 단계는 배반포기이다. 배반포의 외부에 있는 영양세포와 내세포괴에서는 각기 다른 전사인자가 형성되고 따라서 각기 다른 유전자가 발현된다.[10] 그리하여 영양세포는 착상한 후에 태반으로 변하고, 내세포괴는 몸을 구성하는 다양한 세포로 분화하게 된다.

최종적으로 세포의 운명은 후성학적 표지에 의해 결정되며, DNA 메틸화나 히스톤 꼬리의 변형과 같은 후성학적 표지 자체는 세포 내에 어떤 전사인자가 존재하는지에 의해 결정된다. 이러한 전사인자들은 이전 장에서 설명한 모포젠 같은 외부 신호에 의해서 활성화되기도 하며, 특정한

---

9 일란성 쌍둥이는 2세포기 혹은 4세포기의 난할구가 각각 발생을 한 경우이다.
10 영양세포가 되는 세포에서는 Cdx2라는 전사인자가, 내세포괴가 되는 세포에서는 Oct4라는 전사인자가 만들어진다.

유전자의 스위치를 켜서 새로운 RNA를 만들고, 때로는 특정한 유전자의 발현을 억제하기 위해 DNA 메틸화와 히스톤 꼬리의 변형을 일으켜 새로운 후성학적 표지를 만들기도 한다.

난자와 정자가 접합된 직후에 지워졌던 후성학적 표지는, 내세포괴로부터 분화해 나오는 세포들에 새롭게 생겨난다. 다시 말해 세포가 분화함에 따라서 계통이 다른 세포들이 생기고, 이 세포들에는 RNA 발현이 필요한 유전자와 그렇지 않은 유전자를 구별해 그에 맞게끔 후성학적 표지가 생긴다. 발생 초기에는 거의 대부분의 유전자가 발현할 수 있는 상태에 있다면, 발생 단계를 지나감에 따라서 더 이상 필요 없는 유전자들에는 후성학적 표지가 생겨서 발현이 억제되는 헤테로크로마틴 상태로 바뀌게 된다. 이렇게 하여 분화를 마친 세포는 해당하는 세포의 기능에 꼭 필요한 극히 일부의 유전자만 발현되는 상태가 된다. 즉 2~4세포기의 세포나, 내세포괴의 배아 줄기세포는 대부분의 유전자의 스위치가 '켜져' 있지만, 완전히 분화한 세포는 대부분의 유전자의 스위치가 '꺼져' 있다.

발생을 통해 다양한 세포가 만들어지는 과정은, 특정한 유전자들의 조합을 발현시켜서 특정한 세포에 필요한 RNA의 조합을 만들 수 있게 해주는 전사인자와, 이에 따른 후성학적 요인(DNA 메틸화 상태 + 히스톤 꼬리의 변형 상태)의 일련의 변화라고 요약할 수 있을 것이다.

분화가 진행된 세포는 정상적인 경우라면 전능성이나 만능성을 가진 단계로 돌아가지 않는다. 지울 수 있는 후성학적인 표지도 다단계의 분화를 거치는 동안 복잡해져 백지 상태(배아 줄기세포 혹은 2~4세포기)로 쉽게 역행할 수 없다. 아무리 연필로 쓴 메모일지라도, 더욱이 수십 단계의 분화를 거치면서 책(유전체) 곳곳에 메모를 빼곡 적어 놓았다면 새 책처럼 만들기란 불가능에 가까울 것이다. 후성학적 표지들을 지우는 것은 산골짜기에 굴러 떨어진 구슬이 저절로 산꼭대기로 다시 올라가는 것만큼이나 힘든 일이다. 그러나 분화된 세포에 적혀 있는 '후성학적 표지'가 완전히 지워지는 것은 정말 불가능할까?

리프로그래밍, 후성학적 표지의 초기화

생체 내에서 자연적으로 후성학적 표지가 완전히 리셋되는 경우는 정자와 난자가 만나서 수정될 때가 유일하다. 유전자가 발현되지 않도록 많은 DNA 메틸화와 히스톤 꼬리의 변형으로 유전체 전체가 헤테로크로마틴 상태가 되어 있는 세포가 바로 난자와 정자이다. 하지만 난자와 정자는 수정된 후 어느 정도 시간이 지나 4세포기가 되면 여기에 존재하는 후성학적 표지가 모두 지워지고, 난자와 정자로부터 생긴 새로운 생명체의 유전체에서 새롭게 발현이 시작된다. 그것이 가능한 이유는 수정되기 전의 난자에는 후성학적 표지를 지울 수 있는 DNA 탈메틸화효소 등의 단백질이 있어서, 수정 후 후성학적 표지를 깨끗이 지우고 후성학적으로 백지상태에서 발생을 시작하도록 하기 때문이다.

존 거든의 핵이식에 의한 복제 개구리 실험을 상기해보자. 거든은 완전히 분화된 올챙이의 체세포(피부세포였다) 핵을 개구리 난자에 넣어서 복제 개구리를 만들었다. 이 피부세포의 핵은 피부세포에 필요한 유전자만 발현되도록 이미 후성학적 표지가 형성되어 있는 상태이다. 그런데도 마치 수정란의 핵처럼 작동하여 발생했다. 거든의 실험은 난자에 올챙이의 피부세포를 넣어서 마치 수정란에서 후성학적 표지가 제거되는 것과 같은 현상이 피부세포 핵에서 일어나게 한 것이었다.

이와 같이 세포의 후성학적 표지가 '초기화'되어 세포의 운명을 처음부터 개시하도록 만드는 것을 '리프로그래밍'(reprogramming)이라고 한다. 워딩턴의 비유를 빌려 표현하면, 리프로그래밍은 계곡으로 떨어지는 구슬을 방망이로 쳐서 다시 산꼭대기로 올려 보내는 것과 비슷하다.

거든의 개구리 핵이식 실험은 오래도록 유일하게 성공한 리프로그래밍의 사례였기에, 과연 이것이 개구리에만 국한된 것인지, 아니면 포유동물에서도 가능한지에 대해서는 숱한 의문이 제기되었다. 그럴 수밖에 없었던 이유는 개구리에 비해서 크기가 훨씬 작은 포유동물의 난자를 미세하게 조작하는 기술이 없어 실증할 수 없었기 때문이다. 1980년대에 들어서 포유동물의 난자를 작은 바늘로 조작하는 기술이 개발되어 동물의 난자에 분화를 마친 세포의 핵을 이식하여 복제동물을 만드는 실험이 시작되었다.[11]

1994년 미국 위스콘신 대학교의 연구팀은 소의 내세포괴에서 꺼낸 세포핵을 이용하여 소를 복제하는 데 성공했다. 그러나 내세포괴보다 발생이 더 진행된 세포를 이용한 복제 실험은 실패했다.[12]

스코틀랜드 로즐린연구소의 키스 캠벨(Keith Campbell)과 이언 윌멋(Ian Wilmut)은 소 대신 양으로 복제 실험을 시도했다. 이들은 양의 유선세포에서 채취해 세포주를 배양했다. 이 세포주의 세포를 핵을 제거한 양의 난자에 넣어서 유선세포의 핵을 가진 복제양을 만들려고 했다. 그러나 이렇게 만들어진 복제 배아는 양의 자궁에 이식해도 새끼 양으로 발생하지 않았다. 캠벨과 윌멋은 핵이식 실패 원인을 찾던 중에 세포주기의 마스터 조절인자인 성숙촉진인자(MPF)의 활성이 높으면 이식된 핵의 DNA가 손

---

11 축산과 동물 번식 관련 연구를 하던 연구자들이 포유동물의 복제를 시도한 것은 단순히 발생과 리프로그래밍의 관계를 알아보겠다는 목적보다는 실용적인 의도가 더 컸다. 가축의 상업적 가치를 결정하는 성장 속도, 사료 효율, 육질 등은 수많은 유전자에 의해서 결정되며, 상업적으로 우월한 형질을 계속 유지하는 것은 쉽지 않다. 우월한 형질을 가진 가축을 찾아서 이를 씨수소(종우, 種牛)로 삼아서 인공수정을 하면 우월한 형질의 아버지를 가진 새끼를 많이 얻을 수는 있겠지만 태어나는 새끼는 아버지의 우월한 형질의 절반밖에 물려받지 못한다. 그리고 우월한 형질을 가진 암컷은 일생 동안 낳을 수 있는 새끼의 수가 제한되어 있다. 따라서 우월한 형질을 가진 가축을 얻는다고 하더라도 이를 유지하는 것은 쉽지 않다. 그러나 만약 거든의 복제 개구리 기술을 소나 양 같은 가축에게 적용한다면 유전정보가 100% 동일한 복제 동물을 얻을 수 있다.
12 마우스의 내세포괴에서 꺼낸 세포를 배양하면 배아 줄기세포가 된다. 배아 줄기세포는 모든 세포로 분화할 수 있는 능력을 가진 상태이므로 내세포괴의 세포를 핵이식에 써도 완전한 리프로그래밍이 이루어졌다고 보기는 힘들다.

상된다는 것을 알아냈다. 10장에서 알아본 것처럼 세포주기의 마스터 조절인자인 MPF는 세포주기 동안 계속 변하고, 배양되는 체세포는 각기 다른 세포주기를 가진다. 만약 MPF의 활성이 높아 이식된 핵이 손상된다면, 핵이식 전에 세포의 성장을 멈춰서 MPF의 활성을 낮춘다면 핵이식의 성공 확률을 높일 수 있을 것이다. 이를 위하여 캠벨과 윌멋은 세포의 필수적인 영양분이 들어 있는 소 혈청(fetal bovine serum)을 뺀 배지에서 세포를 키워 세포주기가 G0기에 정체되도록 유도했다. 그리고 핵을 제거한 양의 난자에 이 세포를 도입하여 복제 배아를 만들고 이를 양의 자궁에 이식해보았다. 이번의 복제 실험은 성공이었고, 그렇게 태어난 새끼 양이 1996년 발표된 최초의 복제양 '돌리'(Dolly)이다.

거든이 체세포 핵이식으로 복제 개구리를 성공시킨 후 약 40년 만에 캠벨과 윌멋이 포유동물도 같은 방법으로 복제될 수 있다는 것을 보여주었다. 개구리뿐만 아니라 포유동물의 난자에도 완전히 분화한 세포의 염색체를 '리프로그래밍'하는 능력이 있다는 사실이 입증된 것이다. 이후 마우스, 원숭이, 돼지, 고양이 등 다양한 동물의 체세포를 난자에 넣어서 복제동물이 태어났다.

유도만능 줄기세포

세포에서 발생하는 거의 모든 작용은 단백질에 의해서 이뤄진다. 난자에 분화된 체세포를 넣으면 리프로그래밍이 이루어진다는 것은 난자 내에 존재하는 어떤 단백질들에 의해서 리프로그래밍이 일어난다는 것을 의미한다. 그러나 이러한 단백질이 어떤 단백질인지는 존 거든이 개구리의 리프로그래밍을 성공한 지 약 50년이 지날 때까지도 잘 알려지지 않았다.

야마나카 신야(Yamanaka Shinya)는 정형외과의를 꿈꾸던 의대생이었다. 그러나 정형외과 수련의 과정에 들어가서 자신이 정형외과의가 되기에는 손재주가 별로 없다는 사실을 깨달았다. 그는 기초의학인 약리학으로 박사학위를 취득하고, 미국으로 유학을 가서 1990년대에 한창 각광받던 '녹아웃 마우스'(knockout mouse)를 이용한 연구를 시작했다.

녹아웃 마우스는 특정한 유전자를 인위적으로 파괴한 실험용 생쥐인데, 특정한 유전자의 기능을 연구할 때 사용된다. 녹아웃 마우스를 만들기 위해서는 앞에서 설명한 것처럼 마우스의 배아 줄기세포의 유전자를 조작하여 원하는 유전자를 파괴한 후, 이를 배반포 단계의 마우스 배아에 착상시켜, 유전자가 파괴된 세포가 몸 안에 삽입된 키메라 쥐를 얻어야 한다. 야마나카는 암을 유발하는 유전자와 연관되어 있던 'Nat1'이라는 유전자를 발견하고, 이것의 역할을 알아보기 위해 이를 선택적으로 파괴한 배아 줄기세포를 만들었다. 그러나 Nat1이 파괴된 배아 줄기세포를 증식하는 데는 문제가 없었지만, 키메라 쥐를 만드는 데는 실패했다. 실험이 실패했으나 이로 인해 알게 된 새로운 사실이 있었다. 바로 Nat1이 배아 줄기세포가 다른 세포로 분화하는 데 꼭 필요한 유전자라는 것이었다.[13]

야마나카는 이를 계기로 배아 줄기세포의 만능성에 더욱 많은 관심을 갖고 연구하여, 2003년 줄기세포의 만능성에 관여하는 나노그(Nanog)라는 유전자를 발견했다. 그러나 줄기세포의 만능성에 연관된 유전자는 이것만이 아니었다. 2005년 무렵에는 줄기세포의 만능성과 관련되었을 것으로 추정되는 약 24개의 유전자가 알려졌다. 이들 대부분의 유전자는 전사인자로서, 줄기세포가 줄기세포로서 역할을 하기 위해 필요한 여러 유전자의 발현을 켜고 끄는 스위치인 것으로 추정되었다. 이 유전자들은 줄기세포가 아닌 성체세포에서는 더 이상 만들어지지 않는다. 그런데 이 유전자들을 성체세포에 넣어서 발현시키면, 다시 말해 꺼진 스위치를 강

---

13 Nat1 유전자는 배아 줄기세포가 다른 세포로 분화하는 데 필요한 유전자였으므로, 이 유전자를 파괴한 배아 줄기세포는 더 이상 분화하지 않았다. 결과적으로 야마나카는 Nat1 유전자가 파괴된 녹아웃 마우스를 만들 수 없었다.

제로 켜면 어떤 일이 일어날까?

야마나카와 그의 연구실에 있던 대학원생 다카하시 가즈토시는 후보 유전자 24종을 모아, 마우스 태아 섬유아세포(MEF)에 넣어서 발현시켰다. 줄기세포의 '스위치'라고 간주했던 유전자들을 완전히 분화한 세포에 넣어서 스위치를 '올렸더니' 성체세포가 줄기세포와 비슷하게 변했다. 그렇다면 만능성에 관련되었다고 알려진 24종의 유전자가 모두 필요한 것일까? 그중에는 성체세포를 줄기세포로 바꾸는 데 필요하지 않은 유전자가 있을 수도 있다. 야마나카 연구실은 24종 가운데 꼭 필요한 유전자만을 선별하기 위해 24종의 유전자를 하나씩 차례로 제외한 23종의 유전자 조합을 세포에 주입하는 과정을 스물네 차례 반복하여 어떤 유전자가 빠지면 줄기세포로 바뀌지 못하는지 관찰했다. 이런 방법으로 4개의 유전자를 찾아냈다. 그 유전자는 Oct4, Sox2, Klf-4, c-Myc로, 흔히 'OSKM'이라고 통칭되거나, 발견자인 야마나카의 이름을 따서 '야마나카 인자'(Yamanaka Facotrs)라고 부르게 되었다. 그리고 성체세포에 야마나카 인자를 넣어 줄기세포와 비슷한 특성을 갖게 된 세포를 '유도만능 줄기세포'(induced pluripotent stem cell, IPS cell)라고 한다. 유도만능 줄기세포를 면역 거부반응을 보이지 않는 생쥐에 넣어보면 테라토마가 형성되는데, 이는 유도만능 줄기세포가 배아 줄기세포와 성질이 거의 유사하다는 것을 의미한다.

야마나카 연구실의 발견은 리프로그래밍과 줄기세포에 대한 기존의 상식을 바꾸는 일대 사건이었다. 이미 분화가 끝난 성체세포가 만능성을 보유한 상태로 돌아갈 수 있다는 것은 거든의 복제 개구리와 복제양 돌리를 통해 가능성을 확인한 바가 있었지만, 야마나카팀은 줄기세포에서 발현되는 4가지 전사인자만 성체세포에서 발현시키면 이것이 가능하다는 것을 보여주었기 때문이다. 거든, 캠벨과 윌멋, 야마나카의 복제 실험 때문에 수정란이 분화한 후 생성된 모든 세포의 운명은 완전히 고정된 것이 아니며, 인위적인 방법을 이용하면 세포의 운명이 결정되기 전으로 되돌릴 수 있다는 것을 알게 되었다.

일단 확립된 배아 줄기세포 혹은 유도만능 줄기세포는 적절한 조건에서 조직을 구성하는 다양한 세포로 분화시킬 수 있다. 즉 배아 줄기세포(유도만능 줄기세포)와 동일한 유전적 조성을 가진 세포를 얻을 수 있어 매우 좋은 연구 도구가 된다. 기존에도 다양한 조직에서 추출한 세포들을 체외에서 배양하고, 이를 이용하여 생명현상을 연구해 왔다. 그러나 조직에서 추출한 대부분의 일차 세포(primary cell)는 수명이 제한적이다. 또한 배양을 하기 위해서는 실험동물을 희생시켜야만 한다. 가령 신경세포는 실험용 설치류(특히 갓 태어난)의 뇌에서 채취하여 배양하는데, 사람의 뇌 조직은 그렇게 쉽게 얻을 수 없다. 사람의 배아 줄기세포 혹은 유도만능 줄기세포가 확립되어 있다면, 이제 여기서 인공적으로 분화를 유도한 사람의 세포를 가지고 연구할 수 있는 것이다.

사람의 배아 줄기세포는(쥐의 배아 줄기세포도 마찬가지이지만) 발생 중인 배반포기의 수정란을 파괴하여 그 안의 내세포괴를 꺼내어 배양하는 과정을 거쳐 만들어진다. 줄기세포를 만들기 위해서 파괴해야 하는 수정란을 자궁에 착상시키면 바로 발생을 시작한다. 즉 인간으로 발생 가능한 수정란을 파괴해야만 사람의 배아 줄기세포를 만들 수 있기 때문에 이는 심각한 생명윤리 문제를 일으킨다.[14] 이에 비해 성체세포인 피부세포에 OSKM 유전자를 도입하여 유도만능 줄기세포를 만드는 것은 수정란을 파괴해야 하는 배아 줄기세포 연구의 윤리적 문제를 피할 수 있다는 장점이 있다.

세포 직접 리프로그래밍

---

14 인간배아 줄기세포에 대해서는 14장에서 자세히 설명한다.

완전히 분화한 세포에 전사인자 몇 개를 넣어서 다른 RNA 풀이 형성되게끔 유도하여 세포의 시간을 거꾸로 되돌릴 수 있었다. 이것이 가능해지자 새로운 의문이 생겼다. 산의 골짜기에서 다른 골짜기로 옮겨 가기 위해 반드시 산의 정상이나 중턱까지 거슬러 올라갔다가 다시 내려와야 할까? 그렇게 하지 않고도 세포의 계통을 변경할 수 있다는 최초의 사례는 사실 유도만능 줄기세포가 발견되기 한참 전인 1987년에 나왔다. 미국 프레드 허친슨 암센터(Fred Hutchinson Cancer Center)의 해럴드 와인트랍(Harold M. Weintraub) 등은 마우스의 섬유아세포에 사이티딘(cytidine, 사이토신이 당과 연결된 것)의 유사체인 아자시티딘(azacitidine)이라는 화합물을 처리하면 가끔 이 세포가 근육세포로 분화할 수 있는 마이오블라스트(myoblast)라는 세포로 바뀌는 것을 목격했다. 섬유아세포와 근육세포는 계통이 전혀 다른 세포인데 어떻게 이런 일이 일어날 수 있을까? 아자시티딘은 사이티딘과 화학 구조가 유사한 화합물로 DNA의 사이토신에 메틸기를 달아주는 DNA 메틸기전이효소를 억제한다. 아자시티딘 처리에 의해서 세포의 후성학적 상태(DNA 메틸화)가 변하고 이로 인해 세포의 계통이 바뀐 것이다.

와인트랍 연구진은 이러한 발견에 근거하여 섬유아세포를 근육세포 계통으로 바꾸는 유전자를 발견하고 'MyoD'라는 이름을 붙였다. MyoD의 정체를 살펴보니 예상했던 대로 전사인자였다. MyoD는 근육세포가 분화하는 과정에서 '마스터 스위치' 역할을 하는 유전자였다. 다시 말해 근육세포 계통의 세포에서는 MyoD 유전자가 만들어지는데, 이 유전자의 역할은 근육세포가 생성되는 데 필요한 일련의 유전자가 발현되도록 스위치를 켜는 역할을 한다.

이후에 다른 계통의 세포에서도 이미 분화된 세포를 다른 계통의 세포로 직접 전환하는 유전자들이 발견되었다. 1995년 백혈구의 일종인 단핵구(monocyte)를 다른 종류의 백혈구인 호산구(eosinophils) 혹은 적혈구아세포(erythroblast)로 전환하는 GATA-1 유전자가 발견되었다. 근육세포뿐만 아니라 혈액세포의 계통에서도 '직접 리프로그래밍'이 일어날 수 있다.

그러나 그 당시에는 세포 직접 리프로그래밍이 특정한 계보의 세포에서만 일어나는 특수한 현상으로 간주되었다. 한데 2006년 전사인자를 인위적으로 주입하여 세포의 운명을 바꾸는 유사한 방법론으로 유도만능 줄기세포가 등장한 이후, 세포 직접 리프로그래밍 연구는 가속되었다. 그후 심근세포, 지방세포, 신경세포, 췌장세포, 조혈모세포 등 다른 세포들을 줄기세포를 거치지 않고 다른 계통의 세포로부터 전환하는 방법이 개발되었다. 그 방법은 대부분 전환하려는 세포의 계통에서 주로 발현되는 전사인자를 도입하는 것이었다. 다시 한 번 워딩턴의 골짜기 비유로 표현해보면, 골짜기에서 다른 골짜기로 직통하는 '터널'을 뚫는 것과 비슷한 조작이 직접 리프로그래밍인 셈이다. 21세기 초, 이렇게 세포의 운명을 체외에서 마음대로 바꿀 수 있는 가능성이 제시되면서 이 기술을 의학적으로 응용해보려는 연구가 본격화되었다.

14장

    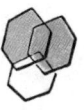

세포 치료와 불사의 꿈

 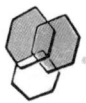 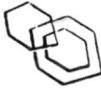

장기이식과 이식 거부 현상

생물은 많은 부품으로 구성된 복잡한 기계에 비유할 수 있다. 세포가 모여서 조직을 형성하고, 조직이 모여서 장기와 기관을 형성하여 복잡다기한 기능을 수행한다는 점에서 복잡한 기계와 비슷한 면이 있다. 그러나 기계와 생물은 '유지와 보수' 면에서 큰 차이가 있다. 많은 부품으로 구성된 기계가 고장 나면 보통 망가진 부품을 수리하거나 교체하여 문제를 해결한다. 인간을 비롯한 생물도 살아가면서 병이나 사고 등으로 뜻하지 않게 몸에 비가역적인 손상을 입기도 한다. 하지만 심각하게 손상된 장기나 조직은 쉽사리 재생되지 않고 부품처럼 교체할 수도 없다. 장기, 조직 혹은 이를 구성하는 세포를 이식하여 손상을 복구하는 것은 오랫동안 인간의 꿈으로 남아 있다. 병을 치료하는 것을 넘어서 노화된 장기와 조직을 '새것'으로 바꾼다면, 진시황의 불사의 꿈도 꿈만은 아닐 것이다. 하나, 그런 꿈이 여전히 꿈으로 남아 있는 데에는 이유가 있는 법이다.

20세기 초 파울 에를리히(Paul Erlich)는 마우스에게 발생한 암 조직을 다른 마우스로 옮기는 연구를 하고 있었다. 이식된 암 조직의 경과 양상은 일률적이지 않아, 잘 자라는 경우도 있고 전혀 자라지 않는 경우도 있었다. 에를리히는 당시의 실험 기술로는 입증할 수 없었지만, 일련의 실험 결과를 근거로 암의 발생은 인체의 면역 시스템에 의해서 억제된다는 가설을 제시했다.

하버드 대학교의 대학원생이던 클래런스 리틀(Clarence C. Little)은 멘델의 유전법칙이 동물에게도 적용되는지를 연구하고 있었다. 그는 마우스의 암 조직을 다른 마우스에 이식하여 이식된 암이 다른 마우스에서도 정상적으로 자라는지를 유전학적으로 연구했다. 암 조직을 이식받았을 때 암 조직이 정상적으로 자라는 마우스와 그렇지 않은 마우스를 교배해서 태어난 1대 새끼(F1)에게 암을 이식하니 암세포가 정상적으로 자랐다. 암 조직을 이식받았을 때 이를 자라게 하는 성질이 우성이라는 의미이다. 그런데 F1의 새끼인 F2가 암을 이식받았을 때 암이 자라는 비율은 멘델의 유전법칙이 예측하는 비율과는 다르게 나타났다. 만약 암 이식을 결정하는 유전자가 단 하나이고, 암이 자라는 형질이 우성이라면 F2에서는 우성(이식된 암이 자라는 마우스)과 열성(이식된 암이 자라지 않는 마우스)의 표현형의 비율은 3:1이 되어야 한다. 리틀의 실험에서 암이 자란 마우스의 비율은 3:1보다 훨씬 적었다. 리틀은 이러한 결과에 대해 '암이 자라는 데 관여하는 유전자의 개수는 하나 이상이다'라고 해석했다.

학계에서 성공하여 미시간 대학교의 총장까지 지낸 리틀은 1929년에 잭슨 연구소(Roscoe B. Jackson Memorial Laboratory)라는 민간 연구소를 설립하고 본격적으로 마우스를 이용한 유전학 연구를 이어 갔다. 리틀은 유전학 연구를 위해 동종교배(inbred)를 반복적으로 실행하여 유전적으로 형질이 완전히 동일한 근교계 마우스(inbred mouse line)를 만들어냈다. 근교계 마우스는 남매의 반복적인 교배를 통해 얻어진다. 이렇게 반복적으로 동종교배를 시키면 마우스가 가진 염색체 쌍(부모로부터 한 벌씩 물려받은)에 존재하는 대립 유전자가 완전히 동일한 동형접합체(homozygote)가 된다. 같은 품종의 근교계 마우스는 유전적으로 완전히 동일한 일란성 쌍둥이와 같다.

유전적으로 완전히 동일한 품종의 근교계 마우스 사이에서는 이식한 암이 정상적으로 자랐지만, 다른 품종의 마우스에서 발생한 암을 이식하면 암이 더 이상 자라지 않았다. 암뿐만 아니라 정상 조직의 경우에도 동일한 현상이 나타났다. 근교계 마우스를 이용한 실험을 통해 동물은 자신으로부터 유래하지 않은 세포나 조직을 거부하는 성질이 있다는 것이 알려지게 되었다. 이러한 성질이 장기이식에서 흔히 일어나는 이식 거부의 근본 이유였던 것이다.

조직적합성 복합체

잭슨 연구소에서 근무하던 조지 스넬(George Snell)은 근교계 마우스를 교배하여 조직이식 거부반응을 일으키는 유전자를 찾아냈다. 스넬은 이 유전자를 '조직적합성 항원'(histocompatibility antigen) 혹은 'H-2', 조직적합성 항원이 존재하는 부분은 '조직적합성 복합체'(major histocompatibility complex, MHC)라고 명명했다. 한데 당시에는 마우스에서 발견한 항원 유전자가 인체의 장기이식에 거부반응을 보이는 유전자와 동일한 유전자라는 사실을 알지 못했다. 앞서 소개했던 알렉시 카렐의 혈관 봉합술 개선도 장기이식의 큰 걸림돌을 제거하는 진전이었지만, 역시 장기이식이 실패하는 주요한 원인은 장기 수여자에게 나타나는 급격한 거부반응이었다. 아주 가까운 친족이 아니면 이식 거부반응이 일어나지 않는 경우가 극히 드물었기 때문에 장기이식은 현실적으로 보편화되기 어려웠다. 하지만 1950년대에 이르러 해결의 실마리를 찾았다.

프랑스의 의사 장 도세(Jean Dausset)는 수혈을 많이 한 환자들에게는 백혈구 세포를 응집시키는 항체가 다량 만들어지는 증상을 관찰했다. 기이한 점은 환자 자신의 백혈구는 응집되지 않고 수혈한 혈액의 백혈구만 응집되었다는 것이다. 유전학적인 연구를 통해 백혈구를 응집시키는 항원(human leukocyte antigen, HLA) 유전자가 인간의 6번 염색체에 있으며, 여기에는 클래스 I, II, III으로 구분되는 다양한 유전자가 몰려 있다는 것을 알게 되었다. 그리고 HLA 유전자에는 수많은 대립유전자(allele)[1]가 있었다. 한마디로 인간의 유전자 중에서 '사람마다 달라요'의 극치를 보이는 유전자가 HLA였다. HLA는 마우스에서 발견된 MHC와 동일한 유전자의 인간 버전이라는 것도 곧 밝혀졌다.

장기이식을 받은 후 거부반응이 발생하는 이유는 장기 수여자의 HLA/MHC와 장기 공여자의 HLA/MHC가 타입이 다르기 때문이다. 이식 부작용이 적으려면 가급적 HLA 유전형이 같은 형제나 부모 혹은 인척이 아닌 타인이지만 HLA 유전형이 가장 비슷한 사람의 장기를 공여받아야 하는 이유이다. 이를테면 수혈을 할 때 A형 혈액을 가진 사람이면 A형이나 O형의 혈액을 받을 수 있다. 한국인 중 A형은 34%, O형은 28%이므로 60% 정도의 인구와는 혈액이 호환되므로 혈액 공여자를 찾는 데 큰 문제가 없다. 그러나 만약 혈액형의 대립유전자가 3개가 아니라 HLA처럼 2만 5천 개 이상이었다면 자신과 일치하는 혈액형을 찾는 것이 매우 어려웠을 것이다. 장기이식의 상황이 바로 이렇다.

HLA/MHC 같은 유전자가 존재하는 이유는 무엇일까? 장기이식을 받아야 하는 환자나 이를 시술하는 의사를 애먹이기 위해서 존재하는 것은 아닐 테고 본래의 기능이 있을 것이다. 이들의 기능은 1970년대 이후에 밝혀진다.

MHC, 세포성 면역의 핵심 단백질

외래의 침입자로부터 몸을 보호하는 면역 기능에는 크게 두 가지가

---

1 대립유전자는 특정한 유전자에 존재하는 변형의 형태를 말한다. 가령 사람의 ABO 혈액형을 결정하는 대립유전자에는 A, B, O의 3종류가 있다. A, B는 우성, O는 열성이다. 한 쌍의 염색체에 있는 대립유전자가 동일한 경우를 동형접합(homozygote), 다른 경우를 이형접합(heterozygote)이라고 한다. 즉 혈액형의 표현형이 A인 사람은 동형접합인 AA, 이형접합인 AO의 2가지 유전형이 존재한다. ABO 혈액형 유전자에 3종류의 대립유전자가 있다면, HLA에는 25,756개의 대립유전자가 있다.

있다. 특정한 병원체를 경험한 후에 생성되어 해당 병원체가 다시 침입하면 이를 막아내는 '적응성 면역반응', 병원체를 경험하기 전부터 존재하는 '내재성 면역반응'이다. 적응성 면역반응은 주로 병원체 및 병원성 단백질과 결합하여 이를 무력화하는 항체에 의한 '체액성 면역반응'과 세포에 의해서 이루어지는 '세포성 면역반응'으로 구분된다.

20세기에 들어와 면역에 대해 이해하기 시작하면서 가장 먼저 많은 지식을 축적하게 된 것은 항체에 의한 체액성 면역반응이었다. 그리고 곧이어 '이미 병원체에 감염되어버린' 세포를 처리하는 세포성 면역반응이 있다는 것도 알게 되었다. 세포성 면역반응은 병원체에 감염되어 병원체의 생산 공장으로 변해버린 세포를 제거하는 메커니즘이 세포에 있다는 의미이다. 이 메커니즘이 작동하려면 감염된 세포가 '내가 병원체가 감염되어 있으니 나를 처리해 달라'라는 신호를 세포 밖으로 내보내야 한다. 이 구조 요청 신호는 세포 표면에 화학적으로 표시된다. 세포독성 T세포(cytotoxic T cell)가 이 신호를 알아채고 감염된 세포를 처리하여 병원체가 더 이상 확산하지 않도록 막는다.

세포가 병원체에 감염되었다는 것을 외부에 알려주는 단백질이 바로 HLA/MHC이다. 세포는 내부에 침입한 병원체의 단백질을 분해할 수 있다. 이렇게 분해된 병원체의 단백질 조각은 MHC에 결합되어 세포 표면으로 이동해 전시된다. 세포독성 T세포를 비롯해 여러 T세포가 가지고 있는 T세포 수용체(T-cell receptor, TCR)가 이 단백질 조각들을 인식한다. T세포 수용체는 항체와 거의 흡사한 구조를 가지고 있는데, MHC에 붙어서 세포 표면에 전시되는 단백질 조각에는 병원체의 단백질뿐 아니라 세포가 원래 가지고 있는 단백질 조각도 포함된다. 만약 T세포 수용체가 세포의 원래 단백질 조각까지 공격해 죽이면 '자가면역질환'(autoimmune disease)을 일으키게 된다. 따라서 정상적인 경우에는 이런 일이 없도록 자기 자신의 단백질 조각과 결합된 MHC를 인식하는 T세포는 발생 과정에서 죽어버린다.

이러한 세포성 면역반응과 장기이식 거부반응이 어떻게 관련되어 있을까? 사람의 MHC에는 수많은 변종이 있어서, 서로 다른 두 사람은 다른 종류의 MHC를 가지고 있다. 장기이식된 타인 유래의 세포는 원래 내 몸의 세포와는 다른 타입의 MHC를 가지고 있다. 타인 유래의 세포에 있는 MHC가 원래 내 몸에도 존재하는 단백질 조각을 세포 표면에 전시하는 경우를 생각해보자. T세포 수용체는 MHC를 인식할 때 MHC와 MHC에 올려져 있는 단백질을 하나의 덩어리로 인식한다. 그런데 원래 내 몸에 있던 단백질 조각과 타인 유래의 MHC가 결합된 복합체는 T세포에게 매우 낯설어서 마치 외래 단백질이 결합된 MHC라고 착각하고 공격하게 된다. 그 결과로 '급성 장기이식 거부반응'이 나타난다.

거부반응은 간접적인 경로로도 나타난다. 몸 안에 들어온 공여자의 세포가 죽은 후, 내 몸에 원래 있던 항원전시세포(antigen presenting cell, APC)가 죽은 세포의 MHC 단백질을 흡수하여 분해한 다음 자신의 MHC에 전시한다. 이 경우는 MHC 자체는 자신의 것이므로 거부반응을 일으키지 않는다. 하지만 분해하여 자신의 MHC에 전시한 단백질 조각은 '낯선' 것이므로 이를 인식하는 T세포가 활성화되고, 타인 유래의 MHC가 존재하는 세포를 공격하는 면역세포가 활성화된다. 그 결과는 '만성 장기이식 거부반응'으로 나타난다.(그림 14.1)

장기이식 거부반응의 메커니즘을 이해하게 되면서 이것을 회피하고자 하는 아이디어도 등장했다. 대표적으로 면역억제제(immuno-suppressing agents)를 사용하는 방법이다. 세포성 면역과 체액성 면역 등 일부 면역반응을 억제하는 약물들이 발견되었는데, 장기이식 직후 급성 거부반응이 일어날 때쯤 면역억제제를 투여하면 거부반응이 급격히 줄어들었다. 장기 공여자와 수혜자의 HLA/MHC 유전자형을 검사하여 거부반응을 최소화하는 유전자형을 찾고 면역억제제를 이용할 수 있게 됨으로써 장기이식은 이전보다는 보편화될 수 있었다. 그러나 장기이식에는 근본적인 한계가 있다. 인체에 이식하려면 인간의 장기여야 하기 때문이다. 2개가 있는 콩팥을 제외한 장기는 뇌사한 사망자의 기증이 없다면 얻을 수가 없다. 이런 한계로 인해 완전한 장기의 이식이 아니라 장기를 구성하는 세포를 이식하여 질병을 치료하는 방법을 모색하게 되었다. 세포 치료(cell therapy)는 19세기부터 시도되었지만, 최초로 실질적인 효과를 보게 된 것은 1950년대의 골수이식이었다.

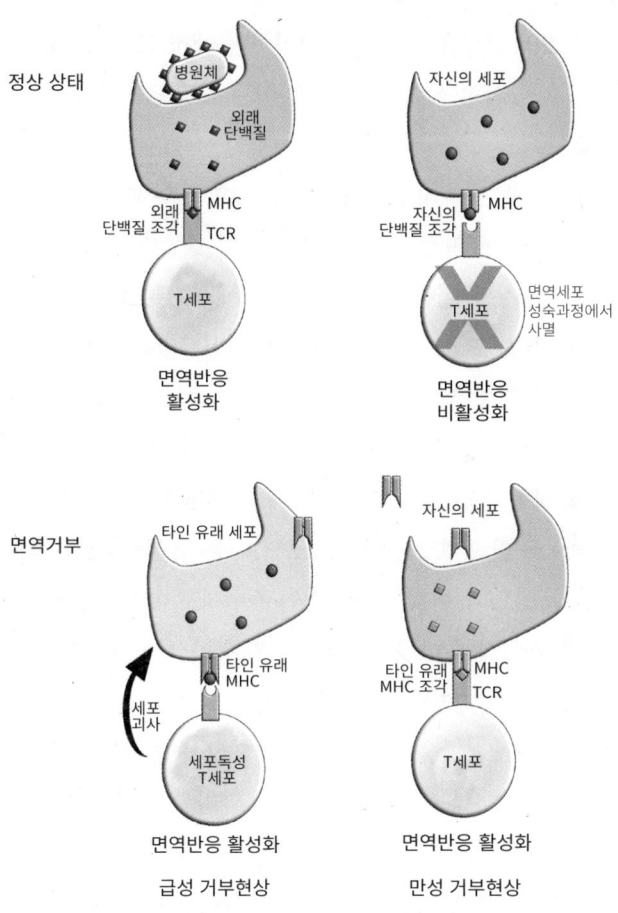

그림 14.1 사람마다 서로 다른 MHC를 가지고 있다는 것은 간단히 말해 T세포 같은 면역세포의 '피아 식별' 기능이 기민하게 발동한다는 것을 뜻한다.

조혈 줄기세포와 백혈병 치료

골수세포가 방사능에 의해서 쉽게 손상되고, 골수를 이식하면 조혈 기능을 회복시킬 수 있다는 사실이 알려진 이후(12장), 이러한 지식을 질병 치료에 활용하려는 의사들이 나타났다. 백혈병은 골수세포에서 발생한 유전적 이상 때문에 백혈구가 변해서 생긴 암세포가 혈액 안에서 급격히 증가하여 생기는 병이다. 백혈병 암세포를 만들어내는 유전적 이상을 가진 골수세포 역시 방사능 치료를 하면 정상 골수세포와 함께 죽게 된다. 이때 타인 유래의 정상 골수세포를 이식하면 암세포로 변질된 골수세포를 회복시킬 수 있지 않을까? 이 아이디어는 1956년에 처음으로 테스트되었다.

급성백혈병에 걸린 마우스에 X선을 쪼여 골수세포를 죽인 다음 골수를 이식해서 재생불량성빈혈이 회복되는지 보았다. 두 그룹으로 나눈 실험에서, 한 그룹은 동일한 근교계 마우스의 골수를 이식받았고, 다른 그룹은 족보가 다른 근교계 마우스의 골수를 이식받았다. 전자의 그룹은 백혈병에서 회복되고 빈혈 증세도 완화되었지만, 후자의 그룹은 백혈병이 호전되지 않았을 뿐만 아니라 세포 이식의 부작용 탓에 모든 마우스가 바로 죽었다. 이 실험 결과로 두 가지를 알게 되었다. 첫째, 애초에 기대한 것처럼 방사능으로 골수세포를 죽임으로써 나중에 암세포로 변하는 골수세포를 죽일 수 있으며, 이것은 정상적인 골수세포 이식을 통해 회복할 수 있다. 둘째, 장기이식과 마찬가지로 골수세포의 이식에도 '피아 식별'에 의한 거부반응이 발생한다.

인간에게도 이 실험을 할 수 있을까? 1956년 미국의 의사 에드워드 토머스(Edward D. Thomas)는 6명의 백혈병 환자를 대상으로 화학요법과 방사능으로 골수세포를 파괴한 후 타인의 골수를 이식했다. 환자들은 일시적인 치료 효과를 보였지만, 모두 100일 이상 생존하지 못했다. 1956년에는 아직 HLA/MHC와 이식 거부에 대한 지식이 없었으므로 골수 공여자와 수혜자의 유전형이 같아야 한다는 것은 고려되지 않았다.

1960년대에 장기이식 적합도를 테스트하는 백혈구 응집검사 기술이 개발되었다. 1969년 에드워드 토머스는 골수 공여자와 수혜자의 HLA를 검사한 후 이식하는 임상시험을 해보았다. 100명의 급성백혈병 환자를 대상으로 시도한 결과 치료 효과를 보았다. 1977년에 보고된 임상시험 결과에 따르면 100명의 환자 중 13명만 골수이식을 한 후 1년 이상 생존한 것으로 나타났다. 그러나 점점 더 많은 사람의 HLA 유형 검사 자료가 축적되면서 이식 거부를 최소화하는 비슷한 유형의 공여자를 찾을 수 있게 되었고, 1979년에는 방사능 치료와 골수이식을 통해 절반 이상의 급성백혈병 환자를 치료할 수 있게 되었다.

골수이식에 의한 백혈병 치료는 타인의 세포를 이식하여 질병을 치료할 수 있다는 것을 최초로 입증한 사례였으며, 토머스는 이 공로를 인정받아 1990년 노벨 생리의학상을 수상했다. 토머스가 이식한 골수에는 조혈 줄기세포가 들어 있어 대표적인 혈액암인 백혈병을 고칠 수 있었다. 하지만 조혈 줄기세포는 혈액세포의 계통에 속하는 세포라면 어떤 것으로든 분화가 가능하지만, 다른 계통의 세포로는 분화하지 못한다. 혈액암이 아니라 장기에 생기는 다른 종류의 암이나 세포 손상에서 비롯된 질병도 세포 치료로 고칠 수 있을까?

인간배아 줄기세포

마우스의 수정란이 배반포기에 이르렀을 때 내세포괴에서 추출, 배양한 세포가 만능성을 가진 배아 줄기세포였다. '줄기세포'가 오늘날에는 생물학을 전공하지 않은 일반인에게까지 잘 알려진 용어가 되었지만, 1990년대 중반까지만 해도 그렇지 않았다. 배아 줄기세포라고는 해도 마우스의 세포는 인간을 치료하는 데 아무런 쓸모가 없다. 때문에 배아 줄기세포는 극히 일부의 생물학 전공자들에게나 알려진 생소한 용어였고 관심도 그리 높지 않았다.

이러한 상황은 1998년 세계 최초의 인간배아 줄기세포주가 확립된 이후 급격히 바뀌었다. 미국 위스콘신 대학교의 제임스 톰슨(James Thomson)은 인간의 배반포기 수정란의 내세포괴를 배양하여 인간배아 줄기세포를 최초로 배양하는 데 성공했다. 이 소식은 과학계뿐만 아니라 사회적으로 매우 큰 파장을 불러왔다.

인간의 배아 줄기세포로부터 유도된 세포를 이용하여 이전에는 쉽게 연구하지 못했던 인간 세포(신경세포 등)를 연구할 수 있게 되었다. 뿐만 아니라, 여러 종류의 세포를 줄기세포로부터 유도하여 이식하면 세포 치료법을 발전시킬 수 있다. 그러나 앞에서도 잠시 언급했지만 배아 줄기세포는 생명윤리 문제를 야기한다. 톰슨이 만든 인간배아 줄기세포는 자궁에 착상만 시키면 바로 아기가 되는 배반포기의 수정란을 파괴하지 않으면 얻을 수 없다. 연구 목적으로 인공수정을 시켜 탄생한 수정란을 파괴하여 얻는 인간배아 줄기세포가 과연 윤리적으로 타당한지에 대해 논란이 크게 벌어졌다. 결국 2001년, 미국 정부는 이미 만들어진 배아 줄기세포만 유지하고, 새로운 인간배아 줄기세포를 만드는 연구에 추가적인 연방 연구비 사용을 금지하는 조치를 내렸다. 대부분의 미국 내 연구자들이 연방정부로부터 받는 지원금으로 연구를 하고 있으므로, 이 조치는 사실상 미국 내에서 인간의 수정란으로 배아 줄기세포를 만드는 것을 금지하는 것과 동등한 조치였다.[2]

핵치환 줄기세포

---

[2] 인간배아 줄기세포를 만드는 것을 법적으로 완전히 금지한 것은 아니다. 또한 민간 자본이나 주정부 등의 지원을 받는 연구는 계속 허용했다는 것은 일종의 타협이라고 볼 수 있을 것이다.

인간배아 줄기세포는 윤리적인 문제 이외에도 면역 거부반응을 일으킨다는 문제를 안고 있다. 배아 줄기세포로부터 유도된 세포는 수정란 공여자의 HLA를 갖기 때문이고, 이를 다른 타입의 HLA를 가진 환자에 이식하면 면역 거부반응이 일어난다. 환자에게 면역 거부반응을 일으키지 않는 인간배아 줄기세포는 어떻게 만들 수 있을까? 복제양 돌리를 만들었던 방법으로, 즉 난자의 핵을 제거하고 여기에 환자의 체세포 핵을 이식하여 복제 배아를 만들 수 있을까? 이렇게 만든 복제 배아를 산모의 자궁에 이식하면 이것은 체세포 공여자와 완전히 동일한 유전형질을 가진 '복제 인간'이 된다. '나이 차가 있는 일란성 쌍둥이 동생'이 태어나는 것이다. 이 '일란성 쌍둥이 동생'은 당연히 체세포 공여자와 유전형질이 완전히 동일하므로 HLA도 동일하여 면역 거부반응도 나타나지 않는다. 이 복제 배아를 자궁에 이식하는 대신, 이를 파괴한 후 내세포괴를 얻어서 배아 줄기세포처럼 배양하면, '핵치환 줄기세포'('인간 복제배아 줄기세포'라고도 한다)가 될 것이다. 1997년 복제양 돌리가 태어났고, 1998년 인간배아 줄기세포가 수립된 이후 이 두 가지 기술을 접목하여 면역 거부반응이 해결된 인간 복제배아 줄기세포를 만들 수 있다는 기대가 싹트기 시작했다.

그러나 이는 기술적으로 그리 쉽지 않은 일이었다. 핵이식 복제를 통해 클론을 만드는 과정은 다량의 난자에 체세포를 이식하여 다량의 복제 수정란을 만들고, 이들을 동물에 착상시켜 발생하는지 지켜보는 일이다. 복제 수정란은 대부분 정상적으로 발생하지 않았다. 체세포를 난자에 넣어서 복제동물이 태어난다면, 체세포의 후성학적 신호가 성공적으로 리프로그래밍되었다는 것을 의미하지만, 이것은 발생하는 빈도가 무척 낮은 일이어서 수백 개 이상의 복제 수정란을 이식해도 겨우 한두 개체가 태어날까 말까 했다.

복제 수정란을 이용하여 배반포기에 파괴하여 줄기세포를 수립하는 것은 더욱 어려운 일이었다. 복제 수정란과는 달리 난자와 정자의 체외수정으로 만들어진 수정란을 산모에게 이식하면(시험관 아기) 대부분 발생으로 이어지지만, 자연 수정란 유래의 배아 줄기세포도 그리 손쉽게 수립되지는 않는다. 그리 어렵지 않게 배양할 수 있는 마우스의 배아 줄기세포에 비해서 인간의 배아 줄기세포는 꽤 오랜 기간에 걸쳐 시도된 끝에 겨우 수립되었다. 사정이 이러한데, 복제 배반포는 발생 비율이 훨씬 낮은, 한마디로 '불량률이 매우 높은' 배반포였다. 엄청난 시간과 노력을 들여서라도 성공하기 위해서는 대량의 난자를 확보하거나, 핵이식의 효율을 높이는 방법을 찾아야 했다.

더욱이 인간의 복제 배반포를 만들기 위해서는 인간의 난자를 이용해야만 하는데, 그러자면 난임 치료를 할 때와 마찬가지로 여성에게 과배란 유도 호르몬 주사를 투여해야 채취할 수 있다. 실험동물이라면 수백 개 이상의 많은 양의 난자를 수월하게 얻을 수 있지만, 인간을 대상으로 복제 배반포를 얻는 실험을 반복하기 위해 많은 난자를 얻는 것은 쉬운 일이 아니다. 미국의 연구자들은 2001년 부시 행정부가 인간배아 줄기세포 연구 지원을 금지함에 따라 실험 자체가 어려워진 데다, 하물며 더 많은 인간 난자가 필요한 복제배아 줄기세포는 엄두도 내지 못하는 실정이었다. 이러한 연구 공백 상황에서 용감하게(?) 인간 '복제배아' 줄기세포의 수립에 나선 사람이 있었다.

인간 복제배아 줄기세포는 가능한가?

2004년 한국의 수의학자 황우석이 인간의 복제배아 줄기세포를 수립했다고 주장하는 논문을 발표하여 세계적으로 이목이 집중되었다. 논문에는 인간의 난자에서 핵을 제거하고, 난자 주변의 영양세포를 이식하여 만든 배반포에서 얻은 세포주가 인간배아 줄기세포와 유사한 특징을 가진다는 실험 내용이 담겨 있었다. 특기할 만한 점은 난자와 핵치환에 사용된 영양세포는 동일한 사람에게서 나온 세포였다는 것이다. 즉 체세포의 공여자와 난자가 모두 한 사람에게서 나온 결과이므로, 타인의 체세포를 난자에 이식하여 만든 복제배아를 바탕으로 환자 맞춤형 줄기세포를 만들어낼 수 있다는 증거는 아니었다. 그러나 어쨌든 핵이식으로 형성된 복제배아를 이용하여 인간의 줄기세포를 처음으로 만들었다는 보고는 관심을 끌기에 충분했다.

2005년 황우석은 환자의 체세포 핵을 난자에 이식하여 환자 맞춤형 복제배아 줄기세포를 만들었다는 내용이 담긴 또 다른 논문을 발표한다. 환자에게서 제공받은 세포핵을 이용하여 11종의 복제배아 줄기세포주를 수립했다는 것이었다. 황우석이 '맞춤형 줄기세포' 논문을 발표했다는 소식이 세계적인 학술지인 《사이언스》뿐만 아니라 주요 미디어를 통해 대대적으로 소개되면서, 대다수 사람들이 환자와 유전형이 일치하는 줄기세포를 쉽게 만들 수 있는 시대가 머지않아 열릴 거라고 기대했다. 이러한 소식이 전해지자 황우석은 한국의 국민 영웅 대접을 받았을 뿐만 아니라 세계적인 주목을 받았다.

그전까지 다른 연구자들이 내내 실패했던 인간 복제배아 줄기세포주를 그는 어떻게 그토록 효율적으로 만들 수 있었을까? 황우석 연구진은 짧은 시간 안에 11종에 달하는 다량의 복제배아 줄기세포주를 성공적으로 수립했다고 보고하긴 했지만, 그동안 알려졌던 복제배아 줄기세포 수립의 어려움(낮은 복제 효율)을 어떻게 극복했는지에 대한 획기적인 방법론은 제시하지 못했다. 그저 그들의 숙련된 실험 기술, 즉 '손재주'와 근면한 연구원들의 노력이 그 요인이었다는 주장만을 말할 뿐이었다. 과연 인간 복제배아 줄기세포는 손재주가 좋은 연구원이 끊임없이 노력하면 쉽게 만들 수 있는 것일까? 황우석의 '맞춤형 줄기세포'가 집중적으로 조명을 받는 가운데 일부 과학자들은 의구심을 가지기 시작했다.

2005년 말, 연구실의 내부자가 폭로를 했다. 이들의 '환자 맞춤형 복제배아 줄기세포'가 실은 체세포에 의해서 만들어진 것이 아니라, 기존에 만들어진 수정란 유래의 배아 줄기세포였다는 것이다. 그리고 2004년에 최초로 줄기세포에 대한 내용이 보고되었을 때도 연구 데이터가 조작되었다는 사실까지 드러났다. 황우석의 두 논문은 《사이언스》로부터 편집장의 직권으로 철회되었다. 첫 번째로 만들어졌다고 알려진 세포주 역시 이후의 분석을 통해 체세포 이식이 아니라 난자의 단성생식(parthenogenesis)에 의한 것으로 추정된다는 결과가 나왔다.

이렇게 2000년대 중반에 한국과 세계 줄기세포학계에 몰아쳤던 '복제배아 줄기세포' 광풍은 사실은 실체가 없는 것이었다는 결론과 함께 허무하게 사그라졌다. 복제배아 줄기세포에 대한 관심은 2006년 야마나카의 유도만능 줄기세포가 등장하고, 2007년 인간의 세포로도 유도만능 줄기세포를 만들 수 있다는 결과가 잇따라 나오면서 줄기세포 연구에서 완전히 뒷전으로 밀리고 말았다.

복제배아 줄기세포는 수정란에서 만들어지는 배아 줄기세포처럼 수정란이 필요하지 않지만, 인간의 난자가 다량 필요한 것은 마찬가지이고 성공률 역시 지극히 낮다. 하지만 유도만능 줄기세포는 난자를 사용하지 않아도 되고, 비교적 재현의 난이도가 낮기 때문에 야마나카의 최초 보고 이후 많은 연구실에서 비슷한 방법론으로 유도만능 줄기세포를 수립할 수 있게 되었다. 따라서 구태여 기술적 어려움과 윤리적 문제를 감수하고 인간 복제배아 줄기세포를 수립할 동기는 상당 부분 사라지게 되었다.

그럼에도 인간 복제배아 줄기세포를 수립하려는 시도는 멈추지 않았다. 적어도 실패한 이유가 원래 불가능한 것인지, 아니면 기술적으로 불완전한 상태에서 섣부르게 시도하려다 실패한 것인지 알아야 했기 때문이다. 2013년, 오레곤 대학교의 슈크랏 미탈리포프(Shoukhrat Mitalipov) 연구진은 오랫동안 의문으로 남은 인간 복제배아 줄기세포가 가능하다는 것을 세포주를 수립하여 입증했다. 연구진은 처음부터 인간을 대상으로 실험한 것이 아니라, 원숭이 복제배아 줄기세포주를 수립하는 실험을 하면서 단계적으로 최적의 조건을 확립했다. 이들은 핵이식을 한 후 난자의 발생이 너무 급격히 진행되는 것이 복제배아의 생성을 어렵게 만드는 이

유라고 보고, 배양액에 카페인을 첨가하여 난자의 발생 활성을 억제하여 복제 효율을 높였다. 그 외에도 동물의 배아 복제 효율을 높인다고 알려진 히스톤 디아세틸화효소 저해제인 트리코스타틴 A라는 물질을 배양액에 첨가하는 등 복제 환경을 최적화하는 방법으로 원숭이 배아의 복제 효율을 높였다. 그리고 실제로 이런 최적화를 통해 인간 복제배아 줄기세포를 만드는 데도 성공했다.

이로써 황우석 연구의 실패 원인과 그것이 남기는 교훈은 분명해진 셈이었다. 충분한 기초 연구와 체세포 핵이식에 대한 이해가 부족한 상태에서 곧바로 인간 난자를 이용한 실험을 무리하게 시도하다가 연거푸 실패했고, 이 과정에서 연구부정이 개입되었다. 황우석 사건은 과학과 기술의 진보는 체계적이고 과학적인 접근에 의해서만 달성될 수 있다는 점을 극명히 보여준 사례로서 오래도록 얘기될 것이다.

줄기세포 치료의 현실

유도만능 줄기세포가 일반화되고, 재생의학의 새 장을 열 것이라고 기대를 모았던 인간 복제배아 줄기세포도 수립되었지만, 이것을 임상에서 활용한 치료는 2020년 현재까지 상당히 미흡한 실정이다. 유도만능 줄기세포를 수립하여 리프로그래밍의 기전을 밝힌 공로로 2012년 존 거든과 함께 노벨 생리의학상을 수상한 야마나카 신야는 자신이 근무하는 교토 대학교에서 'IPS 세포 연구와 활용 센터'(Center for IPS Cell Research and Application, CiRA)라는 큰 조직을 이끌며 유도만능 줄기세포의 임상적 응용을 연구하고 있다. 그는 2017년 《뉴욕타임스》와 가진 인터뷰에서 줄기세포의 임상 적용이 초창기에 예상한 것보다 훨씬 늦어질 것이며, 그 효과도 생각보다는 작을 것이라는 '솔직한' 의견을 내비쳤다.[3]

유도만능 줄기세포를 이용한 세포 치료가 전혀 시도되지 않은 것은 아니다. 2017년 일본의 리켄 발생생물학센터(Riken Center for Developmental Biology)의 다카하시 마사요(Takahashi Masayo)가 이끄는 연구진은 70세의 망막 황반변성 환자에게서 채취한 피부세포를 유도만능 줄기세포로 변환시켰고, 이를 성체 망막세포로 분화시켜 환자의 눈에 이식했다. 치료는 성공적으로 이뤄져 환자의 시력은 회복되었다. 이런 일부의 성공 사례가 있는데도 야마나카가 줄기세포의 임상적 응용을 경계하는 이유는 상존하는 위험성 때문이다. 많은 유도만능 줄기세포주에서 암을 유발하는 돌연변이가 종종 발견되었다. 심지어 대표적인 암 억제 유전자로, 가장 많은 암에서 돌연변이가 발견되는 유전자인 p53을 불활성화하는 돌연변이도 유도만능 줄기세포에서 종종 발견되었다. 유도만능 줄기세포를 만드는 과정에서 암 유전자나 암 억제 유전자의 돌연변이는 빈번하게 발생한다. 당연히 이런 세포를 이용하여 치료용 세포를 분화시켜도, 이 세포가 나중에 암으로 바뀔 가능성은 높다. 따라서 세포 치료에 사용될 유도만능 줄기세포는 치료에 사용하기 전에 암을 유발할 가능성이 없는지 면밀히 따져야 한다는 것이 야마나카의 생각이다. 초기에 기대했던 대로 환자에게서 피부세포를 채취하여 이를 유도만능 줄기세포로 만들면, 환자의 유전정보와 완전히 일치하므로 이식 거부가 없는 '환자 맞춤형 줄기세포'를 만든다는 것은 현실성이 떨어진다는 게 그의 판단이다.

    대안이 있을까? 야마나카는 약 100종의 서로 다른 HLA 타입을 가진 유도만능 줄기세포주를 확보하면 일본 인구의 대부분에 해당하는 약 1억 명에게 면역 거부를 일으키지 않을 것이라고 예상한다. 인구 대부분의 HLA 타입을 커버할 수 있는 여러 종의 유도만능 줄기세포주를 확보한 뒤, 이들을 면밀하게 검증하여 암을 일으키는 돌연변이 등을 엄격하게 걸러낸 다음에야 안전하게 세포 치료에 사용할 수 있다고 본다.[4]

---

3   https://www.nytimes.com/2017/01/16/science/shinya-yamanaka-stem-cells.html

4   세포 치료를 위한 줄기세포를 확보하기 위해 다양한 HLA 타입을 커버할 수 있는 다

줄기세포 치료의 한계는 이것뿐만이 아니다. 야마나카는 세포 치료의 대상이 되는 질병은 10종 정도에 불과하다고 지적한다. 대개는 한 종류의 세포 이상 때문에 발생하는 파킨슨병, 망막·각막 질병, 심부전, 당뇨, 척수 손상, 관절 질환 그리고 몇 가지 혈액 이상 등이다. 그러나 거의 대부분의 인간의 질병은 동시에 여러 종류의 세포 이상에 의해서 발생한다. 결론적으로 현행 줄기세포 치료는 여러 종류의 세포의 손상으로 발생하는 거의 대부분의 인간 질병에 대해서 기대했던 묘수가 되지 못한다. 현새로서는 줄기세포 치료에 대한 대중적 관심은 현실적으로 가능한 수준보다 아주 높게 형성되어 있다고 볼 수밖에 없다.

오가노이드(organoid)

줄기세포를 특정한 세포로 분화시켜 질병을 치료하는 것이 어렵다면, 아예 줄기세포를 이용하여 장기나 조직을 만들어 치료에 사용할 수는 없을까? 이론적으로는 줄기세포가 몸을 구성하는 모든 세포로 분화할 수 있기 때문에 하나의 장기를 만드는 세포들로 분화할 수 있다. 한데 원론적으로 장기를 형성하는 어떤 세포로도 분화할 능력이 있는 것과 형태를 갖춘 장기로 만들어지는 것은 전혀 다른 이야기다. 12장에서 알아본 것처럼 발생 과정에서 기관이나 조직 등의 형태를 갖추는 데는 주변 세포에서 분비되는 모포젠의 분포가 영향을 준다. 따라서 아무리 만능성을 가진 줄기

수의 유도만능 줄기세포주를 확보해야 한다면 꼭 유도만능 줄기세포가 아니더라도 수정란을 이용하여 만드는 배아 줄기세포주의 경우에도 가능하다. 다양한 HLA 타입을 가진 수정란을 공여받아서 배아 줄기세포주를 여러 개 만들어 대부분의 사람에게 이식할 수 있는 배아 줄기세포주 패널을 만든다면, 굳이 수고스럽게 유도만능 줄기세포주나 인간 복제배아 줄기세포를 만들 필요도 없을 것이다. 물론 유도만능 줄기세포는 인간 수정란이나 난자를 사용해야 하는 데서 오는 윤리적 문제를 덜 수 있다는 장점은 있다.

세포라고 할지라도 배아에서 분리되어 배양되는 환경에서는 조직 안에서 상호작용이 발생하는 고차원적인 구조를 갖추기가 쉽지 않다.

그렇다면 배아가 발생할 때 조성되는 환경을 체외에서 재현하면 되지 있을까? 이러한 연구는 줄기세포의 개념이 알려지기 훨씬 전부터 진행되긴 했다. 이미 1910년 노스캐롤라이나 대학교의 헨리 윌슨(Henry Van Peters Wilson)이 해면의 세포를 개별적으로 분리해도 이 세포들이 다시 응집하여 새로운 해면이 되는 것을 관찰했다. 이것은 다세포 생물의 어떤 세포는 세포 단위로 분리되어도 서로를 재구성할 수 있는 능력이 있다는 것을 의미한다.

개별적으로 분리된 세포가 자기재조립(self-organization)을 통해 응집하는 현상은 해면보다 고등한 동물의 세포에서도 발생하는 현상이라는 것이 보고되었다. 1952년, 아론 모스코나(Aron Moscona)는 닭의 배아의 신장 조직 세포에 단백질 분해효소를 처리하여 세포들을 낱낱이 분리했다. 그리고 이들을 섞어 두었더니 일정한 형태의 구조로 다시 뭉치는 것을 보았다. 이로써 세포 응집현상이 고등동물의 조직에서도 일어난다는 것이 확인되었다. 모스코나는 세포의 응집현상이 동물의 종류에 의존적인 것인지, 아니면 기관과 조직, 세포의 종류에 따르는 것인지도 확인하기 위해 쥐와 닭의 배아에서 똑같이 간 조직을 분리하여 섞어보았다. 간에 존재하는 여러 종류의 세포는 각각의 종류끼리 응집했지만, 세포의 유래에 따라서 따로 모이지는 않았다. 이번에는 닭의 신장세포와 쥐의 연골세포를 섞어보았는데, 이 두 세포는 섞이지 않았다. 그러나 닭과 쥐의 신장세포 혹은 닭과 쥐의 연골세포끼리는 서로 응집했다. 같은 종류의 세포는 종과는 크게 상관없이 서로 결합하는 속성을 지닌 것이다. 그리고 이렇게 여러 세포가 모여서 형성된 '인공세포 구조물'은 실제 동물의 조직에서 관찰되는 세포들로 형성된 구조와는 달랐다. 요컨대 적어도 같은 종류의 세포라면 생물체의 몸 밖에서도 스스로 결합할 수 있는 능력―비록 생물체 안에서 형성되는 조직과는 다르지만―이 있는 것이다.

1977년 다케이치 마사토시(Takeichi Masatoshi)는 세포의 응집을 연구하던 도중에 기이한 현상을 관찰했다. 그는 트립신이라는 단백질 분해 효소를 처리하여 세포를 조직에서 분리한 다음, 이를 다시 응집시키는 연구를 하고 있었다. 다케이치는 미국의 새 실험실로 옮긴 후 일본에서 하던 것과 같은 방식으로 실험을 했는데, 세포 응집현상이 일어나지 않았다. 원인은 세포를 조직에서 분리할 때 사용된 트립신에 별도로 들어 있는 첨가물이 달랐기 때문이었다. 일본의 실험실에서 사용하던 트립신에는 칼슘(Ca^{2+})이나 마그네슘(Mg^{2+})이 들어 있었지만, 미국의 실험실에서 사용한 트립신에는 칼슘이나 마그네슘과 같은 2가 금속이온과 결합하여 그 기능을 저해하는 화학물질[5]이 포함되어 있었다. 이는 세포를 결합시키는 단백질은 칼슘 같은 2가 금속이온이 필요하다는 것을 의미한다. 다케이치는 세포 표면에 존재하여 세포 결합에 관여하는 단백질 중 칼슘 의존적인 단백질을 찾아내, 이를 '카드헤린'(cadherin)이라고 명명했다. 곧 여러 종류의 카드헤린이 발견되었고, 카드헤린은 거의 모든 세포가 결합하여 조직을 형성하는 데 필수적인 단백질이라는 사실도 밝혀졌다.

체외에서 배양되는 세포들이 적절한 조건에서 재응집할 수 있다는 사실에 고무되어, 조직에서 채취한 세포를 체외에서 배양하여 조직을 구축하려는 시도들이 이어졌다. 완전히 분화한 세포를 이용하는 실험이므로 분열 횟수가 제한적이고, 세포는 동물로부터만 얻을 수 있었기 때문에 연구에는 상당한 제약이 있었다. 그러나 배아 줄기세포가 등장하고 나서 이 연구에 새로운 전기가 마련되었다. 배아 줄기세포를 이용하여 창자, 신장, 심장, 간 등의 조직으로 분화되는 조건들이 속속 알려졌기 때문이다. 그리고 실제 조직에 더욱 근접한 조건에서 세포를 배양할 수 있는 기술도 개발되었다. 배양접시에서 자라는 암세포가 아닌 정상적인 세포는 플라스틱 배양접시 바닥에 밀착해 단일 세포로 자라지 절대로 수직으로 서로

---

[5] 이 화학물질은 에틸렌다이아민테트라아세트산(ethylenediaminetetraacetic acid, EDTA)이다.

겹쳐 자라지는 않는다.⁶ 이러한 일반적인 세포 배양 방식을 '2차원 세포 배양'이라고 한다. 그러나 2차원 세포 배양의 환경은 체내 환경과 다르며, 따라서 인공적인 환경에서 자라는 세포의 특성은 체내에서 자라는 세포의 특성과 달라진다.

이를 극복하기 위해 세포 내부 환경과 유사한 환경에서 세포를 배양할 수 있는 3차원 세포 배양 기술들이 개발되었다. 새로운 기술은 바닥에 붙어서 자라는 통상적인 기술과는 다르다. 세포가 자라서 3차원적인 구조물을 형성할 수 있도록 생체 내에서 자라는 환경을 모방하는 것이다. 이런 기술에는 여러 종류가 있지만 가장 대표적인 것은 조직에서 세포 밖에 존재하는 세포외기질(extracellular matrix, ECM) 성분인 콜라젠, 라미닌(laminin) 등의 단백질, 황산헤파란(heparan sulfate) 등이 포함되어 있는 젤(gel) 성질의 매체에서 세포를 배양하게 된다.⁷ 이와 같은 배양 환경에서 적절한 분화 조건을 갖춰주면 세포는 증식하면서 덩어리를 형성하고, 때로는 실제 동물 조직에서 보는 것과 같은 구조물로 자라기도 한다.

2011년 리켄 발생생물학센터의 사사이 요시키(Sasai Yoshiki)가 마우스의 배아 줄기세포를 배양하고 분화시켜 눈의 구조를 닮은 조직으로 발생시키는 데 성공했다. 사사이의 성공은 적절한 배양 조건을 유지하면, 배아 줄기세포로부터 실제 발생에서 형성되는 것과 비슷한 (하지만 완전히 동일하지는 않은) 세포로 구성된 조직(혹은 기관)을 확립할 수 있다는 것을 보여주었다. 이렇게 만들어진 세포 구조물을 '오가노이드'(organoid)라고 한다.

연구가 진행되면서 배아 줄기세포 이외에 어느 정도 분화되어 특정

---

6 그리고 세포와 세포가 맞닿으면 더 이상 분열하지 않으며 이것을 접촉 성장 저해(contact inhibition)라고 한다. 물론 암세포는 이런 것에 개의치 않고 마구 증식하는 경우가 많다.

7 이렇게 3차원 세포 배양에 사용되는 세포외기질 성분이 들어 있는 매질로서 대표적인 것이 매트리겔(Matrigel)이라는 상표명으로 판매되는 물질이다. 이 물질은 특정한 종류의 마우스 육종세포를 배양할 때 암세포가 세포 밖으로 분비하는 세포외기질 물질을 이용하여 만들어졌다.

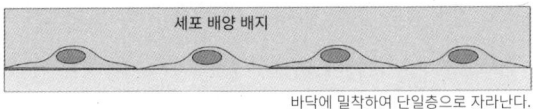
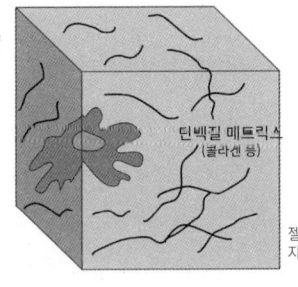

그림 14.2　2차원 세포 배양 방식에서 세포는 배양접시의 바닥에 밀착하여 단일층으로 성장하며, 암세포가 아닌 이상 세포와 세포끼리 접촉하면 더 이상 성장하지 않는다. 3차원 세포 배양 방식으로는 세포가 실제 조직 내의 세포외기질과 유사한 매트릭스 안에서 어떤 방향으로든 성장한다. 여기에 적절한 분화 조건을 갖추어주면 줄기세포는 오가노이드를 형성할 수 있다.

한 계통의 세포로만 분화하는 성체 줄기세포[8]를 이용해도 오가노이드를 만들 수 있다는 것을 알게 되었다. 가령 작은창자 벽의 내피세포는 소화 도중에 잦은 손상을 입기 때문에 지속적으로 재생되어야 한다. 수명이 5~7일 정도인 작은창자의 내피세포가 신속하게 재생되는 이유가 창자의 주름 아래에 있는 구조인 '움'(crypts)에 있는 성체 줄기세포 때문이라는 것이 밝혀졌고, 이 줄기세포는 LGR5라는 유전자가 발현되는 것으로 다른 세포와 구분된다.

네덜란드 휘브레흐트연구소(Hubrecht Institute)의 한스 클레버르스(Hans Clevers) 연구팀은 쥐의 창자 움의 성체 줄기세포를 배양하는 연구를 하고 있었다. 2009년 연구진은 평판 배양 시스템 대신 매트리겔(Matrigel)이라는 3차원 배양 환경에서 세포를 배양했다. 그러자 줄기세포

---

[8]　앞에서 설명한 조혈 줄기세포 역시 성체 줄기세포의 하나다.

는 단순히 성장하는 것을 넘어서 여러 종류의 세포로 분열했고, 이렇게 성장한 세포들은 마치 장과 비슷한 내부 공간을 갖춘 구조물을 형성하면서 창자를 연상시키는 구조를 가진 세포 덩어리로 발전했다. 심지어 이 오가노이드에는 창자에서 볼 수 있는 융모와 움까지 형성되었다. 이들의 연구는 성체 줄기세포를 이용하여 오가노이드를 만든 최초의 사례라는 점에서 주목할 만하다. 이후 창자뿐만 아니라 간, 췌장, 위, 전립선의 성체 줄기세포에서 유래한 오가노이드를 만드는 데 성공했다.

체외 배양 세포 구조물인 오가노이드를 만드는 기술이 더욱 발달하면, 장래에는 체외에서 인공장기를 배양할 수 있게 될까? 미래를 예측하기는 어렵다. 그러므로 분명한 사실만 짚어본다면 오가노이드가 배양접시의 표면에서 2차원적으로 배양하는 것에 비해서는 실제 조직에 가깝다. 하지만 또한 분명한 사실은 아직 실제 장기와는 큰 차이가 있다는 것이다. 즉 동물의 실제 장기의 크기나 구조적 복잡성에 비해 훨씬 단순하고 작으며, 실제 장기의 몇 가지 특징만을 닮은 세포들의 집합체가 현재의 기술 수준에서 제작할 수 있는 오가노이드이다.

따라서 당장 인체에 이식 가능한 인공장기를 배양하여 이를 치료에 사용할 수 있을 것이라는 기대는 시기상조이다. 그럼에도 현재 수준의 오가노이드를 활용할 수 있는 분야가 있다. 항암제 등 인체를 대상으로 하는 약물의 효능을 평가하는 시험 용도로 활용할 수 있다. 제약회사에서 항암제 후보 약물을 만들었을 때 가장 먼저 하는 일이 체외에서 배양된 암세포를 죽일 수 있는지 테스트하는 것이다. 만약 이 테스트를 통과하면, 암세포를 가진 모델생물에게 2차 효력 테스트를 하고, 이 역시 통과하면 다음으로 인체 대상의 임상시험을 시행하게 된다.

그러나 배양 세포 테스트에서 암세포를 효과적으로 처치하는 약물인데도 실험동물 혹은 인체 대상의 임상시험 단계에서 약물의 효과가 재현되지 않는 경우가 많다. 무엇이 문제일까? 체외에서 배양하는 암세포는 실제로 몸속에서 자라는 암 조직과는 자라는 환경이 다르다. 그렇기에 배양 암세포를 죽이는 약물이 체내의 암 조직을 죽이지 못할 수도 있으며, 반대의 경우가 발생할 수도 있다. 그리고 암세포주는 암 조직에서 유래된 한 종류의 암세포를 증식시킨 것이지만, 실제 암 조직은 다양한 변형을 가진 암세포와 여러 종류의 정상세포가 섞인 복합체이다. 한마디로 말해서 '암 조직'의 대용물로 사용되는 암세포주가 실제 암 조직과는 성질이 너무 다르다는 것이다.

암을 다루는 것이 이토록 까다로운데, 오가노이드가 이런 상황에서 어떻게 쓰일 수 있을까? 실제 암 환자의 암 조직을 이용해 오가노이드를 만들면, 배양되는 암세포주에 비해서 비교적 실제 암 조직에 근접한 특성을 가질 것으로 예상된다. 암 오가노이드를 이용하여 항암제 연구를 한다면 실제 암 조직에 더욱 근접한 모델을 이용하여 항암제의 효력을 테스트하는 셈이므로 시행착오를 줄일 수 있을 것이다. 따라서 현재 오가노이드는 암 오가노이드를 이용한 항암제의 효력 평가나, 실험동물이나 통상적인 세포 배양으로는 모사하기 힘든 인체의 조직을 연구하는 모델로 각광받고 있는 상황이다.

이렇듯 배아 줄기세포를 이용한 치료가 걸음마 단계에서 제자리걸음을 하고 있는 반면, 더욱 많은 시도가 성체 줄기세포를 이용한 치료에서 이뤄지고 있다. 현재까지 가장 성공적인 줄기세포 치료는 조혈 줄기세포를 이용한 경우였다. 조혈 줄기세포는 혈액세포 계통으로만 분화할 수 있는 성체 줄기세포이다. 다른 성체 줄기세포들도 당연히 후보가 될 수 있다. 지방 조직에서 줄기세포를 채취하여 이식하려는 시도도 있으며, 제대혈(탯줄의 조직에 있는 세포)에 있는 줄기세포를 이식하여 치료에 활용하려는 연구도 진행되고 있다. 일부 국가에서는 규제의 허점을 이용하여 인간을 대상으로 한 임상 사례도 있다. 그러나 문제는 현재까지는 성체 줄기세포에 의한 치료 효과 역시 과학적으로 명백히 입증된 경우가 드물다는 것이다.

미국의 의약품 허가와 규제를 관장하고 있는 식품의약품안전청

(FDA)의 경우, 효과가 입증되어 사용 허가를 받은 20개 내외의 세포 치료에 대한 목록을 공개하고 있다.[9] 이 목록에 있는 세포 치료는 대부분 제대혈 유래의 조혈 줄기세포를 이용한 것이며, 뒤에서 설명할 암 치료를 위한 면역세포 치료가 최근에 등장했다. 그러나 미국처럼 규제가 엄격하지 않은 국가에서는 과학적으로 제대로 효능이나 안전성이 입증되지 않은 성체 줄기세포를 이용한 치료가 암암리에 이뤄지는 일이 종종 있어, FDA 인증을 받지 않은 치료를 받는 것은 불법으로 규정해 건강에 해로울 것이라고 경고하는 상황이다.[10] 심지어는 줄기세포를 눈에 주입했다가 실명한 사례, 척수에 주입하여 척수암으로 발전한 사례도 공개하고 있다.

한마디로 2020년 현재 시점에서 줄기세포를 이용한 치료는 극히 제한적이다. 현재 과학적으로 검증되지 않은 대부분의 줄기세포 치료는 환자에게 아무런 의학적 이득을 주지 못하며, 도리어 잠재적인 위험성을 감수해야 한다는 것이 미국의 모든 의약품 관련 규제를 관장하는 FDA의 공식적인 입장이다.

면역세포를 변형한 암 치료(CAR-T세포)

극히 소수에 지나지 않는 세포 치료의 성공 사례 가운데 최근에 가장 각광받는 것은 'CAR-T'라고 불리는 면역세포를 이용한 암 치료이다. 주지하다시피, 암세포는 면역계의 감시와 공격을 회피하는 메커니즘을 갖고 있다. 그런데 면역세포를 조작하여 암세포를 공격하도록 강제하는 것이 이론적으로는 가능하다. 암 환자의 면역세포를 채취한 다음, 이 세포를

---

9   https://www.fda.gov/vaccines-blood-biologics/cellular-gene-therapy-products/approved-cellular-and-gene-therapy-products

10 https://www.fda.gov/consumers/consumer-updates/fda-warns-about-stem-cell-therapies

암세포의 표면에 많이 있는 단백질을 인식하여 공격하도록 조작하는 것이다. 구체적으로 백혈병 세포의 표면에서 많이 발견되는 CD19라는 단백질을 인식하는 항체 유전자와 T세포를 활성화하는 유전자를 결합한 단백질을 만들고, 이를 키메라 항원 수용체(chimeric antigen receptor)라고 명명했다. 이 인공 단백질 유전자를 환자로부터 추출한 T세포에 넣으면 그 세포는 백혈병 세포만 특이적으로 공격하여 죽이는 세포가 된다. 이렇게 조작된 면역세포에는 키메라 항원 수용체 T세포, 약칭 'CAR-T세포'라는 이름이 붙여졌다.

연구진의 기대대로 CAR-T세포는 백혈병 암세포를 제대로 알아보고 무찔렀을까? 2011년에 만성림프구성백혈병 환자의 면역세포를 채취한 후 유전자를 조작하여 암세포를 공격하도록 재무장시킨 CAR-T세포의 최초 결과가 발표되었다. CAR-T세포를 이식받은 3명의 환자에게서 모두 암세포가 감소했으며, 2명은 암세포가 완전히 사라졌다. 이와 같은 펜실베이니아 의대의 연구를 상업화한 제약회사 노바티스(Novartis)는 2017년에 더욱 놀라운 임상시험 결과를 발표했다. 급성림프구성백혈병 환자 83명에게 CAR-T세포를 이식했더니, 63명에게서 암이 완전히 사라졌다는 내용이었다. 암 치료의 역사에서 이토록 높은 완치율이 실현된 것은 지극히 이례적이었다. 이 결과를 토대로 노바티스는 CAR-T세포 치료법을 '킴리아'(Kymriah)라는 상표명으로 2017년부터 정식으로 시판했다. 이것은 미국 FDA가 유전자 조작된 세포를 이용한 세포치료제를 최초로 승인한 사례이다.

CAR-T세포는 매우 성공적인 세포치료제이지만 문제가 전혀 없는 것은 아니다. 가장 큰 문제는 치료비가 비싸다는 것이다. CAR-T세포를 사용하여 완치하기까지는 한화로 무려 약 5억 원이 든다. 고액 치료가 될 수밖에 없는 이유가 있다. 세포 이식에 따르는 거부반응을 차단하려면 환자의 면역세포를 채취한 후 일일이 유전자 조작을 가하여 그 세포를 환자에게 투입할 수밖에 없기 때문이다.

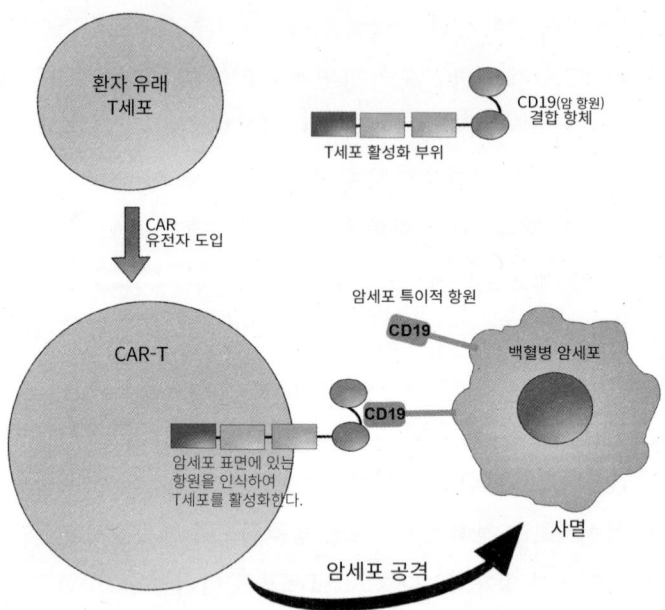

그림 14.3 CAR-T세포에 의한 암 치료 개념도. CAR(키메라 항원 수용체)는 암 표면에만 특이하게 많이 있는 단백질을 인식하는 항체와 T세포를 활성화하는 단백질을 결합시킨 키메라 유전자이다. 치료를 받을 환자로부터 채취한 T세포에 CAR 유전자를 넣으면 T세포는 암세포를 특이적으로 인식하여 공격하는 CAR-T세포가 된다. 이렇게 암세포만을 공격하도록 '유도장치'가 장착된 CAR-T세포를 증식시켜 환자에게 주입하면 CAR-T세포는 암세포를 공격하여 암을 치료한다.

이 문제를 해결하려면 타인의 면역세포로 만들어진 CAR-T세포를 이용하여 이식 거부반응이 일어나지 않도록 하고, 또 그것을 대량생산할 수 있어야 한다. 그러자면 가장 먼저 이식 거부를 줄여야 하는데, 이를 위한 연구가 진행되고 있으나, 아직까지는 사람을 대상으로 하는 임상시험 단계에까지 진행된 것이 없다. 또 다른 문제라면 현재로서는 CAR-T세포로 성공적으로 치료한 암은 백혈병과 같이 혈액세포로부터 비롯된 혈액암에 국한되어 있다는 점을 들 수 있다. CAR-T세포를 이용해 장기에 발생하는 고형암을 치료하여 성공한 사례는 아직까지는 없다. 일단 혈액 안에서 돌아다니는 혈액암이라면 이 암을 표적으로 한 CAR-T세포를 주사하는 것으로 충분했다. 장기에 발생하는 고형암을 치료하기 위해서는 CAR-T세포가 여러 종류의 정상세포와 암세포가 뒤엉켜 있는 '암 미세환경'(cancer microenvironment)이라는 악조건을 뚫고 암세포에 접근해야 한다. 현재 이를 해결하려는 연구가 많이 진행되고 있다.

결론적으로 세포를 이용한 질병 치료는 아직까지는 조혈 줄기세포 이식과 CAR-T세포 치료를 제외하면 이렇다 할 큰 성과가 없는 상황이다. 줄기세포에 대한 과도한 기대 때문에 형성된 '진시황의 불사의 명약'이라는 이미지와 현실과의 간극은 2020년 현재까지도 좁혀지지 않고 있다. 세포 치료에 의한 영생의 꿈은 아직까지는 꿈의 영역에 머물러 있다.

15장

살아 있는 세포의 영상화

  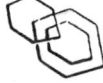

면역형광염색법과 형광현미경

우리는 이전 장들의 내용을 통해 도구와 기술이 꾸준히 발달한 덕분에 세포의 구조물과 성분을 발견하고 연구하여 그것들의 상호작용으로부터 발생하는 다양한 생명현상에 관해 많은 사실들이 밝혀졌다는 것을 알게 되었다. 특히 세포의 구조와 기능에 있어 핵심적인 역할을 하는 단백질에 대해서는 많은 것을 알아내기도 했지만, 하나의 세포로만 국한해도 2만여 종에 이르는 세포 단백질의 복잡다기함으로 인해 우리가 아직 모르는 것이 얼마나 될지조차 예측할 수 없을 정도이다. 그럼에도 세포 단백질에 대한 연구는 꾸준히 발전과 성과를 거듭해 왔다.

20세기 중반에 이르러 세포 단백질을 추적하는 새로운 방법이 등장한다. '항체'(antibody)의 원리를 단백질 추적 방법으로 이용할 수 있다는 것을 알게 되었다. 인체에서 항체가 생성되는 원리는 '내가 가지고 있지 않은 단백질은 모두 위험 요소로 간주하여 이와 결합하는 항체를 만들어 무력화한다'는 것이다. 그다지 위험성을 보이지 않는 외래 단백질이 들어오더라도 인체의 면역계는 이 단백질에 결합하는 항체를 만들어낸다. 이렇게 특정한 단백질에 특이적으로 결합하는 항체의 원리를 이용하여 연구 대상으로 정한 세포 단백질의 위치를 알아보자는 아이디어였다. 어떤 단백질을 지정하고 이 단백질을 인식하는 항체를 만든다. 이 항체를 세포에 처리하면 표적한 단백질에 항체가 결합한다. 이제 항체의 위치를 추적할 수 있도록 항체에 '표지'를 붙여야 한다. 이때 사용되는 것이 형광물질이다. 형광(fluorescence)은 어떤 물질이 외부의 빛을 흡수한 후 파장이 다른 빛을 내보내는 현상이다. 이런 이유로 형광색 안료들은 눈에 쉽게 띈다. 형광염료가 본격적으로 등장한 시기는 19세기 중엽 독일에서 염료 공업이 발달하던 때였다.

형광염료는 20세기 초부터 세포를 염색하는 데 쓰였다. 형광염료로 염색된 세포를 관찰하기 위해서는 기존 광학현미경과는 다른 현미경이 필요하다. 형광을 관찰하기 위해서는 특정한 파장으로만 구성된 빛을 세포에 쏘아 여기서 나오는 특정한 파장의 빛을 볼 수 있어야 하기 때문이다. 가령 파장이 약 400나노미터인 보라색 빛을 받아서 이보다 파장이 약간 긴 파란빛을 내는 형광물질을 관찰하려면, 시료에 쏘는 빛은 특정한 파장의 빛이어야만 한다. 이러한 빛을 만들기 위해서는 특정 파장의 빛만을 통과시키는 필터를 거치도록 해야 하고, 형광물질에서 나오는 빛을 기록할 때도 형광물질에서 방출되는 파장의 빛만을 통과시켜야 한다.

카를차이스 같은 현미경 회사들은 20세기 초부터 형광물질을 관찰할 수 있는 현미경을 만들었다. 1940년 미국의 병리학자 앨버트 쿤(Albert Coon)은 폐렴균에 감염된 조직에서 폐렴균을 더 잘 식별하기 위해 폐렴균에 결합하는 항체에 아이소시안화 안트라센(anthracene isocyanate)이라는 형광물질을 붙인 후 이를 폐렴균이 들어 있는 슬라이드에 넣어 보았다. 항체에 붙인 형광물질은 폐렴균의 위치에서 형광빛을 발산했다. 감염된 조직에서 폐렴균의 위치를 형광을 통해서 쉽게 알아본 것이다. 1950년 쿤과 멜빈 카플란(Melvin Kaplan)은 세균이 아닌 외래 단백질을 인식하는 항체에 형광물질을 부착하여, 세포 안에 주입한 외래 단백질이 어떻게 분해되는지 관찰하는 데 성공했다. 이것이 '면역형광현미경법'(immunofluorescence microscopy)의 시작이라고 할 수 있다.

당시 면역형광현미경법에는 한계가 있었다. 일단 항체는 실험동물의 몸속에 항체가 인식할 대상이 되는 단백질(항원)을 주사하여 그 항원

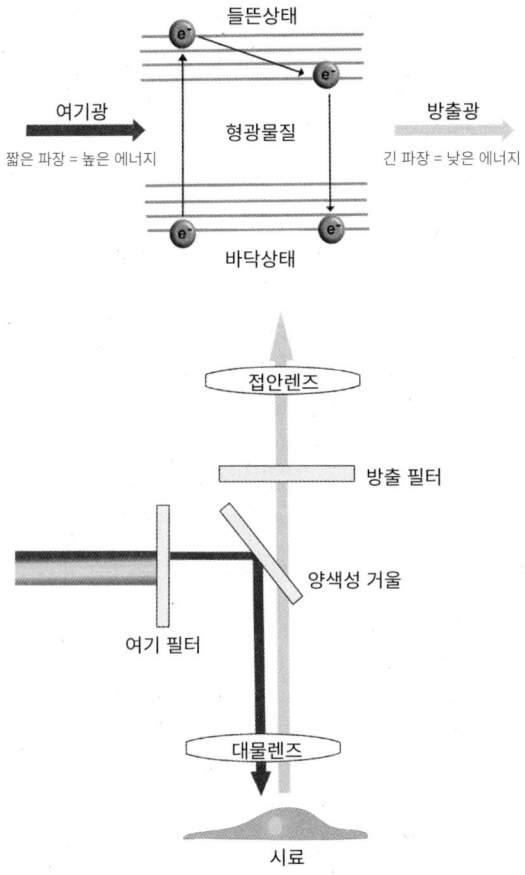

그림 15.1 형광은 어떤 물질이 높은 에너지를 가진 짧은 파장의 빛인 여기광 (excitation light)을 받아서 일시적으로 에너지가 낮은 바닥상태에서 들뜬상태로 전이한 다음 복귀하는 과정에서 낮은 에너지를 가진 방출광(emission light)을 내보내는 현상이다.(위) 형광현미경(아래)은 특정한 파장의 빛을 시료에 쪼여서 시료의 형광물질에서 나오는 방출광을 현미경을 통하여 확대한다. 형광물질이 흡수하는 특정한 파장의 빛을 쪼이기 위해 여기 필터(excitation filter)를 이용하여 특정한 파장의 빛만을 선별하고, 방출 필터(emission filter)에서 형광물질에서 방출하는 파장의 빛만을 선별해낸다.

을 인식하는 항체가 형성된 후 채취한 혈청에서 얻어진다. 그러나 혈청 속에는 실험자가 원하는 단백질(항원)과 항체 외에도 다른 항원과 이 항원의 항체도 섞여 있어 필요한 항체만 분리하는 것이 어렵다. 설혹 항체를 다른 항체로부터 잘 분리했다고 하더라도 이 항체는 화학적 조성이 균일하지 않다. 예컨대, 항체가 인식할 단백질을 '코끼리'라고 가정하면, 항체 중 일부는 코끼리의 코를 인식하고, 다른 일부는 코끼리의 꼬리를, 또 다른 일부는 코끼리의 다리를 인식하는 식이다. 동물의 혈청으로부터 화학적 조성이 동질적인 한 종류의 항체만을 분리하는 방법이 없었기 때문에 항체를 이용한 형광현미경의 관찰 신호는 그다지 신뢰할 수 없었다. 또한 항체에 일일이 형광물질을 부착해야 하는 번거로움이 있었다.

이러한 문제는 1975년 영국의 세사르 밀스테인(César Milstein)과 그의 박사후연구원인 게오르게스 퀼러(Georges Köhler)가 한 종류의 항원을 인식하는 단일 항체('단일 항원 항체'라고도 한다)를 대량으로 생산하는 기술로 해결했다. 그리고 '2차 항체'를 이용한 검출 방법이 개발됨으로써 항체에 형광물질을 부착하는 수고를 덜게 되었다. 2차 항체란 검출하고자 하는 항원에 결합하는 항체에 결합하는 항체를 말한다. 2차 항체 검출법으로는 형광물질이 달린 2차 항체를 하나만 이용하기 때문에 실험자의 노동을 획기적으로 줄일 수 있었다.

면역형광현미경법이 발달함에 따라 이전에는 생화학적으로 검출되긴 해도 세포 안에서 어떤 형태로 존재하는지 잘 몰랐던 단백질들의 분포를 알게 되었다. 근육세포가 아닌 세포에서도 액틴과 튜불린이 세포골격을 형성한다는 것은 면역형광현미경법이 등장한 이후에나 확인할 수 있었다.

면역형광현미경법의 결정적인 약점이라면(비단 면역형광현미경법만의 약점은 아니지만), 역시 염색을 하기 위해 세포는 '죽은 세포'여야 한다는 것이다. 살아 있는 세포는 세포막에 감싸여 있고 단백질인 항체는 살아 있는 세포 안으로 들어갈 수 없다. 면역형광현미경으로 항체를 관찰하려면 세포막에 계면활성제(비누를 생각하면 된다)를 처리해 구멍을 내어 항체를 내부로 들여보내야 한다. 그리고 세포를 그대로 보존하기 위해 폼알데하이드를 처리하여 세포의 생명현상을 고정시켜야 한다. 마치 동물 표본을 포르말린 액체에 넣어서 보존하는 것처럼 말이다. 따라서 면역형광현미경법이 보여주는 단백질로 이루어진 세포 구조물은 어디까지나 '죽은 세포'의 스냅샷인 셈이다. 죽은 세포로도 많은 정보를 얻을 수 있었지만, 생동하는 세포를 관찰하고 싶다는 지적 희구는 계속된다.

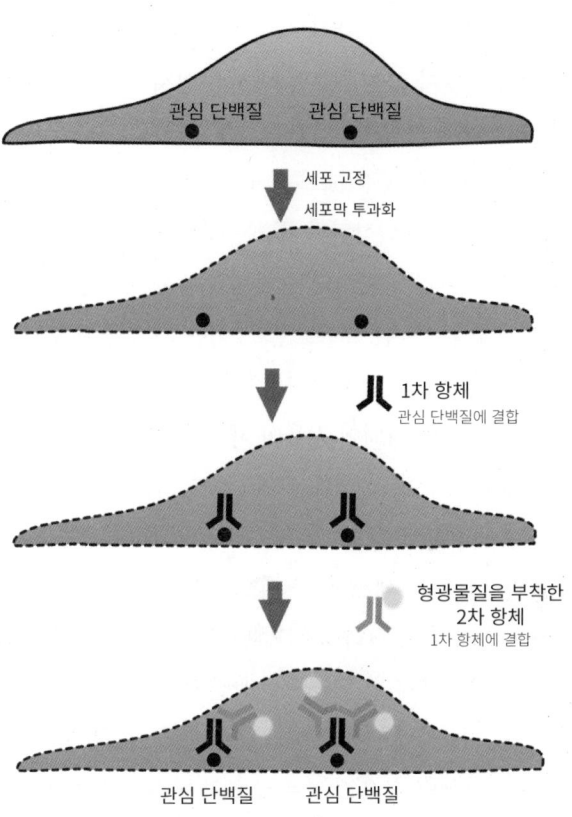

그림 15.2 개선된 면역형광염색법은 1차 항체에 특이적으로 결합하는 2차 항체를 만들고, 2차 항체에 형광물질을 부착한다. 가장 먼저 화학물질을 처리해 세포를 고정하고, 항체가 세포막을 투과할 수 있는 상태로 만든다. 이제 관심 단백질에 결합하는 1차 항체를 넣으면 항체는 구멍이 뚫린 세포막으로 들어가 단백질과 결합한다. 그다음 1차 항체를 인식하는 2차 항체에 형광물질을 붙여서 넣는다. 이때 동시에 각기 다른 파장을 가진 3개 이상의 형광물질을 사용하여 여러 단백질의 상대적인 위치를 관찰할 수도 있다. (부록 〈컬러 화보〉에 실린 면역형광염색현미경 사진 참고)

살아 있는 세포의 현미경 관찰

'불멸 세포'를 배양하는 데 성공했다고 주장했던 알렉시 카렐은 자신의 세포를 연속 프레임으로 찍어 영화처럼 재생해서 보여주기도 했다. 살아 있는 세포를 연속적으로 촬영하기 위해서는 적어도 촬영하는 시간 동안에는 세포가 살아 있어야 한다. 이를 위해서는 현미경 위 재물대의 조건도 배양기와 동일한 온도와 환경으로 만들어야 한다. 그리고 일반 염색이건 형광 염색이건 살아 있는 세포를 깨지 않고서는 염색할 수 없다.

이런 한계는 20세기 중반 네덜란드의 물리학자 프리츠 제르니커(Fritz Zernike)가 위상차현미경(phase-contrast microscope)을 발명하고 나서 어느 정도 해결되었다. 위상차현미경은 샘플(세포)을 통과하는 직진광과, 직진광이 샘플을 통과하면서 발생하는 회절광으로 인해 생기는 위상차를 이용하여 시료의 대비(contrast)를 높이는 기술로 제작되었다. 직진광과 회절광의 위상차로 인해 두 가지 현상이 일어날 수 있는데, 어떤 경우에는 두 개의 파장이 상쇄되어 진폭이 약해질 수도 있고, 위상이 비슷한 경우에는 파장이 중첩되어 더 강해질 수도 있다. 위상차현미경은 이 두 가지 원리를 모두 이용한다.

위상차현미경으로는 핵처럼 큰 세포기관은 염색을 하지 않고도 명확히 구분할 수 있고, 염색을 하지 않기 때문에 살아 있는 세포의 움직임을 관찰할 수도 있다. 하지만 여전히 단백질 같은 생체 고분자의 위치와 움직임은 세포를 고정하여 면역형광법을 이용해 관찰하는 수밖에 없다. 일단 죽은 세포는 되살릴 수 없으므로 세포의 동적인 변화가 일어나는 과정(세포분열 등)은 각각 다른 세포의 서로 다른 단계를 관찰하는 방식으로 대신한다. 그래서 1990년대 중반에 이르기까지 살아 있는 세포에서 일어나는 개별 단백질 수준의 생명현상을 실시간으로 보는 것은 대부분의 세포생물학자에게 이룰 수 없는 꿈처럼 여겨지곤 했다. 돌파구가 생긴 것은 (과학 발견에서 흔히 마주치는 패턴이지만) 현미경과 세포생물학과는 전혀 관련이 없을 것 같던 어떤 발견 때문이었다.

GFP, 녹색형광단백질

바다에서 흔히 보는 크리스털해파리(*Aequorea victoria*)는 초록빛을 발산한다. 해파리 말고도 곤충인 개똥벌레, 갑각류인 갯반디 등이 빛을 낸다. 이렇게 살아 있는 생물이 빛을 내는 생물 발광(bioluminescence) 현상의 원리는 20세기 중반까지 알려지지 않았다.

가장 먼저 발광의 원리가 규명된 것은 갯반디였다. 갯반디는 루시페린(luciferin)라는 물질이 ATP의 도움으로 산소와 만나 산화되면 옥시루시페린(oxiluciferin)이 되면서 빛을 내는데, 이 반응은 루시퍼레이스(luciferase)라는 효소가 촉매한다. 일본의 화학자 시모무라 오사무(Shimomura Osamu)는 1956년 갯반디의 루시페린을 순수 정제하여 결정화하는 데 성공했고, 이렇게 결정화된 루시페린의 구조는 1966년에 규명되어 어떻게 루시페린의 산화가 빛을 만드는지 알려지게 되었다.

시모무라는 1960년 생물 발광을 연구하고자 미국으로 건너가서 해파리가 빛을 내는 원리를 규명하는 데 힘을 쏟았다. 해파리는 어느 정도 빛이 있는 곳에서 나는 빛과, 완전한 암흑에서 내는 빛이 다른데 이것 역시 의문이었다. 시모무라와 그를 초청한 프린스턴 대학교의 프랭크 존슨(Frank Johnson) 교수는 해파리가 많이 서식하는 워싱턴주의 프라이데이만에서 해파리를 잡아서 루시페린을 정제하려고 했다. 그런데 해파리에서는 루시페린이 쉽게 검출되지 않았다. 시모무라는 그 원인을 찾던 중 루시페린이라는 물질 대신 빛을 내는 데 관여하는 아쿠오린(aequorin)이라는 단백질을 발견한다. 아쿠오린에는 코엘렌테라진(coelenterazine)이라는 형광작용의 본체가 되는 물질이 결합하고, 이 물질에 칼슘이 붙으면 코엘렌테라진이 분해되면서 푸른빛을 발산했다.

해파리가 초록색 빛을 내는 데에는 단백질 한 가지가 더 필요하다. 아쿠오린이 물질을 분해하여 화학에너지를 빛에너지로 전환하는 단백질이었다면, 이렇게 생성된 파란빛을 받아서 초록빛으로 바꾸는 단백질이 있다. 이 단백질이 해파리가 어두운 바닷속에서 초록빛을 내게 한다. 시모무라는 1974년 '초록형광'을 내는 단백질을 정제하는 데 성공하고, '녹색형광단백질'(green fluorscence protein, GFP)이라고 명명했다.

시모무라의 연구는 특이한 생명현상에 관심을 가지는 극히 일부 연구자를 제외하고는 잘 알려져지지 않았다. 시모무라는 1980년대 이후에는 보스턴의 해양생물학연구소(Marine Biology Laboratory)에서 근무했다. 이곳에는 더글러스 프래셔(Douglas Prasher)라는 분자생물학자가 있었다. 프래셔는 GFP 유전자를 분리해 외래 생물에 도입하면 외래 생물도 형광을 낼 수 있는지 알아보고 싶었다. 만약 그것이 가능하다면, 살아 있는 세포의 특정한 위치에서 원하는 단백질의 위치를 형광으로 표지할 수 있을지도 모른다. 그는 몇 년간의 연구 끝에 GFP 유전자를 분리했지만, GFP 유전자를 넣은 대장균은 아무런 변화를 보이지 않았다.[1] 프래셔는 형광이 나기 위해서는 GFP 이외에 다른 화학물질이 더 필요한 것 같다고 잠정적인 결론을 내렸다. 그리고 더 이상 연구비를 지원받을 수 없는 상황이었기 때문에 이 연구를 계속할 수 없었다.

한편 컬럼비아 대학교의 선충 연구자인 마틴 챌피(Martin Chalfie)는 1993년 우연히 GFP에 대한 이야기를 듣게 되었다. 선충은 몸이 투명하므로 현미경으로 관찰하기가 용이하다. 만약 선충의 몸 안에 GFP 유전자를 넣는 것만으로 형광빛이 나온다면, 이는 특정한 유전자가 어떤 세포에서 만들어지는지를 알아내는 매우 좋은 수단이 될 수 있다. 챌피는 프래셔

---

[1] 프래셔는 대장균에서 형광이 나지 않는 이유가 아쿠오린과 마찬가지로 GFP도 빛을 내는 역할을 하는 발색단 화학물질이 따로 있어야 한다고 생각했다. 그러나 그의 예상과는 달리 GFP는 별도의 발색단 화학물질이 필요 없으며, 형광을 내는 발색단 역할을 하는 물질은 단백질에서 아미노산의 변형에 의해서 자체적으로 만들어진다.

에게 연락했고, 더 이상 GFP를 연구할 수 없었던 프래셔는 자신이 분리한 GFP 유전자를 선선히 챌피에게 주었다. 챌피는 GFP 유전자를 선충과 대장균에 넣어보았는데, GFP 유전자가 도입된 선충과 대장균은 다른 화학물질의 도움 없이 스스로 초록형광빛을 냈다.[2] 1994년 챌피의 논문이 발표된 이후, GFP는 많은 생물과 세포에 도입되어 초록형광을 낼 수 있다는 것이 확인되었다.

GFP 유전자는 기존에 가능하지 않았던 많은 실험에 사용되어 좋은 성과를 안겨주고 있다. 첫째, 실제로 살아 있는 생물의 특정한 세포나 조직에서만 GFP가 만들어지게 하여 관찰 대상의 위치를 특정할 수 있다. 둘째, 어떤 조건에 따라 이동하는 단백질에 GFP 유전자를 결합시켜 융합 단백질(fusion protein)을 만들면, 단백질의 실시간 이동을 관찰할 수 있다. 예를 들어, 항상 세포질에 있다가 조건이 조성되면 핵으로 이동하는 단백질에 GFP를 붙인 후 세포를 배양하면서 해당 단백질이 핵으로 이동하도록 조건을 갖추어주면 단백질이 이동하는 모습을 '실시간으로' 볼 수 있다. 또 액틴이나 튜불린 같은 세포골격 단백질에 GFP를 붙이면 세포분열이나 방추사 형성 과정에서 이 단백질들이 동적으로 변화하는 모습을 볼 수 있다.

화학자인 로저 첸(Roger Y. Tsien)은 GFP의 형광 발생에 관여하는 아미노산을 바꾸면 다른 색깔의 형광단백질을 만들 수 있다는 것을 발견했다. 그리고 붉은 산호에서 GFP와 흡사한, 빨간빛을 내는 단백질 역시 발견되었다.[3] 곧 가시광선의 모든 스펙트럼을 표현하는 형광단백질이 개발

---

[2] 프래셔가 대장균에 넣은 GFP 유전자 앞에는 원래 해파리의 유전자에 있던 100염기 정도의 서열이 남아 있었다. 챌피는 이 서열을 제거하고 정확히 GFP 유전자에 해당하는 부분만을 도려내서 넣었다. 매우 사소한 차이처럼 보이지만 이것이 두 연구자의 운명을 갈랐다.

[3] 시모무라와 챌피, 첸은 2008년 GFP의 발견과 이의 응용에 대한 업적으로 노벨 화학상을 공동 수상했다. GFP 유전자를 처음으로 발견한 프래셔는 수상의 주인공이 되지 못했다. 노벨상은 최대 3명에게만 공동 수여된다. 프래셔는 노벨상이 발표될 당시 연구직을 그만두고 시골에서 셔틀버스 운전사로 생계를 유지하고 있었다.

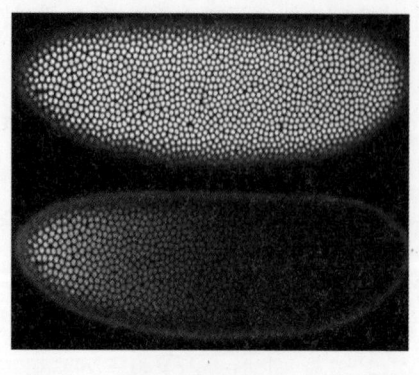

그림 15.3 　초파리 배아의 모포젠인 바이코이드(11장)에 GFP를 결합시켜 바이코이드가 실제로 초파리 배아에서 방향성 있게 분포하는 것을 관찰할 수 있다. QR코드를 스캔하여 링크로 이동하면 형광단백질을 이용하여 세포 내의 다양한 생명현상을 관찰한 동영상을 볼 수 있다. ① 세포 내의 액틴과 튜불린 ② 초파리 배아의 발생 ③ 세포분열.

되었다. 두 가지 이상의 색깔을 가진 형광단백질을 이용하면 동시에 두 단백질의 위치를 살아 있는 세포에서 추적할 수 있다. 예를 들어, 튜불린에 GFP를 붙이고, DNA가 감고 있는 히스톤에 빨간 형광을 내는 'mCherry'라는 단백질을 붙인 세포에서는 세포가 분열될 때 형성되는 방추사가 어떻게 염색체에 부착하는지 실시간으로 관찰할 수 있다.

　　20세기 초 보베리는 성게 알을 손수 채집하고 이를 고정하여 슬라이드를 만들어 염색하고, 그 과정을 한장한장 그림을 그려 기록해야 했다. 면역형광염색법과 형광현미경법은 실험 연구의 노역과 효율을 획기적으로 개선했다. 뿐만 아니라 형광단백질 유전자를 이용하여 세포분열을 포함한 세포에서 벌어지는 수많은 생명현상과 여기에 참여하는 단백질들

을 손쉽게 영상화할 수 있게 했다.(부록 〈컬러 화보〉 참고)

광학현미경의 한계를 넘어서

1990년대 후반에 개발된 형광단백질은 세포 단백질의 동적인 움직임을 살아 있는 세포에서 볼 수 있게 해주는 혁신적인 도구였다. 더불어 공초점현미경(Confocal Microscopy)처럼 더욱 선명한 영상을 제공하는, 새로운 형광현미경 기술은 세포 단백질의 분포를 확인하게 해주었다. 이러한 눈부신 발전에도 불구하고 형광현미경에는 근본적인 한계가 있었다. 형광현미경도 가시광선 영역 내의 빛을 검출하는 광학현미경이므로, 광학현미경이 갖는 분해능(resolution power)의 근본적인 한계를 뛰어넘을 수 없다. 광학현미경의 분해능에 한계가 있는 이유는 빛의 회절(diffraction)하는 성질 때문이다. 빛이 작은 틈을 지나 상으로 맺힐 때 밝고 어두운 부분이 교대로 나타나는 원반 모양이 되는 것을 회절 현상이라고 한다. 현미경의 대물렌즈를 지나는 빛도 회절 현상을 일으키는데, 시료에 포함된 두 개의 물체를 구분해서 보고자 할 때, 이 둘 사이가 가까우면 이 두 물체에서 회절된 빛이 서로 간섭하여 선명한 상을 만들지 못한다.

19세기 카를차이스에서 일하던 광학자 에른스트 아베는 빛의 회절은 파장이 길수록, 빛이 통과하는 틈이 좁을수록 잘 일어나며, 현미경으로 두 점을 구분하기 위해서는 두 점 사이의 거리가 최소한 파장의 절반이 되어야 한다는 것을 밝혔다. 이를 '아베의 법칙'(Abbe's law)이라고 한다. 가시광선의 파장은 400~700나노미터이므로, 광학현미경의 분해능은 200~350나노미터로 제한적이게 된다. 따라서 세포의 전체적인 모양이나 핵처럼 큰 구조물의 윤곽은 광학현미경으로 관찰할 수 있지만, 이보다 더 작은 세포 구조물과 그 세부 구조는 파장이 짧은 전자파를 이용하는 전자현미경이 개발된 후에야 관찰할 수 있었다.

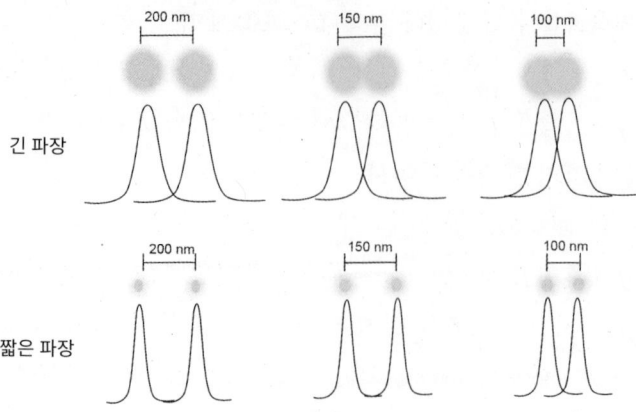

그림 15.4 위 그림은 파장이 400~700나노미터인 가시광선 중 긴 파장을 이용한 경우이고, 아래 그림은 짧은 파장을 이용한 경우이다. 관찰하려는 물체에 쏘는 빛의 파장이 길수록 회절이 크게 일어나므로 두 점의 거리가 가까워질수록 두 점을 구분할 수 없게 된다. 가시광선보다 파장이 훨씬 짧은 자외선을 사용한다면 해상도는 훨씬 좋아지겠지만 맨눈으로 볼 수는 없다.

그러나 전자현미경도 면역형광현미경법과 마찬가지로 세포를 관찰하기 위해서는 전처리가 필요하다. 다시 말해 전자현미경으로도 살아 있는 세포를 관찰할 수는 없었다. 전자현미경의 고해상력으로 살아 있는 세포를 관찰할 수 있다면 이상적일 것이다. 광학적 원리에 의해서 규정되는 물리적 한계인 '아베의 법칙'을 뛰어넘는 것이 불가능하다는 것이 1990년 중반까지의 견해였다. 그러나 21세기 초에 이러한 한계를 뛰어넘는 방법이 등장했다.

1995년 벨 연구소 출신의 에릭 베치그(Eric Betzig)는 광학현미경의 회절 한계를 뛰어넘을 수 있는 방법을 떠올린다. 그의 아이디어는 이런 것이었다. 광학현미경에서 회절 한계 이하로 근접한 두 개의 지점에서 빛이 동시에 나오면 간섭 현상이 발생하여 두 개의 신호를 구분하지 못한다. 그렇다면 인접한 두 지점의 빛이 동시에 나오지 않고, 한 번에 하나씩 켜지고 꺼지게 조절하여 회절로 인한 간섭을 차단할 수 있지 않을까? 한 번에 하나씩 켜지는 빛의 중심에 점을 찍고, 이것을 반복하면 회절 한계 이내로 근접한 두 지점의 위치를 정확히 알아낼 수 있을 것이다. 그럼 형광 신호의 점멸을 어떻게 조절할 수 있을까? 베치그는 그 아이디어를 담은 원론적인 논문만을 쓰고 실현하지는 못했는데, 그 이유는 형광 신호를 점멸할 수 있는 방법이 당시에는 없었기 때문이다.

베치그는 그후 약 10년간 과학계를 떠났다가 2004년에 돌아오면서 10년 전 논문의 아이디어를 구현할 수 있는 기술이 있다는 것을 알게 되었다. 그 기술이란 빛을 가하면 활성화되는 광활성형광단백질(photoactivatable fluorescent protein, PA-FP)이었다. 2002년 세포생물학자 제니퍼 리핀스코트-슈와르츠는 자외선 영역에 가까운 파장 413나노미터의 빛을 쬐면 밝기가 100배 이상 증가하는 변종 GFP를 이용하여 세포의 일부분에서 일시적으로 형광을 켰다가 끄는 데 성공했다. 베치그는 광활

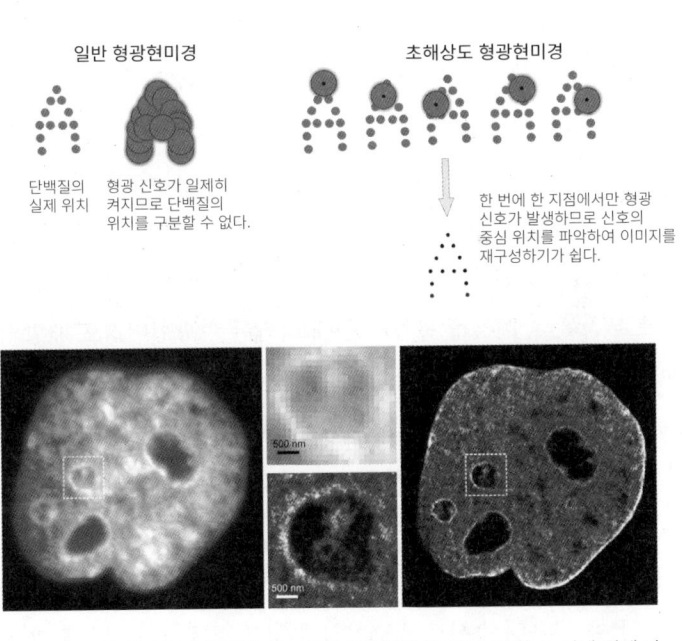

그림 15.5 형광 신호가 한 번에 한 지점에서만 발생하도록 조정할 수 있게 됨에 따라 세포 속 미세 구조물의 해상도는 현격하게 개선되었다. 아래 사진은 세포핵의 미세구조를 일반 형광현미경(왼쪽, 가운데 위)과 광활성화 위치확인 현미경으로 촬영한 것이다.

성형광단백질을 이용하여 10년 전의 아이디어를 구현할 수 있다고 생각했다. 그는 벨 연구소 시절에 같이 근무하던 동료인 헤럴드 헤스(Herald Hess)와 함께 리핀스코트-슈와르츠의 연구실에 찾아가 자신의 아이디어를 구현할 수 있는 현미경을 제작하고자 했다. 헤스가 연구소를 퇴직하면서 가져온 부품을 이용하여 헤스의 거실에서 현미경을 조립했다. 이 현미경을 리핀스코트-슈와르츠의 연구실로 가져가 실험을 했다. 그리고 2006년 광학현미경의 회절 한계보다 더 가까이 있는 단백질의 미세구조를 광활성형광단백질을 이용하여 관찰할 수 있다는 것을 입증했다. 2014년 노벨 화학상은 '초해상도현미경'을 개발한 공로로 에릭 베치그, 스테판 헬(Stefan W. Hell), 윌리엄 E. 모에너(William E. Moerner), 3인의 연구자에게 주어졌다.

살아 있는 세포의 영상화와 입체 영상 기술

세포 단백질이 움직이는 모습을 실시간으로 볼 수 있다는 것은 세포생물학이 비로소 살아 있는 세포를 관찰하게 되었다는 것을 의미한다. 항체의 원리를 응용해 특정 단백질을 인식하는 항체를 만들고 여기에 형광염료를 부착했다. 이것을 관찰하는 데 적합한 형광현미경도 개발되었다. GFP 등의 형광 단백질을 이용하여 살아 있는 세포와 조직에서 단백질의 움직임과 생명현상의 진행 과정을 실시간으로 관찰할 수 있게 되었다. 그리고 마침내 빛의 회절 현상 때문에 불가피했던 광학현미경의 한계도 뛰어넘었다. 오늘날 생물학 연구에서 현미경으로 얻는 자료의 형태는 주로 디지털 이미지와 동영상이다. 현대인이 디지털 카메라나 스마트폰의 카메라 어플을 이용해 수시로 스냅샷과 동영상을 찍듯이, 세포를 연구하는 생물학자들은 현미경을 이용하여 디지털 이미지나 동영상 자료를 얻고 이것이 생물학자들이 실험에서 관찰한 결과가 된다.

이 대목에서 생물학이 현미경으로 얻는 자료가 어떻게 변천해 왔는지를 한번 돌이켜보자. 19세기 말까지 대부분의 생물학적 관찰 결과는 현미경을 보고 사람이 그린 그림이었다. 로버트 훅이 《마이크로그라피아》에 수록한 생물들의 미세 구조 그림, 카할의 신경 조직 그림 등이 소개되었다. 그 그림들은 매우 정교해서 마치 실재의 완벽한 반영인 것처럼 받아들이게 되지만, 관찰자의 주관에 따라 포함과 배제, 강조와 생략이 절충된 결과로 간주하는 것이 사실에 가까울 것이다.[4]

20세기에 들어와 사진술이 일반화되면서 대부분의 생물학적 관찰 결과도 사진으로 기록되었다. 사진은 그림에 비해 주관적 개입이 덜하긴 하지만, 이 역시 연구자의 '취사 선택'에 의해서 결정되는 것은 어쩔 수 없다. 연속적인 생명현상 중 어떤 구간을 분절하여 관찰하기 위해 그에 맞는 조건과 시간을 지정하고 몇 장의 스냅샷을 찍는 것과 같다. 그렇다면 동영상 관찰법은 어떨까? 세포 안에서 일어나는 현상들을 실시간 동영상으로 본다고 해도 그것은 영화처럼 연구자에 의해서 어느 정도는 '연출'된 것일 수밖에 없다. 다큐멘터리나 르포도 감독이 어떤 사건과 인물, 관점 등에 포커스를 맞추느냐에 따라서 그 내용이 달라지는 것과 같다. 세포 영상도 어떤 형광단백질을 사용하여 어떤 '배우'의 움직임을 관찰할 것인가에 따라서 내용이 달라진다. 생물학이 동영상 시대를 맞이했지만, 다양한 생명현상과 관련된 초단편 영상만 만들 수 있는 것이 현실이다.

편리해진 이면에는 쌓여 가는 데이터를 어떻게 읽고 해석하는가의 문제가 발생한다. 수십 장, 많아 봐야 수백 장 정도의 사진이라면 눈으로 살펴보는 것만으로 현미경의 데이터를 해석하는 데 충분했다. 그러나 지금은 수천, 수만 장 이상의 영상을 그리 어렵지 않게 얻을 수 있는 시대이

---

[4] 동일한 은 염색법으로 염색하고 관찰한 카할과 골지가 그린 신경 조직의 그림을 보면, 카할의 그림은 수상돌기의 스파인을 잘 묘사하고 있지만, 골지는 스파인을 전혀 그리지 않았다. 골지는 스파인을 염색 과정에서 생긴 얼룩으로 간주해 무시했기 때문이다.

다. 오늘날 현미경 영상을 읽는 데는 '컴퓨터의 눈'(computer vision)이 필요하다. 수만, 수십만 종류의 화학물질을 처리하여 세포에 어떤 변화가 일어나는지 현미경으로 관찰하여 유용한 의약품 후보 물질을 찾아내는 작업5은 신약 개발의 일상적인 프로세스인데, 이를 인간 연구자가 눈으로 보고 식별하는 것은 너무 비효율적인 일이다. 현미경의 이미지를 보고 '판단'하거나 그 내용을 정량화하여 수치화하는 작업은 컴퓨터 소프트웨어에 맡겨야 한다. 그러나 이것은 생각보다 쉬운 일이 아니다. 가령 수만 종의 약물을 암세포에 처리하여 암세포를 효과적으로 죽이는 약물을 찾는다고 하자. 현미경으로 세포의 모양을 보고 연구자는 세포의 상태를 쉽게 구분할 수 있지만 컴퓨터 소프트웨어는 그렇게 하지 못한다. 결국 '기계학습'을 동원해 연구자가 판단한 세포의 상태를 컴퓨터가 학습하도록 훈련시켜야 한다. 엄청나게 축적되고 있는 생물학 분야의 빅데이터를 연구하려면, 장래의 생물학 연구자는 현미경에서 쏟아져 나오는 이미지 데이터를 읽고 해석하기 위해 인공지능 관련 기술인 '머신 비전'을 활용한 영상처리 기법을 터득하는 것이 필수가 될지도 모른다.

　　우주를 통틀어 점이나 평면으로 존재하는 사물은 이론에서만 가능할 것이다. 세포와 조직도 당연히 3차원 구조로 존재한다. 그러나 현미경의 렌즈를 통해서 관찰하는 세포의 모습은 세포를 위에서 내려다본 2차원 이미지이다. 세포의 생김새와 내부 구조에 대한 3차원 정보를 현미경을 통해 읽는 것은 20세기 중반까지도 불가능했다. 두꺼운 조직은 얇게 자른 후 슬라이드 형태로 만들어야 현미경으로 관찰할 수 있고, 이렇게 관찰되는 영상은 세포 혹은 조직의 2차원 단면도였다.

　　세포의 입체적인 모양에 대한 정보를 현미경으로 파악할 수 있게 된 것은 1952년 폴란드 태생의 프랑스 물리학자 게오르게스 노마르스키(Georges Nomarski)가 미분간섭현미경(differential interference contrast

---

5　이러한 약물 검색 방법을 '하이 콘텐트 스크리닝'(high content screening)이라고 한다.

microscopy, DIC)을 개발한 후이다. 누구나 한 번쯤 봤음 직한, 가운데가 움푹 눌려진 적혈구의 사진이 바로 미분간섭현미경이 구현해낸 이미지이다. 그러나 이 이미지는 3차원적인 '느낌'으로 표현된 것일 뿐 세포의 사실적인 3차원 영상이 아니다. 완벽한 3차원 정보를 나타내기 위해서는 X축과 Y축이 이루는 2차원 좌표에 현미경에서 내려다보는 Z축의 정보가 더해져야 한다. 그러나 접안렌즈의 방향을 시료 주변에서 동적으로 변경하지 않는 한 Z축의 정보를 얻을 수 없다.

한 가지 방법은 초점이 맺히는 촬상면(focal plane)을 이동시키는 것이다. 촬상면을 다각도로 이동하여 여러 장의 이미지를 얻어 재구성한다면 불완전하게나마 3차원 이미지에 근접한 정보가 될 수 있다. GFP나 형광물질로 표지된 항체를 이용해 각각의 촬상면 근처에서 나오는 형광을 따로 검출하는 것이다. 한 가지 문제는 있다. 세포의 윗부분에 초점을 맞추어 여기서 나오는 형광을 검출한다고 하더라도, 초점이 맞지 않는 아래쪽 촬상면에서 나오는 형광이 배경에 나오기 때문에 결과적으로 촬상면의 이미지는 선명하지 못하다.

이 문제는 미국의 공학자 마빈 민스키(Marvin Minsky)가 개발한 공초점주사현미경(confocal scanning microscope)으로 해결되었다. 공초점주사현미경의 원리는, 초점이 맞는 촬상면에서 방출되는 형광빛만을 작은 바늘구멍을 통해 통과시키고, 초점이 맞지 않는 촬상면의 빛을 차단하는 것이다. 이렇게 하면 촬상면의 신호 대 노이즈 비율이 높아져 콘트라스트가 향상되므로 선명한 영상을 구성한다. 매번 다른 촬상면을 찍어 여러 장의 이미지를 조합하면 세포의 3차원 이미지가 된다.[6] 공초점주사현미경은 면역형광염색법과 형광단백질에 의한 현미경법이 보편화된 1990년 이후부터 생물학 연구의 기본적인 도구가 되었다.

공초점주사현미경으로 이 정도의 관찰이 가능해진 것만 해도 크나

---

6   이를 'Z-스택'(Z-stacks)이라고 부른다.

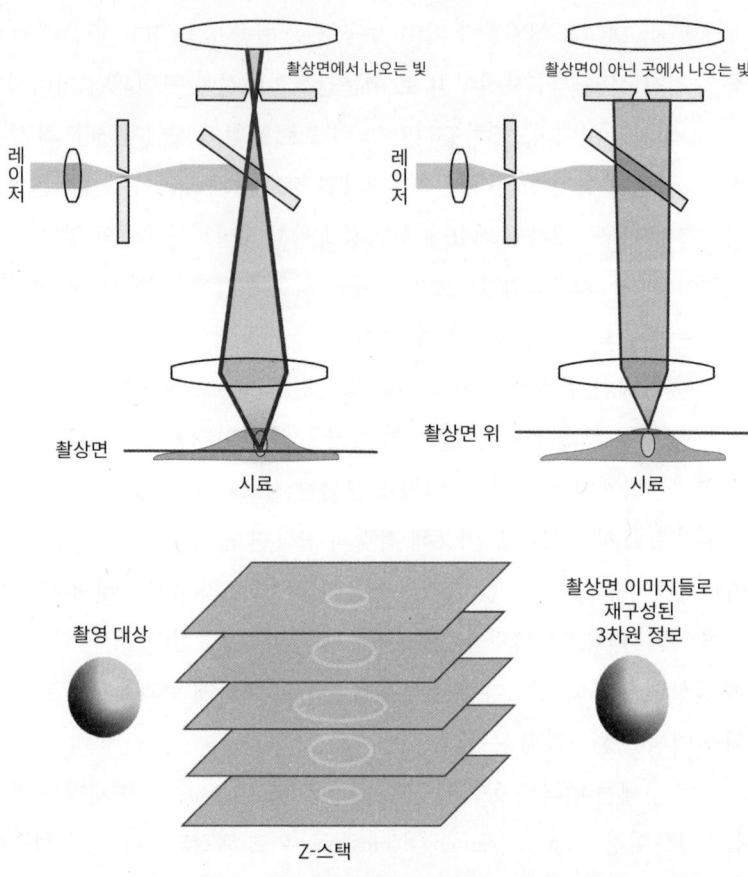

그림 15.6 공초점주사현미경은 촬상면에서 나온 빛만을 작은 바늘구멍으로 통과시키고, 촬상면에서 나오지 않은 빛은 바늘구멍을 통과하지 못하게 차단하는 원리로 제작되었다.(위) 촬상면을 바꾸어 가며 촬상면에서 나오는 형광 신호만 통과시켜 간섭을 줄인 이미지들(Z-스택)을 가지고 세포나 조직의 3차원 정보를 재구성한다.(아래)

큰 진전이라고 할 수 있다. 그러나 살아 있다는 건 시간의 차원을 포함하는 유동적인 사건이다. 진정 살아 있는 세포를 관찰한다는 건 세포를 고정하지 않고 시간의 흐름 안에서 관찰하는 것이 되어야 한다. 공초점주사현미경은 레이저를 광원으로 사용한다. 특히 3차원 영상을 얻으려면 레이저를 수차례 조사해야 하기 때문에 살아 있는 세포는 손상을 입을 수밖에 없다. 그래서 레이저로 인한 손상을 줄이기 위해 극히 한정된 수의 사진을 찍어야만 했다. 영화는 1초에 24프레임의 사진을 찍어 부드러운 움직임을 재현하지만, 공초점주사현미경으로 찍은 세포의 '영화'는 10초에 1장, 혹은 1분에 1장, 10분에 1장 정도여서 프레임 사이의 공백이 길다. 세포 안에서 벌어지는 일들은 고작 수초, 때론 몇 분의 1초 만에 끝나버리는 경우가 많다. 그러니 생명현상을 '영화'처럼 보기 위해서는 다른 방식의 현미경이 필요했다.

무엇을 개선해야 할까? 비교적 장시간 지속되는 생명현상, 예컨대 생물의 발생을 3차원 영상으로 찍는다고 하자. 일단 시료가 레이저를 맞는 시간과 면적이 최소화되어야 한다. 일반적인 공초점주사현미경은 수직으로 레이저를 쏘고 이 빛은 시료 전체를 관통한다. 3차원 이미지를 얻기 위해서는 촬상면을 바꾸어 가며 반복적으로 스캐닝할 수밖에 없다. 만약 레이저를 쏘는 방향을 바꾸면 어떨까? 즉 촬상면에 해당하는 방향으로 빛을 쏘고, 촬상면에서 90도 방향으로 나오는 형광을 감지하는 것이다. 이렇게 되면 촬상면이 아닌 부분에는 레이저가 닿지 않아 상대적으로 더 적은 빛에 노출된다. 이러한 원리로 만들어진 현미경을 광-시트형광현미경(light sheet fluorescence microscopy)이라고 한다. 광-시트형광현미경은 2010년 무렵부터 본격적으로 상용화되었다. 공초점현미경에 비해서는 해상도가 다소 낮지만, 오랜 시간 동안 시료를 손상시키지 않고 3차원 영상을 연속적으로 얻을 수 있기 때문에 발생학 분야에서 활발하게 사용되고 있다. 초해상도현미경을 개발한 공로로 노벨 화학상을 받은 에릭 베치그는 그후 광-시트현미경의 변형인 '격자 광-시트현미경'(lattice light-sheet microscope)을 만들었다. 격자 광-시트현미경은 광-시트형광현미경의 고해상도 버전으로 이해할 수 있다. 이로써 장시간 촬영에서 오는 시료 손상을 줄이면서도 고해상도의 영상을 구현할 수 있게 되었다. 또한 기존에 불가능했던 초당 수십 장 이상의 사진을 찍는 것도 가능해졌다. 수십분의 1초 간격으로 진행되는 세포 내부의 현상을 영화처럼 감상할 수 있

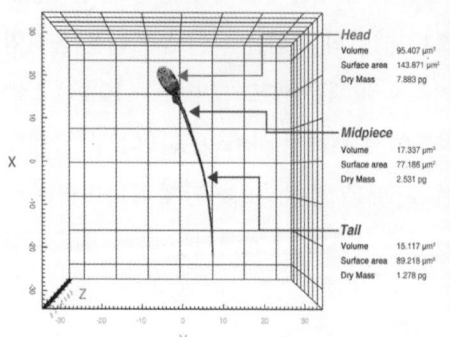 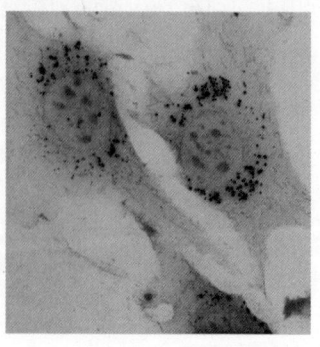

그림 15.7 3차원 홀로그래피 현미경은 세포를 염색하지 않고, 또 촬상면을 바꾸지 않고도 세포를 통과하는 빛의 굴절률 차이를 감지하여 3차원 입체 영상을 구현한다. 이 기술은 단지 세포의 3차원적인 모양뿐만 아니라 부피와 넓이 같은 수치를 정량적으로 제공한다.(왼쪽) 오른쪽 사진은 미토콘드리아를 관찰한 사진이다.

게 되었다.

베치그가 2014년 발표한 논문에서 이 현미경을 이용하여 관찰한 다양한 생명현상을 볼 수 있다. 액틴 필라멘트가 자라서 세포막에 필로포디아(사상위족)라는 돌출 구조를 형성하는 모습, 면역세포가 항원전시세포와 만나서 병원균 유래 항원을 인식하는 모습, 암세포가 세포외기질(extracellular matrix)로 구성된 조직 안에서 이동하는 모습, 예쁜꼬마선충의 배아가 발생하여 세포가 분열하는 모습 등이다.

지금까지 설명한 대부분의 현미경 기술에서 세포 내부의 모습을 입체 영상으로 보기 위해서는 형광단백질 유전자 등을 세포에 넣어야 한다. 그러나 이 방법이 모든 세포에서 가능한 것은 아니다. 특정한 실험을 위해서 미리 형광단백질 유전자를 넣어 둔 세포나 실험동물이라면 가능하지만, 환자로부터 얻은 세포나 조직, 세균 검체에 형광 관찰법을 사용하기는 어렵다. '3차원 홀로그래피 현미경'(three dimensional holographic microscope) 기술은 이러한 것을 가능하게 해준다.[7] 이 기술은 아무런 염색 없이 세포 내부와 외부의 윤곽과 핵이나 방추사 같은 구조물을 3차원적으로 보여준다. 3차원 홀로그래피 현미경은 세포 곳곳의 상이한 굴절률의 차이를 검출하여 입체 영상을 만든다. 뿐만 아니라 세포의 부피와 밀도에 대한 정량적인 정보를 실시간으로 제공한다.

    나는 3차원 홀로그래피 현미경으로 여러 포유동물의 정자를 관찰하는 연구를 수행한 경험이 있다. 일반적인 현미경으로는 관찰하기 힘든 소, 돼지, 마우스 등의 정자의 생김새 차이가 이 현미경으로는 뚜렷하게 보인다. 소와 돼지의 정자 머리는 타원형이고, 마우스의 정자 머리는 마치 갈퀴처럼 생겼는데, 이것이 입체적으로 관찰된다. 그리고 한우와 젖소의 정자의 차이 같은 미세한 차이도 알아볼 수 있다. 이 기술은 환자에게서 검출한 세균의 종류를 현미경 관찰만으로 신속하게 판별하는 데도 이용될 수 있다. 지금까지 알아본 것처럼 현미경 기술의 고도화는 앞으로도 세포 연구와 생물학의 발전에 계속 기여할 것이다.

---

7   한국의 토모큐브(Tomocube)라는 기업의 기술이다.(http://www.tomocube.com)

16장

    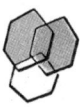

인간게놈프로젝트, 그후

세포의 설계도

로버트 훅이 세포를 최초로 관찰한 이후 세포의 비밀의 근원을 찾으려는 노력은 끊임없이 이어져 왔다. 세포의 구조와 세포 안에서 벌어지는 복잡다단한 생화학현상을 규명하고, 1950년대에 DNA가 유전정보를 저장한 본체라는 사실을 밝혀냈다. 1970년대에 이르러서는 재조합 DNA 기술이 등장하여 진핵생물의 많은 유전자가 분리되고 이들의 염기서열이 결정되었다. 이처럼 꾸준히 진전되었는데도 1980년대까지 알려진 유전자에 대한 정보는 여전히 충분하지 않고 단편적이었다. 마치 서울을 처음 방문한 관광객이 서울의 중요한 랜드마크만 표시된 엉성한 지도를 들고 수박 겉핥기 식으로 서울을 돌아다니는 것과 비슷했다. 사실 관광객이라면 이 정도의 정보만으로도 충분하다. 그러나 서울시의 시장이나 도시계획 주무 부서장이라면 정밀지도를 확보하고 서울의 구석구석을 장악해야 한다.

1980년대의 생물학자들은 이와 비슷한 답답함을 느꼈다. 개별 유전자에 대한 지식은 축적되고 있었지만, 그럴수록 더 큰 의문이 생겨났다. 과연 인간과 같은 고등생물을 구성하는 유전자는 얼마나 많을까? 유전자는 어떻게 생물의 특성을 결정할까? 혈우병 같은 질병은 분명히 유전적인 영향을 받고 질환을 유발하는 돌연변이는 하나의 유전자에 의해서 결정된다. 그러나 심장질환, 당뇨 등과 같은 만성 질환은 가족력과 어느 정도 관련이 있다는 것이 알려졌지만, 유전적인 요인과 환경적인 요인 중 어느 쪽이 더 결정적인지에 대해서는 알 수 없었다. 암은 유전자에 돌연변이를 가진 세포가 원인이라는 사실이 알려지기 시작했지만, 과연 암을 일으키는 유전자는 얼마나 되며, 이는 암의 종류와 환자에 따라서 얼마나 달라질 것인가? 이러한 여러 의문에 대한 실마리를 찾으려는 문제의식에서 인간게놈프로젝트가 태동했다. 인간을 비롯한 생물이 가지는 모든 유전 정보를 염기서열 수준에서 모조리 읽어내서 염색체와 유전자에 대한 정밀한 지도를 작성하자는 어마어마한 기획이었다.

물론 인간게놈프로젝트 이전, 심지어 염색체에서 유전정보를 저장하는 물질의 본체가 DNA라는 것이 알려지기 전에도 염색체에 대한 대략적인 지도는 있었다. 앞서 알아본 것처럼 1915년에 모건과 스터티번트는 초파리 교배 실험을 통해 초파리의 표현형에 돌연변이를 일으키는 유전자들의 상대적인 거리를 측정하여 최초의 유전자 지도를 만들었다. 그후 다른 생물들의 유전자 지도도 만들어졌다. 인간의 경우에는 인간게놈프로젝트 이전에 그 대략적인 위치가 밝혀진 유전자들이 있었다. 그러나 이러한 종래의 유전자 지도는 서울의 주요 랜드마크에 해당하는 유전자의 염색체 내 상대적 위치를 표시한 것에 지나지 않았다.

서울의 지형지물 정보를 빠짐없이 수록한 것과 같은 정밀한 유전자 지도가 점점 필요해졌다. 궁극적으로 염색체에 존재하는 모든 정보를 해독하는 것은 염색체를 구성하는 DNA의 모든 염기서열을 해독하는 것으로 귀착된다. 인간의 염색체 46개에는 A, C, G, T의 염기로 구성된 30억 개의 서열이 있다. 이 모든 것을 어떻게 읽어낼 것인가?

인간게놈프로젝트

영국의 생화학자인 프레더릭 생어는 1977년에 최초로 실용적인

DNA 염기서열 분석기술을 개발한 인물이다. 이전에는 DNA로부터 전사된 RNA의 염기서열을 분석하여 DNA의 염기서열을 결정했지만, 이렇게 해서는 몇 달 동안이나 실험해도 기껏해야 수십 개의 서열만 결정할 수 있었다. 그런데 생어의 방법으로는 한 번에 수백 염기쌍을 읽을 수 있었고, 때마침 보편화된 재조합 DNA 기술과 함께 1980년대까지 수많은 유전자의 염기서열을 결정하는 데 사용되었다. 생어의 방법은 이전의 방법에 비해서 훨씬 효율적이긴 했지만, 수백 염기를 읽는 데만 해도 꼬박 며칠이 걸려 수천 염기에 달하는 유전자 하나의 서열을 결정하는 데에도 몇 달 이상의 노력이 필요했다.

이러한 상황에서 약 30억 염기에 달하는 인간유전체의 염기서열을 읽어낸다는 것은 1980년대에는 꿈같은 이야기였다. 그러나 생물학이 도약하기 위해서는 생물이 가진 모든 유전정보를 염기서열 수준에서 읽어내는 것은 피할 수 없는 일이었고, '어떻게' 읽어낼 것인지에 대한 논의는 1980년대 중반에 시작되었다.

1985년 캘리포니아 대학교 산타크루즈 캠퍼스의 로버트 신샤이머(Robert L. Sinsheimer)는 인간유전체의 염기서열 규명 방안을 주제로 한 심포지엄을 개최했다. 여기에는 리로이 후드(Leroy Hood), 월터 길버트, 존 설스턴(John Sulston) 등 당시 개인적으로 유전체 연구를 하고 있던 연구자들이 모였다. 처음에는 인간유전체의 모든 염기쌍을 결정하는 것은 불가능하다는 비관론이 지배적이었으나, 심포지움이 거듭될수록 전체적인 분위기는 '어떻게 가능하게 할 것인가'로 바뀌어 갔다.[1] 이에 화답하듯 암 바이러스 연구로 1975년 노벨 생리의학상을 수상한 레나토 둘베코(Renato Dulbecco)가 인간유전체의 염기서열을 결정함으로써 암 연구의 돌파구를 만들 수 있다고 주장했다.

분명히 인간유전체를 비롯해 생물학 연구에 사용되던 모델생물들의

---

1 https://ucscgenomics.soe.ucsc.edu/backgrounder-the-1985-santa-cruz-workshop-and-the-origins-of-the-human-genome-project

유전체를 규명하는 일은 생물학 연구에 전례 없는 기반을 제공할 것이었다. 그러나 당시의 기술 수준으로 볼 때 인간게놈프로젝트는 그동안 생물학 연구에 투입된 자원과 비용을 훌쩍 상회할 거대한 규모가 될 것이 분명했다. 결국 정부의 예산이 주가 될 공적 자금이 오랫동안 천문학적인 규모로 투입될 과학 프로젝트를 시작하기 위해서는 이를 정당화할 명분이 있어야 했다. 미국 국립보건원에서 연간 의생명과학 연구에 투자하는 총예산에 맞먹는 약 30억 달러가 소요될 인간게놈프로젝트를 추진하기 위해서 연구자들은 이런 투자에 상응하는 기대효과가 있을 것이란 점을 강조해야만 했다.

과학자들이 수년간 노력한 끝에 인간게놈프로젝트는 공식적으로 출범했다. 미국 에너지성(Department of Energy)과 국립보건원의 공동 프로젝트로 1990년부터 15년 동안 추진하기로 했다.[2] 이후 미국을 중심으로 한 계획은 영국(웰컴 트러스트 생어 센터), 일본(리켄 게놈 과학센터), 프랑스, 독일, 중국 등이 힘을 보태는 국제 공동 협력 계획으로 발전했다.

모델생물의 염기서열 결정

생어의 염기서열 분석기술은 수백에서 수천 염기 길이의 유전자 하나를 분석하는 데 최적화된 기술이다. 때문에 생어의 기술과 재조합 DNA 기술을 이용해 생물의 유전체 규모를 읽으려면 DNA를 잘라서 분석해야 한다. 거대한 DNA 분자를 1~2천 염기 길이가 되도록 무작위로 자른 다음, 재조합 DNA 기술을 이용하여 이 DNA 조각을 세균에 넣어서 DNA

---

2   인간게놈프로젝트를 추진하기 위해 미국 정부가 투입한 예산은 1990년에는 연간 3천만 달러 정도였으나, 그후 급격히 증가했다. 2003년까지 이 프로젝트를 수행하기 위해 43억 7천만 달러가 지출되었다. https://web.ornl.gov/sci/techresources/Human_Genome/project/budget.shtml

라이브러리(Genomic DNA library)를 구축한다. 세균에 보관 중인 인간의 DNA를 세균 배양을 통해 증폭시킨 후 염기서열을 분석한다. 유전체의 전체 서열을 밝히기 위해서는 이렇게 쪼개어 결정한 염기 정보를 다시 모아야 한다. 컴퓨터 기술이 그다지 발달하지 않았던 1980년대 말에 수립했던 인간게놈프로젝트의 구체적인 실행 절차는 일단 인간유전체의 DNA를 15만 염기(150킬로바이드) 정도로 크게 잘라서 큰 조각들의 순서를 파악한 후, 이 큰 조각들을 더 작게 잘라서 염기서열을 결정·재조립하는 단계적인 절차였다.

우선 프로젝트가 본격적으로 시작되기 전에 인간보다 유전체가 훨씬 작고 분자생물의 모델생물로 널리 사용되던 대장균의 염기서열부터 분석되었다. 미국 위스콘신 대학교의 프레더릭 블래트너(Frederick Blattner)가 최초의 단일 생물 유전체의 염기서열 완전 결정을 목표로 시도한 것이었다. 그러나 4백만 염기 정도밖에 되지 않는 대장균의 유전체도 생어의 방법을 적용하기 힘들었다. 이에 수십 명의 학부 인턴을 동원했고, 이것으로도 부족하여 주정부와 협의하여 교도소의 수감자들까지 동원하려고 했지만 결국 예정된 기간 내에 연구를 마치지 못했다.[3] 유전체 수준의 염기서열을 결정하기 위해서는 새로운 방법이 필요하다는 것을 보여주는 일이었다.

1986년, 칼텍의 리로이 후드는 생어의 기술을 개선하여 노동력을 획기적으로 줄였다. 방사성 동위원소로 표지된 DNA 조각을 검출하던 생어의 원래 방법 대신 형광물질로 표지한 DNA 조각을 실시간으로 검출하는 '자동 염기서열 분석기'(Automatic Sequencer)를 만들었다. 이로써 자동화 기계가 연구자의 수작업을 상당 부분 대체할 수 있었다. DNA에 수록되어 있는 정보가 A, C, G, T 형태의 디지털 정보로 바뀌는 생산 과정이 되었고,

---

[3] 대장균의 유전체 염기서열은 자동 염기서열 분석기를 도입한 이후인 1997년이 되어서야 결정되었다. 이때는 이미 여러 종류의 박테리아와 효모의 염기서열이 결정된 후였으므로, 블래트너의 최초 단일 생물 유전체라는 목표는 이뤄지지 않았다.

염기서열을 분석하는 시퀀싱 센터(Sequencing Center)는 염기서열이라는 정보를 생산하는 '공장'처럼 운영되기 시작했다.

기술적 진전과 더불어 점점 복잡한 생물의 유전체가 단계적으로 결정되었다. 수백만 염기서열을 가진 세균 이후에는 약 1300만 염기쌍의 빵효모의 서열이 결정되었다. 다세포 생물로는 최초로 약 1천 개의 세포에 약 1억의 염기쌍을 가진 예쁜꼬마선충의 서열이 파악되었다. 그다음 파악된 것은 초파리였다. 이제 남은 것은 본래 목표인 인간의 유전체였다.

민간과 공공 부문의 경쟁

1990년대 초반 인간게놈프로젝트에 변수가 생겼다. 미국 정부가 주도하여 계획을 수립하고 확정하는 과정에서는 DNA 이중나선 모델을 처음 제시한 제임스 왓슨 등이 역할을 했지만, 실질적인 프로젝트의 진행 책임은 곧 프랜시스 콜린스(Francis Collins)[4]에게로 넘어갔으며, 명망이 높은 학자들을 중심으로 연구가 진행되었다. 그런 와중에 크레이그 벤터(Craig Ventor)라는, 1980년대 중반까지 그다지 이름이 알려지지 않은 분자생물학자가 등장하여 프로젝트의 진행 과정에 큰 영향을 미치게 되었다.

벤터는 1984년 미국 국립보건원으로 이직한 후 한 가지 아이디어에 착안했다. 인간의 DNA는 대부분의 영역이 단백질을 만드는 데 쓰이지 않는 '정크 DNA'이고, 단백질을 만드는 데 사용되는 영역은 약 0.5%밖에 되지 않는다. 어차피 생물학자들은 단백질을 만드는 영역에 관심이 있으므로, 굳이 유전체 전체의 서열을 다룰 필요가 없다. 그렇다면 단백질 합성 정보를 가진 mRNA를 DNA로 변환하여 시퀀싱하면 절차도 간편하고 비용도 절감할 수 있겠다고 생각했다.

---

[4] 낭포성섬유증(cystic fibrosis)을 일으키는 돌연변이 유전자를 규명하여 유명해진 의학유전학자.

벤터는 인체의 여러 조직에서 mRNA를 추출해 이를 DNA로 변환한 후 염기서열을 결정했다. 이를 '발현 시퀀스 태그'(Expressed Sequence Tag, EST)[5]라고 불렀다. EST 기법으로 유용한 유전자를 비교적 쉽게 분석할 수 있게 되어 벤터의 이름도 알려지게 되었다. 벤터는 한발 더 나아가서 EST로 획득한 유전자 정보를 특허로 등록할 계획을 세우는 바람에 생물학 연구사 사이에서 격심한 논쟁의 대상이 되었다. 특허는 발명자에게 주어지는 것이지, 자연물에 가까운 유전자 정보에 대해 개인이나 기관이 특허를 주장하는 것은 불합리하다는 주장과, 최초 발견자에 대한 권리를 보장해야 한다는 벤터 측의 주장이 맞섰다. 격한 논쟁 끝에 국립보건연구원은 EST 유전자 정보의 특허를 출원하겠다는 벤터의 계획을 포기했고, 벤터는 국립보건연구원을 떠났다.

벤터는 인간게놈프로젝트를 주도하는 연구자들의 계획에 대해서도 이견을 가지고 있었다. DNA를 큰 조각으로 자르고, 이렇게 자른 조각의 순서를 결정한다. 이 큰 DNA 조각을 다시 더 작게 나누어 염기서열을 결정한다. 여러 곳의 시퀀싱 센터에서 큰 DNA 조각을 분담하므로 국제 공동 프로젝트로서는 합리적인 방안이었다. 그러나 벤터는 이 방법이 시간 낭비라고 단정했다. 그는 처음부터 DNA를 작은 조각으로 나누어 한꺼번에 염기서열을 결정하고, 이렇게 나온 수많은 데이터를 슈퍼컴퓨터에 넣어 조립하면 서열을 훨씬 빠르게 결정할 수 있다고 제안했다. 하지만 그의 생각은 받아들여지지 않았다.

벤터는 민간 자본의 투자를 받아서 회사를 설립해 유전체 사업을 전개했다. 민간 자본을 투자받았으니 수익을 창출해 투자자에게 돌려줘야 한다. 벤터의 계획은 국립보건원에서 시도하려다 실패했던 유전자에 대한 특허 등록을 실현하는 것이었다. 정부 부문의 공동연구팀보다 먼저 인간유전체 서열을 규명하여 질병에 관련된 유전자 정보에 대한 특허를 출

---

5   발현 유전자 배열표, 발현 배열표식, 발현 유전자 단편이라고도 한다.

원한 후 제약회사 등으로부터 사용료를 받으면 막대한 수익을 올릴 수 있다는 것이 벤터가 투자자들에게 제시한 전망이었다. 만약 벤터의 의도대로 민간 회사가 이러한 정보를 배타적으로 독점하게 된다면 연구자들은 질병과 관련된 유전자 정보에 제대로 접근할 수 없게 된다. 당연히 학계로부터 비난이 쏟아졌음에도 벤터는 이에 아랑곳하지 않고 '셀레라 지노믹스'(Celera Genomics)라는 회사를 설립해 계획을 밀어붙였다. 이에 국제 공동연구팀도 더욱 박차를 가할 수밖에 없었다. 민간과 공공 부문의 시퀀싱 경쟁이 본격화한 것이었다.

벤터 진영에서 가장 먼저 성과를 거두었다. 벤터가 이끄는 사설 연구소인 게놈연구소(The Institute of Genome Research, TIGR)[6]와 존스홉킨스 대학교 연구팀이 1995년 헤모필루스 인플루엔자(*Haemophilus influenzae*)라는 박테리아의 염기서열을 밝혔다. 바이러스가 아닌 단독으로 생존할 수 있는 생물의 유전체로는 최초였다. 이 박테리아의 약 180만 염기쌍은 벤터가 제안했던 방법으로 분석되었다. 이를 '샷건 시퀀싱'(Whole Genome Shotgun)이라고 하는데, 유전체의 염기서열 순서를 무시하고 전체를 작은 조각으로 나누어 일괄적으로 시퀀싱한 후 컴퓨터 프로그램으로 서열을 짜맞추는 방식이다.

1996년에는 진핵생물로는 최초로 효모의 유전체 서열이 밝혀졌다. 이는 국제 공동연구팀의 성과였다. 효모의 유전체는 1300만 염기쌍으로 세균인 대장균의 유전체보다 3배 이상 크지만, 유전자의 개수는 효모가 약 6천 개, 대장균은 4천여 개로 큰 차이가 나지 않았다. 1998년 국제 공동연구팀은 예쁜꼬마선충의 유전체 서열도 발표했다. 다세포 생물의 유전체 분석으로는 첫 사례였다. 예쁜꼬마선충은 5개의 염색체를 가지고 있는데도 유전체의 크기는 1억 1백만 염기쌍 정도로 효모의 8배가 넘었다. 그리고 유전자의 개수는 2만 개 정도였다. 효모와 같은 단세포 생물에게

---

6   벤터는 게놈연구소를 떠나 셀레라 지노믹스라는 회사를 설립했다.

는 없는 유전자를 많이 가지고 있었고, 이러한 유전자들은 인간의 유전자에 대한 정보를 제공할 것으로 예상되었다.

유전학의 역사에서 빼놓을 수 없는 생물인 초파리의 염기서열 결정은 2000년에 완료되었다. 초파리는 벤터의 샷건 시퀀싱으로 분석된 최초의 다세포 생물이었다. 벤터의 샷건 시퀀싱을 회의적인 눈길로 바라보던 사람들은 이 방식은 유전체 규모가 큰 생물에게 적용하기에는 다량의 정크 DNA로 인해 오류가 많을 것이라고 비판했다. 그런 의심을 불식시키듯 초파리의 유전체를 분석해내자, 공공 부문보다 더 빨리 프로젝트를 완수할 수 있을지도 모른다는 기대가 높아졌다. 이렇게 두 진영의 경쟁으로 인해 인간게놈프로젝트는 예정보다 일찍 종결되었다.

인간유전체의 의미

2000년 6월 26일, 당시 미국의 대통령 빌 클린턴은 국제 공동연구팀과 벤터의 셀레라 지노믹스가 경쟁적으로 진행하던 연구의 첫 번째 성과를 백악관에서 발표했다. 그리고 이들의 '인간유전체 초안'은 2001년 《네이처》와 《사이언스》에 별도의 논문으로 발표되었다. 초안에는 유전체 전체 서열의 95% 정도에 해당하는 데이터가 포함된 상태였으며, 이를 마무리하고 추가적으로 분석하는 작업을 거쳐 애초 계획보다 2년 앞당겨진 2003년에 프로젝트는 공식적으로 완료되었다.

인간이라는 생물체 하나를 만드는 유전자 집합의 정밀지도를 손에 쥐게 된 우리는 무엇을 알게 되었을까? 무엇보다 생물학자들이 가장 놀라워했던 사실은 인간유전체에서 단백질을 만드는 유전자(염색체 가닥 중 유전정보가 있는 부분)가 고작 2만 개 정도라는 것이었다. 이는 유전체 크기가 인간의 1/30밖에 안 되는 예쁜꼬마선충과 별반 차이가 없는 숫자였다. 37조 개의 세포로 구성된 인간이 1천 개의 세포로 구성된 예쁜꼬마선충과 비슷한 유전자 숫자를 가진다는 것은 충격이 아닐 수 없었다. 이로써 유전자의 개수는 생물의 복잡성을 야기하는 결정적 요인이 아니라는 사실도 일깨우게 되었다.

약 32억 염기쌍에 달하는 인간유전체의 염기서열 가운데 단백질 합성을 지시하는 암호가 저장된 부분이 고작 1.5% 정도에 지나지 않는다. 그리고 RNA로 전사되긴 하지만 mRNA에서 제거되는 영역인 인트론(intron)은 전체 유전체의 26%에 달한다. 나머지 70% 정도의 영역은 유전자와 유전자 사이에 있는 영역(intergenic region)이다. 그렇다면 유전체에서 단백질을 만드는 정보를 포함하지 않는 98.5%에 해당하는 '비암호화 영역'(noncoding region)은 왜 이렇게 큰 것일까? 인간유전체의 염기서열이 밝혀진 초창기에는 이 비암호화 영역을 '쓰레기 DNA'(junk DNA)라는 멸칭으로 불렀을 만큼 쓸모없는 것으로 간주했지만 오늘날에는 그렇지 않다. 비암호화 영역은 단백질 합성 정보의 발현을 조절하는 기능 등 생명활동에 필수적인 영역이 반드시 포함되어 있기 때문이다.

그렇다면 비암호화 영역 중에서 어떤 영역이 중요한 영역이고, 어떤 영역은 중요하지 않은 영역일까? 이를 간접적으로 알아보는 방법 중 하나는 인간의 서열과 다른 포유류의 서열을 비교하는 것이다. 인간과 다른 포유류(원숭이, 쥐, 개, 소, 말 등)의 유전체는 서로 다른 부분도 있지만 공통된 부분도 많다. 인간과 원숭이의 몸에서 같은 일을 하는 단백질의 아미노산 서열은 99.9% 이상 동일하며, 쥐의 대부분의 단백질은 인간과 95% 이상의 유사성을 가진다. 단백질을 만드는 정보인 암호화 영역에서 이 정도의 동일성을 갖는다면 비암호화 영역에서도 공통적인 부분이 있을 것이고, 이러한 부분이 바로 포유류의 생명현상에서 중요한 부분일 것이다. 인간유전체와 함께 결정된 여러 다른 포유류의 유전체 서열을 분석하여, 포유류의 유전체에서 공통적으로 보존되어 있는 비암호화 영역을 살펴보니, 전체 유전체의 5% 정도로 추산되었다. 즉 인간유전체의 적어도 6.5%(단백질 암호화 영역 1.5% + 포유류가 공통적으로 가진 비암호화 영역 5%)는 생물학적으로 중요한 역할을 할 것으로 예상할 수 있다.

　　이 추산에 따르면 유전체의 나머지 93.5%의 영역은 왜 있는 것인지 알 수 없었다. 인간유전체의 40% 정도는 레트로트랜스포존(retrotransposon)이라는 전이인자(transposable element)로 구성되어 있다.[7] 전이인자는 유전체 내에서 위치를 옮겨 다니는 기능만을 가진 유전자로서, 그저 자신을 복제하는 것 외에는 별다른 기능이 없다. 문자 그대로 '이기적 유전자'(selfish gene)라고 할 수 있다. 또한 인간유전체 내의 레드로트랜스포존의 상당수는 돌연변이 때문에 이동 능력마저 잃어버려, 정말로 아무 일도 하지 않는 유전자이다. 분명한 것은 우리 몸의 모든 세포를 구성하고 있는 정밀한 설계도라고 생각했던 유전체의 상당 부분은 그 의미를 알 수 없거나, 없어도 그만인 '쓰레기 DNA'로 구성되어 있었다.

개인의 유전적 차이

　　인간게놈프로젝트의 종료는 생명의 신비를 해독하는 작업의 완료를 선언한 것이 아니라, 그때부터 새로운 해독 작업이 필요하다는 사실을 깨닫게 했다. 비유하자면 2003년의 완성본은 팔만대장경이나 《조선왕조실록》의 목판본에 각인된 글자를 잘 옮겨 적은 후 전산화한 것에 지나지 않았다. 또한 32억 염기쌍이라는 길디긴 텍스트의 행렬은 인간이라는 생물종의 '표준서열'(Reference Genome)을 마련한 것일 뿐이어서 인간마다 다른 유전정보의 차이를 알려주진 못한다.

　　우리는 자신을 타인과 다른 존재로 만드는 유전정보의 고유성이 있을 것이라고 믿고 싶어 한다. 그러나 인간게놈프로젝트가 알려준 지식에 따르면, 개개인의 유전체 차이는 2백만~3백만 염기쌍, 전체 유전체의

7　딱히 인간만 그런 것이 아니라 대부분의 고등동물, 식물이 다 비슷한 상황이다.

0.1~0.2%에 불과하다. 사람들이 민감하게 식별하는 피부색, 체형, 머리빛깔, 이목구비 등 온갖 유전적 차이라는 것이 고작 염기서열 1000글자 중에서 1글자 혹은 2글자 정도의 차이라는 것이다. 그렇다면 인간게놈프로젝트와 동일한 방법으로 수억 명의 염기서열을 결정할 필요 없이 차이가 나는 염기쌍의 정보를 우선적으로 파악하는 것이 지름길이지 않을까? 사람마다 다른 전체 유전체의 0.1~0.2%에는 거의 대부분의 사람에게서 같고 극히 일부에서만 다른 부분도 있겠지만, 또 어떤 부분은 많은 사람에게서 다양하게 변화한다. 가령 한국인 전체 집단에는 ABO 혈액형 유전자에 의해서 결정되는 모든 혈액형이 골고루 존재하는 것처럼,[8] 유전체의 염기 중에는 인구 중의 40%는 A, 20%는 T, 30%는 C, 10%는 G와 같이 다른 염기를 가진 영역이 수백만 부분 이상 존재한다. 이러한 부분을 '단일 염기 다형성'(single nucleotide polymorphism, SNP) 혹은 '흔한 유전적 변형'(common genetic variants)이라고 한다. 이에 반하여 염기의 어떤 부분은 인구 1000명 중 999명이 A인데, 그 외 염기의 빈도는 1/1000 이하인 경우도 있다. 이렇게 인구 중의 발현 빈도가 저조한 변형을 '희귀한 유전적 변형'(rare genetic variants)이라고 한다.

개개인의 유전적 차이를 알아내는 방법으로 처음 시도된 것은 SNP(흔한 유전적 변형)의 패턴을 파악하는 것이었다.[9] 이러한 목적으로 세계의 여러 인종에게서 나타나는 SNP의 빈도를 파악하는 프로젝트가 2002년 발족되었다. 이를 '국제 햅맵 프로젝트'(International HapMap[10]

---

8 한국인의 혈액형별 비율은 A형 34.8%, B형 27.7%, O형 24형, AB형 16.3%이다. 질병관리본부 혈액 통계 참고.(http://www.cdc.go.kr/CDC/cms/content/mobile/72/62472_view.html)

9 가장 높은 빈도로 나타나는 대립유전자가 5% 이상인 SNP를 대상으로 한다. 인구 중 94%는 특정 영역에 A를 가지고 있고 6%는 T를 가지고 있다고 한다면 이는 분석 대상이 되지만, A가 96%, T가 4%라면 분석 대상에서 제외된다.

10 haplotype map의 약어. 하플로타입(haplotype)은 haploid(반수체)와 genotype(유전형)의 합성어로, 몇 가지 의미로 사용되나, 본문에서 소개한 '단일 염기 다형성' 집합으로 이해해도 무방하다.

Project)라고 한다. 여기서 파악된 정보를 이용하여 개개인에게서 공통적으로 많이 나타나는 염기서열의 차이를 알아내는 기술도 개발되었다. 그 기술은 마이크로어레이(microarray)를 이용한 유전형 분석(genotyping)이다. 그러나 마이크로어레이 기술은 SNP, 즉 흔한 유전적 변형이 특정한 개인에게 존재하는지의 여부를 쉽게 파악하게 한다. 하지만 희귀한 유전적 변형의 존재는 알 수 없다. 마이크로어레이는 인간에게서 나타나는 흔한 유전적 변이 부분만을 짧은 합성 DNA로 만들어서 유리판에 붙인 후, 이것과 원래 사람의 DNA와의 결합 여부을 테스트하여 유전적 변형을 조사한다. 한데 유리판에 붙일 수 있는 합성 DNA의 개수에는 한계가 있고, 따라서 많은 사람에서 공통적으로 나타나는 유전적 변이에 대한 정보를 가진 수백만 종류의 합성 DNA 조각밖에 담을 수 없기 때문이다.

이를 근본적으로 해결하기 위해서는 결국 30억 염기에 달하는 개개인의 염기서열을 읽어서, 이를 인간게놈프로젝트에서 결정한 표준서열과 비교하여 차이점을 찾아야 한다. 그러나 인간게놈프로젝트에서 사용한 생어의 염기서열 분석기술을 변형한 자동 염기서열 분석기술(약 40억 달러의 비용이 소요)로 개인의 유전체를 읽을 수는 없다. 이보다 훨씬 더 저렴하고 효율적인 방법이 필요했다.

이른바 '차세대 염기서열 분석법'(next generation sequencing, NGS)이라고 불리는 여러 종류의 분석기술이 2005년 무렵 등장했다. 염기서열 분석법마다 구체적인 방법은 조금씩 다르지만, 공통적으로는 생어의 방법처럼 DNA를 잘라서 재조합 DNA로 만들어 세균에 주입해 증폭시킬 필요가 없다. DNA 조각을 곧바로 세포 밖에서 증폭시키고, 증폭된 DNA 가닥으로부터 동시에 DNA 합성을 진행하면서 염기서열을 읽는다. 차세대 염기서열 분석법은 폭발적으로 발달하여 2015년 즈음에는 1천 달러 정도의 비용을 들이면 한 사람의 유전체를 모두 읽고, 이것을 표준서열과 비교하여 차이를 알아낼 수 있게 되었다. 그러나 거듭 비유하건대, 팔만대장경의 글자를 모두 판독하는 것과 불경의 의미를 해독하는 것은 별개의 문제이다. 개개인의 유전체를 분석하고 이것이 표준서열과 얼마나 다른지 아는 것과, 이러한 차이로 인해 발생하는 생물학적인 차이를 이해하는 것은 진정 별개의 문제다. 우리는 아직 인간유전체라는 '텍스트'의 의미를 잘 모른다. 때문에 유전체의 개인차를 손에 쥘 수 있게 된 상황에서도 우리가 해석할 수 있는 정보에는 한계가 크다는 점을 유념해야 한다.

세포마다 차이가 나는 이유

유전체를 구성하는 염기서열의 정보가 속속 밝혀지자, 각각의 유전자에 해당하는 DNA 조각을 화학적으로 합성하여 DNA를 유리판에 붙인 마이크로어레이를 손쉽게 만들 수 있게 되었다. 이제 RNA를 세포에서 추출하여 각각의 DNA 조각에 RNA가 얼마나 많이 결합해 있는지를 파악하면 세포 내에서 각각의 유전자에 대한 RNA가 얼마나 많이 만들어지는지를 알 수 있게 되었다. 1990년대 말에서 2000년대 초반까지는 마이크로어레이를 이용하여 각각의 세포 혹은 조직에서 어떤 유전자가 RNA로 만들어지는지를 알아보기 시작했다. 유전체의 시대에 이어 세포 내에서 전사되는 모든 mRNA의 분포를 알아보는 전사체(transcriptome)의 시대가 도래한 것이다. 그러던 중 2005년 이후 염기서열 분석기술이 급속하게 발달하여 NGS가 마이크로어레이를 대체하게 되었다.[11] 그리고 2000년대 후반에는 거의 대부분의 조직과 세포에서 어떤 RNA가 만들어지는지 밝혀졌다.

13장에서 알아본 것처럼 이제는 특정한 세포가 어떤 환경에서 어떤 RNA를 만들기 시작한다면, 그것은 DNA의 후성학적인 상태에 변화가 발

---

11 mRNA를 6장에서 설명한 역전사효소를 이용하여 DNA로 변환하고 서열을 결정한다. 이렇게 세포 내 mRNA의 서열을 결정하여 mRNA를 정량화하는 방법을 RNA-Seq이라고 한다.

생했다는 것이고, 이러한 후성학적인 변화는 전사인자로 총칭되는 단백질들이 DNA에 결합하여 유발된다는 것도 알고 있다.

특정한 전사인자에 반응하는 유전자를 찾아내기 위해서 NGS 기술이 접목된, 새로운 실험 방법이 고안되었다. 단백질인 전사인자를 DNA에 영구적으로 고정시키기 위해 폼알데하이드를 처리한 후, DNA를 잘게 자른다. 그다음, 전사인자에 항체를 부착하여 이 전사인자와 결합하는 DNA만을 분리한다. 이렇게 분리한 DNA의 염기서열을 NGS 기술로 결정하고, 이 서열을 표준서열과 비교하여 전사인자가 유전체의 어느 위치에 결합하는지를 알아내는 것이다. 전사인자는 일반적으로 자신이 활성화하여 발현을 촉진하는 유전자 앞에 있는 조절서열에 결합하기 때문에, 전사인자의 유전체 결합 위치를 통해 활성화되는 유전자를 확인할 수 있다.[12] 이 방법을 이용하여 세포 분화에 필요한 전사인자가 어떤 유전자를 활성화하는지에 대한 종속 관계가 서서히 알려지게 되었다.

비슷한 방법으로 유전체 전체에서 히스톤 꼬리에 어떤 변형이 생기는지, 그리고 히스톤 꼬리가 조건에 따라서 어떻게 변형되는지도 파악하게 되었다. 히스톤에 생기는 변형(가령 히스톤 꼬리의 라이신에 메틸기가 3개 달리는)에 특이하게 결합하는 항체를 이용하면 이 히스톤에 감겨 있는 DNA를 분리할 수 있다. NGS 기술을 이용하여 이 DNA의 서열을 결정하면, 유전체에서 히스톤 변형이 생긴 부분이 어디인지 파악할 수 있다. 이에 따라 어떤 세포의 유전체에서 어떤 위치에 히스톤 변형이 생기고, 이것이 어떻게 변화하는지를 유전체 수준에서 파악할 수 있게 되었다. 즉 유전체에 전사인자가 결합하는 위치와 후성학적인 표지가 어떻게 변화하는지를 알 수 있게 됨으로써 세포의 발생 과정에서 일어나는 현상들에 대해서 더욱 정확하게 이해하게 되었다.

물론 우리는 아직도 모든 종류의 세포가 발생할 때 어떤 변화를 겪는

---

12 이러한 실험 방법을 '크로마틴 면역침강 시퀀싱'(chromatin-immunoprecipitation sequencing, Chip-Seq)이라고 부른다.

지에 대한 완벽한 그림을 가지고 있지 않다. 그러나 적어도 이제는 개략적인 그림을 그릴 수 있는 기술을 가지게 된 것이다.

유전체 읽기와 유전체 고쳐쓰기

이번 장에서는 주로 유전체의 염기 정보와 후성학적인 정보를 '읽는 방법'에 초점을 맞추었다. 앞의 내용들을 상기해보면 생물학자들은 생명과 세포의 신비를 풀기 위해서 '읽고 관찰하는' 방법만을 사용했던 것은 아니다. 토머스 모건과 그의 제자들이 유전자를 발견한 원천은 '돌연변이'였다. 이들이 찾은 최초의 돌연변이인 흰 눈 초파리, '화이트'(White)는 자연적으로 발생한 돌연변이였다. 이후에 모건 연구팀은 돌연변이 개체를 더 많이 얻기 위해 화학물질이나 엑스선을 이용해 인위적인 돌연변이 개체를 만들었다. 모건의 연구는 유전체라는 암호책을 해독하기 위해 가장 먼저 시도된 방법을 잘 보여준다. 즉 책장 중 몇 장을 임의로 찢어서 손상시킨 다음 이것이 전체의 의미에 어떤 영향을 주는지 살펴본 것이다. 유전체에 '의도적인 손상'을 입히는 것이 유전체의 의미를 해석하는 한 가지 방법이 된 것이다.

유전자의 화학적 실체가 밝혀지고 실제로 여러 가지 유전자가 발견된 이후, 특정한 유전자의 기능을 알아내고자 인위적으로 손상을 주는 방법들이 모색되었다. 인간게놈프로젝트가 완료되었을 시점에 인간의 유전자 약 2만 개 중 아직 기능을 알지 못하는 유전자가 절반 이상이었다. 이 유전자들의 생물학적 기능을 파악하는 방법이 인간과 유사한 유전자를 가진 모델생물에게서 같은 유전자를 없애보는 것이었다. 선택된 모델생물은 배아 줄기세포를 만들어서 유전자를 조작할 수 있던 유일한 포유동물이었던 마우스였다. 이미 설명한 것처럼 배아 줄기세포에서 특정한 유전자를 변형하거나 파괴한 후 그것을 배반포에 넣는 방법으로 각각 '형질전환' 마우스(transgenic mouse)와 '유전자 결실' 마우스(knockout mouse)를 만들어 유전자의 기능을 확인했다.

유전체 시대의 유전학 연구의 방향은 유전자가 관여하는 표현형(phenotype)을 따라간다는 점에서 모건의 초파리 연구와는 반대이다. 무작위적인 돌연변이를 만든 후, 특정한 표현형을 보이는 돌연변이체를 찾아서 유전자를 분리하는 방식을 '정방향 유전학'(Forward Genetics)이라고 하는데, 이것이 모건이나 뉘슬라인-폴하르트의 전통적인 유선학이다. 반면에 유전체 시퀀싱으로 알게 된, 기능을 모르는 유전자를 파괴한 후 나타나는 표현형을 조사하여 역으로 유전자의 기능을 추적하는 방식이 유전체 시대에 등장한 '역방향 유전학'(Reverse Genetics)이다.

문제는 인간과 마우스는 비슷한 점이 많긴 하지만, 마우스는 결코 미니 인간이 아니라는 점이다. 따라서 마우스가 인간의 모든 생명현상을 모방할 수 없다. 그러나 마우스가 아닌 다른 실험동물, 가령 마우스의 사촌뻘인 래트조차도 배아 줄기세포를 이용하여 유전자를 조작하기는 어려웠다. 인간과 가장 비슷한 동물인 원숭이는 말할 것도 없었다. 이러한 어려움은 2010년대에 등장한 일련의 기술 덕분에 해결되었다. 일단 염기서열 중에서 어떤 부분을 수정하고자 한다면, 그 부분을 잘라서 지우고 그 자리에 새로운 조각을 붙이는 작업을 해야 한다. 그러기 위해서는 유전체 전체에서 한 차례 정도만 나올 수 있는 서열 단위를 인식하고 자르는 'DNA 가위'가 있어야 한다.

1970년대에 연구자들은 특정한 염기서열을 인식하고 자르는 '제한효소'를 발견해 유전공학이란 분야를 발달시켰다. 제한효소가 자를 수 있는 크기는 4~8염기서열 정도였다. 예를 들어, 'EcoRI'라는 이름의 제한효소는 'GAATTC'라는 6염기서열을 인식하여 자른다. 6염기서열은 A, C, G, T가 각각 1/4씩 존재하는 이상적인 DNA라면 4096염기당 하나씩은 나온다.(A, C, G, T로 구성된 6염기서열의 종류는 $4 \times 4 \times 4 \times 4 \times 4 \times 4 = 4096$) 이는 4백만 염기로 구성된 대장균의 유전체라면 EcoRI로 1000번 잘리는 것이므로,

EcoRI 같은 제한효소는 유전체를 딱 한번만 자르는 가위가 될 수 없다. 따라서 적어도 수십억 염기서열에서 딱 한 번 정도만 나올 수 있는 서열이 되려면 18염기 정도는 인식해서 자르는 제한효소, 속칭 '유전자 가위'여야 한다. 연구자들은 오랫동안 긴 염기서열을 인식하는 제한효소를 발견하려고 했으나, 일반적으로 찾을 수 있는 제한효소들 중 고작 8염기를 인식하는 것 이상은 좀처럼 발견되지 않았다. 특정한 염기서열을 가진 DNA에 결합하는 전사인자인 '징크 핑거'(Zinc Finger)라는 단백질을 이용하여 긴 서열을 인식하는 인공 제한효소를 만들어보려고도 했지만 완벽하지 않았다.

2013년 캘리포니아 대학교의 제니퍼 다우드나(Jennifer Doudna)와 엠마누엘 샤르팡티에(Emmanuelle Charpentier)는 유전자 가위에 적합한 단백질을 발견했다. 'Cas9'이라는 이름의 이 단백질은 연쇄상구균의 일종인 스트렙토코쿠스 파이로젠스(*Streptococcus pyrogens*)라는 세균이 가지고 있는 단백질로서, 원래 하는 일은 박테리오파지 같은 침입자의 유전물질을 제거하는 것이다. 이전에 발견된 제한효소와의 차이점은, 이 단백질이 인식하는 DNA 서열이 단백질에 결합하는 ('CRISPR'라고 불리는) RNA에 의해서 결정되며, 이 RNA의 서열을 바꿔주면 인식하는 단백질이 변경되어 어떤 서열의 DNA도 자를 수 있다는 것이다. 즉 이것은 '프로그램할 수 있는' 제한효소라는 것이다. 다우드나와 샤르팡티에는 'CRISPR/Cas9'이라고 명명한 RNA-단백질 복합체가 실제로 프로그램할 수 있는 제한효소로서 작용한다는 것을 입증했다.

CRISPR는 'clustered regularly interspaced short palindromic repeats'(규칙적으로 떨어져 있는 짧은 회문 반복 염기서열의 군집)의 줄임말이다. 박테리아가 바이러스 등 외래의 침입자를 기억하고 이를 제거하기 위해 침입자의 염기서열을 잘라서 자신의 유전체 안에 기록해 둔 서열이다. 이 서열은 RNA로 전사되고, Cas9과 결합하여 표적 DNA를 인식하는 역할을 한다. Cas9은 CRISPR RNA와 결합해서 복합체를 형성해야만 DNA

를 자를 수 있는 제한효소의 역할을 할 수 있기 때문에 'CRISPR/Cas9'이라고 쓴다.[13]

CRISPR/Cas9은 CRISPR RNA에 상응하는 20염기 정도의 DNA 서열을 정밀하게 자른다. 곧 이를 이용하여 유전체의 일부를 잘라서 유전체를 '편집'하는 실험이 매우 많이 수행되었다. 그리고 오래지 않아서 CRISPR/Cas9을 이용하여 거의 모든 생물종의 유전체를 조작할 수 있다는 결과가 나왔고, 2014년에는 원하는 유전자를 파괴한 '유전자 결실 원숭이'가 등장했다. CRISPR/Cas9로 통칭되는 유전자 가위의 등장으로 더 이상 유전체는 '읽기 전용 저장장치'(Read Only Memory, ROM)가 아니게 되었다. 이제 연구자들은 유전체의 DNA 서열이 알려진 어떤 생물의 유전자라도 자유자재로 뜯어고칠 수 있는 도구를 갖게 되었다. 단순히 유전자의 기능을 망가뜨리는 것 외에도 유전체 안의 특정 유전자에 형광유전자를 넣거나, 유전병을 일으킨다고 알려진 염기서열 등을 넣어서 이것이 생물과 세포에 미치는 영향을 조사한다.

유전자 가위는 이전에는 상상하기 힘들었던 분야에도 응용되고 있다. 예를 들면, 복잡한 다세포 생물이 발생하면서 분화하는 세포들이 어떤 계통을 거치는지에 대해서도 유전자 가위가 해답을 제공했다. 먼저 유전자 가위 유전자와 유전자 가위가 인식하여 자를 수 있는 서열을 생물에 집어넣는다. 유전자 가위는 세포가 분열하는 과정에서 생성되는 서열을 자르게 된다. 세포는 유전자 손상을 고치려는 본유의 능력이 있어서, 유전자 가위가 절단한 DNA를 수선한다. 하지만 서열은 완벽히 복구되지 않고 일종의 '흉터'를 남긴다. 즉 특정한 DNA를 자르는 유전자 가위를 가지고 있는 세포는 발생하는 단계마다 DNA에 흔적을 남기고, 이는 세포를 구분하는 '바코드'로 사용된다. 이때 같은 계통이었다가 다른 경로로 분화한 세포는 바코드의 일부를 공유하게 된다. 개체가 성장한 후에 각각의 세포에

---

13   본문에서 설명한 내용대로 긴 뜻을 함축한 용어여서 별도의 번역어 없이 'CRISPR/Cas9'으로 쓰고 '크리스퍼 캐스 나인'으로 읽는다.

남아 있는 '바코드'를 NGS로 읽어내면 이 세포들이 어떤 계통을 거쳐서 분화되었는지를 알 수 있다. 이렇게 유전자 가위와 NGS를 이용하여 세포의 발생 계통을 알아내는 실험 방법을 '계통 추적을 위한 합성 표적 서열의 유전체 편집'(Genome Editing of Synthetic Target Arrays for Lineage Tracing)이라는 의미를 함축하여 'GESTALT'라고 부른다.

2020년 현재 인간은 이론적으로는 세포와 개체의 설계도가 들어 있는 유전체를 읽을 수 있다. 적어도 인간이 유전체에서 가장 중요하다고 생각하는 '단백질 합성'에 관한 정보는 정확히 이해하고 있는 것이다. 그리고 이 유전체의 내용을 뜯어고칠 수 있는 원천 기술도 획득했다. 그럼 이로써 인간은 유전체라는 텍스트를 완전히 이해하게 된 것일까? 물론 이 질문에 대한 답은 '유전체의 이해'를 어떻게 정의하느냐에 따라 달라질 수 있다. 어린아이가 컴퓨터나 장난감 로봇이 어떻게 작동하는지 궁금해서 기계를 분해하여 내부 구조도 살펴보고, 부품들을 건드려 어떤 현상들이 일어나는지 알아보는 등등 그 속사정을 모조리 이해했다고 하자. 이 정도면 기계의 작동 원리를 제법 이해한 것으로 간주할 수 있다. 그러나 이 아이에게 동일한 기계, 혹은 그보다 나은 기계를 만들라고 하면 아이는 할 수 있을까?

양자전기역학(QED)를 연구했던 천재적인 물리학자 리처드 파인먼은 "나는 내가 만들지 못하는 것은 이해하지 못한다"(What I cannot create, I do not understand)라는 말을 남겼다. 우리가 지금까지 이야기한 것은 기계가 아니라 생물 그리고 그것의 기능적 기본 단위인 세포이다. 인간은 생물체를 생물체이게끔 만드는 물질들의 집합체가 무엇이고 어떤 속성을 갖는지 이해하게 되었지만, 아직은 그 기본 단위인 세포 하나조차 처음부터 만들 수 있는 능력이 없다. 인간게놈프로젝트 출범 초기에 등장했던 야심가 크레이그 벤터는 인공적으로 합성한 유전체를 가진 미생물을 만드는 연구를 해오고 있다. 그러나 그의 합성 미생물은 어디까지나 기존에 존재하는 미생물의 유전체를 화학적으로 흉내내 재조립하는 수준에 불과하지, 자연계에 없는 세포나 유전자를 무(無)로부터 만들어낸 것은 아니다. 이러한 관점에서 보면 인간이 유전체를 완전히 이해하는 시점은 일정한 수준의 복잡도를 가진 유전체를 원하는 대로 설계하여 생명체를 탄생시키는 때이지 않을까. 현재로서는 무망한 가정이지만, 만일 그렇게 된다면 다윈의 시대에 진화론과 대립했던 창조론자들이 즐겨 사용한 '지적 설계'(Intellectual Design)의 행위자로서 인간의 위치가 조정될지도 모른다는 것이 현대 생물학이 품고 있는 크나큰 아이러니이다.

에필로그

생물학자는 인공세포의 꿈을 꾸는가

세포에 대한 연구는 근본적으로 환원주의적 연구라고 할 수 있다. 생물 혹은 생명을 이해하기 위해 그 기본 단위인 세포를 알아야 한다. 세포는 작은 미세 구조를 가지고 있으므로 이른바 세포소기관으로 불리는 구성물들을 하나하나 분석한다. 다시 이 소기관들을 구성하고 그것에 고유한 기능을 부여하는 생체 고분자를 조사한다. 이것이 세포 연구의 역사가 밟아온 궤적이기도 하다. 그리하여 우리는 마침내 세포를 구성하는 거의 대부분의 생체 고분자의 목록, 위치, 기능을 알게 되었다. 그리고 세포 아틀라스 프로젝트에 착수하여 인체를 구성하는 세포에는 얼마나 다양한 것들이 있는지를 파악하는 중이다.

세포를 최초로 목격한 이후 인간은 이토록 멀리까지 왔지만 그 끝을 알 수 없는 여정이 저 너머에까지 뻗어 있다. 인간이 어디까지 아는지는 알지만, 어디까지 알게 될지, 모르는 것이 얼마큼일지는 가늠할 수 없다. 세포에 대한 우리의 이해의 역사를 마무리하는 마지막 장에서는 흔히 '시스템 생물학'(System biology) 혹은 '합성생물학'(Synthetic biology)이라고 불리는, 21세기 들어 새로이 등장한 연구 사조에 대해서 알아보고, 이것이 우리가 현재 가지고 있는 세포와 생물에 대한 이해를 어떻게 바꿀 수 있을지를 전망해보도록 한다.

시스템 생물학: 전체적인 관점에서 다시 보는 세포

유전체 연구가 본격화되기 전의 생화학자나 유전학자는 특정한 유전자 하나 혹은 단백질 하나의 기능과 세부적인 구조에 대해서 집중적으로 연구했다. 그러다가 이 단백질/유전자와 관련이 있는 다른 단백질/유전자를 연구하게 된다. 이러한 관계성 위주의 연구를 통해 파악할 수 있는 것은 그렇게 많지 않다. 진핵생물에는 보통 2만 개 이상의 단백질/유전자가 있지만, 평생 관심을 가지고 연구하는 대상은 열 손가락, 심한 경우에는 단 하나의 단백질/유전자만 연구하는 생물학자도 없지 않았다. 연구자 자신이 관심을 두고 있는 단백질/유전자라는 창으로 세포 그리고 생명현상을 바라보는 것이다.

이러한 연구 방식을 통해 수많은 단백질의 기능이 상세하게 밝혀진 것은 분명한 사실이다. 그리고 지금까지 생물학의 지식 체계는 이렇게 특정한 단백질/유전자만을 바라보고 연구한 사람들에 의해서 쌓아 올려졌다. 그러나 생물의 전체적인 관점에서, 아니 세포의 전체적인 관점에서 보면 이러한 연구 방식에는 분명히 한계가 있다. 많은 단백질/유전자가 다른 종류의 세포와 생물에서는 때로 다른 기능을 수행하기도 하기 때문이다. 연구자는 특정한 단백질/유전자가 자신이 잘 알고 있는 세포/생물에서 작동하는 방식에 너무 익숙한 나머지 그 단백질/유전자가 전혀 다른 환경에서도 작동하는 것을 보고 놀라기도 한다. 그도 그럴 것이 특정한 단백질/유전자는 서로 다른 단백질/유전자와 상호작용하는 가운데 생물학적인 기능을 발휘하며, 상호작용을 하는 파트너가 달라지면 다른 기능을 하는 것이 자연스럽다. 때로는 세포 밖에서 정제되고 측정된 어떤 단백질의 기능과, 세포 내에서 다른 단백질과 뒤섞여 있을 때 그 단백질의 기능이 아주 딴판인 경우도 많다. 특정한 단백질/유전자를 연구하다가 이들이 다른 단백질/유전자와 상호작용하는 존재라는 것을 잊어버리는 연구자들을 그리 어렵지 않게 마주친다.

사실 유전체 수준의 정보가 알려지지 않은 상황에서는 연구자의 관심이 집중된 한두 개의 단백질/유전자에 집중하는 것이 최선의 방법이었을 것이다. 그러나 유전체의 정보가 본격적으로 쏟아져 나온 지도 20여 년이 지났고, DNA의 정보에 덧붙여 전사체, 단백질체, 대사체(metabolome)[1] 등 수많은 세포 혹은 생물의 전체적인 데이터가 쏟아져 나오는 상황에서는 이렇게 특정한 몇 개의 유전자에 집중하는 기존의 연구 패러다임에 변화가 있어야 하지 않는가 하는 연구자들의 목소리가 나오기 시작했다.

21세기에 들어서서 유전체 그리고 전사체, 단백체(proteome), 대사체 데이터에 힘입어서 생물이나 세포의 기능을 전체적인 관점에서 파악해야 한다는 사조가 대두되고 있다 이러한 연구 사조를 '시스템 생물학'(systems biology)이라고 한다. 사실 시스템 생물학에서 말하는 '전체적인 관점에서의 접근'이 과연 개별적인 유전자나 단백질의 존재가 알려지지 않았던 시절에 세포나 생물을 형태학적이나 기능적으로 연구하던 방법과 무엇이 다른지 의아해하는 사람들도 있다. 아직 개별적인 유전자나 단백질의 존재가 잘 알려지지 않았던 시절, '세부적인 구성 요소'를 탐구하는 것은 의미가 없으며 생물은 전체적인(hollistic) 관점에서만 이해할 수 있다고 주장하던 연구자도 많았다. 이러한 관점과 현대의 '시스템 생물학'은 어떻게 다른 것일까?

현대의 시스템 생물학은 기본적으로 그동안 개별 구성 요소를 파악하고자 했던 노력 그리고 그러한 노력이 거둔 성과를 부인하지는 않는다. 다만 환원주의적인 연구방법론으로 파악한 세포 혹은 생물을 구성하는 각각의 요소보다는 이들 사이의 상관관계에 더 주목한다. 이를테면 세포 내의 단백질이나 유전자 같은 모든 구성 요소는 다양한 상관관계를 가지

---

[1] 유전체가 한 생물이 가지는 모든 DNA의 총합이라면 전사체는 한 생물이 가지는 모든 RNA의 총합이다. 단백체는 단백질에, 대사체는 대사물질에 상응하여 한 생물이 가진 모든 물질을 총합하여 부르는 용어이다.

며 이들은 하나의 연결망을 형성한다. 단백질도 물리적으로 결합할 수 있는 파트너가 있으며, 어떤 단백질은 수십, 수백 종류의 다른 단백질과 결합할 수 있는 반면, 어떤 단백질은 한두 종류의 단백질하고만 결합한다. 세포 단백질들 사이의 물리적인 상호작용을 '단백질 간 상호작용'(protein-protein interactions)이라고 한다. 이러한 상호작용의 전모를 파악하면 세포 내부의 전체 단백질 사이의 상호작용 네트워크를 파악할 수 있다. 화학적인 네트워크 역시 존재한다. 유전체가 완전히 알려지지 않았던 20세기 중반에 이미 세포 내부의 화학반응은 여러 단계의 효소반응을 거쳐서 일어난다는 것이 알려져 있었으며, 이를 대사 경로라고 불렀다.[2] 대사 경로에 참여하는 효소들 역시 연결망 사이에 존재한다. 자신이 매개하는 효소반응의 물질은 이전 단계의 반응이 완료되어야만 생성될 수 있으며, 역시 효소반응의 산물이 생성되어야만 다음 단계로 진행될 수 있으므로 이들 사이에는 연결고리가 형성된다. 그리고 여러 단계의 대사 과정의 최종 산물이 처음 단계의 효소반응을 활성화하거나 억제하는 것도 결국 이러한 연결망의 일부이다.

유전자가 발현되는 과정에도 아주 복잡한 연결망이 존재한다. 예컨대 생물의 발생에서 수정란이 분화하여 특정한 세포로 분화하는 과정을 연구할 때, 기존의 개별적인 유전자/단백질의 기능을 중시하는 연구자의 관심은 특정한 단백질 몇 개(가령 야마나카가 발견한 '야마나카 인자')와 이들이 직접적으로 전사 조절을 유발하는 몇 가지에 국한된다. 반면 시스템 생물학적인 연구에서는 이 조절인자에 의해서 전사되는 수백, 수천 개의 유전자와 다시 이들 중에서 전사에 관여하는 유전자들의 상호작용에 의해서 형성되는 연결망의 구조에 더욱 주목하는 편이다.

이렇게 세포 안에 존재하는 생물학적인 연결망의 구조를 살펴보던 연구자들은 연결망을 구성하는 각각의 요소 중 극히 일부는 매우 많은 다

---

[2] 4장에서 알아보았다.

른 구성 요소와 연결망을 가지고 있지만, 거의 대부분은 그다지 많은 연결망을 가지고 있지 않다는 것을 발견했다. 여기서 매우 많은 연결 관계를 갖는 구성 요소를 '허브'(hub)라고 부르는데, 이는 각 연결망에서 매우 중요한 역할을 한다. 이렇게 적은 숫자의 허브와 연결이 별로 없는 대부분의 구성 요소로 구성된 연결망을 '척도 없는 연결망'(scale-free network)이라고 부른다.

모델화와 예측

그렇다면 세포 또는 생명체의 근본적인 특성을 '시스템' 혹은 '연결망'으로 비유하여 생각하는 시스템 생물학자의 궁극적인 목표는 무엇일까? 많은 시스템 생물학자의 궁극적인 목표는 세포 내부 혹은 여러 세포가 모여서 발생하는 생명현상의 예측이다. 즉 생명현상을 구성하는 각각의 구성 요소와 그 연결망을 모두 파악하고 있다면, 결국 생명현상의 귀결을 예측할 수 있다는 것이 그들의 생각이다.

사실 세포 내에서 일어나는 현상을 수학적으로 모델링하고자 시도한 역사는 의외로 길다. 12장에서 설명한 '모포젠'의 개념을 도입한 앨런 튜링은 수학적인 모델을 만들어 동물의 외형에 나타나는 패턴이 어떻게 형성되는지 설명했다. 비슷한 시기에 앨런 호지킨(Alan Hodgkin)과 앤드루 헉슬리(Andrew Huxley)는 신경계의 축삭(axon)에서 전기 형태의 신경 신호가 전달되는 과정을 방정식으로 모델링했고, 이를 통해 축삭에는 전기 형태의 신경 신호를 형성하기 위해 생체막에서 이온을 통과시킬 수 있는 '장치'가 있다는 것을 예측하기도 했다.[3] 이들은 수학적인 모델링이 생명현상을 예측하고 새로운 통찰을 제공할 수 있다는 것을 최초로 보여준

---

3 이 '장치'의 존재는 나중에 이온 채널(ion channel)이라는 단백질이 생체막에 존재한다는 것으로 입증되었다.

예라고 하겠다.

이후 1960년대에는 생화학이 발전하면서 세포 내에서 일어나는 대사반응이 알려졌다. 이 성과를 바탕으로 1970년대에는 대사반응의 동적인 변화를 예측하여 생체 내 대사물질의 농도를 계측하려는 시도들이 활발했다. 그러나 당시에는 세포 내의 대사를 매개하는 단백질들이 완벽히 알려지지 않은 탓에 한계가 있었다.

1990년대 이후에는 유전체학이 급속히 발달함에 따라 세포의 가장 기본적인 구성 요소인 단백질의 종류가 속속 밝혀졌다. 그리고 전사체, 단백질체, 대사체 등 생물 전체 수준의 다양한 데이터가 생산되면서 다시 한 번 여러 가지 모델이 만들어지기 시작했다. 세포에서 일어나는 일부 생명현상에 치중하여 모델링을 하려는 시도도 있었고, 세포 전체에 대한 모델을 구축하려는 시도도 있었다.

2012년 525개의 유전자로 구성된 작은 미생물인 마이코플라스마 제니탈리움(*Mycoplasma genitalium*)의 세포 하나에서 일어나는 일을 컴퓨터로 온전히 시뮬레이션하는 가상 세포(virtual cell)가 만들어졌다. 이 모델에서는 이 미생물이 가지고 있는 모든 생체 고분자의 상호작용과 이 세포에서 일어나는 갖가지 생명현상을 충실히 모델링한다. 세포가 분열하고 성장할 때 일어나는 대사반응과 대사반응을 일으키는 단백질, 그리고 DNA에 저장된 유전정보가 RNA를 거쳐서 단백질로 합성되는 모든 과정을 정량적으로 관찰할 수 있게 해준다. 세포가 증식하는 데 필요한 에너지가 어떤 과정에서 사용되는지에 대한 수치 역시 정량적으로 얻는다. 그리고 특정한 유전자가 없어질 때 세포에서 어떤 현상이 생기는지도 예측할 수 있었다. 시뮬레이션을 통한 예측은 실험에 의한 예측과 상당히 일치했다. 요컨대 이제 우리는 유전자가 대략 500개인 박테리아 수준에서는 어느 정도 잘 맞는 세포 모델을 만들 수 있게 된 것이다.

그렇다면 진핵생물의 세포를 대상으로도 이와 같은 모델을 수립할 수 있을까? 세포를 구성하는 유전자의 수가 500개에서 5000개, 2만 개로 늘어나면 모델링해야 하는 내용은 단순히 10~40배로 늘어나지 않는다. 유전자 간의 상호작용을 생각하면 100~1600배 복잡한 계산이 된다. 이런 이유로 아직까지는 진핵세포를 성공적으로 모델링한 사례가 보고되지 않았다. 그러나 진핵생물의 생명현상에서 핵심이 되는 일부 현상을 대상으로 여러 모델이 시도되고 있다. 대표적으로 세포주기를 조절하는 핵심 단백질들의 조절 관계를 수학적으로 모델링하고, 이에 따라 세포주기가 어떻게 진행되는지 예측하려는 시도는 꽤 오래전부터 진행되고 있다. 세포 분화를 주관하는 유전자 조절 네트워크를 파악하고, 이를 이용하여 줄기세포로부터 분화하거나 직접 리프로그래밍하는 효율을 높이는 방법을 찾는 모델도 개발된 바 있다. 이 책에서 설명한 세포의 거의 모든 생명현상에 대해서 그동안 축적된 실험 데이터에 기반하여 모델화하려는 작업들도 진행되고 있다.

과연 생명현상을 예측하는 것은 어떤 실용적인 가치가 있을까? 예컨대 암을 치료하는 약물을 개발하는 과정을 생각해보자. 다양한 화합물 중에서 암세포에서 특이하게 많이 만들어지고 암세포 성장에 필수적인 단백질의 활성을 억제하는 화합물을 세포 외부에서 활성 실험을 실시하여 찾아낸다. 이렇게 찾은 화합물을 역시 배양접시 내에서 배양하는 암세포에 처리하여 실제로 암세포를 죽이는지 관찰한다. 여기서 선별된 화합물로 동물 실험을 하여 동물의 몸속에서도 암세포를 죽이는지, 또 얼마나 독성이 있는지를 조사한다. 이러한 절차를 마치고 나면 효과적으로 암세포를 죽이면서도 독성이 덜한 약물 후보군이 다시 간추려진다. 그런 후에야 인간을 대상으로 한 다단계 임상 시험에 들어간다. 이 단계에서 실제로 환자를 치료할 수 있다는 것이 입증되어야만 판매 허가를 받을 수 있다. 이처럼 몇 줄로 요약한 신약 개발 과정은 적어도 10년 이상 걸리는 일이다. 그리고 이 과정에서 매우 많은 시행착오가 발생한다. 암세포에서 특이적으로 많이 만들어지고 암세포 증식에 필수불가결한 단백질이라고 하더라도 이 단백질 하나를 제거한다고 암세포가 죽는다는 보장은 없다. 복잡한 연결망을 가진 암세포 안에서 '허브'로 작용하는 하나의 단백질이 없어져도 암세포는 곧 다른 '허브'를 찾아서 세포의 성장을 유지하는 경우가 너무나 많다. 사람들의 조직에서 핵심적인 역할을 하던 사람이 갑자기 조직을 떠나게 되면 처음에는 혼란을 겪지만 어느 정도 시간이 지나면 안정을 되찾는 것과 비슷한다. 세포 내부의 복잡한 연결망 안에서 어떤 구성 요소의 중요성을 파악하는 것은 쉬운 일이 아니다.

결국 암세포만을 특이적으로 죽이거나 비정상적인 생리현상을 정상적으로 되돌리는 약물을 제조하는 것이 어려운 이유는, 우리가 세포와 조직, 기관에서 일어나는 현상을 단편적으로만 파악하고 있고, 여기에 어떤 변화를 가하면 어떤 결과가 일어나는지 예측할 수 없어 모든 것을 일일이 실험해봐야 하기 때문이다. 그럼에도 우리가 세포 내에서 일어나는 현상을 믿을 만하게 예측할 수 있다면 어느 정도 시간을 단축할 수는 있지 않을까? 다시 말해 모든 조건을 일일이 실험을 거쳐 확인하기보다는 확립된 모델을 이용하여 계산으로 예측할 수 있다면 약물을 개발하는 시간도 단축될 것이다.

이는 생명을 다루는 학문이, 이론을 통한 정량적 예측값에 대한 신뢰도가 높은 물리학과 공학보다 발전이 더뎠던 이유이기도 하다. 예컨대 공기 저항을 최소화한 항공기를 제작하기 위해 그 거대한 동체와 날개를 직접 만들어서 테스트하지는 않는다. 한 개의 세포 혹은 생명체 내부에서 쉴 새 없이 발생하고 시시각각 변화하는 현상을 컴퓨터로 모델링하는 것에 이러한 잠재성이 있는데 왜 아직도 대다수의 생물학 연구자는 세포나 동물을 이용하여 실험을 하느라 많은 시간을 보낼까? 당연한 이야기지만 아직까지 실험이 필요 없을 정도로 완벽한 모델을 구축하는 데는 어려움이 많기 때문이다. 가장 큰 이유는 시스템을 구성하고 작동케 하는 모든 구성 요소를 완전히 파악하지 못했기 때문이다. 이전 장들에서 살펴본 바와 같이 특히 세포의 기능적 기본 단위인 단백질의 종류와 양을 정확히 측정하는 기술은 아직도 미흡한 편이다. 여기에 더해 각각의 단백질이 어떤 상태로 존재하는지—어떤 단백질과 결합되어 있는지, 인산화 등의 화학적 변화에 의해서 비활성화된 상태인지 등등—에 대한 정확한 지식은 더욱 빈약하다. 이러한 상황은 대사물질의 농도나 종류 등으로 가면 더욱 불확실해진다. 한마디로 가상 실험 모델을 돌리는 데 필요한 재료조차 제대로 갖춰지지 않은 상태인 것이다. 두 번째는 각각의 구성물이 어떻게 작용하는지에 대한 정확한 매개변수를 측정하기가 어렵기 때문이다. 어떤 내사 경로를 구성하는 요소들에 정확히 무엇 무엇이 있는가, 세포 안에 그것들은 얼마나 들어 있으며 얼마나 빠르게 효소반응을 촉매하는가, 단백질과 얼마나 단단하게 결합하는가 등등이 매개변수가 될 수 있다. 이를 실제에 가깝게 알지 못하는데 정확한 시뮬레이션을 실행하기는 불가능하다. 물론 실험적인 방법이나 가정을 통해 산출된 추정치에 근거해 가상 실험을 해볼 수는 있다. 그러나 이는 어디까지나 근사치일 뿐만 아니라, 때로는 아주 작은 차이로 인해 수치 모델의 결과는 천양지차가 될 수도 있다.

어쨌든 이러한 난관과 복잡성을 무릅쓰고도 점점 많은 생물학 분야 연구자가 가상 실험을 통해 새로운 지식을 찾고 생명에 대한 이해를 넓히기 위해 노력을 기울이고 있다.

합성생물학 : 만들지 않으면 이해할 수 없다?

시스템 생물학과 더불어 새롭게 대두된 연구 사조가 합성생물학 (Synthetic Biology)이다. 본론으로 들어가기에 앞서, 유전체 분야에 축적된 많은 정보와 유전자 가위 기술의 등장으로 인해 합성생물학이라는 용어가 무분별하게 사용되고 있는 현실을 먼저 지적하고 싶다. 어떤 연구 활동이 합성생물학의 범주에 들어가느냐에 대해서는 연구자들 사이에서도 의견이 분분하다. 따라서 이 책에서는 책의 전체적인 일관성을 고려해 세포와 생명체를 이해하는 하나의 연구 방식으로서 합성생물학을 소개하고자 한다.

세포와 생물의 설계도를 저장하는 유전체는 DNA로 구성되어 있으므로 DNA에 우리가 원하는 유전체의 정보를 수록한 후 이를 화학적으로 합성하는 것은 '인공 생명체'를 만드는 첫걸음이라고 할 수 있다. DNA도 화학물질이므로 순수하게 화학적인 방법으로 정해진 염기서열 순서대로 DNA를 합성할 수 있다.(10~20염기 정도로 짧은 DNA는 1980년대 초반부터 합성할 수 있게 되었다.) 이렇게 화학적으로 합성한 DNA 조각을 가지고 수천 염기 정도 길이의 유전자, 나아가서 수백만에서 수십억 염기의 길이를 가지는 유전체 규모의 DNA도 합성할 수 있을까?

화학적으로 합성할 수 있는 DNA의 길이는 기술이 발달한 오늘날에도 100염기 내외를 초과하기 힘들다. 때문에 유전자 수준의 긴 DNA를 합성하려면 100염기 이내의 DNA를 화학적으로 합성한 후 DNA 중합효소를 이용하여 증폭하는 방법을 사용한다. 이렇게 하면 1000~2000염기(1~2킬로바이트) 정도의 DNA 조각(박테리아의 유전자 1개가 들어갈 수 있는 크기)은 어렵지 않게 만들 수 있다.[4] 그다음에는 이러한 조각을 10개 정도 모아서 10킬로바이트 길이가 되도록 연결한다. 이 작업은 시험관 내에서 할 수 없기 때문에 효모나 대장균의 세포에 넣어서 조립하고 유지해야 한다. 이렇게 10킬로바이트 길이를 만드는 데 성공했다면 이들을 재차 조립하여 100킬로바이트 길이의 단편으로 만든다. 이런 식으로 계속 해나가면 무한정으로 긴 단편을 얻을 수 있는가? 현재의 기술로는 이와 같은 단계적 조립으로 가능한 최대 길이의 DNA 조각은 500킬로바이트 내외이다.

앞서 잠시 언급했듯이 크레이그 벤터는 완전히 인공적으로 합성된 유전체를 만드는 연구를 하고 있다. 2008년 벤터의 연구팀은 마이코플라

---

[4] 2020년 현재 약 1000염기 길이의 합성 DNA 조각은 20만 원 정도의 비용만 내면 DNA 합성업체에서 1주일 이내에 배달되어 온다.

스마 제니탈리움이라는 박테리아의 562,000염기 길이의 유전체를 화학적으로 합성하여 효모 내에서 유지하는 데 성공했다. 그러나 그것을 합성 유전체라고는 할 수 있을지언정 인공 생명체라고 볼 수는 없었다. 왜냐하면 그 단계에서는 인공적으로 합성된 박테리아의 유전체가 효모 내에서 외래 생물의 DNA로 존재하고 있을 뿐 자신의 세포를 형성하여 독자적으로 존재하는 것이 아니기 때문이다. 어떻게 하면 인공 유전체가 진짜 세포가 될 수 있을까? 벤터의 연구팀은 꼼수를 동원한다. 비슷한 속(genus)의 미생물인 마이코플라스마 카프리콜룸(*Mycoplasma capricolum*)의 세포에 화학처리를 하여 원래 가지고 있던 미생물의 유전체를 빼내고, 효모 내에서 만들어진 인공 유전체 DNA를 대신 넣어주는 방법을 이용했다. 2010년에는 약 1백만 염기를 가진 마이코플라스마 마이코이드(*Mycoplasma mycoides*)의 유전체를 인공적으로 합성한 후, 이를 마이코플라스마 카프리콜룸의 세포에 넣어서 유전체를 치환했다. 그들의 주장에 따르면 최초의 합성 유전체 미생물 '마이코플라스마 마이코이드 JCVI-syn1'(*Mycoplasma mycoides* JCVI-syn1)가 만들어진 것이었다.[5] 대중매체에서도 이것을 '최초의 인공 생명체 창조'라고 떠들썩하게 보도했다. 그러나 벤터의 연구팀이 만든 것은 정말로 '인공 생명체'라고 할 수 있을까? 그것은 이미 자연계에 존재하는 미생물의 유전체를 화학적으로 흉내내 재조립한 것이지 세포나 유전자를 처음부터 만든 것이 아니다. 남이 쓴 책을 필사하고 제본하여 출간한 책을 새로운 창작물이라고 할 수 없듯이 벤터의 미생물도 마찬가지다.

    벤터의 연구팀은 이러한 주변의 의구심을 의식한 듯 자신들이 만든 합성 유전체 미생물의 후속 버전을 계획했다. 이들은 1천여 개에 달하는 마이코플라스마 마이코이드의 유전자들 중에서 생존에 반드시 필요하지 않은 것을 확인한 후 이것들을 제거하여 생명체 유지에 꼭 필요한 유전자

---

5   JCVI는 이 연구가 수행된 벤터의 개인 연구소인 J. Craig Venter Institute의 약자이고, syn1.0은 합성 미생물 버전 1.0 이라는 의미이다.

만 남기는 '개선 버전'을 만들려고 했다. 2016년 473개의 유전자로 구성된 '최적화된' 합성 유전체(JCVI-syn3.0)가 발표되었다. 이 미생물은 기존에 자연계에 존재하던 미생물인 마이코플라스마 마이코이드가 가진 유전자 개수의 절반 정도만을 가지고도 생육했다. 또한 합성 유전체의 '원본'에서 관찰되지 않던 특징—세포들이 개별적으로 자라지 않고 서로 엉겨붙어 응집하는 현상—을 보였다. 특기할 만한 점은 '버전 3.0'의 미생물에 포함되어 있는 유전자 473개 중 100개 남짓은 그 역할이 무엇인지 몰라도 미생물의 생존에 반드시 필요한 '미지의 유전자'였다는 것이다.

벤터 연구팀의 '인공 유전체' 미생물은 가능성과 한계를 동시에 보여준다. 1백만 염기서열의 유전체 정보를 인간의 설계대로 합성하여 이로 인해 증식하는 생물을 만들 수 있었다는 것이 가능성이다. 한계는, 이 유전체가 자연이 만든 생물의 유전체를 온전히 복사한 것에 불과하다는 것이며, '꼭 필요하긴 하지만 왜 존재해야 하는지 이유를 모르는' 유전자를 상당수 포함한 생물이므로 완벽한 지적 설계로 탄생한 생물과는 거리가 멀다는 것이다.

단백질 디자인

벤터의 연구팀이 합성 유전체를 만들 때 사용한 유전자는 어디까지나 자연계에 존재하는 생물의 유전자를 한 글자도 바꾸지 않고 사용한 것이었다. 전파상에서 구입할 수 있는 부품만으로 조립한 기계와 마찬가지인 셈이다. 그렇다면 유전자 혹은 단백질 자체가 미증유의 독자적인 서열에 따라 만들어진 인공 유전자, 인공 단백질이 된다면 인공 생명에 더욱 가깝게 될 것이다.

자연 상태에서 찾아볼 수 없는 인공 유전자/단백질을 만들 수 있을까? 앞에서도 설명한 바와 같이 우리는 유전자 조작 기법을 이용하여 자연적인 유전자/단백질을 이어 붙여서 융합 유전자/단백질 정도는 그리 어렵지 않게 만들 수 있다. 그러나 이런 차원이 아니라 아예 자연계에 비슷한 서열조차 없는 유전자이면서 동시에 어떤 생물학적인 기능을 수행하는 단백질을 만드는 유전자를 만들 수 있을까?

매우 어렵거나 불가능한 일처럼 보이지만 이에 대한 연구는 1990년대 말부터 활발히 진행되어 왔다. 일단 자연계에 존재하는 단백질은 단백질마다 고유한 3차원 구조를 이루고 있고, 이 구조가 단백질의 기능을 결정한다. 단백질의 3차원 구조는 그대로 유지하지만, 자연계에 존재하는 단백질과는 다른 아미노산 서열을 가진 단백질을 디자인하는 연구가 진행되고 있다. 이러한 연구를 이끄는 주요 인물이 미국 워싱턴 대학교의 데이비드 베이커(David Baker)다. 베이커의 연구팀은 원래 단백질의 아미노산 서열로부터 단백질의 3차원 구조를 실험 없이 예측하는 연구를 해오고 있었다. 즉 기존의 단백질이 3차원적으로 어떻게 '접히면' 가장 안정된 에너지 상태가 되는지를 예측하는 연구였다. 이들은 연구가 진전되는 과정에서 자신들의 단백질 구조 예측 방법이 단백질을 디자인하는 방법으로도 사용될 수 있다는 것을 깨달았다. 이들의 연구는 원래의 아미노산 서열이 형성할 수 있는 모든 3차원 구조를 예측하는 것이었다. 그러므로 단백질을 디자인한다는 것은 이것과는 정반대의 프로세스를 밟으면 된다는 것을 의미한다. 다시 말해 자연적으로 결정되어 있는 3차원 구조로부터 이를 형성할 수 있는 임의의 아미노산 서열을 찾으면 된다는 것이다. 베이커의 연구팀은 '로제타'(Rosetta)라는 이름을 붙인 단백질 구조 예측/단백질 디자인 소프트웨어를 개발했다. 이를 이용하여 자연계에 존재한 적이 없는 단백질을 디자인하고, 한 발 더 나아가 그 단백질에 생물학적인 기능을 부여하기 시작했다. 이들이 디자인한 단백질에는 바이러스 단백질에 단단하게 결합하여 이를 무력화할 수 있는 단백질, 새로운 효소 활성을 가진 인공효소, 바이러스처럼 단순한 인공 단백질 구조물 등이 있다. 과연 이들의 연구가 더욱 발전하면 완전한 의미의 인공세포/인공생물이 등장하게 될까?

지금으로서는 확신하기 어렵다. 그러나 흥미로운 사실은 디자인하고자 하는 단백질에 원하는 생물학적 활성을 부여하기 위해서는 마치 자연적인 진화와 선택 같은 요소가 필요하다는 것이다. '시험관 내 진화'(in vitro evolution)라고 불리는 이 실험 방법은 돌연변이와 자연선택에 의한 자연적 진화를 실험실에서 재현한다. 이를테면 단백질을 '디자인'하여 새롭게 만들어내고자 하는 성질이 있다고 하자. 원래 있는 단백질의 원하는 위치에 무작위적인 돌연변이가 일어나도록 유전자를 조작한다. 돌연변이를 통해 다양하게 바뀐 유전자 가운데 원하는 성질을 획득한 것을 선별한다. 즉 '시험관 내 진화'란 자연적 돌연변이와 선택을 실험자에 의한 인위적 조작과 선택으로 대치하는 과정이다. 더욱 구체적인 예로써 설명해보자. 바이러스의 단백질에 특이적으로 결합하는 인공 단백질을 만든다고 하자. 컴퓨터 소프트웨어를 돌려서 인공 단백질을 만든 다음, 바이러스 단백질과 결합하는 아미노산들을 무작위적으로 치환하도록 돌연변이를 만든다. 이 돌연변이 인공 단백질 유전자를 박테리오파지 안에 넣으면 표면에 인공 단백질이 노출된 박테리오파지가 생긴다. 이 박테리오파지(실제로는 수많은 각각의 돌연변이를 가진 다양한 종류의 박테리오파지) 중에서 바이러스의 단백질에 결합하는 것만들을 회수하여 증폭시켜서 이 과정을 되풀이한다. 이러한 전 과정은 실험자가 원하는 특질을 가진 박테리오파지를 만들기 위해 '선택압'(selection pressure)을 가하는 것으로 볼 수 있다. 이 사이클을 여러 차례 반복하고 나면 바이러스 단백질에 수만 배 정도 강하게 결합하는 인공 단백질을 골라낼 수 있다.[6]

결국 우리는 자연계에 없는 '인공 단백질'을 만들어서 자연계의 단백질에 없는 몇 가지 성질을 추가하거나 우리가 원하는 성질을 강화할 수 있

---

[6] 2018년 노벨 화학상은 시험관에서 진화 과정을 모방하여 단백질을 개량하는 기술을 개발한 프랜시스 아놀드(Frances H. Arnold), 조지 스미스(George P. Smith), 그레고리 윈터(Gregory P Winter) 3명에게 돌아갔다.

게 되었다. 그러나 처음부터 디자인된 인공 단백질만으로 구성된 인공세포/생물체의 등장은 머지않은 시기에 가능한 일이 아니다.

세포 내 회로의 재설계

합성생물학 연구자들은 완전한 합성 유전체를 만들거나 인공 단백질을 만드는 것 이외에 세포 내에서 일어나는 대사 경로나 신호 전달 경로를 재설계하여 기존의 생물체에 없는 기능을 부여하는 연구를 많이 하고 있다. 한 가지 사례를 들자면, 자연계에서 쉽사리 구하기 힘든 물질을 합성하기 위해 이 물질을 생성하는 대사 경로에 해당하는 유전자를 효모 안에 통째로 이식한다. 말라리아 치료제인 아르테미신(artemisin)이라는 물질은 개똥쑥(*Artemisia annua*)이라는 식물에서만 채취된다. 미국 캘리포니아 대학교의 화학공학자 제이 키슬링(Jay D. Keasling)의 연구팀은 개똥쑥에서 아르테미신을 합성하는 데 관여하는 유전자들을 효모에 넣어서 효모에서 아르테미신을 만드는 데 성공했다. 한편 한국과학기술원(KAIST)의 이상엽은 대장균이 정상적으로는 만들지 않는 탄화수소 화합물인 알칸(alkanes)을 합성하도록 대장균의 대사를 재설계했다. 한마디로 포도당과 같은 탄수화물을 이용하여 정상적인 경우에는 만들지 않는 휘발유와 같은 탄화수소 물질을 만들도록 대장균을 개조한 것이다.

이러한 사례들은 원래의 세포나 생물에 존재하지 않는 대사를 외래 유전자를 도입하여 새롭게 '설치'할 수 있다는 것을 보여준다. 그러나 원래의 세포가 만들지 않는 대사 경로를 만들기 위해 이 경로에 해당하는 물질의 합성 유전자를 넣어주는 것만으로는 곤란하다. 이번 장을 시작할 때 이야기한 것처럼 대사 경로 역시 세포 내부의 복잡한 네트워크의 일부이다. 그러므로 해당 경로의 해당 물질의 합성 유전자 이상이 필요하다. 때로는 해당 물질을 더 많이 만들기 위해 세포의 원래 대사 경로를 넓히거나 불필요한 샛길을 차단하는 조작이 요구되기도 한다. 가령 도시 외곽에 대규모 주거 단지가 새로 들어설 때는 이곳으로 진입하는 도로와 인도도 새로 건설해야 한다. 이때는 기존의 도로 교통망과 주변 지형지물 등을 종합적으로 고려하여 설계된다. 때로는 새로운 시설로 인해 기존의 교통망을 재설계해야 하는 경우도 생긴다. 이와 마찬가지로 대사 경로를 뜯어고쳐서 새로운 물질을 효율적으로 만들기 위해서는 전반적인 대사 구조를 재설계해야 할 수도 있다. 뿐만 아니라 원하는 물질을 더 많이 만들 수 있게 되었다면 거기에는 더 많은 에너지가 쓰일 것이다. 세포가 자체적으로 생산하는 에너지가 이 새로운 일을 하는 데 과도하게 쓰인다면 세포의 성장이 느려지게 되어 결과적으로는 얻고자 하는 물질의 산출량은 줄어들 것이다.

세포를 '재설계'하여 우리가 원하는 물질을 생산케 하는 것은 그저 몇 개의 유전자를 추가하는 것으로 곧장 이뤄지는 일이 아니라, 세포의 대사 환경 전반을 뜯어고쳐야 하는 일이라는 사실을 많은 연구자가 숱한 실패를 거듭한 후에야 깨닫게 되었다. 이런 까닭에 연구 현장에서는 시스템 생물학의 모델 구축과 예측의 필요성을 절감하고 있다. 가상 실험을 통해 세포의 대사를 수정한 결과를 실제 실험에 근접하게 예측할 수 있다면 세포의 재설계 효율을 높일 수 있을 것이다.

지금까지 설명한 시스템 생물학의 대사공학적인 연구는 주로 박테리아나 효모 같은 단세포 생물을 대상으로 한 것이었다. 복잡한 다세포 생물 수준에서는 어떤 연구가 진행되고 있을까? 가장 대표적인 예가 바로 14장에서 설명한 CAR-T세포(키메라 항원 수용체 T세포)다. CAR-T세포는 백혈병 암세포를 전담하도록 유전자를 조작한 면역세포여서 혈액암에 한정된 치료 방법이다. 만약 CAR-T세포를 장기에 생기는 고형암을 치료하는 데도 이용하려면 면역세포의 더욱 많은 부분을 재설계해야 한다. 더욱이 고형암은 암세포와 정상세포가 뒤얽힌 환경에서 자라기 때문에 하나의 단백질을 표적하여 치료하기가 쉽지 않다. 만약 두 종류의 암세포 표면에 있는 단백질을 동시에 인식해야만 CAR-T가 활성화되도록 면역세포를 조작할 수 있다면 고형암세포를 특이적으로 인식하는 CAR-T를 만들 수 있을지도 모른다.

미국 캘리포니아 대학교의 합성생물학자 웬델 림(Wendell A. Lim)은 두 가지 조건이 동시에 충족되어야만 활성화되는 CAR-T세포를 만들었다. 그는 암세포 표면에 있는 CD19과 메소테린(mesothelin)이라는 단백질을 동시에 인식할 때만 공격하는 T세포를 만들기 위해 다음과 같이 T세포를 재설계했다.

(1) 노치(Notch)라는 단백질은 다른 세포 표면의 단백질과 결합할 때 특정한 유전자의 전사를 활성화시킨다. 이 노치를 변형하여 노치가 CD19를 인식하면 T세포 내에서 유전자의 전사가 일어나도록 했다. 그는 이 새로운 단백질을 신노치(synNotch)라고 명명했다.

(2) 신노치에 의해서 전사가 활성화되면 메소테린을 인식하는 CAR 유전자의 전사가 활성화되어 T세포 표면에 메소테린을 인식하는 CAR 단백질이 만들어진다. CAR 단백질이 표적 세포 표면의 메소테린을 인식함으로써 T세포가 활성화된다.

(3) 이제 T세포 표면에는 CD19와 메소테린을 동시에 인식하는 수용체가 있으므로 이 두가지 단백질이 모두 표면에 있는 세포를 만나면 T세포가 활성화되어 이 세포를 죽일 수 있다. 만약 한 가지 단백질만 있는 세포라면 반응하지 못한다.

림의 연구실에서 만든 T세포는 마치 컴퓨터 언어와 전자 회로에서 두 개의 조건이 모두 참이어야만 참으로 인식되는 'AND' 연산처럼 작동한다. 림의 연구는 원래 세포에서 작동되는 순차적 연산(전사 활성화, 억제 등등)의 과정을 '해킹'하여 인간이 의도한 논리 회로를 세포 안에 집어넣은 것과 같다.

이렇게 세포의 신호를 새롭게 설계하는 것은 컴퓨터 프로그래밍과 흡사한 면이 있지만 완전히 동등한 행위로 보기는 어렵다. 컴퓨터 프로그램은 아무것도 없는 백지 위에 컴퓨터 언어로 작성하여 설계할 수 있지만, '세포 프로그래밍'은 기존의 세포가 기나긴 진화 과정을 통해 형성한 복잡한 생명의 로직 중 극히 일부를 '해킹'하는 것에 불과하기 때문이다. 하지만 이렇게 세포의 네트워크를 해킹하여 성공하는 경험이 거듭되다 보면 언젠가는 일찍이 없었던 행동을 하는 세포를 만들거나 이전에 알지 못했던 사실을 발견할 수도 있지 않을까.

세포에 대한 연구는 궁극적으로 생명의 원리와 본질에 접근하려는 연구였다고 말할 수 있다. 현대 생물학이 걸어 온 발자취를 거의 빠짐 없이 다룬 이 책을 마무리해야 하는 이 대목에서 우리는 시종일관 우리의 머릿속에 있었던 질문을 상기할 필요가 있다. '우리는 생명을 완전히 이해하게 되었는가?' 앞에서도 지적했듯이 '완전한 이해'란 모호하기 짝이 없는 이상적인 목표와 비슷하다. 우리는 인간이 생명의 이해에 있어 도달한 지점을 확인할 수 있을 뿐이다. 인간은 세포를 깨고 분해하여 미시적인 요소와 특질을 파악하는 일에는 비교적 높은 경지에 도달해 있다. 그 반대의 방향에 시스템 생물학과 합성생물학이 있지만 아직은 초보적인 수준이다. 30억 염기라는 생명의 언어를 아는 것만으로, 유전자 가위를 확보하고도, 합성 유전체 기술을 터득한 정도로는 '윈도'나 '리눅스'처럼 훌륭하게 작동하는 세포의 운영체제를 작성할 수 없다. 현대 생물학은 인간의 손으로 새로운 생명체를 탄생시키는 순간 비로소 생명을 완전히 이해하게 되었다고 선언할 것이다. 다만 그때가 언제일지 모를 뿐이다. 인간은 오랜 세월을 거쳐 세포와 생물에 대해 많은 것을 알게 되었지만, 거시적인 차원에서 본다면 이제야 겨우 어렴풋이 보이던 세포와 생물의 신비라는 바다에 발을 담근 셈이다. 본격적인 탐사는 이제부터이다.

참고문헌

1장 세포의 '주기율표'를 찾아서

Aviv, R., Teichmann, S. A., Lander, E. S., Ido, A., Christophe, B., Ewan, B., … & Hans, C. (2017). The human cell atlas. Elife, 6.

Bianconi, E., Piovesan, A., Facchin, F., Beraudi, A., Casadei, R., Frabetti, F., 'Perez-Amodio, S. (2013). An estimation of the number of cells in the human body. *Annals of human biology*, 40(6), 463~471.

Macosko, E. Z., Basu, A., Satija, R., Nemesh, J., Shekhar, K., Goldman, M., … & Trombetta, J. J. (2015). Highly parallel genome-wide expression profiling of individual cells using nanoliter droplets. *Cell*, 161(5), 1202~1214.

Patel, A. P., Tirosh, I., Trombetta, J. J., Shalek, A. K., Gillespie, S. M., Wakimoto, H., ... & Louis, D. N. (2014). Single-cell RNA-seq highlights intratumoral heterogeneity in primary glioblastoma. *Science*, 344(6190), 1396~1401.

Sender, R., Fuchs, S., & Milo, R. (2016). Revised estimates for the number of human and bacteria cells in the body. *PLoS biology*, 14(8), e1002533.

Stevens, T. J., Lando, D., Basu, S., Atkinson, L. P., Cao, Y., Lee, S. F., … & Cramard, J. (2017). 3D structures of individual mammalian genomes studied by single-cell Hi-C. *Nature*, 544(7648), 59~64.

Villani, A. C., Satija, R., Reynolds, G., Sarkizova, S., Shekhar, K., Fletcher, J., … & Jardine, L. (2017). Single-cell RNA-seq reveals new types of human blood dendritic cells, monocytes, and progenitors. *Science*, 356(6335).

2장 세포를 '보다'

http://www.funsci.com/fun3_en/lens/lens.htm

Gest, H. (2004). The discovery of microorganisms by Robert Hooke and Antoni Van Leeuwenhoek, fellows of the Royal Society. Notes and records of the Royal Society of London, 58(2), 187~201.

Lane, N. (2015). The unseen world: reflections on Leeuwenhoek(1677)

'Concerning little animals'. Philosophical Transactions of the Royal Society B: *Biological Sciences*, 370(1666), 20140344.

Malpighi, M., & de la Microanatomía, F. (2011). Marcello Malpighi (1628~1694), founder of microanatomy. *Int. J. Morphol*, 29(2), 399~402.

3장 세포 이론

Amos, B. (2000). Lessons from the history of light microscopy. *Nature Cell Biology*, 2(8), E151~E152. doi:10.1038/35019639

Brown, Robert. "XXVII. A brief account of microscopical observations made in the months of June, July and August 1827, on the particles contained in the pollen of plants; and on the general existence of active molecules in organic and inorganic bodies." *The Philosophical Magazine*, 4.21(1828): 161~173.

Cook, H. C. (1997). Origins of ⋯ tinctorial methods in histology. *Journal of clinical pathology*, 50(9), 716.

De Carlos, J. A., & Borrell, J. (2007). A historical reflection of the contributions of Cajal and Golgi to the foundations of neuroscience. *Brain research reviews*, 55(1), 8~16.

Glickstein, M. (2006). Golgi and Cajal: The neuron doctrine and the 100th anniversary of the 1906 Nobel Prize. *Current Biology*, 16(5), R147~R151.

Golgi, C. (1906). The neuron doctrine: theory and facts. Nobel lecture, 1921, 190~217.

Hodgkin, T., Lister, J. J. (1827). XXVI. Notice of some miscroscopic observations of the blood and animal tissues. *The Philosophical Magazine*, 2(8), 130138. doi:10.1080/14786442708674422

Llinás, R. R. (2003). The contribution of Santiago Ramon y Cajal to functional neuroscience. *Nature Reviews Neuroscience*, 4(1), 77~80.

Mazzarello, P. (1999). A unifying concept: the history of cell theory. *Nature cell biology*, 1(1), E13~E15.

Remak, Robert. "Ueber extracellulare Entstehung thierischer Zellen und über Vermehrung derselben durch Theilung." *Archiv für Anatomie, Physiologie und Wissenschaftliche Medicin* 1852(1852): 47~57.

Wagner, R. P.(1999). Rudolph Virchow and the genetic basis of somatic

ecology. Genetics, 151(3), 917~920.
Pridan, D. (1964). Rudolf virchow and social medicine in historical perspective. *Medical History*, 8(03), 274~278. doi:10.1017/s002572730002963x

4장 세포를 만드는 정보

Allen, G. E. (1975). The introduction of Drosophila into the study of heredity and evolution: 1900~1910. *Isis*, 66(3), 322~333. doi:10.1086/351472
Brind'Amour, Katherine, Garcia, Benjamin, "Wilhelm August Oscar Hertwig(1849~1922)". *Embryo Project Encyclopedia*(2007-11-01). ISSN: 1940~5030
Cobb, M. (2012). An amazing 10 years: the discovery of egg and sperm in the 17th century. *Reproduction in domestic animals*, 47, 2~6.
Galton, Francis. 1871, March 23. Experiments in Pangenesis, by Breeding from Rabbits of a Pure Variety, into Whose Circulation Blood Taken from Other Varieties had Previously Been Largely Transfused. *Proceedings of the Royal Society*: From June 16, 1870, to June 15, 1871, vol. 19. London: Taylor and Francis, pp. 393~410.Hertwig O. Beiträge zur Kenntniss der Bildung, Befruchtung und Theilung des thierischen Eies. *Morphol Jahrb*. 1876;1:347~434.
Horder, T. (2010). History of Developmental Biology. *Encyclopedia of Life Sciences*. doi:10.1002/9780470015902.a0003080
Maayan, Inbar, "Theodor Heinrich Boveri (1862-1915)". Embryo Project Encyclopedia (2011-03-03). ISSN: 1940-5030. http://embryo.asu.edu/handle/10776/1690
Morgan, T. H. (1907). Sex-determining factors in animals. *Science*, 25(636), 382~384.
_____. (1909). A Biological and Cytological Study of Sex Determination in phylloxerans and aphids. *The Journal of Experimental Zoology*, 7, 239.
_____. (1910). Sex limited inheritance in Drosophila. *Science*, 32(812), 120~122.
_____. (1911). The origin of nine wing mutations in Drosophila. *Science*, 33(848), 496~499; Morgan, T. H. (1911). The origin of five mutations in eye color in drosophila and their modes of ineritance.

Science, 33(849), 534~537.

Simunek, M., Hoßfeld, U., & Wissemann, V. (2011). 'Rediscovery'revised-the cooperation of Erich and Armin von Tschermak-Seysenegg in the context of the 'rediscovery'of Mendel's laws in 1899~1901 1. *Plant Biology*, 13(6), 835~841.

Stevens, Nettie Maria. Studies in Spermatogenesis with Especial Reference to the "Accessory Chromosome." Washington D.C.: , 1905; Stevens, Nettie Maria. Studies in Spermatogenesis with a Comparative Study of the Heterochromosomes in Certain Species of Coleoptera, Hemiptera and Lepidoptera, with Especial Reference to Sex Determination. Washington D. C.: , 1906; Cox, Troy, "Studies in Spermatogenesis(1905), by Nettie Maria Stevens". *Embryo Project Encyclopedia*(2014-01-22). ISSN: 1940~5030. handle/10776/7511

Sturtevant, A. H. (1913). The linear arrangement of six sex-linked factors in Drosophila as shown by mode of association. Journal of Experimental Zoology, 14, 39~45.

Sutton, W. S. (1902). On the morphology of the chromosomal group in Brachystola Magna. *The Biological Bulletin*, 4(1), 24~39. doi:10.2307/1535510

5장 생명의 화학 공장

Kohler, R. (1971). The background to Eduard Buchner's discovery of cell-free fermentation. *Journal of the History of Biology*, 4(1), 35~61. doi:10.1007/ bf00356976.

Northrop, J. H. (1930). Crystalline pepsin: I. Isolation and tests of purity. The Journal of general physiology, 13(6), 739~766.

Sourkes, T. L. (1955). Moritz Traube, 1826~1894: his contribution to biochemistry. *Journal of the history of medicine and allied sciences*, 379~391.

Sumner, J. B.(1926). The isolation and crystallization of the enzyme urease preliminary paper. Journal of Biological Chemistry, 69(2), 435~4.

Sumner, J. B., Kirk, J. S., Howell, S. F. (1932). The digestion and inactivation of crystalline urease by pepsin and by papain. *Journal of Biological Chemistry*, 98, 543~552.

Tanford, Charles. *Nature's Robots*(Oxford Paperbacks) (p. 30). OUP Oxford.

Kindle Edition.

Wöhler, F. (1828). Ueber künstliche Bildung des Harnstoffs. *Annalen Der Physik Und Chemie*, 88(2), 253~256. doi:10.1002/andp.18280880206

한기원, 클로드 베르나르의 일반생리학: 형성 과정과 배경, 의사학 제19권 제2호(통권 제37호) 2010년 12월 Korean.

6장 세포생물학의 탄생

Altmann, R. (1890). *Die Elementarorganismen und ihre Beziehungen zu den Zellen.* Veit, Leipzig.

Claude, A., Fullam, E. F. (1945). An electron microscope study of isolated mitochondria: method and preliminary results. *The Journal of experimental medicine,* 81(1), 51.

Ernster, L., Schatz, G. (1981). Mitochondria: a historical review. *J Cell Biol*, 91(3), 227s~255s.

Kirsch, J. F., Siekevitz, P., Palade, G. E. (1960). Amino acid incorporation in vitro by ribonucleoprotein particles detached from guinea pig liver microsomes. *Journal of biological chemistry*, 235(5), 1419~1424.

Overton E. Ueber die osmotischen Eigenschaften der lebenden Pflanzen und Thierzelle. *Vierteljahrschr Naturf Ges Zurich*. 1895; 40:159~184.

Porter, K. R., Claude, A., Fullam, E. F. (1945). A study of tissue culture cells by electron microscopy: methods and preliminary observations. *Journal of Experimental Medicine*, 81(3), 233~246.

Palade, G. E. (1952). A study of fixation for electron microscopy. *Journal of Experimental Medicine*, 95(3), 285~298.

Palade, G. E., Siekevitz, P. (1956). Liver microsomes: an integrated morphological and biochemical study. *The Journal of Cell Biology*, 2(2), 171~200.

Palade, G. (1975). Intracellular aspects of the process of protein synthesis. *Science*, 189(4200), 347~358. doi:10.1126/science.1096303.

Quincke, G. (1888). Ueber periodische Ausbreitung an Flüssigkeitsoberflächen und dadurch hervorgerufene Bewegungserscheinungen. *Annalen Der Physik Und Chemie*, 271(12), 580~642.

Ruska H, von Borries B, Ruska E. Die Bedeutung der Übermikroskopie für die Virusforschung. *Arch ges Virusforsch* 1940; 1: 155~69.

Schneider, W. C., G. H. Hogeboom . 1950. *J. Biol. Chem.* 183:123~128.

Siekevitz, P., Palade, G. E. (1960). A Cytochemical Study on the Pancreas of the Guinea Pig: V. In vivo Incorporation of Leucine-1-C14 into the Chymotrypsinogen of Various Cell Fractions. *The Journal of Cell Biology*, 7(4), 619~630.

7장 유전자 전성 시대

Avery, O. T., MacLeod, C. M., McCarty, M. (1944). Studies on the chemical nature of the substance inducing transformation of pneumococcal types: induction of transformation by a desoxyribonucleic acid fraction isolated from pneumococcus type III. *Journal of experimental medicine*, 79(2), 137~158.

Beadle, G. W., & Tatum, E. L.(1941). Genetic Control of Biochemical Reactions in Neurospora. *Proceedings of the National Academy of Sciences*, 27(11), 499~506. doi:10.1073/pnas.27.11.499

Dahm, Ralf. "Friedrich Miescher and the discovery of DNA." *Developmental biology* 278.2 (2005): 274~288.

Drew, H. R., Wing, R. M., Takano, T., Broka, C., Tanaka, S., Itakura, K., & Dickerson, R. E. (1981). Structure of a B-DNA dodecamer: conformation and dynamics. *Proceedings of the National Academy of Sciences*, 78(4), 2179~2183.

Fry, M. (2016). *Landmark experiments in molecular biology*. Academic Press. p. 84~85.

Lehman, I. Robert, et al. "Enzymatic synthesis of deoxyribonucleic acid I. Preparation of substrates and partial purification of an enzyme from Escherichia coli." *Journal of Biological Chemistry* 233.1(1958): 163~170.

Meselson, M., Stahl, F. W. (1958). The replication of DNA in *Escherichia coli*. *Proceedings of the national academy of sciences*, 44(7), 671~682.

Miescher, F. (1874). Die Spermatozoen einiger Wirbelthiere: ein Beitrag zur Histochemie. Birkhäuser.

Mackenzie, S. M., Brooker, M. R., Gill, T. R., Cox, G. B., Howells, A. J., Ewart, G. D. (1999). Mutations in the white gene of Drosophila melanogaster affecting ABC transporters that determine eye colouration. *Biochimica et Biophysica Acta(BBA) - Biomembranes*, 1419(2), 173~185. doi:10.1016/s0005-2736(99)00064-4.

Monod, J., & Jacob, F. (1961, January). General conclusions: teleonomic mechanisms in cellular metabolism, growth, and differentiation. In *Cold Spring Harbor symposia on quantitative biology* (Vol. 26, pp. 389~401). Cold Spring Harbor Laboratory Press.

Morrow, J. F., Cohen, S. N., Chang, A. C., Boyer, H. W., Goodman, H. M., Helling, R. B.(1974). Replication and Transcription of Eukaryotic DNA in *Esherichia coli*. *Proceedings of the National Academy of Sciences*, 71(5), 1743~1747.

Nirenberg, M. W., Matthaei, J. H. (1961). The dependence of cell-free protein synthesis in coli upon naturally occurring or synthetic polyribonucleotides. *Proceedings of the National Academy of Sciences*, 47(10), 1588~1602.

Nirenberg, M., Leder, P., Bernfield, M., Brimacombe, R., Trupin, J., Rottman, F., O'neal, C. (1965). RNA codewords and protein synthesis, VII. On the general nature of the RNA code. *Proceedings of the National Academy of Sciences*, 53(5), 1161~1168.

Schrödinger, Erwin. What is life?: the physical aspect of the living cell; based on lectures delivered under the auspices of the Institute at Trinity College, Dublin, in February 1943. University Press, 1945.

Wensink, P. C., Finnegan, D. J., Donelson, J. E., Hogness, D. S. (1974) A system for mapping DNA sequences in the chromosomes of Drosophila melanogaster. *Cell* 3(4): 315~325.

8장 세포 수명

Blackburn E. H., Gall J. G. A tandemly repeated sequence at the termini of the extrachromosomal ribosomal RNA genes in Tetrahymena. *J. Mol. Biol*. 1978;120:33~55.

Carrel, A. (1912). On the Permanent Life of Tissue Outside of the Organism. *Journal of Experimental Medicine*, 15(5), 516~528. doi:10.1084/ jem.15.5.516.

Enders, J. F., Weller, T. H., Robbins, F. C. (1949). Cultivation of the Lansing Strain of Poliomyelitis Virus in Cultures of Various Human Embryonic Tissues. *Science*, 109(2822), 85~87. doi:10.1126/science.109.2822.85.

Gartler, S. M. Apparent HeLa cell contamination of human heteroploid cell lines. *Nature* 1968. 217:750~751.

Gey, George O. "An improved technic for massive tissue culture." *The American Journal of Cancer* 17.3(1933): 752~756.

Harrison, R. G. (1910). The outgrowth of the nerve fiber as a mode of protoplasmic movement. *Journal of Experimental Zoology*, 9(4), 787~846.

Hayflick L., Moorhead P. S. (1961). "The serial cultivation of human diploid cell strains". *Exp Cell Res*. 25(3): 585~621; Hayflick L. (1965). "The limited in vitro lifetime of human diploid cell strains". *Exp Cell Res*. 37(3): 614~636.

Hemachudha, T., Griffin, D. E., Giffels, J. J., Johnson, R. T., Moser, A. B., Phanuphak, P. (1987). Myelin Basic Protein as an Encephalitogen in Encephalomyelitis and Polyneuritis Following Rabies Vaccination. *New England Journal of Medicine*, 316(7), 369~374. doi:10.1056/nejm198702123160703.

Hinman, A. R. (1984). Mass Vaccination Against Polio. *JAMA: The Journal of the American Medical Association*, 251(22), 2994. doi:10.1001/jama.1984.03340460072029.

Jedrzejczak-Silicka, M.(2017). History of Cell Culture. *In New Insights into Cell Culture Technology*. IntechOpen.; Harrison, Rose G., et al. "Observations of the living developing nerve fiber". *The Anatomical Record* 1.5(1907): 116~128.

Jiang, Lijing, "Alexis Carrel's Tissue Culture Techniques". *Embryo Project Encyclopedia*(2010-06-18). ISSN: 1940~5030. http://embryo.asu.edu/handle/10776/2015.

Landry, J. J., Pyl, P. T., Rausch, T., Zichner, T., Tekkedil, M. M., Stütz, A. M., ⋯ Gagneur, J. (2013). The genomic and transcriptomic landscape of a HeLa cell line. *G3: Genes, Genomes, Genetics*, 3(8), 1213~1224.

Scherer, W. F., Syverton, J. T., & Gey, G. O. (1953). Studies on the propagation in vitro of poliomyelitis viruses: IV. Viral multiplication in a stable strain of human malignant epithelial cells(strain HeLa) derived from an epidermoid carcinoma of the cervix. *Journal of Experimental Medicine*, 97(5), 695~710.

Witkowski, J. A. (1980). Dr. Carrel's immortal cells. *Medical history*, 24(2), 129~142.

Witkowski, J. A. (1985). The myth of cell immortality. *Trends in Biochemical Sciences*, 10(7), 258~260. doi:10.1016/0968-0004(85)90076-3.

9장 죽지 않는 세포

Boveri, T.(2008). Concerning the origin of malignant tumours by Theodor Boveri. Translated and annotated by Henry Harris. *Journal of cell science*, 121(Supplement 1), 1~84.

Brugge J. S., Erikson R. L. Identification of a transformation-specific antigen induced by an avian sarcoma virus. *Nature*. 1977;269:346~348; Collett M. S., Brugge J. S., Erikson R. L. Characterization of a normal avian cell protein related to the avian sarcoma virus transforming gene product. *Cell*. 1978;15:1363~1369; Collett M. S., Erikson R. L. Protein kinase activity associated with the avian sarcoma virus src gene product. *Proc. Natl. Acad. Sci. U. S. A.* 1978;75:2021~2024; Levinson A. D., Oppermann H., Levintow L., Varmus H. E., Bishop J. M. Evidence that the transforming gene of avian sarcoma virus encodes a protein kinase associated with a phosphoprotein. *Cell*. 1978;15:561~572.

Coman, D. R., deLong, R. P., & McCutcheon, M.(1951). Studies on the mechanisms of metastasis. The distribution of tumors in various organs in relation to the distribution of arterial emboli. *Cancer Research*, 11(8), 648~651.

Fidler, I. J. (1970). Metastasis: quantitative analysis of distribution and fate of tumor emboli labeled with 125I-5-iodo-2'-deoxyuridine. *Journal of the National Cancer Institute*, 45(4), 773~782.

Fidler, I. J., Kripke, M. L. (1977). Metastasis results from preexisting variant cells within a malignant tumor. *Science*, 197(4306), 893~895.

Epstein MA, Achong BG, Barr YM. Virus particles in cultured lymphoblasts from Burkitt's lymphoma. *The Lancet*. 1964 Mar 28;283(7335):702~3.

Hanahan, D., Weinberg, R. A. (2000). The hallmarks of cancer. *Cell*, 100(1), 57~70.

Hanahan, D., & Weinberg, R. A. (2011). Hallmarks of cancer: the next generation. *Cell*, 144(5), 646~674.

Harris, H., Miller, O. J., Klein, G., Wost, P., Tachibana, T. (1969). Suppression of Malignancy by Cell Fusion. *Nature*, 223(5204), 363~368. doi:10.1038/223363a0.

Knudson, A. G. (1971). Mutation and Cancer: Statistical Study of Retinoblastoma. *Proceedings of the National Academy of Sciences*, 68(4), 82.

Lee, W. H., Bookstein, R., Hong, F., Young, L. J., Shew, J. Y., & Lee, E.

Y. (1987). Human retinoblastoma susceptibility gene: cloning, identification, and sequence. *Science*, 235(4794), 1394~1399.

Liotta, L. A., Tryggvason, K., Garbisa, S., Hart, I., Foltz, C. M. & Shafie, S. (1980). Metastatic potential correlates with enzymatic degradation of basement membrane collagen. *Nature*, 284(5751), 67.

MacLeod, Michael C., et al. "Specificity in interaction of benzo [a] pyrene with nuclear macromolecules: implication of derivatives of two dihydrodiols in protein binding." *Proceedings of the National Academy of Sciences* 77.11(1980): 6396~6400.

Mukherjee, S. (2010). The emperor of all maladies: a biography of cancer. Simon and Schuster. p. 48.

Paget, S. The distribution of secondary growths in cancer of the breast. *Lancet* 1, 571~573(1889).

Painter, T. S. (1923). Studies in mammalian spermatogenesis. II. The spermatogenesis of man. *Journal of Experimental Zoology*, 37(3), 291~336.

Recamier J. C. *Recherches sur le traitement du cancer sur la compression methodique simple ou combinee et sur l'histoire generale de la meme maladie.* 2nd ed. 1829.

Tabin, C. J., Bradley, S. M., Bargmann, C. I., Weinberg, R. A., Papageorge, A. G., Scolnick, E. M., Dhar, R., Lowy, D. R., and Chang, E. H. (1982). Mechanism of activation of a human oncogene. *Nature* 300, 143~149; Taparowsky, E., Suard, Y., Fasano, O., Shimizu, K., Goldfarb, M., and Wigler, M. (1982). Activation of the T24 bladder carcinoma transforming gene is linked to a single amino acid change. *Nature* 300, 762~765; Reddy, E. P., Reynolds, R. K., Santos, E., and Barbacid, M. (1982). A point mutation is responsible for the acquisition of transforming properties by the T24 human bladder carcinoma oncogene. *Nature* 300, 149~152.

Talmadge, J. E., & Fidler, I. J. (2010). AACR centennial series: the biology of cancer metastasis: historical perspective. *Cancer research*, 70(14), 5649~5669.

Tjio, J. H., Levan, A. (1956). The chromosome number of man. *Hereditas*, 42(1-2), 1~6.

Yunis JJ, Ramsay N. (1978) Retinoblastoma and subband deletion of chromosome 13. *Am J Dis Child* 132:161~163

Waldron, H. A. (1983). A brief history of scrotal cancer. *British Journal of*

Industrial Medicine, 40(4), 390.

Weinberg, R. A. (2014). Coming full circle—from endless complexity to simplicity and back again. *Cell*, 157(1), 267~271.

10장 세포 복제

Borisy, G. G., Taylor, E. W. (1967). The mechanism of action of colchicine: colchicine binding to sea urchin eggs and the mitotic apparatus. *The Journal of cell biology*, 34(2), 535~548; Borisy, G. G., Taylor, E. W. (1967). The mechanism of action of colchicine: binding of colchincine-3H to cellular protein. *The Journal of cell biology*, 34(2), 525~533.

Evans, T., Rosenthal, E. T., Youngblom, J., Distel, D., Hunt, T. (1983). Cyclin: A protein specified by maternal mRNA in sea urchin eggs that is destroyed at each cleavage division. *Cell*, 33(2), 389~396. doi:10.1016/0092-8674(83)90420-8.

Fantes, P. (1979). Epistatic gene interactions in the control of division in fission yeast. *Nature*, 279(5712), 428~430. doi:10.1038/279428a0.

Gautier, J., Norbury, C., Lohka, M., Nurse, P., Maller, J. (1988). Purified maturation-promoting factor contains the product of a Xenopus homolog of the fission yeast cell cycle control gene cdc2+. *Cell*, 54(3), 433~439.

Gautier, J., Minshull, J., Lohka, M., Glotzer, M., Hunt, T., Maller, J. L. (1990). Cyclin is a component of maturation-promoting factor from Xenopus. *Cell*, 60(3), 487~494. doi:10.1016/0092-8674(90)90599-a.

Glotzer, M., Murray, A. W., & Kirschner, M. W.(1991). Cyclin is degraded by the ubiquitin pathway. *Nature*, 349(6305), 132.

Harris, P. (1961). Electron microscope study of mitosis in sea urchin blastomeres. *The Journal of Cell Biology*, 11(2), 419~431.

Hartwell, L. H., Culotti, J., Reid, B .(1970). Genetic control of the cell-division cycle in yeast, I. Detection of mutants. *Proceedings of the National Academy of Sciences*, 66(2), 352~359.

Hartwell, L. H. (1971). Genetic control of the cell division cycle in yeast. *Journal of Molecular Biology*, 59(1), 183~194. doi:10.1016/0022-2836(71)90420-7.

Howard, A., Pelc, S. (1953). "Synthesis of deoxyribonucleic acid in normal and irradiated cells and its relation to chromosome breakage". *Heredity*. 6(Suppl.): 261~273.

Hoyt, M. A., Totis, L., Roberts, B. T. (1991). S. cerevisiae genes required for cell cycle arrest in response to loss of microtubule function. Cell, 66(3), 507~517. doi:10.1016/0092-8674(81)90014-3.

Jackson, P. K. (2008). The hunt for cyclin. *Cell*, 134(2), 199~202.

King, R. W., Peters, J. M., Tugendreich, S., Rolfe, M., Hieter, P., Kirschner, M. W. (1995). A 20S complex containing CDC27 and CDC16 catalyzes the mitosis-specific conjugation of ubiquitin to cyclin B. *Cell*, 81(2), 279~288.

Li, R., Murray, A. W. (1991). Feedback control of mitosis in budding yeast. *Cell*, 66(3), 519~531. doi:10.1016/0092-8674(81)90015-5.

Lohka, M. J., Hayes, M. K., Maller, J. L. (1988). Purification of maturation-promoting factor, an intracellular regulator of early mitotic events. *Proceedings of the National Academy of Sciences*, 85(9), 3009~3013.

Masui, Y., & Markert, C. L. (1971). Cytoplasmic control of nuclear behavior during meiotic maturation of frog oocytes. *Journal of Experimental Zoology*, 177(2), 129~145.

Minshull, J., Blow, J. J., Hunt, T. (1989). Translation of cyclin mRNA is necessary for extracts of activated Xenopus eggs to enter mitosis. *Cell*, 56(6), 947~956.

Nebel, B. R. (1937). Mechanism of polyploidy through colchicine. *Nature*, 140(3556), 1101.

Nurse, P. (1975). Genetic control of cell size at cell division in yeast. *Nature*, 256(5518), 547~551. doi:10.1038/256547a0.

Nurse, P., Thuriaux, P. (1980). Regulatory genes controlling mitosis in the fission yeast Schizosaccharomyces pombe. *Genetics*, 96(3), 627~637.

Russell, P., & Nurse, P.(1986). cdc25+ functions as an inducer in the mitotic control of fission yeast. *Cell*, 45(1), 145~153.; Russell, P., Nurse, P. (1987). Negative regulation of mitosis by wee1+, a gene encoding a protein kinase homolog. *Cell*, 49(4), 559~567.

Simanis, V., Nurse, P. (1986). The cell cycle control gene cdc2+ of fission yeast encodes a protein kinase potentially regulated by phosphorylation. *Cell*, 45(2), 261~268.

Walker, P. M. B., & Yates, H. B. (1952). Nuclear Components of Dividing Cells. *Proceedings of the Royal Society B: Biological Sciences*, 140(899), 274~299. doi:10.1098/rspb.1952.0062.

Sudakin, V., Ganoth, D. V. O. R. A. H., Dahan, A., Heller, H., Hershko, J., Luca, F. C., … Hershko, A. (1995). The cyclosome, a large complex containing cyclin-selective ubiquitin ligase activity, targets cyclins for destruction at the end of mitosis. *Molecular biology of the cell*, 6(2), 185~197.

11장 세포골격

Abercrombie, M., Heaysman, J. E. M., Pegrum, S. M. (1971). The locomotion of fibroblasts in culture. *Experimental Cell Research*, 67(2), 359~367. doi:10.1016/0014-4827(71)90420-4.

Banga, I., and A. Szent-Györgyi. (1942). Preparation and properties of myosin A and B. *Stud. Inst. Med. Chem.* Univ. Szeged. I:5~15.

Blanchoin, L., Amann, K. J., Higgs, H. N., Marchand, J. B., Kaiser, D. A., Pollard, T. D. (2000). Direct observation of dendritic actin filament networks nucleated by Arp2/3 complex and WASP/Scar proteins. *Nature*, 404(6781), 1007.

Engelhardt, W. A., Ljubimowa, M. N. (1939). Myosine and adenosine-triphosphatase. *Nature*, 144(3650), 668.

Gibbons, I. R. (1963). Studies on the protein components of cilia from Tetrahymena pyriformis. *Proceedings of the National Academy of Sciences of the United States of America*, 50(5), 1002.

Hanson, J., J. Lowy. 1963. The structure of F-actin and of actin filaments isolated from muscle. *Journal of Molecular Biology*. 6:46~60.

Ledbetter, M. C., Porter, K. R. (1963). A "microtubule" in plant cell fine structure. *The Journal of cell biology*, 19(1), 239~250.

Mentes, A., Huehn, A., Liu, X., Zwolak, A., Dominguez, R., Shuman, H., … & Sindelar, C. V. (2018). High-resolution cryo-EM structures of actin-bound myosin states reveal the mechanism of myosin force sensing. *Proceedings of the National Academy of Sciences*, 115(6), 1292~1297.

Mullins, R. D., Heuser, J. A., Pollard, T. D. (1998). The interaction of Arp2/3 complex with actin: nucleation, high affinity pointed end capping, and formation of branching networks of filaments. *Proceedings of the National Academy of Sciences*, 95(11), 6181~6186.

Pollard, T. D., Korn, E. D. (1973). Acanthamoeba myosin. I. Isolation from Acanthamoeba castellanii of an enzyme similar to muscle myosin. *J.*

Biol. Chem. 248, 4682~4690.

Ridley, A. J., Hall, A. (1992). The small GTP-binding protein rho regulates the assembly of focal adhesions and actin stress fibers in response to growth factors. *Cell*, 70(3), 389~399.

Schroeder, T. E. (1972). The contractile ring. II. Determining its brief existence, volumetric changes, and vital role in cleaving Arbacia eggs. *Journal of Cell Biology* 53, 419~434.

_____. Actin in dividing cells. Contractile ring filaments bind heavy meromyosin. *Proceedings of the National Academy of Science.* 70, 1688~1692(1973).

Slayter, H. S., S. Lowey. 1967. Substructure of the myosin molecule as visualized by electron microscopy. *Proceedings of the National Academy of Science.* 58:1611~1618.

Szent-Györgyi, A. G. (2004). The Early History of the Biochemistry of Muscle Contraction. *The Journal of general physiology*, 123(6), 631~641.

Taylor, D. L. (1973). The Contractile Basis of Amoeboid Movement: I. The Chemical Control of Motility in Isolated Cytoplasm. *The Journal of Cell Biology*, 59(2), 378~394. doi:10.1083/jcb.59.2.378.

12장 세포 발생의 미스터리

Briggs, R., King, T. J. (1952). Transplantation of living nuclei from blastula cells into enucleated frogs' eggs. *Proceedings of the National Academy of Sciences*, 38(5), 455~463.

De Robertis, E. M. (2006). Spemann's organizer and self-regulation in amphibian embryos. *Nature reviews Molecular cell biology*, 7(4), 296~302.

Driever, W., & Nüsslein-Volhard, C. (1988). A gradient of bicoid protein in Drosophila embryos. *Cell*, 54(1), 83~93.

Gurdon, J. B. (1962). The developmental capacity of nuclei taken from intestinal epithelium cells of feeding tadpoles. *Development*, 10(4), 622~640.

Kearl, Megan, "Wilhelm Roux (1850-1924)". Embryo Project Encyclopedia (2009-07-22). ISSN: 1940-5030. http://embryo.asu.edu/handle/10776/1753

Lamb, T. M., Knecht, A. K., Smith, W. C., Stachel, S. E., Economides, A. N.,

Stahl, N., ... & Harland, R. M. (1993). Neural induction by the secreted polypeptide noggin. *Science*, 262(5134), 713~718.

Lorenz E, Uphoff D, Reid TR, and Shelton E. Modification of irradiation injury in mice and guinea pigs by bone marrow injections. *Journal of National Cancer Institute* 12: 197~201, 1951

McClendon, J. F. (1910). The development of isolated blastomeres of the frog's egg. *American Journal of Anatomy*, 10(1), 425~430.

Turing, A. M. (1952). "The chemical basis of morphogenesis". *Philosophical Transactions of the Royal Society of London* B. 237(641): 37~72.

Wolpert, L. (1969). Positional information and the spatial pattern of cellular differentiation. *Journal of Theoretical Biology*, 25(1), 1~47. doi:10.1016/s0022~5193(69)80016~0.

13장 후성학과 줄기세포

Campbell, K. H. S., McWhir, J., Ritchie, W. A., Wilmut, I. (1996). Sheep cloned by nuclear transfer from a cultured cell line. *Nature*, 380(6569), 64~66. doi:10.1038/380064a0.

Chang, M. C. (1959). Fertilization of rabbit ova in vitro. *Nature*, 184(4684), 466~467.

Kornberg, R. D. (1974). Chromatin structure: a repeating unit of histones and DNA. *Science*, 184(4139), 868~871.

Holliday, R. (1990). DNA methylation and epigenetic inheritance. *Philosophical Transactions of the Royal Society of London. B, Biological Sciences*, 326(1235), 329~338.; Berger, S. L., Kouzarides, T., Shiekhattar, R., & Shilatifard, A. (2009). An operational definition of epigenetics. *Genes & development*, 23(7), 781~783.

Lyon, M. F. (1961). Gene action in the X-chromosome of the mouse (Mus musculus L.). *Nature*, 190(4773), 372~373.

Mitsui, K., Tokuzawa, Y., Itoh, H., Segawa, K., Murakami, M., Takahashi, K., ··· Yamanaka, S. (2003). The Homeoprotein Nanog Is Required for Maintenance of Pluripotency in Mouse Epiblast and ES Cells. *Cell*, 113(5), 631~642. doi:10.1016/s0092~8674(03)00393~3.

Ohno, S., Kaplan, W. D., & Kinosita, R. (1959). Formation of the sex chromatin by a single X-chromosome in liver cells of Rattus norvegicus. *Experimental cell research*, 18(2), 415~418.

Riggs, A. D. (1975). X inactivation, differentiation, and DNA methylation. *Cytogenetic and Genome Research*, 14(1), 9~25.

Ru-chih, C. H., & Bonner, J. (1962). Histone, a suppressor of chromosomal RNA synthesis. *Proceedings of the National Academy of Sciences of the United States of America*, 48(7), 1216.

Sims, M., & First, N. L. (1994). Production of calves by transfer of nuclei from cultured inner cell mass cells. *Proceedings of the National Academy of Sciences*, 91(13), 6143~6147. doi:10.1073/pnas.91.13.6143.

Stedman, E., (1950). Cell Specificity of Histones. *Nature*, 166, 780~781. doi:10.1038/166780a0

Stevens Jr, L. C., Little, C. C. (1954). Spontaneous testicular teratomas in an inbred strain of mice. *Proceedings of the National Academy of Sciences of the United States of America*, 40(11), 1080.

Stevens, L. C.(1968). The development of teratomas from intratesticular grafts of tubal mouse eggs.*Development*, 20(3), 329~341.

14장 세포 치료와 불사의 꿈

Buechner, J., Grupp, S. A., Maude, S. L., Boyer, M., Bittencourt, H., Laetsch, T. W., ⋯ & Qayed, M. (2017). Global registration trial of efficacy and safety of CTL019 in pediatric and young adult patients with relapsed/refractory (R/R) acute lymphoblastic leukemia (ALL): update to the interim analysis. *Clinical Lymphoma, Myeloma and Leukemia*, 17, S263~S264.

Eiraku, M., Takata, N., Ishibashi, H., Kawada, M., Sakakura, E., Okuda, S., ⋯ & Sasai, Y. (2011). Self-organizing optic-cup morphogenesis in three-dimensional culture. *Nature*, 472(7341), 51~56. doi:10.1038/nature09941.

Gragert, L., Eapen, M., Williams, E., Freeman, J., Spellman, S., Baitty, R., ⋯ Maiers, M. (2014). HLA match likelihoods for hematopoietic stem-cell grafts in the US registry. *New England Journal of Medicine*, 371(4), 339~348.

Hwang, W. S., Roh, S. I., Lee, B. C., Kang, S. K., Kwon, D. K., Kim, S., ⋯ & Lee, J. B. (2005). Patient-specific embryonic stem cells derived from human SCNT blastocysts. *Science*, 308(5729), 1777~1783.

Kalos, M., Levine, B. L., Porter, D. L., Katz, S., Grupp, S. A., Bagg, A., &

June, C. H. (2011). T Cells with Chimeric Antigen Receptors Have Potent Antitumor Effects and Can Establish Memory in Patients with Advanced Leukemia. *Science Translational Medicine*, 3(95), 95ra73~95ra73.doi:10.1126/scitranslmed.3002842.

Kim, K., Ng, K., Rugg-Gunn, P. J., Shieh, J. H., Kirak, O., Jaenisch, R., … & Daley, G. Q. (2007). Recombination signatures distinguish embryonic stem cells derived by parthenogenesis and somatic cell nuclear transfer. *Cell stem cell*, 1(3), 346~352.

Mandai, M., Watanabe, A., Kurimoto, Y., Hirami, Y., Morinaga, C., Daimon, T., … & Takahashi, M.(2017). Autologous Induced Stem-Cell–Derived Retinal Cells for Macular Degeneration. *New England Journal of Medicine*, 376(11), 1038-1046. doi:10.1056/nejmoa1608368.

Merkle, F. T., Ghosh, S., Kamitaki, N., Mitchell, J., Avior, Y., Mello, C., … & Saphier, G. (2017). Human pluripotent stem cells recurrently acquire and expand dominant negative P53 mutations. *Nature*, 545(7653), 229.

Moscona, A., & Moscona, H.(1952). The dissociation and aggregation of cells from organ rudiments of the early chick embryo. *Journal of anatomy*, 86(Pt 3), 287.

Sato, T., Vries, R. G., Snippert, H. J., Van De Wetering, M., Barker, N., Stange, D. E., … & Clevers, H.(2009). Single Lgr5 stem cells build crypt–villus structures in vitro without a mesenchymal niche. *Nature*, 459(7244), 262.

Tachibana, M., Amato, P., Sparman, M., Gutierrez, N. M., Tippner-Hedges, R., Ma, H., … & Masterson, K. (2013). Human embryonic stem cells derived by somatic cell nuclear transfer. *Cell*, 153(6), 1228~1238.

Takeichi, M. (1977). Functional correlation between cell adhesive properties and some cell surface proteins. *The Journal of cell biology*, 75(2), 464~474; Yoshida, C., & Takeichi, M. (1982). Teratocarcinoma cell adhesion: identification of a cell-surface protein involved in calcium-dependent cell aggregation. *Cell*, 28(2), 217~224.

Thomas, E. D., Buckner, C. D., Clift, R. A., Fefer, A., Johnson, F. L., Neiman, P. E., … & Storb, R.(1979). Marrow transplantation for acute nonlymphoblastic leukemia in first remission. *New England Journal of Medicine*, 301(11), 597~599.

Thomas, E. D., Lochte Jr, H. L., Lu, W. C., Ferrebee, J. W. (1957). Intravenous infusion of bone marrow in patients receiving radiation and chemotherapy. *New England Journal of Medicine*, 257(11), 491~496.

Thomson, J. A.(1998). Embryonic Stem Cell Lines Derived from Human Blastocysts. *Science*, 282(5391), 1145~1147. doi:10.1126/science.282.5391.1145

Van Rood, J. J. (1968, April). The detection of transplantation antigens in leukocytes. *In Seminars in hematology*, Vol. 5, No. 2, p. 187.

Wilson, H. V. P. (1910). *Development of sponges from dissociated tissue cells*. US Government Printing Office.

15장 살아 있는 세포의 영상화

Andy Nestl, CC BY-SA 4.0 https://commons.wikimedia.org/wiki/File:FBALM_DNA_superresolution_HeLa_cell_nucleus.png#/media/File:FBALM_DNA_superresolution_HeLa_cell_nucleus.png, Szczurek, A., Klewes, L., Xing, J., Gourram, A., Birk, U., Knecht, H., ⋯ & Cremer, C. (2017). Imaging chromatin nanostructure with binding-activated localization microscopy based on DNA structure fluctuations. *Nucleic acids research*, 45(8), e56~e56.

Betzig, E. (1995). Proposed method for molecular optical imaging. *Optics letters*, 20(3), 237~239.

Betzig, E., Patterson, G. H., Sougrat, R., Lindwasser, O. W., Olenych, S., Bonifacino, J. S., ⋯ & Hess, H. F. (2006). Imaging intracellular fluorescent proteins at nanometer resolution. *Science*, 313(5793), 1642~1645.

Chen, B. C., Legant, W. R., Wang, K., Shao, L., Milkie, D. E., Davidson, M. W., ⋯ & English, B. P. (2014). Lattice light-sheet microscopy: imaging molecules to embryos at high spatiotemporal resolution. *Science*, 346(6208), 1257998.

Chalfie, M., Tu, Y., Euskirchen, G., Ward, W. W., & Prasher, D. C. (1994). Green fluorescent protein as a marker for gene expression. *Science*, 263(5148), 802~805.

Dan charles, Glowing Gene's Discoverere Left Out of Nobel Prize, npr, 2008. 10. 9. https://www.npr.org/templates/story/story.php?storyId=95545761

Jiang, H., Kwon, J., Lee, S., Jo, Y.-J., Namgoong, S., Yao, X., ⋯ & Kim, N.-H. (2019). Reconstruction of bovine spermatozoa substances distribution and morphological differences between Holstein and Korean native cattle using three-dimensional refractive index tomography. *Scientific Reports*, 9(1). doi:10.1038/s41598-019-45174-3.

Jo, Y., Park, S., Jung, J., Yoon, J., Joo, H., Kim, M. H., ... & Park, Y. (2017). Holographic deep learning for rapid optical screening of anthrax spores. *Science advances*, 3(8), e1700606.

Patterson, G. H., & Lippincott-Schwartz, J.(2002). A photoactivatable GFP for selective photolabeling of proteins and cells. *Science*, 297(5588), 1873-1877.

16장 인간게놈프로젝트, 그후

Blattner, F. R., Plunkett, G., Bloch, C. A., Perna, N. T., Burland, V., Riley, M., ··· & Gregor, J. (1997). The complete genome sequence of Escherichia coli K-12. *Science*, 277(5331), 1453-1462.

Dulbecco, R. (1986). A turning point in cancer research: sequencing the human genome. *Science*, 231, 1055-1057.

ENCODE Project Consortium. (2007). Identification and analysis of functional elements in 1% of the human genome by the ENCODE pilot project. *Nature*, 447(7146), 799.

Fleischmann, R., Adams, M., White, O., Clayton, R., Kirkness, E., Kerlavage, A., ··· al., e. (1995). Whole-genome random sequencing and assembly of Haemophilus influenzae Rd. *Science*, 269(5223), 496-512. doi:10.1126/science.7542800.

Jinek, M., Chylinski, K., Fonfara, I., Hauer, M., Doudna, J. A., & Charpentier, E. (2012). A programmable dual-RNA-guided DNA endonuclease in adaptive bacterial immunity. *Science*, 337(6096), 816-821.

Lander, E. S., Linton, L. M., Birren, B., Nusbaum, C., Zody, M. C., Baldwin, J., ··· & Funke, R. (2001). Initial sequencing and analysis of the human genome; Venter, J. C., Adams, M. D., Myers, E. W., Li, P. W., Mural, R. J., Sutton, G. G., ··· & Gocayne, J. D. (2001). The sequence of the human genome. *Science*, 291(5507), 1304-1351.

McKenna, A., Findlay, G. M., Gagnon, J. A., Horwitz, M. S., Schier, A. F., & Shendure, J. (2016). Whole-organism lineage tracing by combinatorial and cumulative genome editing. *Science*, 353(6298), aaf7907.

Niu, Y., Shen, B., Cui, Y., Chen, Y., Wang, J., Wang, L., ··· & Xiang, A. P. (2014). Generation of gene-modified cynomolgus monkey via Cas9/RNAmediated gene targeting in one-cell embryos. *Cell*, 156(4), 836~843.

에필로그: 생물학자는 인공세포의 꿈을 꾸는가

Cahan, P., Li, H., Morris, S. A., Da Rocha, E. L., Daley, G. Q., & Collins, J. J. (2014). CellNet: network biology applied to stem cell engineering. Cell, 158(4), 903~915.

Choi, Y. J., & Lee, S. Y. (2013). Microbial production of short-chain alkanes. *Nature*, 502(7472), 571~574.

Gibson, D. G., Benders, G. A., Andrews-Pfannkoch, C., Denisova, E. A., Baden-Tillson, H., Zaveri, J., ... & Merryman, C. (2008). Complete chemical synthesis, assembly, and cloning of a Mycoplasma genitalium genome. *Science*, 319(5867), 1215~1220.

Gibson, D. G., Glass, J. I., Lartigue, C., Noskov, V. N., Chuang, R. Y., Algire, M. A., ... & Merryman, C. (2010). Creation of a bacterial cell controlled by a chemically synthesized genome. *Science*, 329(5987), 52~56.

Huang, P. S., Boyken, S. E., & Baker, D. (2016). The coming of age of de novo protein design. *Nature*, 537(7620), 320~327.

Karr, J. R., Sanghvi, J. C., Macklin, D. N., Gutschow, M. V., Jacobs, J. M., Bolival Jr, B., ⋯ & Covert, M. W. (2012). A whole-cell computational model predicts phenotype from genotype. *Cell*, 150(2), 389~401.

Heldt, F. S., Barr, A. R., Cooper, S., Bakal, C., & Novák, B. (2018). A comprehensive model for the proliferation-quiescence decision in response to endogenous DNA damage in human cells. Proceedings of the National Academy of Sciences, 115(10), 2532~2537.

Hutchison, C. A., Chuang, R. Y., Noskov, V. N., Assad-Garcia, N., Deerinck, T. J., Ellisman, M. H., ⋯ & Pelletier, J. F. (2016). Design and synthesis of a minimal bacterial genome. *Science*, 351(6280).

Ro, D. K., Paradise, E. M., Ouellet, M., Fisher, K. J., Newman, K. L., Ndungu, J. M., ⋯ & Chang, M. C. (2006). Production of the antimalarial drug precursor artemisinic acid in engineered yeast. *Nature*, 440(7086), 940~943.

Roybal, K. T., Rupp, L. J., Morsut, L., Walker, W. J., McNally, K. A., Park, J. S., & Lim, W. A. (2016). Precision tumor recognition by T cells with combinatorial antigen-sensing circuits. *Cell*, 164(4), 770~779.

인명 찾아보기

ㄱ

가모프, 조지 140
가이, 조지 161
갈바니, 루이지 224
거든, 존 257
게를라흐, 요제프 폰 51
게하트, 존 211
골지, 카밀로 51~54
골턴, 프랜시스 64
그라이더, 캐럴 169
그람, 한스 50
그렌델, 프랑수아 107
그루, 네헤미아 38
그리피스, 프레더릭 132
길버트, 워터 150, 347

ㄴ

너스, 폴 207
노마르스키, 게오르게스 336
노스롭, 존 97
노웰, 피터 181
뉘슬라인-폴하르트, 크리스티아네 252
니런버그, 마셜 141

ㄷ

다우드나, 제니퍼 362
다카하시 가즈토시 284
다카하시 마사요 306
다케이치 마사토시 309
더 흐라프, 레이니어르 36
더 프리스, 휘호 68
델브뤼크, 막스 141
도세, 장 293
도슨, 마틴 132
둘베코, 레나토 347

뒤모르티에, 바르텔레미 47
드 뒤브, 크리스티앙 119
드리슈, 한스 247

ㄹ

라마르크, 장-밥티스트 65
라발, 구스타프 드 106
라우스, 페이튼 179
라이언, 메리 266
라이트, 우드링 167
라저라이스, 일라이어스 234
랙스, 헨리에타 163
레게브, 아비브 26
레마크, 로베르트 48
레빈, 피버스 129
레이우엔훅, 안톤 판 36~40, 60
로렌스, 어니스트 142
로렌츠 에곤 259
로빈스, 프레더릭 161
로울리, 재닛 182
로흐만, 카를 100
루, 빌헬름 246
루드비히 카를 155
루빈, 새뮤얼 142
루스카, 에른스트 112
루스카, 헬무트 112
리그, 아서 269
리비히, 유스투스 폰 85, 92~3
리스터, 조지프 44
리카미에, 장 클로드 190
리틀, 클래런스 292
리핀스코트-슈와르츠, 제니퍼 333
림, 웬델 385
링거, 시드니 155

ㅁ

마커트, 클레멘트 205
마테이, 하인리히 141
마틴, 게일 264
만골드, 힐데 248
말피기, 마르첼로 39
매컬러, 어니스트 259
맥로드, 콜린 132
맥카시, 맥클린 132
머스키, 에즈라 133
메셀슨, 매튜 136
멘델, 그레고어 64
모노, 자크 146
모건, 토머스 71~9, 125, 150, 177, 346, 360~1
모스코나, 아론 308
모에너, 윌리엄 334
뮐더르스, 헤라르뒤스 90
뮐러, 요하네스 페터 47
미셔, 프리드리히 126
미켈리스, 레오노어 113
미탈리포프, 슈크랏 304
민스키, 마빈 337
밀스테인, 세사르 324

ㅂ

바머스, 해럴드 183
바우어, 프란츠 46
바이스만, 아우구스트 64~5, 246
발다이어-하츠, 하인리히 폰 53, 65
버넷, 맥팔레인 167
버로스, 몬트로스 158
베르나르, 클로드 87
베르셀리우스, 옌스 84, 85
베버, 클라우스 234
베살리우스, 안드레아 39
베어, 카를 에른스트 폰 61
베이커, 데이비드 381
베일, 론 236
베치그, 에릭 332~4

벤다, 카를 113
벤터, 크레이그 350, 378~80
보너, 제임스 272
보리시, 게리 203
보베리, 테오도어 67~72, 79, 176~178, 180, 186, 211, 330
보이어, 허버트 150
볼타, 알레산드로 224
볼티모어, 데이비드 147
뷜러 프리드리히 85
부흐너, 에두아르트 94
브라운, 로버트 46
브레너, 시드니 142
브리그스, 로버트 257
블래트너, 프레더릭 349
블랙번, 엘리자베스 169
비들, 조지 137
비샤우스, 에리크 252
비숍, 마이클 183

ㅅ

사사이 요시키 310
생어, 프레더릭 150, 346
샤가프, 어윈 130, 136
샤르팡티에, 엠마누엘 362
서턴, 월터 69
섬너, 제임스 96
설스턴, 존 347
소크, 조너스 162
쇼트, 오토 45
슈뢰더, 토머스 234
슈뢰딩거, 에르빈 125
슈반, 테오도어 47
슈페만, 한스 248, 257
슐라이덴, 마티아스 46
스넬, 조지 293
스미스, 올리버 266
스베드베리, 테오도르 106
스탈, 프랭클린 136

스터티번트, 앨프리드 76, 137
스테드만 에드거 272
스트라웁, 브루노 226
스티븐스, 네티 71
스티븐스, 리로이 264
스푸디치, 제임스 236
시모무라 오사무 327
신샤이머, 로버트 347

ㅇ

아베, 에른스트 45, 331
알트만, 리하르트 113, 129
야마나카 신야 282~5, 304~7, 372
얼로웨이, 제임스 132
얼베르트, 쉰트죄르지 225
에를리히, 파울 291
에번스, 마틴 265
에벌링, 앨버트 159
에이버리, 오스월드 132~4, 149, 185
엔더스, 존 161
오노 스스무 267
오버턴, 어니스트 107
오초아, 세베로 141
올덴부르크, 헨리 37
와인버그, 로버트 185, 193
와인트, 해럴드 286
왓슨, 제임스 129, 136, 140
요시오 마츠이 205, 211
우드워스, 찰스 72
워딩턴, 콘래드 255~6, 260, 277, 280, 287
월퍼트, 루이스 250
웰러, 토머스 161
윌멋, 이언 281
윌슨, 에드먼드 70
윌슨, 헨리 308
유잉, 제임스 190
이상엽 383

ㅈ

장밍줴 263
제르니커, 프리츠 326
존슨, 프랭크 327

ㅊ

차이스, 카를 45
챌피, 마틴 328
체막, 에리히 폰 68
첸, 로서 329
치에하노베, 아론 213

ㅋ

카렐, 알렉시 158~62, 165~7, 293, 326
카페카, 마리오 266
카할, 산티아고 라몬 이 51~54
캐슬, 윌리엄 72
캠벨, 키스 281
케너웨이, 어니스트 178
케이먼, 마틴 142
코라나, 하르 고빈드 141
코렌스, 카를 68
코셀, 알브레히트 128
코헨, 스탠리 150
코흐, 로베르트 48
콕, 크리스토퍼 35
콘, 에드워드 233
콘버그, 로저 272
콜린스, 프랜시스 350
콘버그, 아서 136
퀼러, 게오르게스 324
쿤, 빌헬름 95
쿤, 앨버트 322
퀴네 빌헬름 225
퀸커, 게오르그 107
크놀, 막스 112
크눗슨, 앨프리드 186
크릭, 프랜시스 129, 136, 142
클레버르스, 한스 311
클로드, 알베르 110

키슬링, 제이 383
킹, 토머스 257

ㅌ
테민, 하워드 147
테이텀, 에드워드 138
테일러, 에드윈 203
텔러, 에드워드 141
튜링, 앨런 249~51
트라우베, 모리츠 93
틸, 제임스 259

ㅍ
파스퇴르, 루이 48, 92
파인먼, 리처드 141, 364
판테스, 피터 208
패시, 리처드 178
패짓, 스티븐 190
퍼킨, 윌리엄 헨리 49
펄레이드, 조지 115, 117~8, 121~2
펠크, 스티븐 202
포터, 키스 117
포트, 퍼시벌 178
폴라드, 토머스 233
푸그, 존 269
푸르크루아, 앙투안 90
프래셔, 더글러스 328
프랭클린, 로절린드 136
플레밍, 발터 65
피들러, 아이제이어 191
피르호, 루돌프 48
피셔, 헤르만 91

ㅎ
하비, 윌리엄 39, 59, 61
하워드, 알마 202
하위헌스, 크리스티안 38
하트웰, 릴런드 206
해너핸, 더글러스 193

해리스, 헨리 186
해리슨, 로스 157
헉슬리, 앤드루 373
헉슬리, 휴 228
헌트, 팀 211
헝거퍼드, 데이비드 181
헤르슈코, 아브람 213
헤르트비히, 오스카르 62
헤스, 헤럴드 334
헤이플릭, 레너드 165~7, 170
헬, 스테판 334
호르터르, 에버러트 107
호지킨, 앨런 373
호지킨, 토머스 44
호프마이스터 프란츠 91
호프만, 아우구스트 폰 49
홀, 앨런 239
홀, 체스터 무어 44
홀리데이, 로빈 269
황우석 302~5
황저우루지 272
후드, 리로이 347
훅, 로버트 34

용어 찾아보기

2차 항체 324~5

A~Z
ADT 99·101, 116
APC/C ⇨ 후기 촉진 복합체
Arp2/3 239
ATP 99~101, 116, 224~
ATP 합성효소 116
BMP-4 253
cDNA(상보적 DNA) 151
cDNA 라이브러리 151~2
CAR-T세포 315~7, 384~5
CDK ⇨ 사이클린 의존성 단백질 인산화효소
CRISPR/CAS9 362~3
DNA 라이브러리 348~9
DNA 메틸기전이효소 269
DNA 메틸화 24, 268~80, 286
DNA 복제 방향 168~9
DNA 연결효소 149
DNA 염기서열 분석(기술) 150
DNA 이중나선 모델 130, 135~6, 350
DNA 클로닝 150
GFP ⇨ 녹색형광단백질
GESTALT 364
H&E 염색 50
Hi-C 26
HLA(/MHC) 293~9
mCherry 330
Mad(세포분열 억제 결여) 유전자 217
MPF ⇨ 성숙촉진인자
Rho 단백질 239
RNA 110
RNA-Seq 19
RNA 잘라 맞추기 148
RNA 중합효소 274

RNA 타이 클럽 141~4
src 유전자 183~5
T세포 295~7, 315, 385
T세포 수용체(TCR) 295~7
X선 회절 136
X염색체 73, 267~9
X염색체 불활성화 268

ㄱ
가상 세포 374
가지돌기 52
감수분열 69, 78~9
개똥쑥 383
거대축삭(오징어의) 235
거핵세포 260
게놈 ⇨ 유전체
계대배양 158, 165
고리형 탄소화합물(발암 물질) 178
골수세포 16, 298
골수이식 277, 299
골지체 54
과당 95
과립 119
과립구 260
광견병바이러스 160
광활성형광단백질 333
교차(염색체의) 78
구면수차 44
국립보건원(미국, NIH) 141, 348
국제 햅맵 프로젝트 356~7
그람 염색 50
근교계 마우스 292~3, 298
근소포체 232
근절(sarcomere) 228
글루탐산 144

글루코스 95
글리신 91, 143
글리코젠 45, 88

ㄴ

나노그 283
나노스 253
난포 61
낭 245/ 내배엽, 외배엽, 중배엽 245~6
내세포괴 264~5, 278~9, 281, 285, 299~301
내피세포 191~2, 194, 311
노긴 254~5
녹색형광단백질(GFP) 327~30
녹아웃 266
녹아웃 마우스 283
뉴런 ⇨ 신경세포
뉴런주의 50~5
뉴로스포라 138
뉴클레오솜 272~3
뉴클레오타이드 129, 141
뉴클레인(DNA) 127~8

ㄷ

다능성 260
다이닌 237
다이아스테이스(diastase) 95
단백질 디자인 380~3
단백질 분해효소 17, 97, 134, 191, 213, 215, 230, 308~9
단백질 인산화효소 209~12, 215, 218
단백질 탈인산화효소 212
단백체 371
단성생식(난자의) 304
단일 세포 RNA-Seq 20~2
단일 염기 다형성 356
단일 (항원) 항체 324
단핵구 286
담배모자이크바이러스 112
대립유전자 187~8, 293~4, 356

대립형질 75~7
대사경로 94, 99
대장균 15, 136, 141~2, 146, 148~51, 328~9, 349, 352, 361, 378, 383
데그론 214
독립유전 법칙 75~6
돌리(복제양) 282
돌연변이(체, 유전자) 18, 21, 70~7, 137~9, 160, 177~8, 182~9, 195, 206~10, 214, 217, 252, 267~8, 271, 306, 345~6, 350, 355, 360~1, 382
동물전기 224
동원체 204
동위원소 118~9, 141~2, 191, 202, 211, 349
동종교배 292
동형접합(체) 292, 294
등배 248~9
디옥시리보뉴클레오타이드 168
디옥시리보스 129

ㄹ

라멜리포디아(층상위족) 238
라미닌 310
라민 223
라스(Ras) 유전자 186
라우스육종바이러스 147, 179~86
라이고(LIGO) 40
라이신 143
레트로트랜스포존 355
롤링 드럼 161
루시페린 327
류신 91~2, 143~5
리보뉴클레오타이드 168
리보솜 111, 118
리보스(당) 110
리소좀 121
리프로그래밍(세포의) 280~2
리플리코미터 167
림프구 260

링거액 155

ㅁ

마스터 스위치 209, 212, 239, 286
마이오블라스트 286
마이오신 224~42
마이코플라스마 마이코이드(최초의 합성 유전체
　미생물, *Mycoplasma mycoides*) 379
마이코플라스마 제니탈리움
　(*Mycoplasma genitalium*) 374, 378~9
마이코플라스마 카프리콜룸
　(*Mycoplasma capricolum*) 379
《마이크로그라피아》 35
마이크로솜 111, 117
마이크로어레이 357~8
마커 단백질 17
마크로파지 17
막단백질 109
만능성 264
만성골수성백혈병 177, 181~2, 185
망막암(망막세포종) 186~7
망상체설(신경계의) 51
말피기 소체 39
매트릭스(미토콘드리아의) 115
메소테린 385
메티오닌 144, 211
메틸기 268
메틸렌 블루 49, 52
멘델레예프, 드미트리 22
멘델의 유전법칙 68~9, 71~5, 292
면역반응(적응성, 내재성, 세포성) 295
면역세포 17
면역억제제 296
면역형광염색법 234
모빈 49
모세관(capillary) 39
모포젠 249~54
무기물 83
미세소관 67, 200~4, 216, 223, 235~42

미토콘드리아 111, 113~6, 144, 219, 223~5,
　233, 242, 340
밀웜(*Tenebrio molitor*) 71

ㅂ

바이코이드 252~4
박테리오파지 112, 142, 146~9, 362, 382
반(半)보존적 복제 136
발생 모자이크 이론 246
발생 조절 이론 247~9
발생학 47, 105, 127, 250~2, 339
발현 시퀀스 태그(EST) 351
발효 86, 92
방사능 75~6
방추사 66~7, 180~1, 199~205, 216, 235, 238,
　241, 329~30, 340
배반포 264~6, 278, 283, 285, 299~302, 360
배아 줄기세포 170
백혈구 16
번역(translation) 18
범생설 63~65
벌크 RNA 염기서열 분석 20
벤지미다졸 216
벽세포 17
병리학 89
병원균 이론 179
분열구 234, 241
분해 대사(이화작용) 98~101
불멸 세포(카렐의) 158~60
비암호화 영역 354
비장 콜로니 259
비주기적 결정 125
빵곰팡이 138

ㅅ

사상위족(필로포디아) 239
사이안산 암모늄 85
사이클로트론 142
사이클린 210~8

사이클린 의존성 단백질 인산화효소(CDK) 212~3, 215, 218~9
사이토신 24
사이토크롬 산화효소 114
상동염색체 69
상실배 263
상염색체 70
상피세포 16, 238
색지움 렌즈 44,
색수차 44
생기론 84
생리학 87, 89
《생명이란 무엇인가?》 125
생체막 107~10, 117, 121
샷건 시퀀싱 352
서턴-보베리 염색체 이론 70
설탕 95
섬유아세포 234, 286
성게 62, 67~9, 176, 178, 180, 203, 211, 234, 241, 245, 247, 252, 263, 330
성숙촉진인자(MPF) 205~6, 210~3
성염색체 70
세린 127, 143
세큐린 215~6
세포독성 T세포 295
세포분열 65~71, 98, 163, 166~7, 170, 175, 177, 180, 183~4, 193~4, 199, 201~42, 246, 271, 326, 329, 330/ 분열 체크포인트 199, 216~8/ 세포분열 체크포인트 복합체(MCC) 216
세포자멸사 175, 193, 218~9
세포막 107
세포생물학 105, 121
세포 아틀라스 프로젝트 26~29
세포외기질 310
세포주 164, 166
세포주기 199~220
세포질 분열 200~1, 251
세포 (체외) 배양 157~64
세포 치료 297, 299~300/ 줄기세포 치료 305~7

세포핵 발견 46
성염색체 70~2, 75, 77, 79, 267
소듐 125, 155
소수성(疏水性, hydrophobic) 144
소포체 111, 117~20
수소결합 127, 130, 136
수송단백질(채널) 109
수정란 유전체 활성화 278
수초 염기성 단백질 160
수축환 241
스와이어증후군 70
스트레스섬유 235, 237
스페인 독감 132
시스템 생물학(합성생물학) 369~86
시험관 내 진화 382
슬라이딩 필라멘트 모델 228~9
시스테인기 213
식세포 121
식세포작용 238
신노치 385
신경세포 16, 51~4, 156~8, 224, 236, 246, 285, 287, 300
신경아교세포 16
신경절세포 54
씨 없는 수박 203

ㅇ

아닐린(모빈의 원료) 49, 65, 241
아닐린 블루 49
아르지닌(아르지닌) 143~4
아르테미신 383
아밀레이스(amylase) 95
아미노산 90~2, 118~9, 127, 130, 138, 140~4, 183~4, 186, 210, 213, 274, 328~9, 382
아미노산 서열 150, 152, 209, 214, 354, 381
아세톤 96, 226
아스파라진 143
아스파트산 144
아이소시안화 안트라센 322

아이오딘 49, 88
아쿠오린 327
아포크로마트 45
아폽토시스 ⇨ 세포자멸사
아프리카발톱개구리 257~8
알라닌 143
알부민 90, 94
알코올 86, 92~4, 127, 133
암 미세환경 317
암 표적 치료 21
암모니아 84
암세포 21~2, 159, 161, 163~4, 170~1, 179, 181~95, 217, 219, 264, 292, 298, 309~17, 336, 340, 375~6, 384~5
액틴 226~42, 324, 329~30, 340
액틴 뉴클리에이터 240
액틴 필라멘트 223, 232~42
액포 119
야누스 그린 B 113~4
야마나카 인자(OSKM) 284
약독화 160
에오신 49
에테르 107
엑손 148
엡스타인-바바이러스 179
역동적 극성화 (이론) 52, 54
역전사 147, 151
역전사효소 147, 151~2, 358
연지벌레 49
열성 치사 돌연변이 252
염색질(염색체 발견) 65
염소 109, 125
예쁜꼬마선충 15, 353
오가노이드 29, 307~14
오르토덴티클 253
왕립학회(영국) 35~9, 250
요소(urea) 84
요소 분해효소 96
우성(형질) 73, 188, 292, 294

운동단백질 237
움 311
원소 주기율표 22
원심분리, 원심분리기 106~7, 110~1/ 분별원심분리법 111
유기물 83
유기화학 83
유도만능 줄기세포 284
유방암 190
유비퀴틴 213~6
유비퀴틴 결합효소 214
유비퀴틴 연결효소 214
유비퀴틴 활성화효소 213
유사분열 66
유전자 가위 362~4, 377, 386
유전자 지도(최초) 79
유전체 22, 24~6
유전체학 152
유전학(정방향, 역방향) 361
은 염색법 51
이분법 47, 207
이중나선 134
이중나선 손상 218~9
이중나선 절단 218
이중 적중 가설 187
이형접합 267, 294
인간게놈프로젝트 19, 22~3, 346~53
인공 생명체 378
인공 수액 155
인보사(코오롱) 164
인버테이스(invertase) 95
인산기 127, 129~30, 168, 184, 209, 268, 275
인산다이에스테르 결합 129
인유두종바이러스 180
인지질 107~9
인트론 148, 354
인플루엔자바이러스 161

ㅈ

자가면역질환 295
자궁경부암 180
자동 염기서열 분석기 349
재조합 DNA (기술) 150, 348
적혈구 16, 39, 44, 95, 107~8, 260, 337
적혈구아세포 286
접합자 263, 278
전능성 248, 278~9
전성설 59~61
전사(transcription) 18
전사인자 273, 355
전사체 27, 358, 371, 374
전이(암) 189~92
전자 전달계 116~7
정모세포 71
정원세포 69
젖산 92, 156
제풀 63~65
제한효소 149~51, 268~9, 361~3
조절자 249
조직적합성 복합체(MHC) 293
조직적합성 항원 293
조혈 줄기세포 20, 259~260, 298~9, 311, 313~314, , 317
조효소 96
종결암호(stop codon) 144
종이 크로마토그래피 130
주세포 17
줄기세포 배아 170, 263~7, 277, 279, 281, 283~5, 301~2, 309~10, 313, 360~1/ 성체 311/ 유도만능 282~5, 305~7/ 인간배아 299~300/ 인간복제배아 302~5/ 핵치환 300~2
중간섬유 223
중력파 40
중심 원리 139~40
중심절 204
중심체 67, 200, 204
징크 핑거 362

ㅊ

차세대 염기서열 분석기술(NGS) 19, 357
척수마비 160
체세포 복제 생물(최초) 258
초딘 254~5
초파리 72~79
촉매 86, 90, 92, 95~9, 114, 137, 139, 218, 327, 377
촬상면 337
축삭돌기 52
출아법 207, 217
층상위족 238
치메이스 94
침강계수 106

ㅋ

카드헤린 309
카민 49
카복실기 91, 144
카세인 90
칼슘 86, 156~7, 225, 232~3, 309, 327
캡핑단백질 239
케라틴 223
코달 253
코엘렌테라진 327
코필린 239
코헤신 215
콜라젠 191, 310
콜로이드(교질) 106
콜히친 181, 203
퀴닌 49
크로마틴 133, 271~6
크리스털해파리(*Aequorea victoria*) 327
키네신 237~8, 242
키메라 266

ㅌ

타이로신 91, 127
탄산수소나트륨 155

테라토마 264~5, 284
테트라하이메나 169
텔로머레이스 169~71, 194
텔로미어 169
튜불린 67, 203~4, 235, 324, 329~30
트레오닌 91, 127
트로포닌 233
트로포마이오신 233
트립신 230, 309
트립토판 144

ㅍ

페닐알라닌 142~4
페록시솜 121
펩신 17, 95
펩타이드 결합 91
펩티도글리칸 50
편모 238
폐렴균 131~4
포민 241
포배강 264
포배(기) 245, 248, 257~8
포타슘 109, 155
폴리-C 142
폴리-U 141
폴리뉴클레오타이드 포스포릴레이스 141
폴리오바이러스 161~3
폴리펩타이드 91~2
폼알데하이드 162, 324, 359
표범개구리(*Rana pipiens*) 205
표준서열 355
표현형 보충 208
푸신 49
프로게스테론 205~6
프로모터 271, 274
프로테오솜 213
프로필린 239
프롤린 143
플라스미드 149

피리독신 138
피부섬유아세포 16
피브린 90
필라델피아 염색체 180~3
필로포디아(사상위족) 239
필수 아미노산 211

ㅎ

하이드록실기 127, 168
하트만 수액 155
할구 263
합성 대사(동화작용) 98~101
합성생물학 ⇨ 시스템 생물학
항원전시세포(APC) 296
핵산 89, 98, 105, 110, 126, 129~30, 136
행잉 드롭 157
헌치백 253
헤마테인 50
헤마톡실린 49
헤모글로빈 50, 95, 107, 230
헤모필루스 인플루엔자(*Haemophilus influenzae*) 352
헤이플릭의 한계 165~70
헬라(세포) 163~4, 170
헴(heme) 95
혈소판 16
현미경 3차원 홀로그래피 340~1/ 공초점주사 337~9/ 공초점 331/ 광-시트형광 339/ 광학 44/ 위상차 326/ 면역형광 322~5/ 미분간섭 336/ 전자 111~2/ 초해상도 334
형질전환 132~4, 149, 151, 185, 209, 266
호문쿨루스 60
호산구 286
활동전위 224
황반변성 306
황산헤파란 310
황열병 161
회절(빛) 331~2
효모 15, 86, 93~4, 97~8, 114, 129, 147, 206~7,

212, 214, 216~7, 349, 350, 352, 378~9, 383~4
효소 95~7, 99, 101, 114, 120~1, 136~9, 141, 149, 169~70, 182, 209, 213, 269~71, 327
효소반응 377
후각망울 52, 53
후기 촉진 복합체(APC/C) 214
후성설 61
후성학 256, 277~80, 286, 301, 358~60
흔한 유전적 변형 356
히스톤 (단백질) 25, 271~80, 305
히스톤 꼬리 273, 275~80, 359
히스톤 꼬리의 아세틸화/메틸화 273~80
히스톤 메틸기전이효소 276
히스톤 아세틸화효소 275
히스톤 탈메틸화효소 276
히스톤 탈아세틸화효소 275

컬러 화보

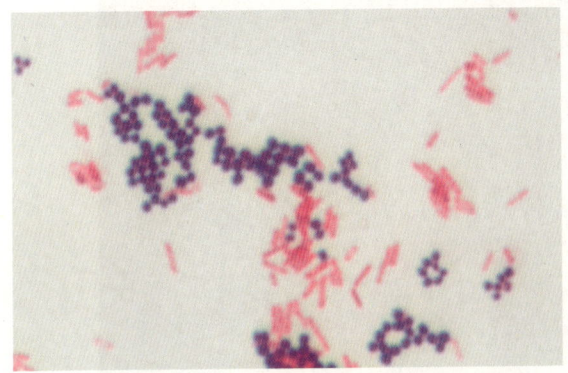

그람 염색법으로 염색한 세균. 1차 염색 시약인 크리스탈 바이올렛과 요오드는 세균을 보라색으로 물들인다. 알코올로 세균을 탈색한 후, 2차 염색 시약인 분홍색 카볼 푸신을 투입하면 세포벽이 얇아서 탈색 과정에서 보라색이 사라진 세균만 분홍색으로 염색된다. (3장)

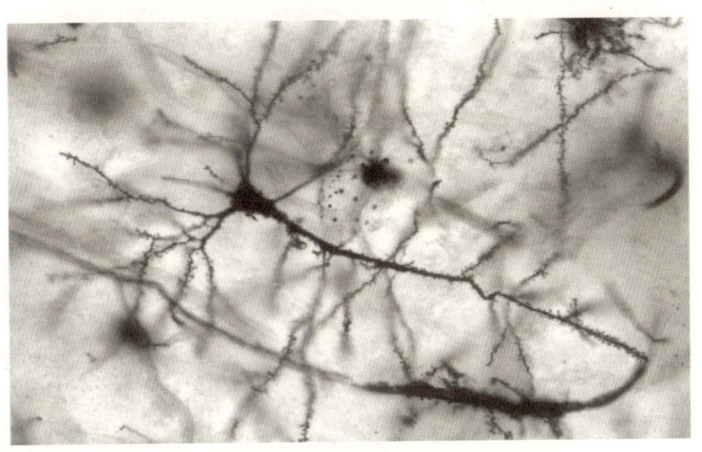

은 염색법으로 염색한 사람의 피라미드 신경세포. (3장)

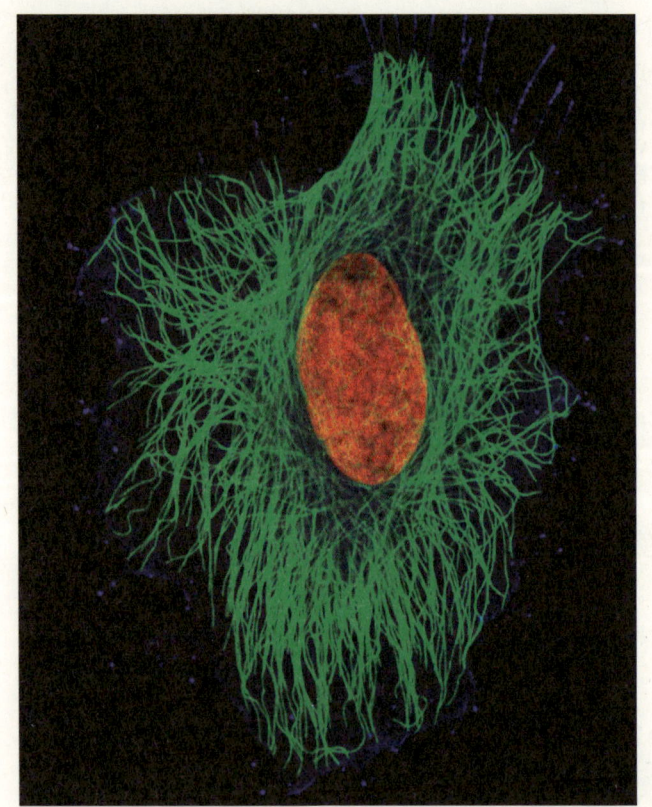

초록 형광염료로 염색된 미세소관. (15장)

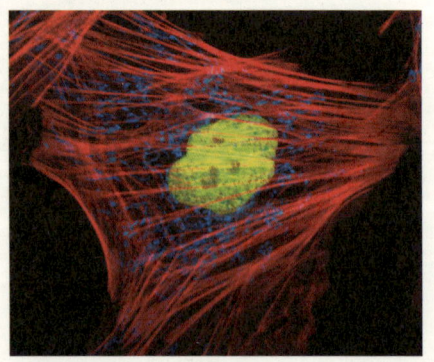

빨간 형광염료로 염색된 액틴. (15장)

대장균에서 만들어져 정제된 붉은색 형광단백질(mCherry). (15장)

왼쪽부터 녹색, 주홍색, 노란색, 붉은색 형광을 내는 대장균의 균체이다. 다양한 빛을 내도록 하는 형광단백질 유전자를 대장균에 도입한 결과이다. 형광단백질 유전자를 넣지 않은 대장균 균체(가장 오른쪽)와 색깔 차이가 확연하다. (15장)

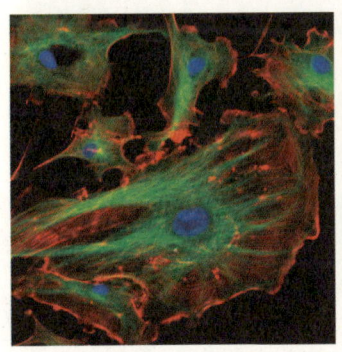 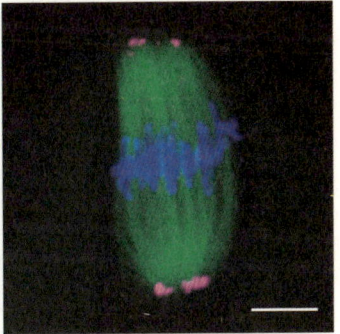

면역형광염색현미경 영상. 소의 동맥 내피세포(왼쪽)와 생쥐의 난자 방추사(오른쪽). 빨강은 액틴, 녹색은 튜불린, 파랑은 DNA, 오른쪽 영상 속 분홍색은 중심체. (15장)

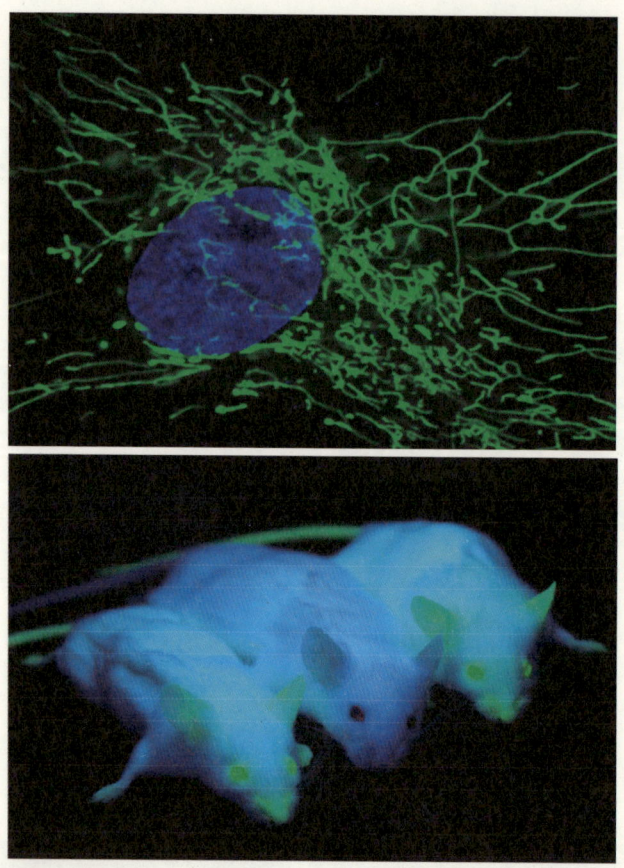

미토콘드리아에 있는 단백질에 GFP(녹색형광단백질)를 결합시켜 세포 안에서 미토콘드리아 위치를 실시간으로 관찰한다.(위) GFP 유전자가 삽입된 형질전환 마우스.(아래) (15장)

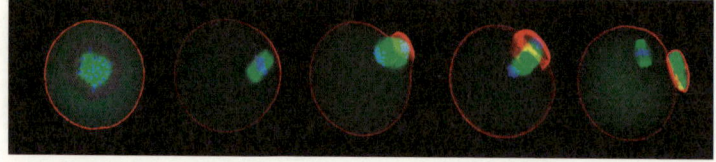

면역형광염색법과 공초점주사형광현미경으로 생쥐 난자의 성숙 과정을 단계별로 관찰한 것이다. 붉은 형광은 액틴, 녹색은 튜불린, 파란색은 염색체이다. 생쥐의 난자는 전중기에 핵이 소실되어 중기에 방추사가 형성되고, 형성된 방추사는 세포의 말단으로 이동하여 여기서 분열한다. (15장)

세포
생명의 마이크로 코스모스 탐사기

지은이 — 남궁석

© 남궁석, 2020

2020년 8월 27일 초판 1쇄 펴냄
2025년 4월 3일 초판 4쇄 펴냄

펴낸이 — 최지영
펴낸곳 — 에디토리얼
등록 — 제2025-000029호
주소 — 경기도 남양주시 덕송3로 27, 6-1903호
전화 — 02-996-9430   팩스 — 0303-3447-9430
홈페이지 — www.editorialbooks.com
투고·문의 — editorial@editorialbooks.com
인스타그램 — @editorial.books   페이스북 — @editorialbooks
디자인 — 진다솜   제작 — 세걸음

ISBN 979-11-90254-04-5 04400
ISBN 979-11-90254-12-0(세트)

잘못된 책은 구입처에서 교환해드립니다.
도서정가는 뒤표지에 적혀 있습니다.